看图学技术

# 装饰装修工程

尚晓峰　主编



中国铁道出版社

2013年·北京

## 内容提要

本书共分十章，主要内容包括：抹灰工程、吊顶工程、门窗工程、地面工程、轻质隔墙工程、饰面板(砖)工程、裱糊与软包工程、幕墙工程、细部工程、外墙外保温工程等。

本书内容翔实、重点突出、语言简练，具有很强的指导性和可读性，是建筑装饰装修工程施工、监理等相关人员必备的参考用书。

**图书在版编目(CIP)数据**

装饰装修工程/尚晓峰主编．—北京：中国铁道出版社，2013.4

(看图学技术)

ISBN 978-7-113-15895-8

Ⅰ.①装…　Ⅱ.①尚…　Ⅲ.①建筑装饰—工程施工—图解　Ⅳ.①TU767-64

中国版本图书馆 CIP 数据核字(2012)第 318901 号

**书　　名**：看图学技术
**装饰装修工程**

**作　　者**：尚晓峰

---

**策划编辑**：江新锡　陈小刚
**责任编辑**：冯海燕　王　健　　**电话**：010-51873193
**封面设计**：郑春鹏
**责任校对**：胡明锋
**责任印制**：郭向伟

---

**出版发行**：中国铁道出版社(100054，北京市西城区右安门西街 8 号)
**网　　址**：http://www.tdpress.com
**印　　刷**：三河市兴达印务有限公司
**版　　次**：2013 年 4 月第 1 版　2013 年 4 月第 1 次印刷
**开　　本**：787 mm×1 092 mm　1/16　印张：16.75　字数：419 千
**书　　号**：ISBN 978-7-113-15895-8
**定　　价**：40.00 元

---

# 前言

随着我国经济的快速发展，建设已成为当今最具有活力的一个行业。纵观全国，数以万计的高楼拔地而起；公路、铁路建设发展迅猛，成就斐然，纵横交错的公路网和铁路网不断延伸、完善，有力地推动着国民经济持续快速健康增长。

当前，建设工程的规模日益扩大，种类日益繁多，呈现出蓬勃发展的势头。对于整个建设行业来说，提高施工人员的技术水平和专业技能，可以有效地提高产品质量和社会效益。对于施工人员来说，提高自身的专业素质，特别是一些高技术含量的操作水平，可以大大提升劳动生产效率、降低劳动强度、加快工程进度、减少安全事故。因此，提高广大施工人员的专业技术水平，已成为当今建设行业的重中之重。

为了帮助工程技术人员，尤其是刚刚参加工作的施工人员系统地、快速地学习和掌握施工技术，我们组织编写了《看图学技术》丛书。本丛书共分为五分册，即《公路工程》、《铁路工程》、《土建工程》、《机电安装工程》、《装饰装修工程》。本丛书的最大特点是图文并茂、言简意赅。对于一些重难点，我们避免用繁琐的文字叙述，而是采用了直观、形象的图例进行讲解。

参与本丛书的编写人员主要有尚晓峰、孙昕、乔魁元、张海鹰、汪硕、张婧芳、栾海明、王林海、孙占红、宋迎迎、武旭日、张正南、李芳芳、孙培祥、张学宏、王双敏、王文慧、彭美丽、李仲杰、乔芳芳、张凌、魏文彪、白二堂、贾玉梅、王凤宝、曹永刚、张蒙等，在此深表感谢！

由于我们水平有限，加之编写时间仓促，书中的错误和疏漏在所难免，敬请广大读者不吝赐教和指正！

编　者

2013 年 3 月

# 目录


第一章　抹灰工程……1

第一节　水泥混合砂浆抹灰……1
第二节　清水砌体勾缝……7
第三节　喷涂、滚涂、弹涂……8

第二章　吊顶工程……14

第一节　明龙骨吊顶……14
第二节　暗龙骨吊顶……25
第三节　玻璃吊顶……31
第四节　花栅吊顶……35
第五节　金属吊顶……37

第三章　门窗工程……40

第一节　塑料门窗安装……40
第二节　铝合金门窗安装……43
第三节　特种门窗安装……48
第四节　门窗玻璃安装……63

第四章　地面工程……72

第一节　大理石、花岗岩面层和人造石……72
第二节　料石面层……75
第三节　实木地板面层……77

第五章　轻质隔墙工程……93

第一节　骨架隔墙……93
第二节　玻璃隔墙……105
第三节　活动隔墙……108
第四节　陶粒空心板隔墙……115

第六章 饰面板(砖)工程……121

第一节 外墙贴饰面砖……121
第二节 内墙贴饰面砖……128
第三节 干挂石材墙面……132
第四节 石材板湿挂安装……136

第七章 裱糊与软包工程……144

第一节 裱糊工程……144
第二节 软包工程……147

第八章 幕墙工程……151

第一节 玻璃幕墙……151
第二节 金属板幕墙……177
第三节 其他幕墙……192

第九章 细部工程……217

第一节 窗帘盒、窗台板和散热器罩的制作与安装……217
第二节 护栏和扶手制作……223
第三节 花饰制作……226
第四节 木护墙制作与安装……229

第十章 外墙外保温工程……232

第一节 胶粉EPS颗粒保温浆料外墙外保温系统……232
第二节 EPS板现浇混凝土外墙保温系统……243
第三节 硬泡聚氨酯现场喷涂外墙外保温系统……252
第四节 聚苯板玻纤网格布聚合物砂浆外墙外保温系统……256

参考文献……261

# 第一章　抹灰工程

## 第一节　水泥混合砂浆抹灰

### 一、施工机具

(1)机械:砂浆搅拌机、麻刀机、纸筋灰搅拌机。

(2)工具:筛子、手推车、铁板、铁锹、平锹、灰勺、水勺、托灰板(图 1-1)、木抹子、铁抹子、阴阳角抹子、塑料抹子、刮杠、软刮尺、软毛刷、钢丝刷、长毛刷、鸡腿刷、粉线包、钢筋卡子、小线、喷壶、小水壶、水桶、扫帚、锤子、錾子等。

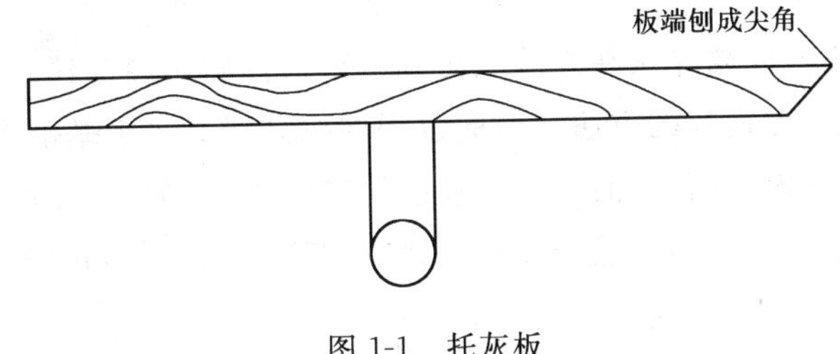


图 1-1　托灰板

(3)计量检测用具:磅秤、方尺、钢尺、水平尺、靠尺、托线板、线坠等。

(4)安全防护用品:护目镜、口罩、手套等。

### 二、施工技术

1. 混凝土及砖墙面抹灰

(1)基层处理。

1)混凝土墙面。

①现浇混凝土楼板:先将基层表面凸出的混凝土剔平,用钢丝刷满刷一遍,提前一天浇水润湿。表面有油污时,用清洗剂或去污剂除去,用清水冲洗干净晾干。若混凝土表面较光滑,应对其表面拉毛,其方法有两种:一是用掺加液体界面剂的聚合物水泥砂浆甩毛,将聚合物水泥砂浆(界面剂掺量按产品说明书经试验确定)采用机械喷涂或人工甩涂的方法粘在墙面上,宜从左至右、由上而下顺序进行操作,使墙面上均匀挂满细小的砂浆点(以绿豆大小为宜,密度 10～20 点/100 $cm^2$)。聚合物砂浆终凝后应浇水养护,使之有较高的强度(用于掰不动为宜)。二是将界面剂用水调成糊状,用抹子将糊状界面剂浆均匀地抹在混凝土面上,厚度一般为 2 mm左右。

②预制混凝土楼板:首先将凸出楼板面的灌缝混凝土剔平,其他处理方法同现浇混凝土楼板。

2)砖砌体墙面。先将墙面上舌头灰、残余砂浆、污垢、灰尘等清理干净,浇水湿润,并把砖缝中的浮灰、尘土冲洗干净。圈梁、构造柱等部位用掺加界面剂的聚合物水泥砂浆甩毛，要求甩点均匀，粘满砂浆疙瘩，干燥后应有较高的强度(用手掰不掉为准)。并在不同基层的交接面挂钢丝网，防止因基层材料不同而开裂。

(2)吊垂直、套方、找规矩、贴灰饼。

1)内墙面。用托线板检查墙面平整垂直程度，决定抹灰厚度(最薄处一般不小于 7 mm)。

①在墙的上角各做一个标准灰饼(用打底砂浆或 1∶3水泥砂浆，也可用水泥∶石灰膏∶砂＝1∶1∶6混合砂浆，遇有门窗口垛角处要补做灰饼)，大小 50 mm 见方，厚度以墙面平整垂直度决定。

根据上面的两个灰饼用托线板或线坠挂垂线，做墙面下角两个标准灰饼(高低位置一般在踢脚线上口)，厚度以垂线为准。

②用钉子钉在左右灰饼附近墙缝里挂通线，并根据通线位置每隔 1.2～1.5 m 上下加做若干标准灰饼。

灰饼稍干后，在上下(或左右)灰饼之间抹上宽约 50 mm 的与抹灰层相同的砂浆冲筋，用木杠刮平，厚度与灰饼相平，稍干后可进行底层抹灰

2)外墙面。高层建筑外墙抹灰在外墙大角和门窗口两侧用经纬仪打直线找垂直。多层建筑宜用从顶层吊大线坠、绷钢丝的方法。横向以楼层标高线为水平基准进行交圈控制。

(3)做护角处理。室内墙面、柱面的阳角和门洞口的阳角，如设计对护角规定时，一般可用 1∶2水泥砂浆抹护角，护角高度不应低于 2 m，每侧宽度不小于 50 mm，如图 1-2 所示。

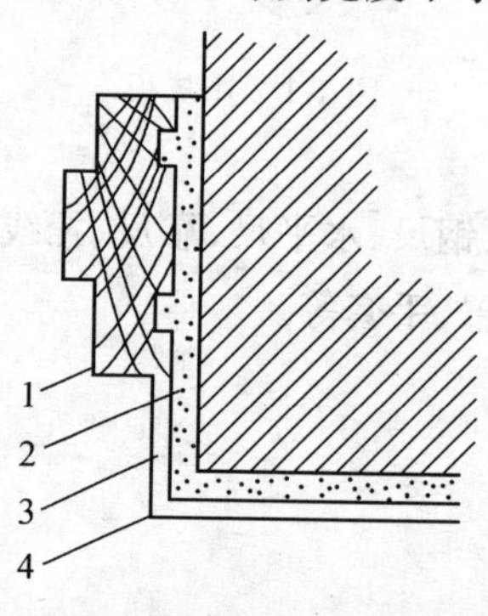


图 1-2 护角

1—窗口；2—墙面抹灰；3—面层；4—水泥护角

1)将阳角用方尺规方，靠门窗框一边以框墙空隙为准，另一边以标筋厚度为准，在地面划好准线，根据抹灰层厚度粘稳靠尺板并用托线板吊垂直。

2)在靠尺板的另一边墙角分层抹护角的水泥砂浆，其外角与靠尺板外口平齐。

3)一侧抹好后把靠尺板移到该侧用卡子稳住，并吊垂线调直靠尺板，将护角另一面水泥砂浆分层抹好。

4)轻手取下靠尺板。待护角的棱角稍收水后，再用捋角器和水泥浆捋出小圆角。

5)在阳角两侧分别留出护角宽度尺寸，将多余的砂浆以 45°斜面切掉。

6)对于特殊用途房间的墙(柱)阳角部位，其护角可按设计要求在抹灰层中埋设金属护角线。高级抹灰的阳角处理亦可在抹灰面层镶贴硬质 PVC 特制装饰护角条，如图 1-3 所示。

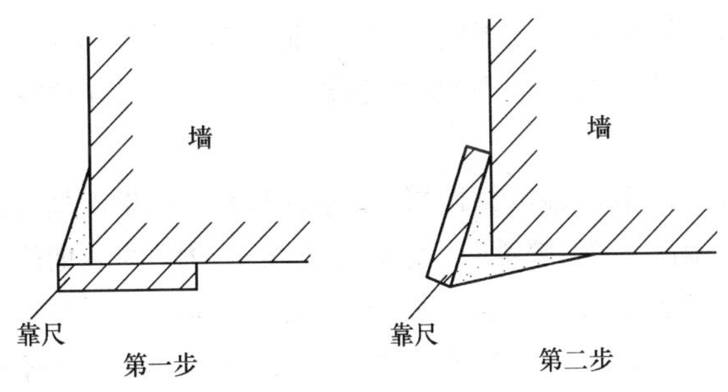


图 1-3 水泥砂浆明护角做法示意图

(4)抹底层灰。

1)混凝土墙面。冲筋完成 2 h 左右即可抹底灰，一般应在抹灰前一天用水把墙面基层浇透，刷一道聚合物水泥浆。底灰采用 1∶3水泥砂浆(或 1∶0.3∶3混合砂浆)。打底厚度设计无要求时一般为 13 mm，每道厚度一般为 5～7 mm，分层分遍与冲筋抹平，并用大杠垂直、水平刮一遍，用木抹子搓平、搓毛。然后用托线板、方尺检查底子灰是否平整，阴阳角是否方正。抹灰后应及时清理落地灰。

2)砖砌体墙面。先将墙面上舌头灰、残余砂浆、污垢、灰尘等清理干净，浇水湿润，并把砖缝中的浮灰、尘土冲洗干净。圈梁、构造柱等部位用掺加界面剂的聚合物水泥砂浆甩毛，要求甩点均匀，粘满砂浆疙瘩，干燥后应有较高的强度(用手掰不掉为准)。并在不同基层的交接面挂钢丝网，防止因基层材料不同面开裂。

(5)弹线、粘分格条。

1)按设计要求位置和宽度在墙体上用墨斗或粉线包弹线分格，竖向分格线要求用线坠或经纬仪校垂直。

2)分格条可采用成品塑料分格条，也可采用木制分格条。木制分格条应加工成内口小、外口大的梯形，使用前用水浸透。

3)粘分格条：水平条粘在分格线下方，竖条粘在分格线左方。所粘分格条应在所弹线的同一侧，防止上下和左右乱粘，出现分格不均匀、不顺直。粘分格条时在条底面刮一道聚合物水泥浆，两侧用素水泥浆抹成 45°八字形坡，当天不抹面层的宜抹成 60°。

(6)修抹墙面上的箱、槽、孔洞。当底灰找平后，应立即把暖气、电气设备的箱、槽、孔洞口周边的砂浆杂物清理干净，使用 1∶3水泥砂浆把槽、孔洞口周边修抹平齐、方正、光滑。

(7)抹罩面灰。罩面灰采用 1∶2.5 水泥砂浆(或 1∶0.3∶2.5 水泥混合砂浆)，厚度一般为 5～8 mm。底层砂浆抹好 24 h 后，将墙面底层砂浆湿润。从阴角开始，宜两人同时操作，一人在前面上灰，另一人紧跟在后面找平并用铁抹子压光。罩面时应由阴、阳角处开始，先竖向(或横向)薄薄刮一遍底，再横向(或竖向)抹第二遍。阴阳角处用阴阳角抹子捋光，墙面再用铁抹子压一遍，然后顺抹子纹压光，并用毛刷蘸水将门窗等圆角处清理干净。

采用水泥砂浆面层时，须将底子灰表面扫毛或划出纹道。面层应注意接槎，表面压光不得少于两遍，罩面后次日洒水养护。

(8)抹水泥窗台板。先将窗台基层清理干净，用水浇透，刷一道聚合物水泥浆，然后抹 1∶2.5水泥砂浆面层，压实压光。窗台板若要求出墙，应根据出墙厚度贴靠尺板分层抹灰，要求下口平直，不得有毛刺。砂浆终凝后浇水养护 2～3 d。

(9)抹墙裙、踢脚。墙面基层处理干净，浇水润湿，刷界面剂一道，随即抹 1∶3水泥砂浆底层，表面用木抹子搓毛，待底灰七八成干时，开始抹面层砂浆。面层用 1∶2.5 水泥砂浆，抹好后用铁抹子压光。踢脚面或墙裙面一般凸出抹灰墙面 5～7 mm，并要求出墙厚度一致，表面平整，上口平直光滑。

(10)抹滴水线(槽)。抹檐口、窗台、窗眉、雨棚、阳台和突出墙面的腰线及装饰凸线等部位时，顶面做流水坡，下面做滴水线(鹰嘴)或滴水槽。滴水槽距外表面距离宜为 20～30 mm，滴水槽深度和宽度一般不小于 10 mm。女儿墙压顶应坡向墙内，下面应做滴水线，严禁出现倒坡。窗台上面的抹灰层应深入窗框下坎裁口内，堵塞密实。滴水线做法如图 1-4 所示。

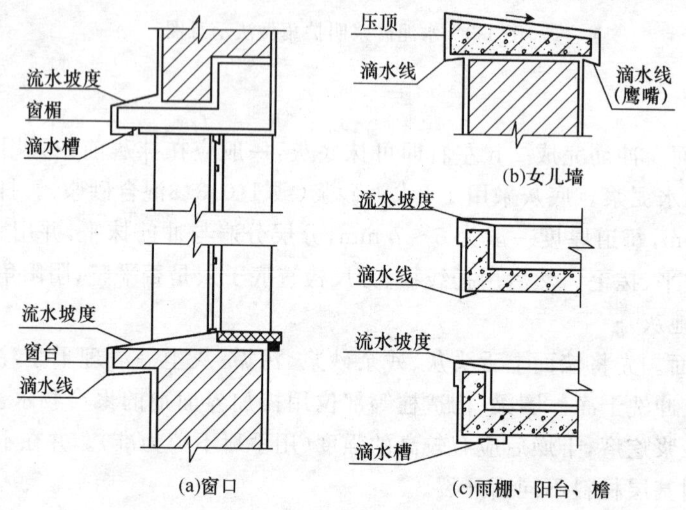


图 1-4 滴水线(槽)示意图

(11)养护。水泥砂浆抹灰层应在潮湿的环境下养护，养护温度不应低于 5℃，养护时间宜不少于 7 d。高温或烈日下的抹灰墙面应及时喷水养护。

2.加气混凝土墙面抹灰

(1)基层处理。

1)抹灰前检查墙面，剔除松动的和不密实的灰缝砂浆，用掺界面剂的砂浆填塞密实。将墙面的舌头灰和凸出部位剔平，并清理干净。加气混凝土砌块缺棱掉角、墙面坑洼不平和水、电管线槽等处用水洇透，刷界面剂一道，随即抹 1∶1∶6混合砂浆，分层补齐。

2)洒水湿润，将墙面浮土清扫干净，分数遍浇水湿润。由于加气混凝土吸水速度先快后慢，吸水量大而延续时间长，故应增加浇水的次数，使抹灰层有良好的凝结硬化条件，不致在砂浆的硬化过程中水分被加气混凝土吸走。浇水量以水分渗入加气混凝土墙深度 8～10 mm 为宜，且浇水宜在抹灰前一天进行。遇风干天气，抹灰时墙面如干燥不湿，应再喷洒一遍水，但抹灰时墙面应不显浮水，以利砂浆强度增长，不出现空鼓、裂缝。浇水充分湿润墙面后的第二天，刷一遍聚合物水泥浆，然后开始抹灰。

(2)外墙面吊垂直、套方、找规矩、贴灰饼。

1)高层建筑利用墙大角、门窗口角两边、垛、墙面等处，用经纬仪打直线找垂直。多层建筑物，从顶层用大线坠吊垂直，绷钢丝找规矩，横向水平线依据楼层标高或标高控制线为水平基准线进行交圈控制。

2)按墙面的实际高度确定灰饼和冲筋的实际数量，在距外墙两墙角 100～200 mm 处用 1∶1∶6混合砂浆合做 50 mm 见方灰饼，厚度不应小于 7 mm，且要满足墙面抹灰达到的垂直度要求。依据做完的上部灰饼用托线板找直确定下部灰饼，水平灰饼间距 1.2～1.5 m，用靠尺板或拉通线找平。做灰饼时注意横竖交圈，以便操作。

3)当灰饼七八成干后，用与灰饼相同的砂锅浆冲筋，反复搓平，厚度同灰饼，上下吊垂直，一般冲筋宽度约为 100 mm。冲筋宜做成横筋，做横筋时灰饼的竖向间距不大于 1.8 m，水平间距不大于 1.5 m。

(3)内墙面吊垂直、套方、抹灰饼、冲筋。

1)普通抹灰。先用托线板全面检查墙体表面的垂直、平整程度，确定抹灰厚度，一般不小于 7 mm。墙面凹度较大时，分层抹平。在 2 m 左右高度，距离墙两边阴角 100～200 mm 处，用 1∶1∶6水泥混合砂浆抹成两个 50 mm 见方的灰饼。以灰饼为依据，用托线板吊垂直，确定墙下部对应的两个灰饼的厚度，其位置在踢脚板上口，使上下两个灰饼在同一直线上。灰饼做好后，在灰饼旁钉钉子，拴上小线，拉通线(小线要离开灰饼 1 mm)，然后按间距 1.2～1.5 m 加做若干灰饼(凡窗口、墙垛、角处必须做灰饼)。待灰饼七八成干后，用与抹灰饼相同的砂浆在上下灰饼之间冲筋，筋宽约为 100 mm，用木杠刮平，厚度与灰饼平，上下吊垂直。冲筋根数根据房间的宽度和高度确定，当墙面高度小于 3.5 m 时一般做立筋，大于 3.5 m 时一般做横筋，做横筋时灰饼的竖向间距不大于 1.8 m，水平间距不大于 1.5 m。

2)高级抹灰。先将房间规方，小房间可以一面墙做基线，用方尺规方。房间面积较大时，要在地面上先弹出十字线，作为墙角抹灰准线，在离墙角约 100 mm 左右，用线坠吊直，在墙上弹一立线，再按房间规方地线(十字线)及墙面平整程度向里反线，弹出墙角抹灰准线，并在准线上下两端排好通线后做标准灰饼及冲筋。

(4)抹底层砂浆。加气混凝土墙面在刷好聚合物水泥浆以后应及时抹灰，不得在水泥浆风干后再抹灰，否则，容易形成隔离层，不利于砂浆与基层的粘结。抹灰时不要将灰饼碰坏。底灰材料应选择加气混凝土材料相适应的混合砂浆，配合比可为水泥∶石灰膏(粉煤)∶砂＝1∶0.5∶(5～6)，厚度 7～8 mm，表面用木抹子搓毛，待底层灰达到五六成干时，再用 1∶3水泥砂浆(厚度约 5～8 mm)抹第二遍，用大杠将抹灰面刮平，表面压光。用吊线板检查，要求垂直平整，阴阳角方正，顶板(梁)与墙面交角顺直，管后阴角顺直、平整、洁净。如抹灰层局部厚度不小于 35 mm 时，应按照设计要求采用加强网进行加强处理，以保证抹灰层与基体粘结牢固。不同材料墙体相交接部位的抹灰，应采用加强网进行防开裂处理，加强网与两侧墙体的搭接宽度不应小于 100 mm。

(5)弹线、粘分格条。根据图纸要求弹线分格、粘分格条。若当天抹面后粘分格条，则在条两侧用聚合物水泥浆抹成 45°八字坡形，若是粘“隔夜条”则在条两侧用聚合物水泥浆抹成 60°八字坡形(图 1-5)。粘分格条时，水平条粘在分格线下方，竖条粘在分格线左方，所粘分格条应在线的同一侧，防止上下和左右乱粘，出现分格不均匀、不顺直。

(6)修抹墙面上的箱、槽孔洞。当底层砂浆抹完后，应将墙面上的预留孔洞、配电箱(柜)、开关盒等周边 50 mm 宽的底层砂浆清除干净，周边用软毛刷蘸水润湿，再用 1∶1∶4砂浆补抹平整、压实、赶光，抹灰时比墙面底层砂浆高出一个罩面灰的厚度。

(7)喷洒第一遍防裂剂。防裂剂是确保加气混凝土墙面抹灰不出现空鼓、裂缝的关键措施，当作业环境过于干燥且工程质量要求较高时可采用防裂剂。当底灰抹完后，立即用喷雾器将防裂剂以雾状直接喷在底灰上，应喷洒均匀。操作时喷嘴倾斜向上仰，与墙面的距离适中，以确保喷洒均匀适度，又不致将灰层冲坏。防裂剂喷洒 2～3 h 内不要搓动，以免破坏防裂剂表层。

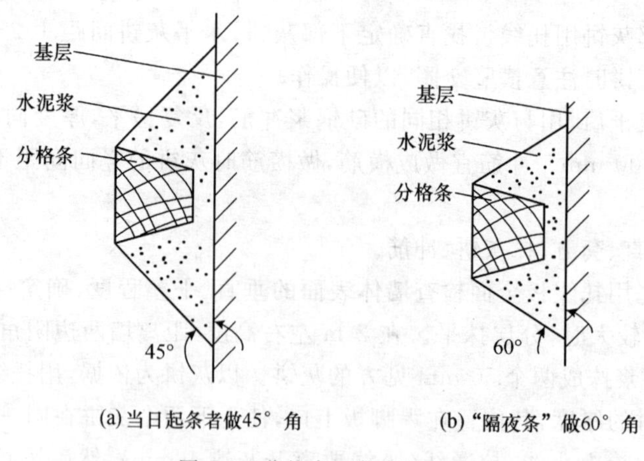


(a)当日起条者做45°角　　(b)"隔夜条"做60°角

图1-5　分格条两侧斜角示意

(8)抹面层砂浆。先将底层砂浆上的尘土、污垢等清理干净,将墙面洇湿,刮内掺界面剂拌制的1∶3聚合物水泥砂浆,使其与底灰粘牢,随即抹水泥砂浆,厚度为5～8 mm,分两次抹平。然后用刮杠刮平(图1-6),木抹子搓毛,铁抹子压实、压光,并将分格条表面的余灰清除干净。面层达到一定强度时,将分格条起出,待灰层干透后,用素水泥浆把缝勾好。对于难起的分格条,不要硬起,防止棱角损坏,待干透后再起,并补勾缝。

当面层砂浆具有初期硬度时(即在砂浆初凝后尚未收缩之前),宜及时喷洒第二遍防裂剂。若在温、湿度适当的环境下,防裂剂可省去不做。

图1-6　刮杠示意图

(9)抹门窗口护角及窗台。

1)抹门窗口护角。

①室内门窗口和墙柱面的阳角,应做护角,其高度不得小于2 m,护角每侧包边的宽度不小于50 mm。

②护角采用1∶1∶6水泥混合砂浆打底,第二遍用1∶2.5水泥砂浆(或1∶0.5∶3.5混合砂浆)与标筋找平。

③抹护角时以墙面灰饼为依据,抹灰前在阳角处刷一道聚合物水泥浆。

④在阳角正面立上八字靠尺,靠尺突出阳角侧面,突出厚度与成活抹灰面平。

⑤在阳角侧面,依靠尺边抹混合砂浆,并用铁抹子将其抹平,按护角的宽度将多余的水泥

砂浆铲除。

⑥待其稍干后，将八字靠尺移至抹好的护角面上(八字坡向外)，在阳角的正面，依靠尺边抹混合砂浆，方法与前面相同。

⑦待混合砂浆护角达到五六成干后再用水泥砂浆抹第二遍。

⑧抹完后去掉八字靠尺，用素水泥浆涂刷护角尖角处，用捋角器自上而下捋一遍，形成钝角(或小圆角)。

⑨在抹护角的同时，抹好门窗口边及碹脸，若门窗口边宽度小 100 mm 时，也可在做护角时一次完成。

2)抹窗台。先将窗台基层清理干净，把碰坏、松动的砌块修补好。窗台基层用水润透，然后用 1∶2∶3豆石混凝土铺实，厚度不小于 25 mm，次日刷聚合物水泥浆一遍，随后抹 1∶2.5 水泥砂浆面层，压实、压光，待表面达到初凝后，浇水养护 2～3 d，下口要求平直，不得有毛刺。

(10)养护。水泥砂浆抹灰层应在潮湿的环境下养护，养护温度不应低于 5℃，养护时间宜不少于 7 d。高温或烈日下的抹灰面应及时喷水养护。

(11)抹滴水线(槽)。在檐口、窗台、窗楣、雨棚、阳台、压顶和突出墙面等部位，上面要做向室外的流水坡度，下面要做滴水线(槽)。滴水槽距外表面应为 20～30 mm，滴水槽深度和宽度一般不小于 10 mm。女儿墙压顶应坡向墙内，下面应做滴水线(鹰嘴)，严禁出现倒坡。窗台上面的抹灰层应深入窗框下坎裁口内，堵塞密实。若采用抹滴水槽时，应先抹立面，再抹底面。

## 第二节 清水砌体勾缝

### 一、施工机具

主要机具包括：扁凿子、锤子、粉线袋、托灰板、长溜子、短溜子、喷壶、小铁桶、筛子、小屏锹、铁板、笤帚等。

### 二、施工技术

1.堵脚手眼

如采用外脚手架时，勾缝前先将脚手眼内砂浆清理干净，并洒水湿润，再用原砖墙相同的砖块补砌严实，砂浆饱满度不低于 80%。

(1)先用粉线弹出立缝垂直线，用扁钻按线把立缝偏差较大的部分找齐，开出的立缝上下要顺直，开缝深度约 10 mm，灰缝深度、宽度要一致。

(2)砖墙水平缝和瞎缝也应弹线开直，如果砌砖时划缝太浅或漏划，灰缝应用扁钻或瓦刀剔凿出来，深度应控制在 10～12 mm 之间，并将墙面清扫干净。

2.补缝

对于缺棱掉角的砖，还有游丁的立缝，应事先进行修补，颜色必须和的颜色一致，可用砖面加水泥拌成 1∶2水泥浆进行补缝。修补缺棱掉角处表面应加砖面压光。

3.门窗框堵缝

在勾缝前，将窗框周围塞缝作为一道工序，用 1∶3水泥砂浆并设专人进行堵严、堵实，表面平整、深浅一致。铝合金门窗框周围缝隙应用设计要求的材料填塞，如果窗台砖有破损碰掉的现象,应先补砌完整,再将墙面清理干净。

4. 勾缝

(1)在勾缝前1天应将砖墙浇水湿润,勾缝时再浇适量的水,以不出现明水为宜。

(2)拌和砂浆。勾缝所用的水泥砂浆,配合比为水泥∶砂子=1∶(1~1.5),稠度为3~5 cm,应随拌随用,不能用隔夜砂浆。

(3)墙面勾缝必须做到横平竖直、深浅一致,搭接平整并压实溜光,不得出现丢缝、开裂和粘结不牢等现象。外墙勾缝深度4~5 mm。

(4)勾缝顺序是从上到下,先勾水平缝,再勾立缝。勾水平缝时应用长溜子,左手拿托灰板,右手拿溜子,将灰板顶在要勾的缝口下边,右手用溜子将灰浆压入缝内,不准用稀砂浆喂缝,同时自左向右随勾缝移动托灰板,勾完一段后用溜子沿砖缝内溜压密实、平整、深浅一致,托灰板勿污染墙面,保持墙面洁净美观。勾缝时用2 cm厚木板在架子上接灰,板子紧贴墙面,及时清理落地灰。勾立缝用短溜子在灰板上刮起,勾入立缝中,压塞密实、平整,立缝要与水平缝交圈且深浅一致。

外清水墙勾凹缝,深度为4~5 mm,为使凹缝切口整齐,宜将勾缝溜子做成倒梯形断面,如图1-7所示。操作时用溜子将勾缝砂浆压入缝内,并来回压实、上下口切齐。

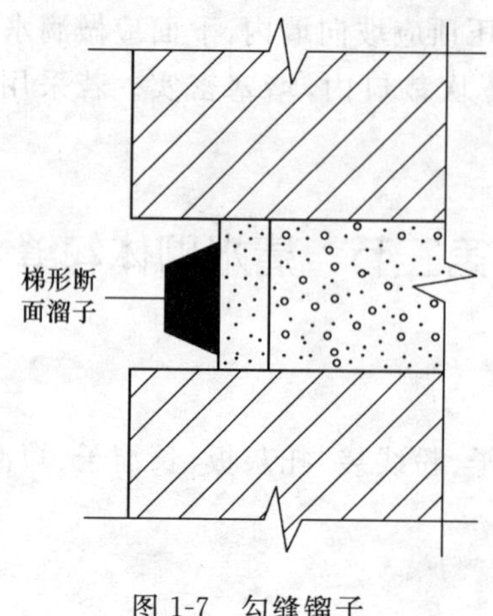


图1-7 勾缝镏子

(5)每步架勾缝完成后,应把墙面清扫干净,应顺着缝先扫水平缝后扫立缝,勾缝不应有接槎不平、毛刺、漏勾等缺陷。

## 第三节 喷涂、滚涂、弹涂

### 一、施工机具

一般应备有空压机1~2台(排气量0.6 m$^3$/min,工作压力6~8 kg/cm$^2$),耐压胶管(可用3/8氧气管)及接头、喷斗等。并用压浆罐,3 mm振动筛,输浆胶管,胶管接头,喷枪;软毛辊子,硬质辊子,弹涂所用的弹涂器,还有窗纱,料桶,灰勺,计量天平,木抹子,铁抹子,粉线包,黄蜡布或黑胶布,木靠尺,方尺,木尺等。厘条,根据设计要求提前制作或购买成品。

## 二、施工技术

1. 基层处理、抹灰

(1)基层处理。

1)基层修补：基层为混凝土墙板不抹灰时，要事先清理表面流浆、尘土，将其缺棱掉角及板面凸凹不平处刷水湿润，修补处刷含界面剂的水泥浆一道，随后抹1:3水泥砂浆，局部勾抹平整，凹凸不大的部位可刮水泥腻子找平并对其防水缝、槽进行处理后，进行淋水试验，不渗漏，方可进行下道工序。

2)基层处理：抹灰打底前应对基层进行处理。对于混凝土基层，目前多采用水泥细砂浆掺界面剂进行“毛化处理”。即先将表面灰浆、尘土、污垢清刷干净，用10%火碱水将板面的油污刷掉，随即用净水将碱液冲净、晾干。然后用1:1水泥细砂浆内掺界面剂，喷或甩到墙上，其甩点要均匀，毛刺长度不宜大于 8 mm，终凝后浇水养护，直至水泥砂浆毛刺有较高的强度(用手掰不动)为止。基层为加气混凝土墙体，应对松动、灰浆不饱满的砌缝及梁、板下的顶头缝，用聚合物水泥砂浆填塞密实。将凸出墙面的灰浆刮净，凸出墙面不平整的部位剔凿；坑凹不平、缺楞掉角及设备管线槽、洞、孔用聚合物水泥砂浆整修密实、平顺。基层为砖墙时，要将墙面残余砂浆清理干净。

(2)抹灰。

1)吊垂直、套方、找规矩：按墙上已弹好的基准线，分别在门口角、垛、墙面等处吊垂直、套方、抹灰饼。

2)洒水湿润：将墙面浮土清扫干净，分数遍浇水湿润。特别是加气混凝土吸水速度先快后慢，吸水量大延续时间长，故应增加浇水的次数，使抹灰层有良好的凝结硬化条件，不致在砂浆的硬化过程中水分被加气混凝土吸走。浇水量以水份渗入加气混凝土墙深度 8～10 mm 为宜，且浇水宜在抹灰前一天进行。遇风干天气，抹灰时墙面如干燥不湿，应再喷洒一遍水，但抹灰时墙面应不显浮水，以利砂浆强度增长，不出现空鼓、裂缝。

3)抹底层砂浆：基层为混凝土、砖墙墙面，紧跟抹 1:3水泥砂浆，每遍厚度 5～7 mm，应分层分遍抹平，并用大杠刮平找直，木抹子搓毛。基层为加气混凝土墙体，刷聚合物水泥浆一道，紧跟抹底灰，不得在水泥浆风干后再抹灰，否则，容易形成隔离层，不利于砂浆与基层的粘结。底灰材料应选择与加气混凝土材料相适应的混合砂浆，配比可为水泥:石灰膏(粉煤灰):砂＝1:0.5:6，厚度 5 mm，扫毛或划出纹线。然后用 1:3水泥砂浆(厚度约 5～8 mm)抹第二遍，用大杠将抹灰面刮平，表面压光。用吊线板检查，要求垂直平整，阴阳角方正，顶板(梁)与墙面交角顺直，管后阴角顺直、平整、洁净。

4)加强措施：如抹灰层局部厚度大于或等于 35 mm 时，应按照设计要求采用加强网进行加强处理，以保证抹灰层与基体粘结牢固。不同材料墙体相交接部位的抹灰，应采用加强网进行防开裂处理，加强网与两侧墙体的搭接宽度不应小于 100 mm。

5)当作业环境过于干燥且工程质量要求较高时，加气混凝土墙面抹灰后可采用防裂剂。底子灰抹完后，立即用喷雾器将防裂剂直接喷洒在底子灰上，防裂剂以雾状喷出，以使喷洒均匀，不漏喷，不宜过量，过于集中，操作时喷嘴倾斜向上仰，与墙面的距离适中，以确保喷洒均匀适度，又不致将灰层冲坏。防裂剂喷撒 2～3 h 内不要搓动，以免破坏防裂剂表层。

6)底层砂浆厚度的控制：底层砂浆抹好后，预留面层厚度，如采用滚涂和弹涂方法施工预留 12 mm 为宜，如采用喷涂时，预留 5 mm 为宜，可直接在打好的底灰上粘分格条进行喷涂。

涂饰施涂方法不同，对水泥砂浆打底和面层的质量要求不同。

①喷涂：水泥砂浆底灰要求大杠刮平，木抹子搓平，表面无孔洞，无砂眼，面层颜色均匀一致，无划痕。

②滚涂、弹涂：水泥砂浆面层要求大杠刮平，木抹子搓平，铁抹子压光，待无明水后，用软毛刷蘸水垂直向下，顺刷一遍，要求表现颜色一致，无抹纹，刷纹一致。

2. 刷封底漆

涂刷前基面的含水率应小于 10%。在基面上均匀地用喷枪喷涂或用刷子刷涂一层防潮底漆，进行封底处理，直到完全无渗色为止。以免由于基面渗色、透湿，从而污染、溶胀仿石涂料，影响施工质量。防潮底漆干透时间约 60 min。

3. 涂刷方法

(1)滚涂操作。

1)滚涂前的准备。为有利于滚筒对涂料的吸附和清洗，必须先清除影响涂膜质量的浮毛、灰尘、杂物。滚涂前应用稀料将滚筒清洗，或将滚筒浸湿后在废纸上滚去多余的稀料后再蘸取涂料。

2)涂料的蘸取。蘸取油料的只须浸入筒径三分之一即可，然后在托盘内的瓦楞斜板或桶内的铁网上来回滚动几下，使筒套被涂料均匀浸透，如果油料吸附不够可再蘸一下。

3)滚涂要点。

①滚刷涂料当滚筒压附在被涂物表面初期，压附用力要轻，随后逐渐加大压附用力，使滚筒所沾附的涂料均匀地转移附着到被涂物的表面。

②滚涂时其滚筒通常应按 W 形轨迹运行，如图 1-8(a)所示，滚动轨迹纵横交错，相互重叠，使漆膜厚度均匀。滚涂快干型涂料或被涂料表面涂料浸渗强的场合，滚筒应按直线平行轨迹运行，如图 1-8(b)所示。

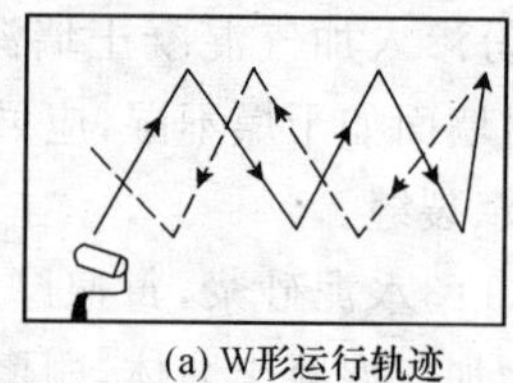
(a) W形运行轨迹

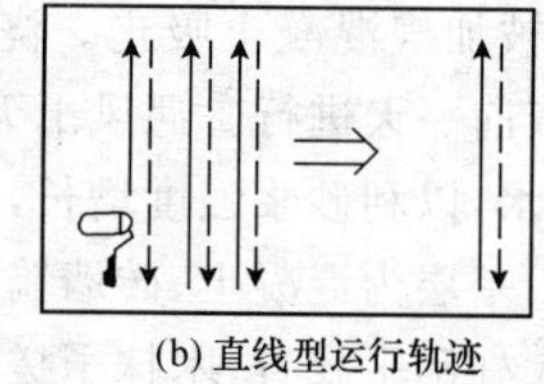
(b) 直线型运行轨迹

图 1-8　滚涂时滚筒的运行轨迹

③墙面的滚涂：在墙面上最初滚涂时，为使涂层厚薄一致，阻止涂料滴落，滚筒要从下向上，再从上向下或“M”形滚动几下，当滚筒已比较干燥，再将刚滚涂的表面轻轻理一下，然后就可以水平或垂直地一直滚下去。

④顶棚及地面的滚涂：顶棚的滚涂方法与墙面的滚涂基本相同，即沿着房间的宽度滚刷，顶棚过高时，可使用加长手柄。用滚筒滚涂地面时，可将地面分成许多 1 $m^2$ 左右的小块，将油漆涂料倒在中央，用滚筒将涂料摊开，平稳地、慢慢地滚涂，要注意保持各块边缘的湿润，避免衔接痕迹。

⑤滚筒经过初步的滚动后，筒套上的绒毛会向一个方向倒伏，顺着倒伏方向进行滚涂，形成的涂膜最为平整，如此滚涂几下后，应查看一下滚筒的端部，确定一下绒毛倒伏的方向，用滚筒理油时也最好顺着这一方向滚动。

⑥滚筒使用完毕后，应刮除残附的涂料，然后用相应的稀释剂清洗干净，晾干后妥为保存。

(2)喷涂操作。

1)一般喷涂施工的工作。水浆涂料的喷涂工序与刷涂基本相似,普通油漆的喷喉舌的工序见表 1-1。

**表 1-1　普通油漆喷涂的施工工序**

| 工　序 | 说　明 |
|---|---|
| 基层处理 | 按各种物面基层的常规作法 |
| 喷涂底漆 | 处理后的物面干燥后即可进行 |
| 嵌、批 1～2 道腻子 | 批头道腻子前先嵌补大洞和深凹处,各道腻子干后,要用砂纸打磨,并清扫干净 |
| 批第三道腻子 | 用于嵌补二道底漆后的细小洞眼,腻子干后用水砂纸打磨,并清洗干净 |
| 喷第三道底漆 | 干后用水砂纸打磨,并用湿布将物面擦净、擦干 |
| 喷 2～3 道面漆 | 要由薄逐渐喷厚,但不宜过薄或过厚。各道面漆都要用水砂纸打磨,并清洗干净。选用砂纸要先粗后细 |
| 擦砂蜡和上光蜡 | 砂蜡要擦到表面十分平整为止,上光蜡要擦到现光亮为止 |

2)喷涂作业要点。在喷涂作业中,选择合适的喷嘴口径、空气压力、涂料黏度以及掌握喷枪距离,喷枪运行速度,喷雾图形的搭接要领是提高涂膜质量、减少涂料损失的关键。

①选择喷枪的原则。无论是选用内混式喷枪还是外混式喷枪,都应从枪体的重量和大小、涂料的供给方式、涂料喷嘴口径、空气使用量等四个要素并结合作业条件去考虑,选择适当的喷枪。

②喷嘴口径、空气压力和涂料黏度的选择。喷嘴口径的大小和空气压力的高低,必须与喷涂面积的大小、涂料的种类和黏度相适宜,小口径喷嘴和较低的空气压力,适宜喷涂小面积和低黏度的涂料,大口径喷嘴和较高的空气压力,则适宜喷涂黏度高的涂料。在不影响施工和涂膜质量的前提下,应尽量选用较低的空气压力、较小的喷嘴口径和黏度高的涂料。

③喷枪的距离。喷枪的距离是指喷枪前端与被涂物之间的距离,在一般情况下,使用大型喷枪喷涂施工时,喷枪的距离应为 20～30 cm,使用小型喷枪进行喷涂施工时,喷枪的距离约为 15～25 cm。喷涂时,喷枪的距离保持恒定是确保漆膜厚度均匀一致的重要因素之一。

④喷枪运行的速度。在进行喷涂施工作业时,喷枪的运行速度要适当,并保持恒定,其运行速度一般应控制在 30～60 cm/s 范围内,当运行速度低于 30 cm/s 时,形成的漆膜厚且易产生流挂;当运行速度大于 60 cm/s 时,形成的漆膜薄且易产生漏底的缺陷。被涂物小且表面凹凸不平时,运行速度可慢一些,被涂物件大且表面较平整时,可在增加涂料喷出量的前提下,运行速度可快一点。

喷枪的运行速度与漆膜的厚度有密切关系,如图 1-9 所示,在涂料喷出量恒定时,运行速度 50 cm/s 时的漆膜厚度与运行速度 25 cm/s 时的漆膜厚度相差 4 倍,所以应按照漆膜设计的厚度要求确定适当的运行速度,并保持恒定,否则漆膜厚度则达不到设计要求,导致漆膜厚度均匀不一致。

⑤喷雾图形的搭接。喷雾图形的搭接是指喷涂中,喷雾图形之间的部分重叠。由于喷雾图形中部漆膜较厚,边沿较薄,故喷涂时必须使前后喷雾图形相互搭接,方可使漆膜均匀一致,如图 1-10 所示,控制相互搭接的宽度,对漆膜厚度的均性关系密切。搭接的宽度应视喷雾图形的形状不同而各有差异,如图 1-11 所示,椭圆形、橄榄形和圆形三种喷雾图形的平整度是有差别的,在一般情况下,按照表 1-2 所推荐的搭接宽度进进喷涂,可获得平整的漆膜。

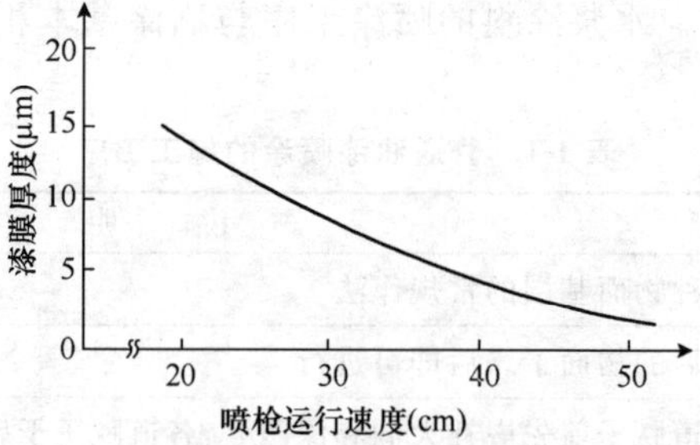


图 1-9 喷枪运行速度与漆膜厚度的关系

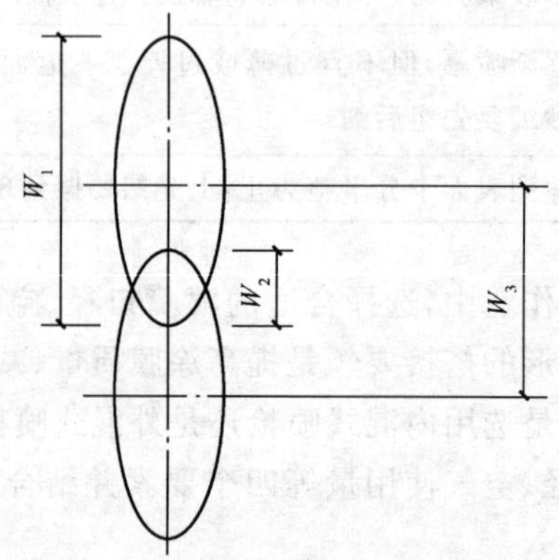


图 1-10 喷雾图形的搭接

$W_1$—喷雾图形幅宽；$W_2$—重叠宽度；$W_3$—搭接间距

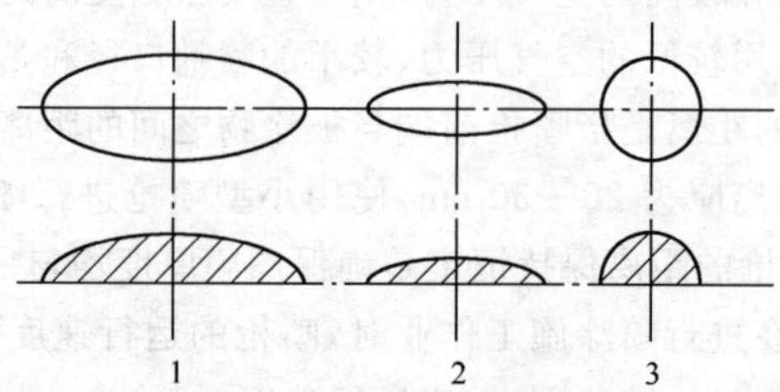


图 1-11 喷雾图形的种类与平整度

1—椭圆形；2—橄榄形；3—圆形

**表 1-2 喷雾图形的搭接**

| 喷雾图形形状 | 重叠宽度 | 搭接间距 |
|---|---|---|
| 椭圆形 | 1/4 | 3/4 |
| 橄榄形 | 1/3 | 2/3 |
| 圆形 | 1/2 | 1/2 |

⑥涂料的黏度。涂料的黏度也是喷涂施工作业要注意的问题。它影响涂料的喷出量，如用同一口径喷嘴喷涂不同黏度的涂料，由于从涂料罐到涂料喷嘴前端这段通道所受的阻力是不相同的，黏度高的涂料受阻力大，喷出量小；黏度低的涂料所受的阻力小，涂料喷出量必然相

对的要多些。

3)喷涂操作。

①检查粘条位置是否准备,宽度、深度是否合适。

②炎热干燥的季节,喷涂之前应洒水湿润,开动空压机,检查高压胶管有无漏气,并将其压力稳定在 0.6 MPa 左右。喷涂时,喷枪嘴应垂直于墙面且离开墙面 30～50 cm,开动气管开关,用高压空气将涂料喷吹到墙上,如果喷涂时压力有变化或室外有风天气,可适当地调整喷嘴与墙面的距离。

③浮雕涂料的中层骨料喷涂一般一遍成活,按照样板的记录选择合适的喷枪口径、压力和距离,来达到样板的浮雕花纹效果。两成干时,也可用硬质塑料或橡胶辊沾汽油或二甲苯压平凸点,注意压平的力度要大小适中、保持均匀。

④粒状喷涂一般两遍成活,第一遍要求喷射均匀,厚度掌握在 2 mm 左右。过 1～2 h 再喷第二遍,并使其喷涂成活。要求喷涂颜色一致,颗粒均匀,不出浆,涂层厚度一致,总厚度控制在 4～5 mm。

⑤波状喷涂和花点喷涂:一般控制三遍成活。第一遍基层变色即可,涂层不要太厚,如墙基不平,可将喷涂的涂层用木抹子搓平后,重喷;第二遍至盖底,浆不流淌为止;第三遍喷至面层出浆,表面成波状,灰浆饱满,不流坠,颜色一致,总厚度 3～4 mm。花点喷涂是在波状喷涂的面层上,待其干燥后,根据设计要求加喷一道花点,以增加面层的质感。

(3)弹涂。

1)配底色浆(重量比):普通水泥 100,水 90,界面剂(适量),颜料同样板;白水泥 100,水 80,界面剂(适量),颜料同样板。

2)配色点浆(重量比):水泥 100,水 40,界面剂(适量),颜料同样板,按上述配比,将颜料、胶混合拌匀,倒入水泥中,拌成稀浆。

3)按设计要求粘分格条。

4)刷底色浆,将已配好的底色浆刷涂到已做好的水泥砂浆面层上,大面积施工时可采用喷浆器喷涂,达到喷匀为止。

5)弹花点浆,将已配好的色点浆液注入筒形弹力器中,然后转动弹力器手柄,将色点浆液甩到底色浆上;弹色点浆时应按色浆不同分别装入不同的弹力器中,每人操作一筒,流水作业,即第一人弹第一种色浆,另一人随后弹第二种色浆,色点要弹均匀,互相衬托一致,弹的色浆点要近似圆粒状。

6)弹涂表面压平:弹涂压平厚度控制宜控制在 3～5 mm。压平前 2 m 左右设控制点,拉控制线,待弹涂色浆收水后,及时用硬辊子上下压平。

# 第二章 吊顶工程

## 第一节 明龙骨吊顶

### 一、施工机具

(1)机具:电锯、无齿锯、电刨、手枪钻、冲击电锤、电焊机、角磨机等。下面简要介绍电锯和无齿锯。

1)电锯。电锯是对木材、纤维板、塑料和软电缆切割的工具。电圆锯(图 2-1)自重量轻,效率高,是装饰施工最常用的。

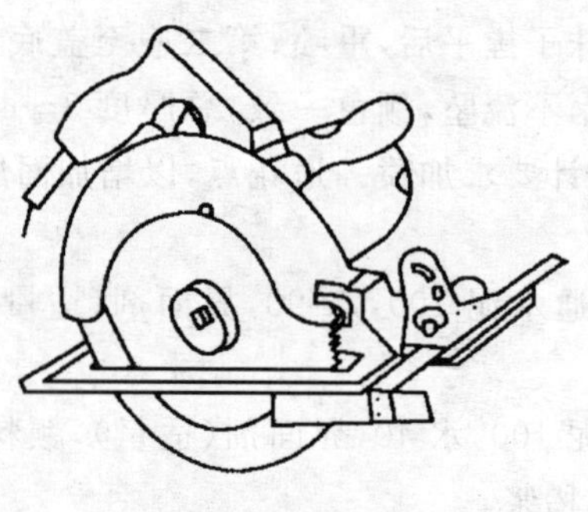

图 2-1 电圆锯

①构造。电圆锯由电机、锯片、锯片高度定位装置和防护装置组成。选用不同锯片切割相应材料,可以大大提高效率。

②技术性能。电圆锯规格见表 2-1。

表 2-1 电圆锯规格

| 规格<br>(mm) | 额定输出功率<br>(W) | 额定转矩<br>(N·m) | 最大锯割深度<br>(mm) | 最大调节角度<br>(°) |
|---|---|---|---|---|
| 160×30 | ≥450 | ≥2.00 | ≥50 | ≥45 |
| 200×30 | ≥560 | ≥2.50 | ≥65 | ≥45 |
| 250×30 | ≥710 | ≥3.20 | ≥85 | ≥45 |
| 315×30 | ≥900 | ≥5.00 | ≥105 | ≥45 |

注:表中规格指可使用的最大锯片外径×孔径。

③使用要点。

a.使用电圆锯时,工件要夹紧,锯割时不得滑动。在锯片吃入工件前,就要启动电锯,转动正常后,按画线位置下锯。锯割过程中,改变锯割方向,可能会产生卡锯、阻塞、甚至损坏锯片。

b. 切割不同材料，最好选用不同锯片，如纵横组合式锯片，可以适应多种切割；细齿锯片能较快地割软、硬木的横纹；无齿锯片还可以锯割砖、金属等。

c. 要保持右手紧握电锯，左手离开。同时，电缆应避开锯片，以免妨碍作业和锯伤。

d. 锯割快结束时，要强力掌握电锯，以免发生倾斜和翻倒。锯片没有完全停转时，人手不得靠近锯片。

e. 更换锯片时，要将锯片转至正确方向(锯片上右箭头表示)。要使用锋利锯片，提高工作效率，也可避免钝锯片长时间摩擦而引起危险。

2)无齿锯。无齿锯主要用于钢管、角钢、槽钢、扁钢、合金、铜材、不锈钢等金属的横断切割，是装饰施工作业的必备工具。

图 2-2 无齿锯

①构造与原理。无齿锯是由电机、底座、可转夹钳、切割动力头、安全防护罩、操作手柄等组成(图 2-2)。其工作原理是：电机转动经齿轮变速直接带动切割片高速转动，利用切割砂轮磨削原理，在砂轮与工件接触处高速旋转实现切割。

②技术性能。部分无齿锯主要技术性能见表 2-2。

**表 2-2 无齿锯的技术性能**

| 型号 | 砂轮片规格(mm) | 合金锯片规格(mm) | 额定电压(V) | 输入功率(W) | 空载转速(r/min) | 钳口可调角度(°) | 最大切割直径(mm) | 净重(kg) |
|---|---|---|---|---|---|---|---|---|
| 回 J1G-SDG-250A | $\phi$250×3.2×$\phi$25 | — | 220 | 1 250 | ≤5 700 | 0～45 | — | 14 |
| 回 J1G-SDG-300A | $\phi$300×3.2×$\phi$25 | — | 220 | 1 250 | ≤4 700 | 0～45 | — | 15 |
| 回 J1G-SDG-350A | $\phi$350×3.2×$\phi$25 | — | 220 | 1 500 | ≤4 100 | 0～45 | — | 16 |
| 回 J1G-SDG-300 | $\phi$300×3.2×$\phi$25 | — | 115 (60 Hz) | 1 250 | ≤5 090 | 0～45 | — | 15 |
| 回 J1G-SDG-350 | $\phi$350×3.2×$\phi$25 | — | 115 (60 Hz) | 1 250 | ≤4 300 | 0～45 | — | 16 |
| J1G-400(半固定式) | $\phi$400×3×$\phi$32 | — | 220 | 3 000 | ≤3 820 | — | — | 97 |
| J3GB-SS-400C (半固定式) | $\phi$400×3×$\phi$32 | — | 380 | 2 700 | ≤3 850 | — | — | 77 |
| 回 J1GD-SDG-250 | $\phi$200×2.5×$\phi$32 | $\phi$250×3.6×$\phi$30 | 220 | 1 250 | ≤4 100 | 0～45 | — | 36 |
| 回 J1GD-SDG-355 | $\phi$300×2.5×$\phi$32 | $\phi$355×3.6×$\phi$30 | 220 | 1 250 | ≤4 100 | 0～45 | — | 46 |
| 回 J1GD-355 | — | — | 220 | 1 310 | 3 600 | — | 管材 $\phi$100 棒材 $\phi$25 | — |
| 回 J1GD-GN01-350 | $\phi$350×3.2×$\phi$32 | — | 220 | 1 600 | 3 700 | 0～45 | 45 圆钢 $\phi$35 | — |
| 回 J1GD-250×30 | $\phi$250×3.2×$\phi$30 | — | 220 | 1 100 | 4 200 | 0～45 | — | — |
| 回 J1GD-250×30 | $\phi$250×3.2×$\phi$30 | — | 220 | 1 600 | 3 700 | 0～45 | — | — |

(2)工具:拉铆枪、射钉枪、手锯、手刨、钳子、扳手、螺丝刀等。下面简要介绍射钉枪。

射钉枪(图 2-3)是一种直接完成型材安装紧固技术的工具。它是利用射钉器(枪)击发射钉弹,使火药燃烧,释放出能量,把射钉钉在混凝土、砖砌体、钢铁、岩石上,将需要固定的构件,如管道、电缆、钢铁件、龙骨、吊顶、门窗、保温板、隔音层、装饰物等永久性的或临时固定上去,这种技术具有其他一些固定方法所没有的优越性:自带能源、操作快速、工期短、作用可靠、安全、节约资金、施工成本低、大大减轻劳动强度等。

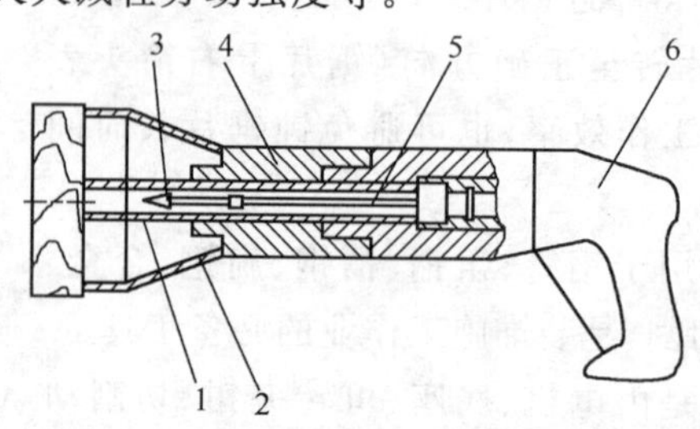


图 2-3 射钉枪

1—钉管;2—护罩;3—射钉;4—机头外壳;5—击针;6—枪尾体

1)构造。射钉枪主要由活塞、弹膛组件、击针、击针弹簧、钉管及枪体外套等部分组成。轻型射钉枪有半自动活塞回位,半自动退壳机构。半自动射钉枪有半自动供弹机构。

2)使用要点。

①装钉子。把选用的钉子装入钉管,并用通条将钉子推到底部。

②退弹壳。把射钉枪的前半部转动到位,向前拉;断开枪身,弹壳便自动退出。

③装射钉弹。把射钉弹装入弹膛,关上射钉枪,拉回前半部,顺时针方向旋转到位。

④击发。将射钉枪垂直地紧压于工作面上,扣动扳机击发,如有弹不发火,重新把射击枪垂直压紧于工作面上,扣动扳机击发。如二次均不发出子弹时,应保持原射击位置数秒钟,然后将射钉弹退出。

⑤在使用结束时或更换零件以及断开射钉枪之前,射钉枪不准装射钉弹。

⑥射钉枪要专人保管使用,并注意保养。

(3)计量检测用具:水准仪、靠尺、钢尺、水平尺、塞尺、线坠等。

(4)安全防护用品:安全帽、安全带、电焊面罩、电焊手套等。

## 二、施工技术

### 1. 测量放线

用水准仪在房间内每个墙(柱)角上抄出水平点(若墙体较长,中间也应适当抄出几点),弹出水准线(水准线距地面一般为 500 mm),从水准线量至吊顶设计高度,用粉线沿墙(柱)弹出吊顶次龙骨的下皮线。同时,按吊顶平面图,在混凝土顶板弹出主龙骨的位置线。主龙骨宜平行房间长向布置,同时应考虑隔栅灯的方向,一般从吊顶中心向两边分。主龙骨及吊杆间距为 900～1 200 mm,一般取 1 000 mm。如遇到梁和管道固定点大于设计和规程要求,应增加吊杆的固定点。

饰面板为企口式安装时,则上返一个企口深度作为 T 形龙骨翼缘上面控制标高线,如图 2-4 所示。同时沿标高控制线弹出龙骨位置线。按吊顶排板大样或龙骨排列图,在顶板上弹出主龙骨的位置线和嵌入式设备外形尺寸线。

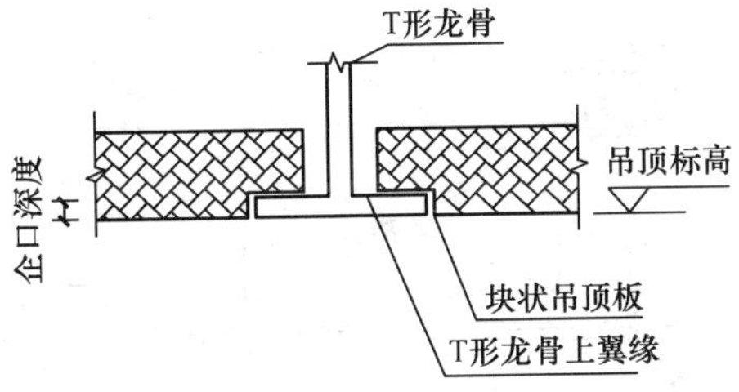


图 2-4　T 形龙骨与吊顶板交接处示意图

2. 吊杆安装及固定

(1)通常用冷拔钢筋或盘圆钢筋作吊杆。使用盘圆钢筋时,应先用机械将其拉直,然后按设计吊顶标高结合现场实际尺寸,确定吊杆长度进行下料(也可采用通丝螺杆作吊杆)。吊杆一端套出螺纹,另一端焊∟ 30 mm×30 mm×3 mm、长 30 mm 的角码。角码的另一边钻孔,其孔径按固定吊杆的膨胀螺栓直径确定。制作好的吊杆应做防腐处理。

(2)不上人的吊顶,吊杆长度小于 1 000 mm 时,宜采用 $\phi6$ 的吊杆;吊杆长度大于 1 000 mm 时宜采用 $\phi8$ 的吊杆。上人吊顶,吊杆长度小于 1 000 mm 时,采用 $\phi8$ 的吊杆,吊杆长度大于 1 000 mm时,采用 $\phi10$ 的吊杆。当吊杆长度大于 1 500 mm 时,还必须设置反向支撑杆。

(3)木龙骨吊顶吊点紧固件安装。

1)无预埋的吊顶,可用金属胀铆螺栓或射钉将角钢块固定于楼板底(或梁底)作为安设吊杆的连接件,如图 2-5 所示。

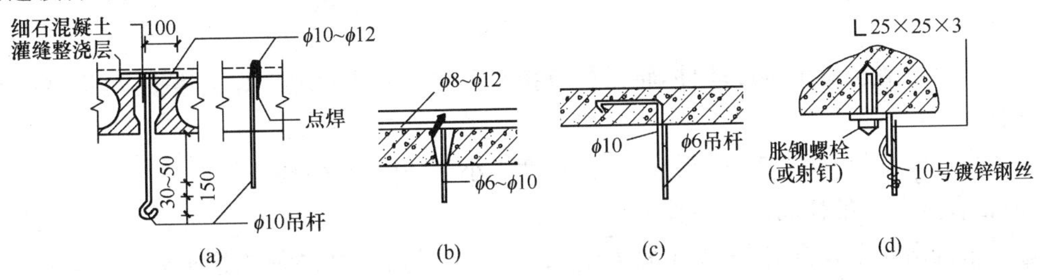


图 2-5　木质装饰吊顶的吊点紧固示意(单位:mm)

(a)顶制楼板内浇灌细石混凝土时,埋设 $\phi10$～$\phi12$ 短钢筋,另设吊筋将一端打弯勾于水平钢筋另一端从板缝中抽出;(b)现浇楼板内埋设通长钢筋,另设一钢筋一端系其上一端从板缝中抽出;(c)现浇楼板内预埋钢筋弯钩;(d)用胀铆螺栓或射钉固定角钢连接件

2)小面积轻型的木龙骨装饰吊顶,可用胀铆螺栓固定木方(截面约为 40 mm×50 mm),吊顶骨架直接与木方固定或采用木吊杆。

(4)轻钢龙骨吊顶吊件安装与固定。吊点间距当设计无规定时,一般应小于 1.2 m,吊杆应通直,距主龙骨端部距离不得超过 300 mm。当吊杆与设备相遇时,应调整吊点构造或增设吊杆。若遇较大设备或通风管道,吊杆间距大于 1 200 mm 时,宜采用型钢扁担来满足吊杆间距,如图 2-6 所示。

龙骨与结构连接固定有三种方法。

1)在吊点位置钉入带孔射钉,用镀锌钢丝连接固定,如图 2-7 所示。射钉在混凝土基体上的最佳射入深度为 22～32 mm(不包括混凝土表面的涂敷层),一般取 27～32 mm(仅在混凝土强度特高或基体厚度较小时才取下限值)。

2)在吊点位置预埋膨胀管螺栓,再用吊杆连接固定。

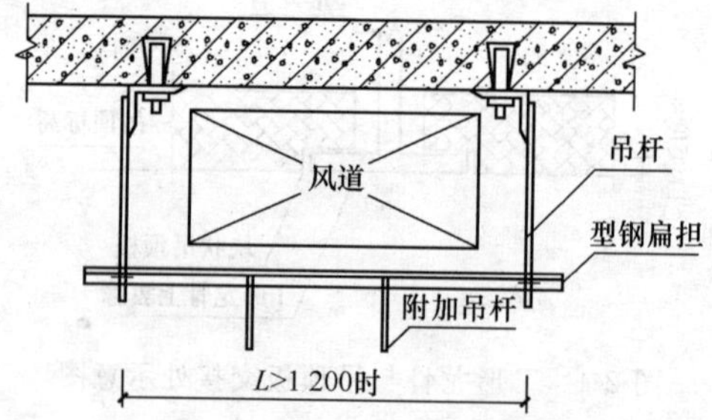


图 2-6　吊杆附加型钢扁担示意图(单位:mm)

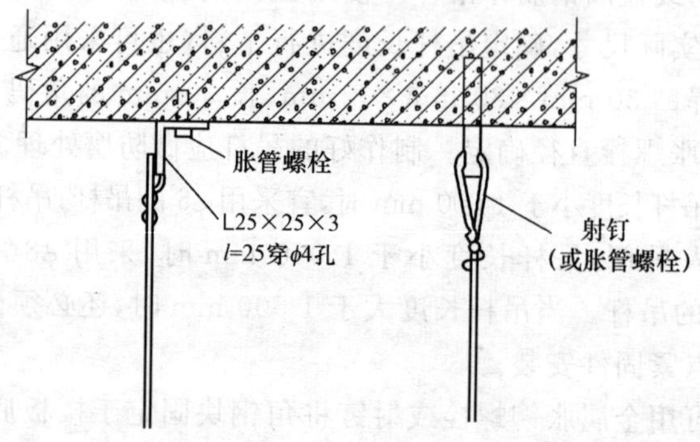


图 2-7　吊杆同楼板固定

3)在吊点位置预留吊钩或埋件,将吊杆直接与预留吊钩或预埋件焊接连接,再用吊杆连接固定龙骨。

采用吊杆时,吊杆端头螺纹部分应预留长度不小于 30 mm 的调节量。

(5)铝合金龙骨吊杆固定悬吊体系。

1)悬吊宜沿主龙骨方向,间距不宜大于 1.2 m。在主龙骨的端部或接长处,需加设吊杆或悬挂钢丝。

2)悬吊形式。

①镀锌钢丝悬吊,适用于不上人活动式装配吊顶。用射钉将镀锌钢丝固定在结构上,另一端同主龙骨的圆形孔绑牢。镀锌钢丝不宜太细,如若单股使用,不宜用小于 14 号的钢丝。

②伸缩式吊杆悬吊。将 8 号钢丝调直,用一个带孔的弹簧钢片将两根钢丝连接,用力压弹簧钢片,使弹簧钢片两端的孔中心重合,调节吊杆伸缩。手松开使孔中心错位,与吊杆产生剪力,将吊杆固定。

3)吊杆或镀锌钢丝的固定。

①与结构一端的固定,常用射钉枪将吊杆或镀锌钢丝固定。射钉可选用尾部带孔或不带孔的两种规格。选用尾部带孔的射钉,只要将吊杆一端的弯钩或钢丝穿过圆孔即可。射钉尾部不带孔,一般常用一段小角钢,角钢的一边用射钉固定,另一边钻一个 5 mm 左右的孔,再将吊杆穿过孔将其悬挂。

②选用镀锌钢丝悬吊,不应绑在吊顶上部的设备管道上,避免管道变形等。

③选用角钢材料做吊杆,龙骨宜采用普通型钢,并用冲击钻固定胀管螺栓,然后将吊杆焊在螺栓上。吊杆与龙骨的固定,可以采用焊接或钻孔用螺栓固定。

(6)灯具、风口吸检修口等处应设附加吊杆。大于 3 kg 的重型灯具、电扇及其他重型设备严禁安装在吊顶工程的龙骨上,应另设吊挂件与结构连接。

3. 固定边龙骨

(1)木龙骨吊顶。沿标高线在四周墙(柱)面固定边龙骨方法主要有两种。

1)沿吊顶标高线以上 10 mm 处在建筑结构表面打孔,孔距 500～800 mm,在孔内打入木楔,将边龙骨钉固于木楔上。

2)混凝土墙、柱面,可用水泥钉通过木龙骨上钻孔将边龙骨钉固于混凝土墙、柱面。

(2)轻钢龙骨吊顶。

1)吊顶边部的支承骨架应按设计的要求加以固定。

2)无附加荷载的轻便吊顶,用 L 形轻钢龙骨或角铝型材等,可用水泥钉按 400～600 mm 的钉距与墙、柱面固定。

3)有附加荷载的吊顶,或有一定承重要求的吊顶边部构造,需按 900～1 000 mm 的间距预埋防腐木砖,将吊顶边部支承材料与木砖固定。吊顶边部支承材料底面应与吊顶标高基准线平(罩面板钉装时应减去板材厚度)且必须牢固可靠。

(3)铝合金龙骨吊顶。边龙骨宜沿墙面或柱面标高线钉牢。可用高强水泥钉固定,钉的间距不宜大于 500 mm。亦可用胀管螺栓等办法。

4. 龙骨安装

(1)木龙骨吊顶、龙骨安装。

1)木龙骨防腐防火处理。

①防腐处理。按规定选材并实施在构造上的防潮处理,同时涂刷防腐、防虫药剂。

②防火处理。将防火涂料涂刷或喷于木材表面,或把木材置于防火涂料槽内浸渍。防火涂料视其性质分为油质防火涂料(内掺防火剂)与氯乙烯防火涂料、可赛银(酪素)防火涂料、硅酸盐防火涂料,施工可按设计要求选择使用。

2)固定边龙骨。沿标高线在四周墙(柱)面固定边龙骨方法主要有两种。

①沿吊顶标高线以上 10 mm 处在建筑结构表面打孔,孔距 500～800 mm,在孔内打入木楔,将边龙骨钉固于木楔上。

②混凝土墙、柱面,可用水泥钉通过木龙骨上钻孔将边龙骨钉固于混凝土墙、柱面。

3)分片吊装。

①将拼接组合好的木龙骨架托起,至吊顶标高位置。对于顶底低于 3 m 的吊顶骨架,可用定位杆作临时支撑,如图 2-8 所示;吊顶高度超过 3 m 时,可用钢丝在吊点上作临时固定。

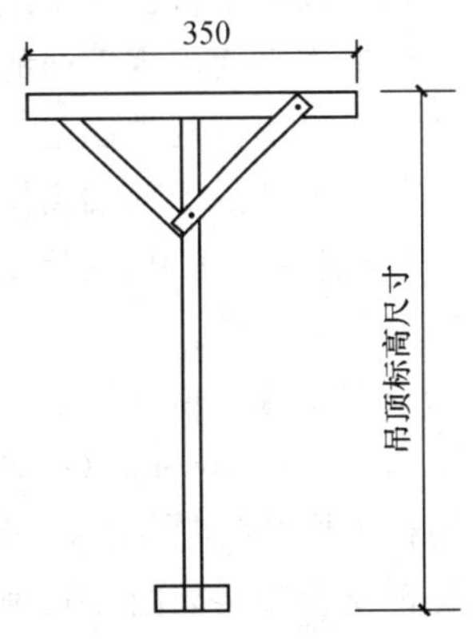

图 2-8　吊顶高度临时支撑定位杆(单位:mm)

②根据吊顶标高线拉出纵横水平基准线,作为吊顶的平面基准。

③将吊顶龙骨架向下略作移位,使之与基准线平齐。待整片龙骨架调正调平后,即将其靠墙部分与沿墙龙骨钉接。

4)龙骨架与吊点固定。固定做法有多种,视选用的吊杆及上部吊点构造而定:利用$\phi$6钢筋吊杆与吊点的预埋钢筋焊接;利用扁钢与吊点角钢以 M6 螺栓连接;利用角钢作吊杆与上部吊点角钢连接等。

吊杆与龙骨架的连接，根据吊杆材料可分别采用绑扎、勾挂及钉固等，如扁钢及角钢杆件与木龙骨可用两个木螺钉固定，如图 2-9 所示。

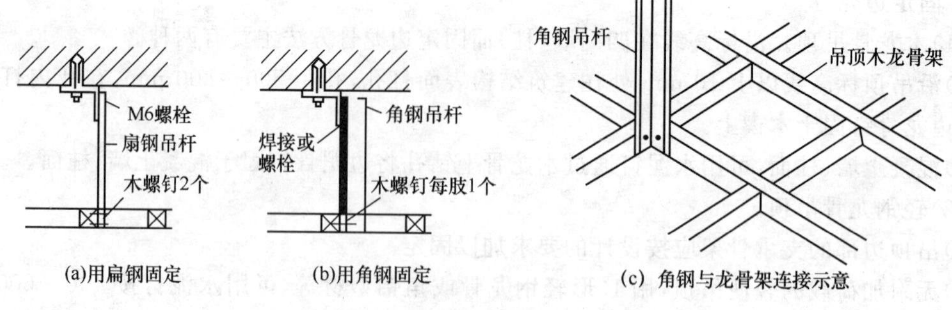


图 2-9 木龙骨架与吊点连接示例

5)龙骨架分片间的连接。分片龙骨架在同一平面对接时，将其端头对正，再用短木方进行加固，将木方钉于龙骨架对接处的侧面或顶面均可，如图 2-10 所示。重要部位的龙骨接长，应采用铁件进行连接紧固。

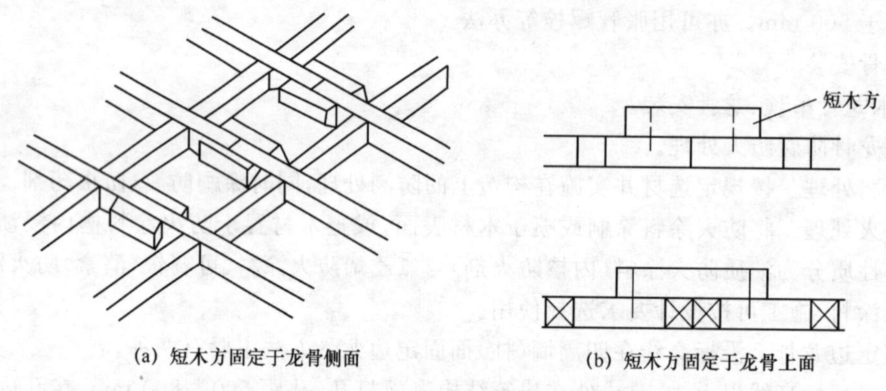


图 2-10 木龙骨对接固定示意

6)龙骨的整体调平。

①在吊顶面下拉出十字或对角交叉的标高线，检查吊顶骨架的整体平整度。

②骨架底平面出现下凸的部分，要重新拉紧吊杆；有上凹现象的部位，可用木方杆件顶撑，尺寸准确后将木方两端固定。

③各个吊杆的下部端头均按准确尺寸截平，不得伸出骨架的底部平面。

(2)轻钢龙骨吊顶、龙骨安装。

1)安装主龙骨。

①轻钢龙骨吊顶骨架施工，应先高后低。主龙骨间距一般为 1 000 mm。离墙边第一根主龙骨距离不超过 200 mm(排列最后距离超过 200 mm 应增加一根)，相邻接头与吊杆位置要错开。吊杆规格：轻型宜用 $\phi 6$，重型(上人)用 $\phi 8$，如吊顶荷载较大，需经结构计算，选定吊杆断面。轻钢龙骨安装如图 2-11 所示，吊顶详细构造如图 2-12 所示。

吊杆ϕ6~ϕ8
1 000~1 200
>1 300
小龙骨吊挂件
450
450
450
大龙骨吊挂件
中龙骨挂插件

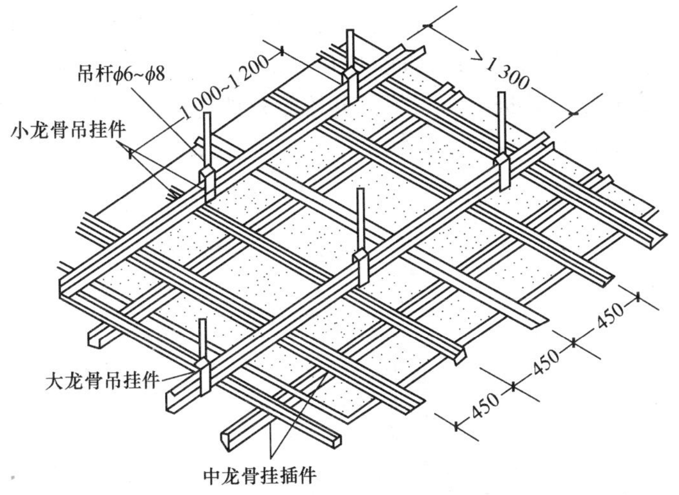

图 2-11　轻钢龙骨安装示意图(单位:mm)

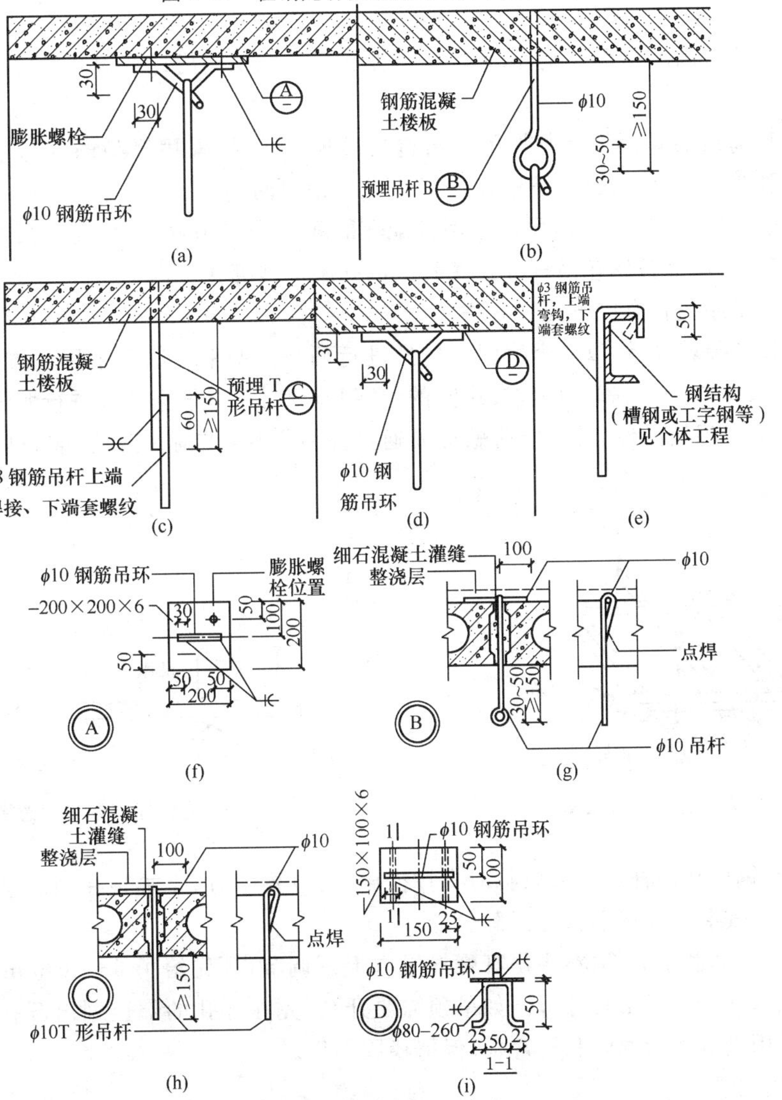

30
30
膨胀螺栓
A
ϕ10 钢筋吊环
(a)
钢筋混凝
土楼板
ϕ10
≥150
30~50
预埋吊杆 B
(b)
钢筋混凝
土楼板
预埋 T
形吊杆
C
60
≥150
ϕ8 钢筋吊杆上端
焊接、下端套螺纹
(c)
30
30
D
ϕ10 钢
筋吊环
(d)
ϕ3 钢筋吊
杆，上端
弯钩，下
端套螺纹
50
钢结构
(槽钢或工字钢等)
见个体工程
(e)
ϕ10 钢筋吊环
膨胀螺
栓位置
−200×200×6
30
50
100
200
50
50
50
200
A
(f)
细石混凝土灌缝
整浇层
100
ϕ10
点焊
30~50
≥150
B
ϕ10 吊杆
(g)
细石混凝
土灌缝
整浇层
100
ϕ10
点焊
≥150
C
ϕ10T 形吊杆
(h)
−150×100×6
1
1
ϕ10 钢筋吊环
50
100
150
25
ϕ10 钢筋吊环
50
D
ϕ80−260
25 50 25
1−1
(i)

图 2-12　吊点构造详图

(a)、(b)、(c)、(d)、(e)吊点构造;(f)、(g)、(h)、(i)配件

②主龙骨与吊杆(或镀锌钢丝)连接固定。与吊杆固定时，应用双螺母在螺杆穿过部位上下固定，如图 2-13 所示。轻钢龙骨系列的重型大龙骨 U、C 形，以及轻钢或铝合金 T 形龙骨吊顶中的主龙骨，悬吊方式按设计进行。与吊杆连接的龙骨安装有三种方法。

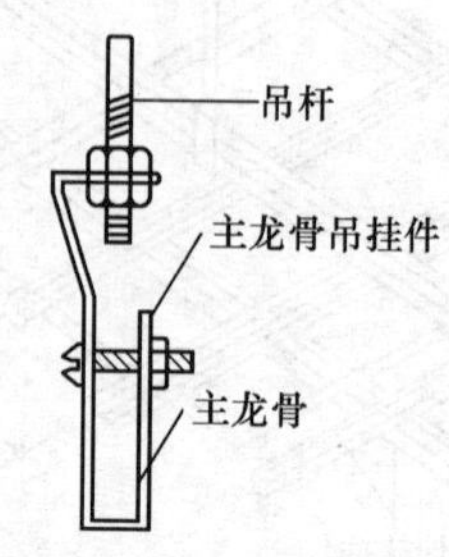


图 2-13　主龙骨与吊杆连接

a. 有附加荷载的吊顶承载龙骨，采用承载龙骨吊件与钢筋吊杆下端套丝部位连接，拧紧螺母卡稳卡牢。

b. 无附加荷载的 C 形轻钢龙骨单层构造的吊顶主龙骨，采用轻型吊件与吊杆连接，可利用吊件上的弹簧钢片夹固吊杆，下端勾住 C 形龙骨槽口两侧。

c. 轻便吊顶的 T 形主龙骨，可以采用其配套的 T 形龙骨吊件，上部连接吊杆，下端夹住 T 形龙骨，也可直接将镀锌钢丝吊杆穿过龙骨上的孔眼勾挂绑扎。

③安装调平主龙骨有以下两种方法。

a. 主龙骨安装就位后，以一个房间为单位进行调平。调平方法可采用木方按主龙骨间距钉圆钉，将龙骨卡住先作临时固定，按房间的十字和对角拉线，根据拉线进行龙骨的调平调直，如图 2-14 所示。根据吊件品种，拧动螺母或通过弹簧钢片，或调整钢丝，准确后再行固定，如图 2-15 所示。

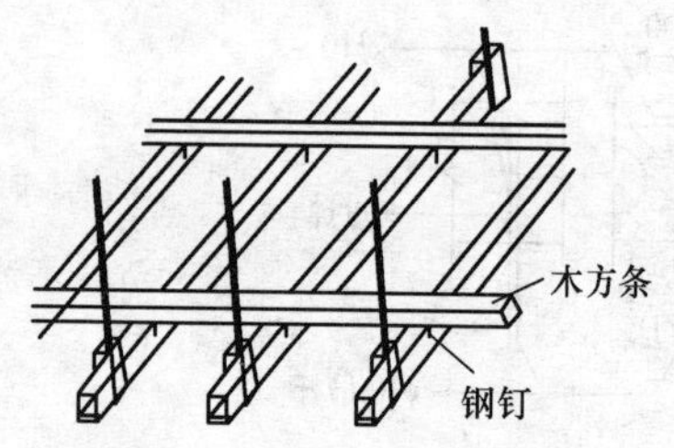


图 2-14　主龙骨定位方法图

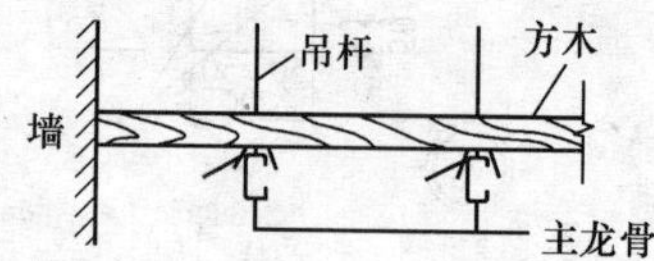


图 2-15　主龙骨固定调平示意图

使用镀锌钢丝作吊杆者宜采取临时支撑措施，可设置木方，上端顶住吊顶基体底面，下端顶稳主龙骨，待安装吊顶板前再行拆除。

b. 在每个房间和中间部位：用吊杆螺栓进行上下调节，预先给予 5～20 mm 起拱量，水平度全部调好后，逐个拧紧吊杆螺母。如吊顶需要开孔，先在开孔的部位划出开孔的位置，将龙骨加固好，再用钢锯切断龙骨和石膏板，保持稳固牢靠。

2)安装次龙骨。

①双层构造的吊顶骨架，次龙骨(中龙骨及小龙骨)紧贴承载主龙骨安装，通长布置，利用

配套的挂件与主龙骨连接,在吊顶平面上与主龙骨相垂直,如图 2-16 所示。次龙骨的中距由设计确定,并因吊顶装饰板采用封闭式安装或是离缝及密缝安装等不同的尺寸关系而异。

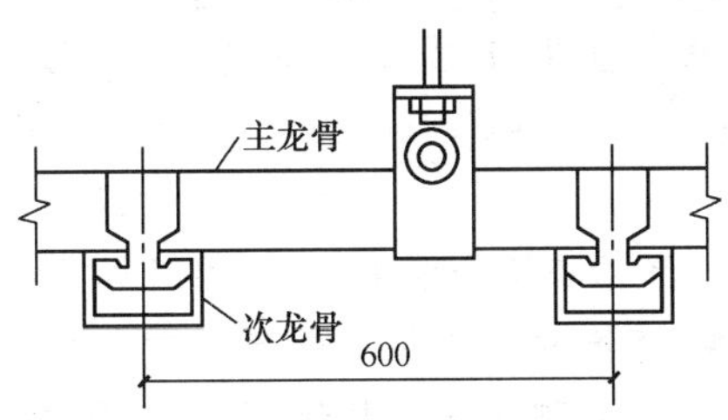


图 2-16 中龙骨安装(单位:mm)

②单层吊顶骨架,其次龙骨即为横撑龙骨。主龙骨与次龙骨处于同一水平面,主龙骨通长设置,横撑(次)龙骨按主龙骨间距分段截取,与主龙骨丁字连接。

③以 C 形轻钢龙骨组装的单层构造吊顶骨架,在吊顶平面上的主、次 C 形龙骨垂直交接点,应采用其配套的挂插件(支托),挂插件一方面插入次龙骨内托住主龙骨段,另一方面勾挂住主龙骨,将二者连接。

④T 形轻金属龙骨组装的单层构造吊顶骨架,其主、次龙骨的连接通常是 T 形龙骨侧面开有圆孔和方孔,圆孔用于悬吊,方孔则用于次龙骨的凸头直接插入。

对于不带孔眼的 T 形龙骨连接方法有三种。

a. 在次龙骨段的端头剪出连接耳(或称连接脚),折弯 90°与主龙骨用拉铆钉、抽芯铆钉或自攻螺钉进行丁字连接。

b. 在主龙骨上打出长方孔,将次龙骨的连接耳插入方孔。

c. 采用角形铝合金块(或称角码),将主次龙骨分别用抽芯铆钉或自攻螺钉固定连接。

小面积轻型吊顶,其纵、横 T 形龙骨均用镀锌钢丝分股悬挂,调平调直,只需将次龙骨搭置于主龙骨的翼缘上,再搁置安装吊顶板。

⑤每根次龙骨用两只卡夹固定,校正主龙骨平正后再将所有的卡夹一次全部夹紧。

3)双层骨架构造的横撑龙骨安装。

①U 形、C 形轻钢龙骨的双层吊顶骨架在相对湿度较大的地区,必须设置横撑龙骨。

②以轻钢 U 形(或 C 形)龙骨为承载龙骨,以 T 形金属龙骨作覆面龙骨的双层吊顶骨架,一般需设置横撑龙骨。吊顶饰面板作明式安装时,则必须设置横撑龙骨。

③C 形轻钢吊顶龙骨的横撑龙骨由 C 形次龙骨截取,与纵向的次龙骨的 T 字交接处,采用其配套的龙骨支托(挂插件)将二者连接固定。

④双层骨架的 T 形龙骨覆面层的 T 形横撑龙骨安装,根据其龙骨材料的品种类型确定,与上述单层构造的横撑龙骨安装做法相同。

(3)铝合金龙骨吊顶龙骨安装。

1)主、次龙骨就位。根据已确定的主龙骨(大龙骨)位置及确定的标高线,先大致将其基本就位。次龙骨(中、小龙骨)应紧贴主龙骨安装就位。

2)主、次龙骨调平调直。满拉纵横控制标高线(十字中心线),从一端开始,一边安装,一边调整,最后再精调一遍,直到龙骨调平和调直为止。面积较大时,中间水平线可适当起拱。调平时应注意从一端调向另一端,做到纵横平直。

3)边龙骨固定。边龙骨宜沿墙面或柱面标高线钉牢。可用高强水泥钉固定,钉的间距不宜大于 500 mm。亦可用胀管螺栓等办法。

4)主龙骨接长。可选用连接件接长。连接件可用铝合金,亦可用镀锌钢板,在其表面冲成倒刺,与主龙骨方孔相连。全面校正主、次龙骨的位置及水平度,连接件应错位安装。

5)其他同“轻钢龙骨吊顶”。

5.饰面板安装

(1)在 T 形次龙骨安装完,经检查符合要求后,即可开始安装饰面板。安装时从房间中间次龙骨档的一端开始装第一块,将饰面板放在两侧 T 形次龙骨的翼缘上,向墙边轻推,使饰面板放到边龙骨的翼缘上,然后装上外侧的撑挡龙骨,并轻轻用力挤紧卡牢。再装第二块饰面,其内侧放在第一块板外侧的撑挡龙骨翼缘上,按上述程序依次进行。边安装边将面层调平整,将缝隙调匀、调直。

(2)搁置法安装罩面板。

1)罩面板安装可采用搁置法,安装时应留有板材安装缝,每边缝隙不宜大于 1 mm。

2)饰面板安装应确保企口的相互咬接及图案花纹的吻合。

3)饰面板与龙骨嵌装时,应防止相互挤压过紧或脱挂。玻璃吊顶龙骨上留置的玻璃搭接宽度应符合设计要求,并应采用软连接。

①石膏板罩面安装。装饰石膏板安装可采用搁置平放法,将装饰石膏板搁置在由 T 形龙骨组成的各格栅框内,即完成吊顶安装。

吸声穿孔石膏板与 T 形轻钢龙骨配合使用,龙骨吊装找平后,将板搁置在龙骨的翼缘上即可,如图 2-17 所示。板材四边的缝隙以不大于 3 mm 为宜。板固定好后,应用石膏腻子填实刮平。

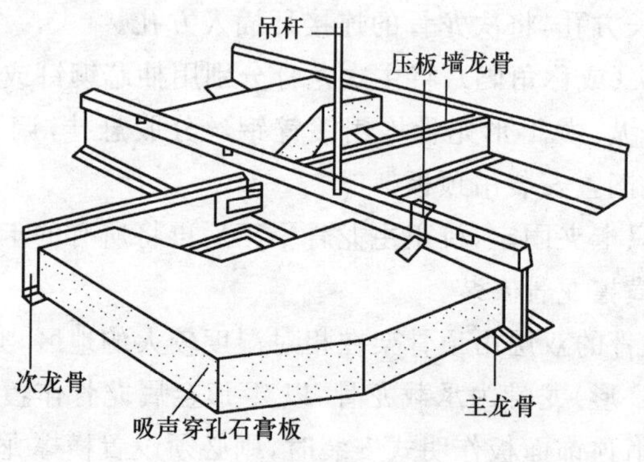


图 2-17 搁置法安装装饰板

②装饰吸声罩面板安装。矿棉装饰吸声板明龙骨罩面板安装可采用搁置法,安装时应留有板材安装缝,每边缝隙不宜大于 1 mm。

珍珠岩纤维装饰吸声板安装时,将已开槽或开企口的板插入即可。

(3)安装有花纹、图案的饰面板时,应注意饰面板的方向,以保证花纹、图案的整体性。饰面板上的灯具、烟感探头、喷淋头等设备宜放在板块的中心位置。风口、检修口尺寸应与饰面板规格配套,布置合理、美观,与饰面板交接处严密、吻合。

6.安装收口条及调整

(1)安装收口条。饰面板与四周墙面和与各种孔洞的交界部位,应按设计要求或采用与饰面板材质相适应的阴角线或收口条收口。四边用石膏线收口时，必须在墙(柱)上预埋木砖，用螺钉固定石膏线，螺钉间距宜小于 600 mm。其他轻质收口条，可用胶黏剂粘贴，但必须保证安装牢固可靠、平整顺直。

(2)调整。饰面板安装完后，应纵、横挂通线，统一调整板面的平整度，调整收口条缝隙和板块缝隙的均匀、顺直度。

## 第二节　暗龙骨吊顶

### 一、施工机具

(1)切割机具：木工圆盘锯、电动木工截锯机、木工刀具、金属型材切割机、电动曲线锯、手持式电动圆锯、电动往复锯、电动剪刀、电冲剪等。

(2)刨削机具：木工平刨、木工压刨、木工手刨等。

(3)钻孔机具：微型(手枪)电钻、电动冲击钻、电锤、自攻螺钉钻等。下面简要介绍电动冲击钻和电锤。

1)电动冲击钻。电动冲击钻是一种可调节式旋转带冲击的特种电钻。利用其纯旋转功能，同普通电钻一样使用，若利用其冲击功能，可以装上硬质合金钻头对混凝土、砖结构进行打孔、开槽作业。

①用途及种类。电动冲击钻可更换各种不同的工具用于不同用途见表 2-3。当更换工具时，应打开定位器，插入工具后再闭合定位器，卡住工具尾端凸台，以防止脱落。电动冲击钻的种类有电动和气动两种。

**表 2-3　电动冲击钻的用途**

| 工具名称 | 内　　容 |
|---|---|
| 硬质合金钻头 | 用于砖、石、混凝土上打孔，便于水、暖、气、电管线和机械设备的安装 |
| 夯实工具 | 用于地面夯实、捣固 |
| 打毛工具 | 用于老混凝土地面打毛以便加铺新的混凝土 |
| 尖嘴凿 | 用于砖、石、混凝土破碎 |
| 平扁凿 | 用于砖、石、混凝土面上开浅槽 |
| 宽平扁凿 | 用于清理毛面和污物 |
| 安装膨胀螺栓专用工具 | 用于拧紧膨胀螺栓 |
| 空心钻 | 用于砖墙上打孔，以便穿过水、暖、气管等 |

②构造及原理。电动冲击钻由单相串激电机、普速系统、冲击结构(齿盘式离合器)、传动轴、齿轮、夹头、钻头、控制开关及把手等组成(图 2-18)。电动冲击电钻的工作原理：电机通过齿轮变速带动传动轴，再与齿轮啮合，在此与齿轮配对的是一静齿盘式离合器，而齿轮则是一个动齿盘式离合器。在钻的头部调节环上设有钻头和锤子标志。把调节环指针调到“钻头”方向时，动离合器就被支起来，从而与静离合器分享，这时齿轮就直接带动钻头，做单一旋运动，

这时电动冲击钻就同普通电钻一样工作。若把调节环的指针调到“锤子”的方向时，动离合器就被放下来，从而与静离合器接触，这样在旋转时通过离合器凹凸不平的接触面，就产生了冲击运动，传递到钻头上就形成了旋转加冲击运动。

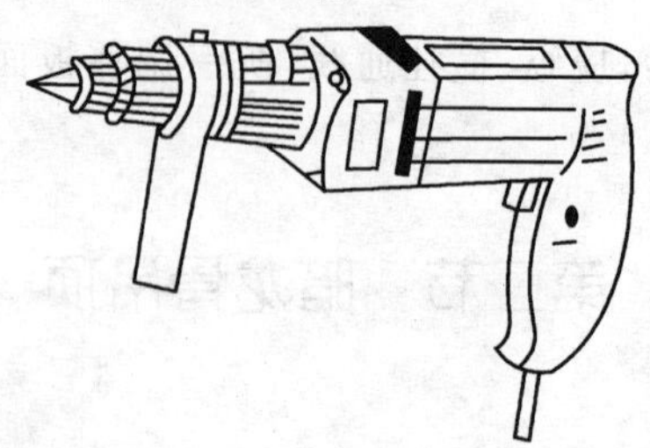

图 2-18　冲击电钻

③技术性能。电动冲击钻的规格见表 2-4。

表 2-4　部分国产冲击电钻规格

| 型号 | 最大钻孔直径(mm) | | 输入功率(W) | 额定转速(r/min) | 冲击次数(次/min) | 质量(kg) |
|---|---|---|---|---|---|---|
| | 混凝土 | 钢 | | | | |
| 回 Z1J-12 | 12 | 8 | 430 | 870 | 13 600 | 2.9 |
| 回 Z1J-16 | 16 | 10 | 430 | 870 | 13 600 | 3.6 |
| 回 Z1J-20 | 20 | 13 | 650 | 890 | 16 000 | 4.2 |
| 回 Z1J-22 | 22 | 13 | 650 | 500 | 10 000 | 4.2 |
| 回 Z1J-16 | 16 | 10 | 480 | 700 | 12 000 | |
| 回 Z1J-20 | 20 | 13 | 580 | 550 | 9 600 | |
| 回 Z1J-20/12 | 20 | 16 | 640 | 双速 850/480 | 17 000/9 600 | 3.2 |
| 回 Z1JS 16 | 10/16 | 6/10 | 320 | 双速 1 500/700 | 30 000/14 000 | 2.5 |
| 回 Z1J-20 | 20 | 13 | 500 | 500 | 7 500 | 3 |
| 回 Z1J-10 | 10 | 6 | 250 | 1 200 | 24 000 | 2 |
| 回 Z1J-12 | 12 | 10 | 400 | 800 | 14 700 | 2.5 |
| 回 Z1J-16 | 16 | 10 | 460 | 750 | 11 500 | 2.5 |

④使用要点。

a. 使用前，检查电钻完好情况，包括机体、绝缘、电线、钻头等有无损坏。

b. 操作者应戴绝缘手套。

c. 根据冲击、旋转要求，把调节开关调好，钻头垂直于工作面冲转。

d. 使用中，发现声音和转速不正常时，要立即停机检查；使用后，及时进行保养。

e. 电钻旋转正常后方可作业，钻孔时不能用力过猛。

f. 使用双速电钻，一般钻小孔时用高速，钻大孔时用低速。

2)电锤。电锤主要用于混凝土结构件的作业。电锤的冲击运动常采用活塞压气结构。每运转 4 h 向油杯注油一次，切忌无油运转。电动机轴承、变速机构、每运转 30 h 需清洗并换油一次，冲击电锤的技术要求见表 2-5。

表 2-5 常用电锤主要技术数据

| 序号 | 型号 | 最大钻孔直径（混凝土上）（mm） | 额定电压（V） | 额定电流（A） | 额定输入功率（W） | 主轴额定转速（r/min） | 额定冲击频率（$min^{-1}$） | 额定工作方式（%） | 外形尺寸长×宽×高（mm） | 机身重量（kg） |
|---|---|---|---|---|---|---|---|---|---|---|
| 1 | 回 Z1C-16 | 16 | 220 | 2.3 | 480 | 560 | 2 950 | 连续 | 300×85×230 | 4 |
| 2 | 回 Z1C-22 | 22 | 220 | 2.5 | 530 | 370 | 2 850 | — | 300×94×245 | 5.5 |
| 3 | 回 Z1C-26 | 26 | 220 | 2.5 | 520 | 300 | 2 650 | 连续 | 450×100×250 | 6.5 |
| 4 | 回 Z1C-38 | 38 | 220 | 3.7 | 800 | 380 | 3 200 | 连续 | 450×110×280 | 7 |

(4)研磨机具：手提电动砂轮机、电动针束除锈机、砂纸机、电动角向钻磨机等。

(5)钉固机具：射钉枪、电动打钉枪、气动打钉枪等。

(6)其他：钳子、螺丝刀、扳手、尺、水准仪、橡胶锤、抹刀、胶料铲、线坠、墨线盒等。

## 二、施工技术

1. 吊顶

木龙骨吊顶、轻钢龙骨吊顶及铝合金龙骨吊顶参见第一节的相关内容。

2. 饰面板安装

(1)木龙骨吊顶罩面板安装。在木骨架底面安装顶棚罩面板，罩面板固定方式分为圆钉钉固法、木螺钉拧固法、胶结黏固法三种方式。

1)圆钉钉固法：用于石膏板、胶合板、纤维板的罩面板安装以及灰板条吊顶和 PVC 吊顶。

①装饰石膏板，钉子与板边距离应不小于 15 mm，钉子间距宜为 150～170 mm，与板面垂直。钉帽嵌入石膏板深度宜为 0.5～1.0 mm，并应涂刷防锈涂料；钉眼用腻子找平，再用与板面颜色相同的色浆涂刷。

②软质纤维装饰吸声板，钉距为 80～120 mm，钉长为 20～30 mm，钉帽进入板面 0.5 mm，钉眼用油性腻子抹平。

硬质纤维装饰吸声板，板材应用水浸透，自然晾干后安装，采用圆钉固定；对于大块板材，应使板的长边垂直于横向次龙骨，即沿着纵向次龙骨铺设。

③塑料装饰罩面板，一般用 20～25 mm 宽的木条，制成 500 mm 的正方形木格，用小圆钉钉牢，再用 20 mm 宽的塑料压条或铝压条或塑料小花固定板面。

④灰板条铺设，板与板之间应留 8～10 mm 的缝，板与板接缝应留 3～5 mm，板与板接缝应错开，一般间距为 500 mm 左右。

2)木螺钉固定法：用于塑料板、石膏板、石棉板、珍珠岩装饰吸声板以及灰板条吊顶。在安装前罩面板四边按螺钉间距先钻孔，安装程序与方法同圆钉钉固法。

珍珠岩装饰吸声板螺钉应深入板面 1～2 mm，并用同色珍珠岩砂混合的粘结腻子补平板面，封盖钉眼。

3)胶结黏固法：用于钙塑板。安装前板材应选配修整，使厚度、尺寸、边楞整齐一致。每块罩面板粘贴前进行预装，然后在预装部位龙骨框底面刷胶，同时在罩面板四周刷胶，刷胶宽度为 10～15 mm，经 5～10 min 后，将罩面板压粘在预装部位。

每间顶棚先由中间行开始，然后向两侧分行逐块粘贴，胶黏剂按设计规定，设计无要求时，应经试验选用，一般可用 401 胶。

(2)木龙骨吊顶安装压条。木骨架罩面板顶棚，设计要求采用压条作法时，待一间罩面板全部安装后，先进行压条位置弹线，按线进行压条安装。其固定方法可同罩面板，钉固间距为 300 mm，也可用胶结料粘贴。

(3)轻钢龙骨吊顶罩面板安装。

1)石膏板罩面安装。

①应从吊顶的一边角开始，逐块排列推进。石膏板用镀锌自攻螺钉 $\phi3.5\times25$ mm 固定在龙骨上，钉头应嵌入石膏板内约 0.5～1 mm，钉距为 150～170 mm，钉距板边 15 mm。板与板之间和板与墙之间应留缝，一般为 3～5 mm。

采用双层石膏板时，其长短边与第一层石膏板的长短边均应错开一个龙骨间距以上位置，且第二层板也应如第一层一样错缝铺钉，采用 $\phi3.5\times35$ mm 自攻螺钉固定在龙骨上，螺钉应适当错位。

②纸面石膏板应在自由状态下进行安装，并应从板的中间向板的四周固定，纸包边长应沿着次龙骨平行铺设，纸包立宜为 10～15 mm，切割边宜为 15～20 mm，铺设板时应错缝。

③装饰石膏板可采用黏结安装法：对 U 形、C 形轻钢龙骨，可采用胶黏剂将装饰石膏板直接粘贴在龙骨上。胶黏剂应涂刷均匀，不得漏刷，粘贴牢固。胶黏剂未完全固化前板材不得有强烈振动。

④吸声穿孔石膏板与 U 形(或 C 形)轻钢龙骨配合使用，龙骨吊装找平后，在每 4 块板的交角点和板中心，用塑料小花以自攻螺钉固定在龙骨上。采用胶黏剂将吸声穿孔石膏板直接粘贴在龙骨上。安装时，应注意使吸声穿孔石膏板背面的箭头方向和白线方向一致。

⑤嵌式装饰石膏板可采用企口暗缝咬接安装法。将石膏板加工成企口暗缝的形式，龙骨的两条肢插入暗缝，靠两条肢将板托住。构造如图 2-19 所示。安装宜由吊顶中间向两边对称进行，墙面与吊顶接缝应交圈一致；安装过程中，接插企口用力要轻，避免硬插硬撬而造成企口处开裂。

2)装饰吸声罩面板安装。矿棉装饰吸声板在房间内湿度过大时不宜安装。安装前，应先排板；安装时，吸声板上不得放置其他材料，防止板材受压变形。

①暗龙骨吊顶安装法。将龙骨吊平、矿棉板周边开槽，然后将龙骨的肢插到暗槽内，靠肢将板托住，安装构造如图 2-20 所示。房间内温度过大时不宜安装。

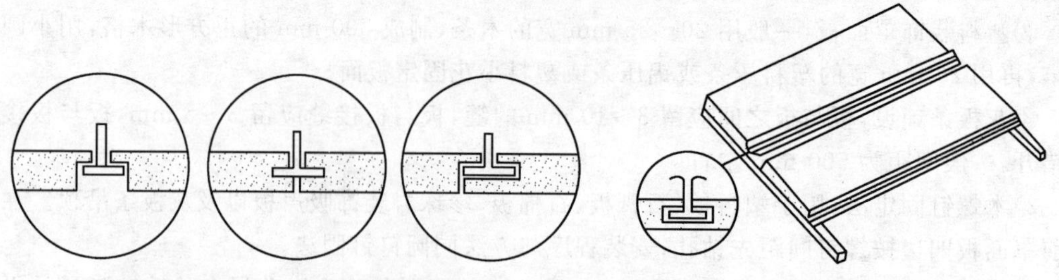

图 2-19　用企口缝形式拖挂饰面板　　　图 2-20　暗龙骨安装构造示意

②粘贴法。

a.复合平贴法。其构造为龙骨＋石膏板＋吸声饰面板。龙骨可采用上人龙骨或不上人龙骨，将石膏板固定在龙骨上，然后将装饰吸声板背面用胶布贴几处，用专用钉固定。

b. 复合插贴法。其构造为龙骨＋石膏板＋吸声板。吸声板背面双面胶布贴几个点，将板平贴在石膏板上，用打钉器将“⊓”形钉固定在吸声板开榫处，吸声板之间用插件连接、对齐图案。

粘贴法要求石膏板基层非常平整，粘贴时，可采用粘贴矿棉装饰吸声板的 874 型建筑胶黏剂。

珍珠岩装饰吸声板的安装，可在龙骨上钻孔，将板用螺钉与龙骨固定。先在板的四角用塑料小花钉牢，再在小花之间沿板边按等距离加钉固定。

3)塑料装饰罩面板安装。塑料装饰罩面板，一般用 20～25 mm 宽的木条，制成 500 mm 的正方形木格，用小圆钉钉牢，再用 20 mm 宽的塑料压条或铝压条或塑料小花固定板面。与轻钢龙骨固定时，可采用自攻螺钉，也可根据不同材料采用相应的胶黏剂粘贴在龙骨上。

4)纤维水泥加压板安装。宜采用胶黏剂和自攻螺钉粘、钉结合的方法固定。纤维增强水泥平板与龙骨固定时应钻孔，钻头直径应比螺钉直径小 0.5～1.0 mm，固定时钉帽必须压入板面 1～2 mm，螺钉与板边距离宜为 8～15 mm，板周边钉距宜为 150～170 mm，板中钉距不得大于 200 mm。钉帽需作防锈处理，并用油性腻子嵌平。

两张板接缝与龙骨之间，宜放一条 50 mm×3 mm 的再生橡胶垫条；纤维增强硅酸钙板加工打孔时，不得用铳子冲孔，应用手电钻钻孔，钻孔时宜在板下垫一木块。

5)铝合金条板吊顶安装。

①全面检查中心线，复核龙骨标高线和龙骨布置线，检查复核龙骨是否调平调直，以保证板面平整。

②卡固法条板的安装：适用于板厚为 0.8 mm 以下、板宽在 100 mm 以下的条板。

条板安装应从一个方向依次安装，如果龙骨本身兼卡具，只要将条板托起后，先将条板的一端用力压入卡脚，再顺势将其余部分压入卡脚内，如图 2-21 所示。

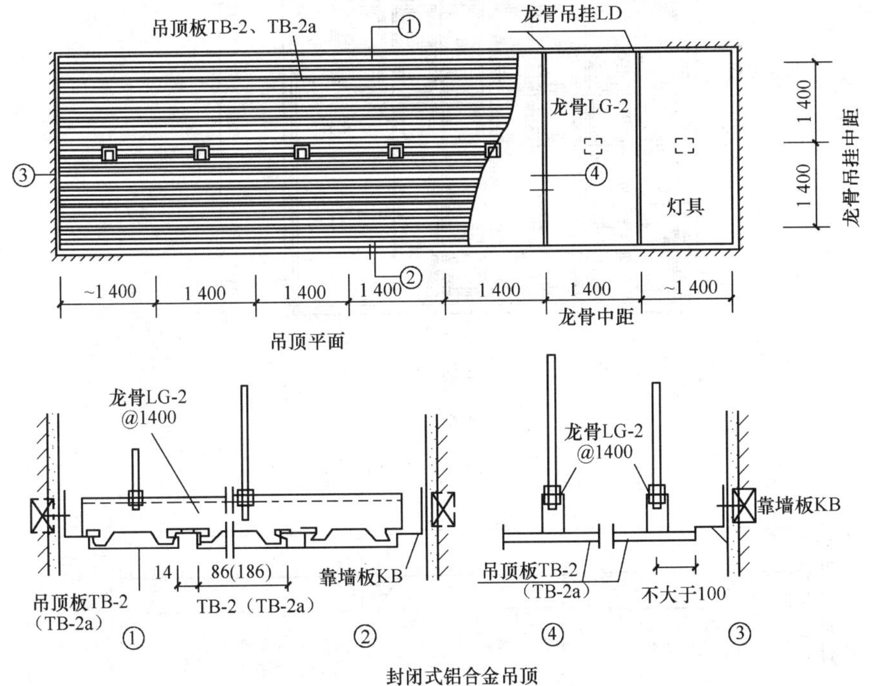


图 2-21 铝合金条形板安装(单位:mm)

螺钉固定铝合金条板吊顶：适用于板宽超过 100 mm，板厚超过 1 mm 的“扣板”的铝合金条板材。

采用自攻螺钉固定，自攻螺钉头在安装后完全隐蔽在吊顶内，如图 2-22 所示。条板切割时，除控制好切割的角度，同时要对切口部位用锉刀修平，将毛边及不妥处修整好，再用相同颜色的胶黏剂(可用硅胶)将接口部位进行密合。

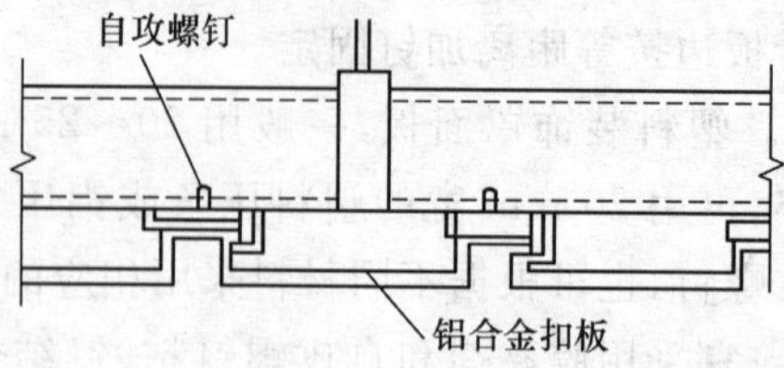


图 2-22　条形扣板吊顶的安装

6)铝合金方形板吊顶安装。铝合金块板与轻钢龙骨骨架的安装，可采用吊钩悬挂式或自攻螺钉固定式(图 2-23)，也可采用铜丝扎结(图 2-24)。用自攻螺钉固定时，应先用手电钻打出孔位后再上螺钉。

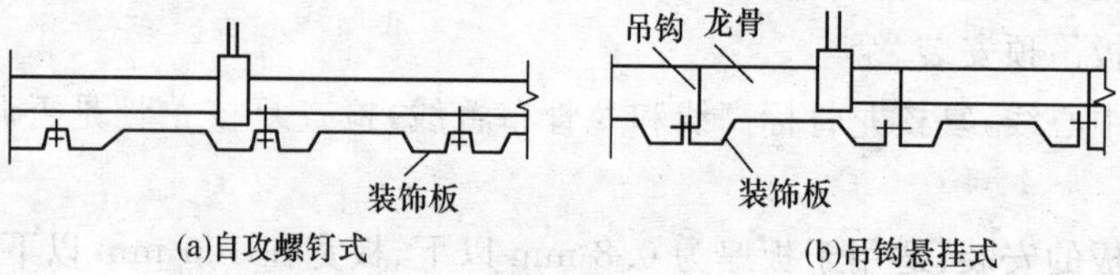

(a)自攻螺钉式　(b)吊钩悬挂式

图 2-23　铝合金方板安装(一)

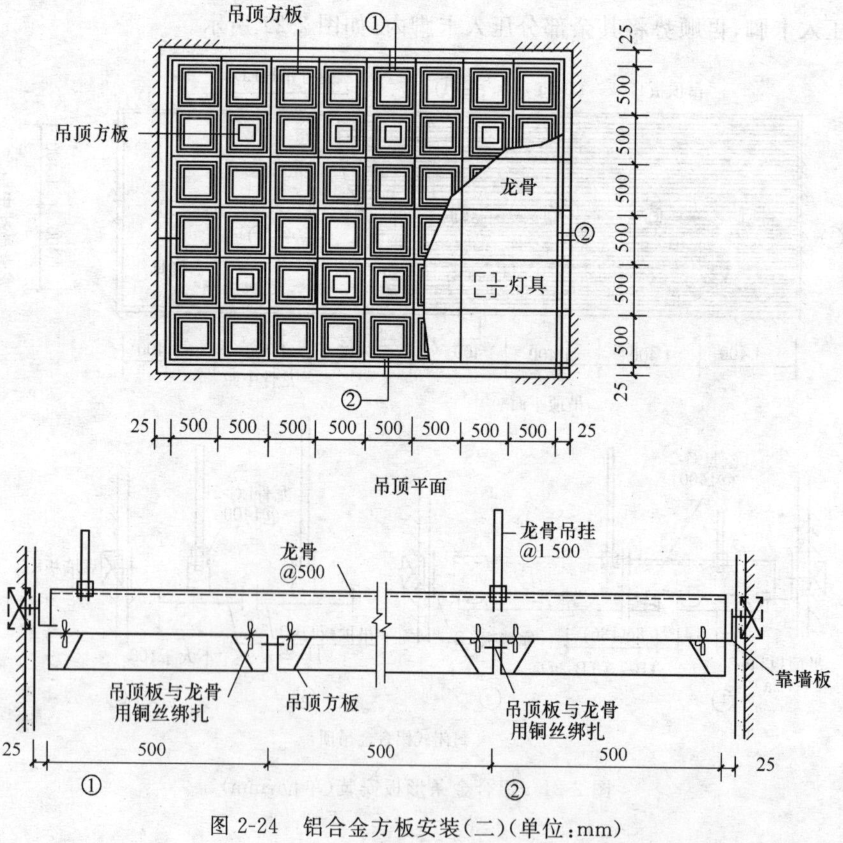

吊顶平面

图 2-24　铝合金方板安装(二)(单位：mm)

安装时按照弹好的布置线，从一个方向开始依次安装，吊钩先与龙骨连接固定，再勾住板块侧边的小孔。铝合金板在安装时应轻拿轻放，保护板面不受碰伤或刮伤。

(4)轻钢龙骨吊顶嵌缝。吊顶石膏板铺设完成后，即进行嵌缝处理。

1)嵌缝的填充材料：有老粉(双飞粉)、石膏、水泥及配套专用嵌缝腻子。常见的材料一般配以水、胶，也可根据设计的要求水与胶水搅拌均匀之后使用。专用嵌缝腻子不用加胶水，只根据说明加适量的水搅拌均之后即可使用。

2)嵌缝的程序为：螺钉的防锈处理→板缝清扫干净→腻子嵌缝密实(以略低于板面为佳)→干燥养护→第二道嵌缝腻子→贴盖缝带(品种有专用纤维纸带、玻璃纤维网格带)→干燥→下一道工艺满批腻子。

操作方法：暗龙骨吊顶如图 2-25 所示。

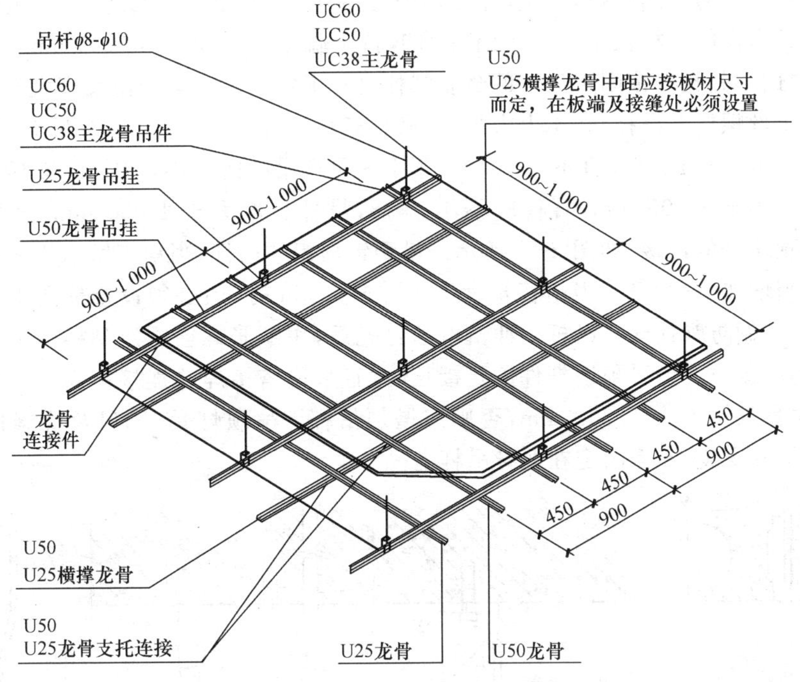


图 2-25　UC 形轻钢龙骨吊顶安装示意图(单位：mm)

(5)铝合金龙骨吊顶罩面板安装。参见“轻钢龙骨吊顶罩面板安装”的相关内容。

## 第三节　玻璃吊顶

### 一、施工机具

施工现场应准备的机具设备有以下几类。

(1)机具：电锯、电刨、无齿锯、手枪钻、冲击电锤、电焊机、角磨机等。

(2)工具：拉铆枪、射钉枪、手锯、手刨、钳子、扳手、螺丝刀、平刨、槽刨、线刨、斧、锤、手摇钻等。

(3)计量检测用具：水准仪、靠尺、钢尺、水平尺、方尺、塞尺、线坠等。

(4)安全防护用品：安全帽、安全带、电焊面罩、电焊手套等。

## 二、施工技术

1. 轻钢骨架玻璃吊顶

(1)放线。依据室内标高控制线,在房间内四角墙(柱)上,标出设计吊顶标高控制点(墙体较长时,中间宜增加控制点,其间距宜为 3～5 m),然后沿四周墙壁弹出吊顶水平标高控制线,线位置应准确,均匀清晰。按吊顶龙骨排列图,在顶板上弹出主龙骨的位置线和嵌入式设备外形尺寸线。主龙骨间距一般为 900～1 000 mm 均匀布置,排列时应尽量避开嵌入式设备,并在主龙骨的位置线上用十字线标出固定吊杆的位置。吊杆间距应为 900～1 000 mm,距主龙骨端头应不大于 300 mm,均匀布置。若遇较大设备或通风管道,吊杆间距大于 1 200 mm 时,宜采用型钢扁担来满足吊杆间距。

(2)吊杆安装。通常用冷拔钢筋或盘圆钢筋做吊杆,使用盘圆钢筋时,应用机械先将其拉直,然后按吊顶所需的吊杆长度下料。断好的钢筋一端焊接∟ 30 mm×30 mm×3 mm 角码(角码另一边打孔,其孔径按固定吊杆的膨胀螺栓直径确定),另一端套出长度大于 100 mm 的螺纹(也可用全丝螺杆做吊杆)。不上人吊顶,吊杆长度小于 1 000 mm 时,直径宜不小于 $\phi6$;吊杆长度大于1 000 mm,直径宜不小于 $\phi8$。不上人吊顶吊杆的连接,如图 2-26 所示。上人的吊顶,吊杆长度小于 1 000 mm,直径应不小于 $\phi8$,吊杆长度大于 1 000 mm,直径应不小于 $\phi10$。上人吊顶吊杆的连接,如图 2-27 所示。吊型钢扁担的吊杆,当扁担所承担两根以上吊杆时,直径应适当增加 1～2 级。当吊杆长度大于 1 500 mm 时,还必须设置反向支撑杆。制作好的金属吊杆应做防腐处理。吊杆用冲击电锤打孔后,用膨胀螺栓固定到楼板上。吊杆应通直并有足够的承载力。金属预埋杆件需要接长时,宜采用搭接焊并连接牢固。主龙骨端部的吊杆应使主龙骨悬挑不大于 300 mm,否则应增加吊杆。吊顶灯具、风口及检修口和其他设备,应设独立吊杆安装,不得固定在龙骨吊杆上。

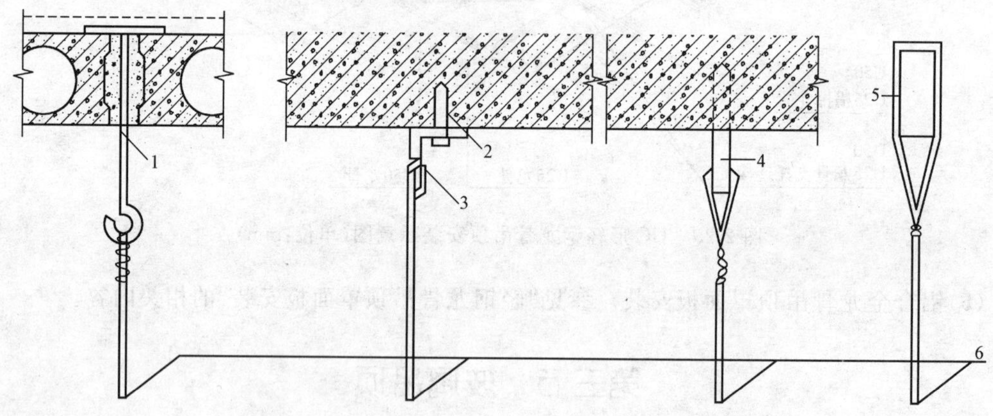


图 2-26　不上人吊顶吊杆的连接

1—预埋 $\phi6$ 钢筋;2—射钉;3—∟ 25×25×3(长 25 穿 $\phi4$ 孔)

4—膨胀螺栓;5—钢条;6—10 号镀锌钢丝

(3)主龙骨安装。主龙骨通常分不上人 UC38 和上人 UC60 两种,安装时应采用专用吊挂件和吊杆连接,吊杆中心应在主龙骨中心线上。主龙骨安装构造做法如图 2-28 所示。主龙骨安装间距一般为 900～1 000 mm,一般宜平行房间长向布置。主龙骨端部悬挑应不大于 300 mm,否则应增加吊杆。主龙骨接长时应采取专用连接件,每段主龙骨的吊挂点不得少于两处，相邻两根主龙骨的接头要相互错开，不得放在同一吊杆档内。

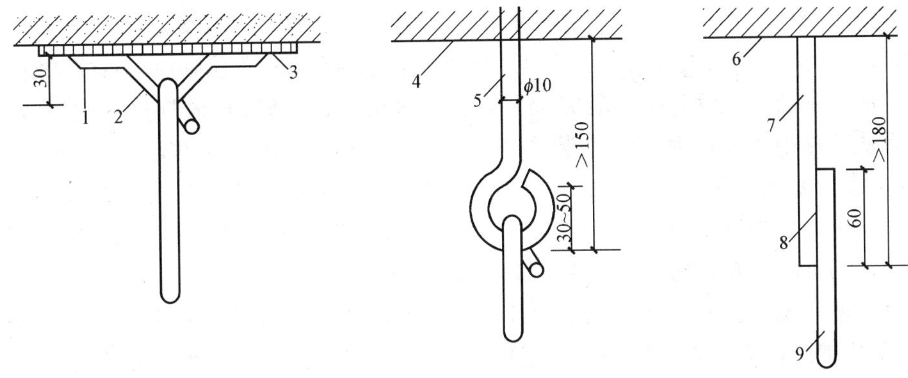


图 2-27 上人吊顶吊杆的连接

1—2×射钉 YD3758 或 DD37510 在钢板上对角布置；2—ϕ10 钢筋吊环与钢板焊接；3—200 mm×200 mm×6 mm 钢板；4，6—钢筋混凝土楼板；5—预埋在楼板接缝间，上部套挂在 ϕ10 水平钢筋上；7—预埋 ϕ10 T 型吊杆于楼板接缝中；8—焊接部位；9—ϕ8 钢筋吊杆下端套螺纹

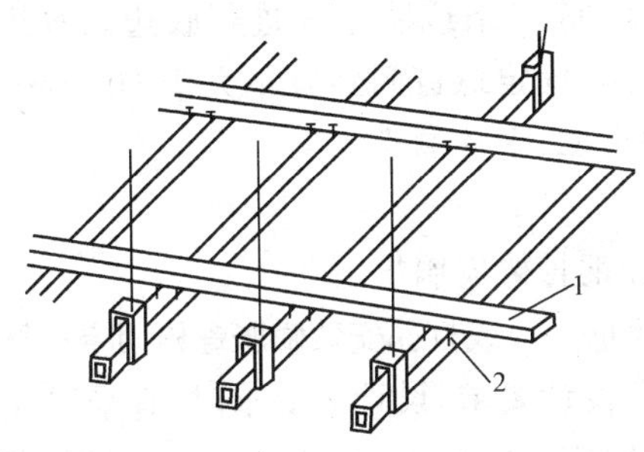


图 2-28 主龙骨安装方法

1—方木；2—铁钉

1）吊顶跨度大于 15 m 时，应在主龙骨上每隔 15 m 垂直主龙骨加装一道大龙骨，连接牢固。

2）有较大造型的顶棚，造型部分应形成自己的框架，用吊杆直接与顶板进行吊挂连接。

3）重型灯具、吊扇及其他专业设备严禁直接安装在吊顶龙骨上。

4）主龙骨安装完成后，应对其进行一次调平，并注意调好起拱度。

（4）次龙骨安装。应按设计规定选择次龙骨，设计无要求时，上人吊顶宜选用 CB60×27U 形轻钢龙骨，不上人吊顶次龙骨与主龙骨应配套。次龙骨用专用连接件与主龙骨固定。次龙骨必须对接，不得有搭接。次龙骨间距应根据设计要求或面板规格确定，一般次龙骨中心距不大于 600 mm。次龙骨的靠墙一端应放在边龙骨的翼缘上。次龙骨需接长时，应使用专用连接件进行连接固定。每段次龙骨与主龙骨的固定点不得少于两处，相邻两根次龙骨的接头要相互错开，不得放在两根主龙骨的同一档内。各种洞口周围，应设附加龙骨，附加龙骨用拉铆钉连接固定到主、次龙骨上。

（5）撑挡龙骨安装。应按设计规定选用撑挡龙骨，设计无要求时，上人吊顶宜选用 CB60×27U 形轻钢龙骨做撑挡龙骨，不上人吊顶应配套选用。间距按设计要求或面板规格确定，通常撑挡龙骨中心间距不大于 600 mm。撑挡龙骨应使用专用挂件固定到次龙骨上，固定应牢固可靠。撑挡龙骨安装完后，应拉通线进行一次整体调整，使各龙骨间距均匀、平整一致，并按设计要求调好起拱度，设计无要求时一般起拱度为房间跨度的3‰～5‰。

(6)补刷防锈漆。骨架安装完成后，所有焊接处和防锈层破坏的部位，应补刷防锈漆进行防腐。

(7)基层板安装。轻钢骨架安装完成并经验收合格后，按基层板的规格、拼缝间隙弹出分块线，然后从顶棚中间沿次龙骨的安装方向先装一行基层板，作为基准，再向两侧展开安装。基层板应按设计要求选用，设计无要求时，宜选用7 mm厚胶合板。基层板按设计要求的品种、规格和固定方式进行安装。采用胶合板时，应在胶合板朝向吊顶内侧面满涂防火涂料，用自攻螺钉与龙骨固定，自攻螺钉中心距不大于250 mm。

(8)面层玻璃安装。面层玻璃应按设计要求的规格和型号选用。一般选用3+3厚镜面夹胶玻璃或钢化镀膜玻璃。先按玻璃板的规格在基层板上弹出分块线，线必须准确无误，不得歪斜、错位。先用玻璃胶或双面玻璃胶纸将玻璃临时粘贴，再用半圆头不锈钢装饰螺钉在玻璃四周固定。螺钉的间距、数量由设计确定，但每块玻璃上不得少于4个螺钉。玻璃上的螺钉孔应委托厂家加工，孔距玻璃边缘应大于20 mm，以防玻璃破裂。玻璃安装应逐块进行，不锈钢螺钉应对角安装。

(9)收口、收边。吊顶与四周墙(柱)面的交界部位和各种孔洞的边缘，应按设计要求或采用与饰面材质相适应的收边条、收口条或阴角线进行收边。收边用石膏线时，必须在四周墙(柱)上预埋木砖，再用螺钉固定，固定螺钉间距宜不大于600 mm。其他轻质收边、收口条，可用胶粘贴，但应保证安装牢固可靠、平整顺直。

2.木骨架玻璃吊顶

(1)放线。具体操作同“轻钢骨架玻璃吊顶”。

(2)吊杆安装。利用预留钢筋吊环或打孔安装膨胀螺栓固定吊杆，吊杆中心距900～1 000 mm，吊杆的规格、材质、布置应符合设计要求，设计无要求时，宜采用大于40 mm×40 mm的红、白松方木，先用膨胀螺栓将方木固定在楼板上，再用100 mm铁钉将木吊杆固定在方木上，每个木吊杆上不少于两个钉子，并错位钉牢。吊杆要逐根错开，不得钉在方木的同一侧面上或用$\phi$8钢筋吊杆，其安装方法同“轻钢骨架玻璃吊顶”。

(3)主龙骨安装。木质主龙骨的材质、规格、布置应按设计要求确定。设计无要求时，主龙骨宜采用50 mm×70 mm的红、白松，中心距900～1 000 mm。主龙骨与木质吊杆的连接采用侧面钉固法时，相邻两吊杆不得钉在主龙骨的同一侧，应相互错开。木质龙骨采用金属吊杆时，先将木龙骨钻孔，并将龙骨下表面孔扩大，能够将螺母埋入，再将吊杆穿入木龙骨锁紧，并使螺母埋入木龙骨与下表面平。

(4)次龙骨安装。木质次龙骨的材质、规格、布置应按设计要求确定。设计无要求时，次龙骨宜采用50 mm×50 mm的红、白松，正面刨光，中心距按饰面玻璃规格确定，一般不大于600 mm。木质主、次龙骨间的连接宜采用小吊杆连接，小吊杆钉在龙骨侧面时，相邻吊杆不得钉在龙骨的同一侧，应相互错开。也可采用12号镀锌低碳钢丝绑扎固定。其他安装方法和要求同“轻钢骨架玻璃吊顶次龙骨安装”。

(5)防腐、防火处理。木质吊杆、龙骨安装完成形成骨架后，应进行全面检查，对防火、防腐层遭到破坏处应进行修补。

(6)面层玻璃安装。应按设计要求的规格和型号选用玻璃。设计无要求时，通常采用8～15 mm厚的微晶玻璃、镭射玻璃、幻影玻璃、彩色有机玻璃等。用胶粘贴后，用木压条或半圆头不锈钢装饰玻璃螺钉直接固定在木龙骨上。其他施工方法和要求同“轻钢骨架玻璃吊顶面层玻璃安装”。

(7)钉(粘)装饰条。应按设计要求的材质、规格、型号、花色选用装饰条。装饰条安装时，宜采用钉固或胶粘。其他施工方法和要求同“轻钢骨架玻璃吊顶收口、收边”。

# 第四节　花栅吊顶

## 一、施工机具

(1)机具:铝合金切割机、无齿锯、手枪钻、冲击电锤、电焊机、角磨机等。

(2)工具:拉铆枪、射钉枪、手锯、手刨、钳子、扳手、螺丝刀等。

(3)计量检测用具:水准仪、靠尺、钢尺、钢卷尺、角尺、水平尺、游标卡尺、塞尺、线坠等。

(4)安全防护用品:安全帽、安全带、电焊面罩、电焊手套等。

## 二、施工技术

1. 有骨架格栅吊顶

(1)弹线。依据房间内标高控制水准线，按设计要求在房间四角量测出顶棚标高控制点(房间面积较大时，控制点间距宜为 3～5 m)，然后用粉线沿四周墙(柱)弹出水平标高控制线。依据吊顶平面大样图，确定龙骨、吊杆位置线和顶棚造型、大中型设备、风口的位置、轮廓线，并弹在顶板上。主龙骨应避开大中型设备、风口的位置，一般从房间吊顶中心向两边均匀排列。

吊杆的间距应依据格栅的材质重量而定，一般为 900～1 500 mm。遇有大型设备或风道，间距大于 1 200 mm 时，宜采用型钢扁担来满足吊杆间距。

(2)固定吊杆。在钢筋混凝土楼板固定角码和吊杆应采用膨胀螺栓。若混凝土楼板上已有预留吊环(钩)，可将 $\phi4$ 钢丝吊杆焊接或挂接到预留吊环(钩)上。用冲击电锤在楼板上打膨胀螺栓孔时，应注意不要伤及混凝土板内的管线。吊杆通常采用 $\phi4$ 冷拔钢丝，如图 2-29 所示，吊杆的一端与角码焊接(角码采用∟ 30 mm×30 mm×3 mm、长 30 mm 的角钢制成)或弯钩挂接，另一端弯钩或套出螺纹。吊杆应做防锈处理。用型钢扁担加密吊杆，扁担承担两根以上吊杆时，扁担吊杆直径应增加 1～2 级。

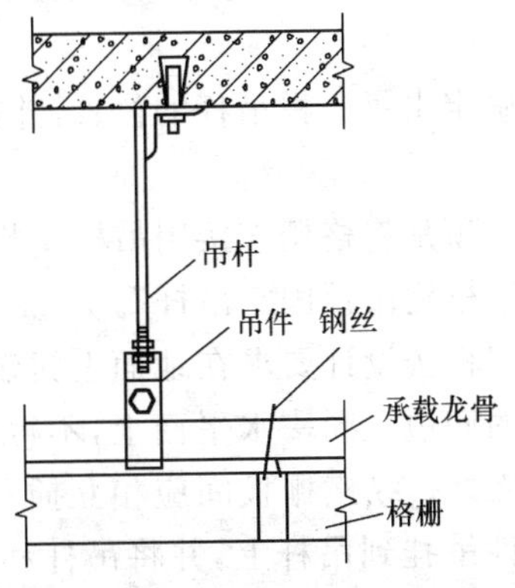


图 2-29　格栅吊顶吊件示意图

(3)边龙骨安装。边龙骨应按大样图的要求和弹好的吊顶标高控制线进行安装。安装时用水泥钉或螺钉固定在已预埋好的木砖上(木砖需经防腐处理)。固定在混凝土墙(柱)上时，可直接用水泥钉固定。固定到陶粒混凝土墙时，埋木砖处应当用混凝土进行局部加固。固定点间距一般为 300～600 mm，以防止发生变形。

(4)主龙骨(承载龙骨)安装。主龙骨(承载龙骨)通过专用挂件与吊杆固定，中心距为 900～1 500 mm。主龙骨一般为 CB38 轻钢龙骨，主龙骨应平行房间长方向布置，同时应起拱，起拱高度为房间跨度的 3‰～5‰。主龙骨端部悬挑应小于 300 mm。主龙骨接长时应采取专用连接件，每段主龙骨的吊挂点不得少于两处，相邻两根主龙骨的接头要相互错开，不得放在同一吊杆档内。主龙骨安装完后，应挂通线调整至平整、顺直。当吊杆长度大于 1 500 mm 时，应使用硬吊杆或设置反向支撑杆。

(5)格栅安装。安装前应按设计大样图将格栅组装好。安装时一般使用专用卡挂件将格栅卡挂到承载龙骨上，并应随安装随将格栅的底标高调整平，如图 2-30 所示。

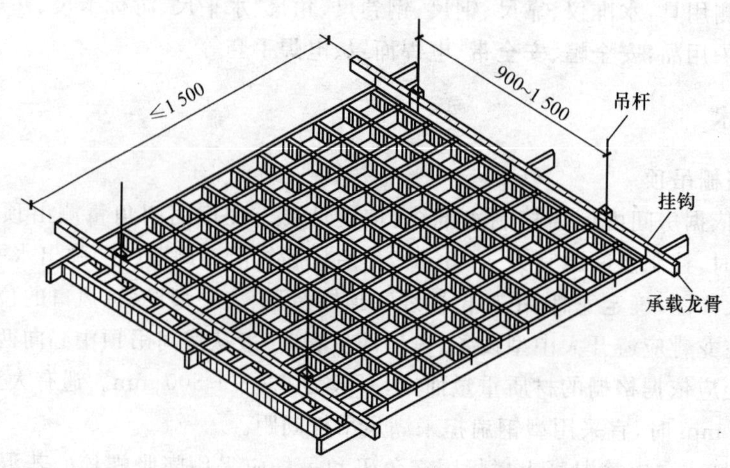


图 2-30　格栅安装示意图(单位：mm)

(6)整理、收边。格栅安装完后，应拉通线对整个顶棚表面和分格、分块缝调平、调直，使其吊顶表面平整度满足设计或相关规范要求，顶棚分格、分块缝位置准确，均匀一致，通畅顺直，无宽窄不一、弯曲不直现象。周边部分应按设计要求收边，收边条通常采用铝合金型材条。收边条固定在墙上时，一般采用钉粘法安装，中间分格、分块缝的收边条，一般采用卡挂法安装。

2. 无骨架格栅吊顶

(1)弹线。应按大样图准确确定出每一根吊杆的位置，并在楼板上弹线，其他要求同“有骨架格栅吊顶弹线”。

(2)固定吊杆。无骨架格栅吊顶是将格栅直接用吊杆安装在楼板上。吊杆的选择、安装方法、安装要求、连接方式同“有骨架格栅吊顶固定吊杆”。

(3)格栅安装。将铝合金格栅板按设计要求在地面上拼装成整体块，其纵、横尺寸宜不大于 1 500 mm。拼装时应使栅板的底边在同一水平面上，不得有高低差。每块栅板应顺直，不得有歪斜、弯曲歪斜、弯曲、变形之处。纵横栅板间应相互插、卡牢固，咬缝严密。然后将拼装好的格栅块水平托起，直接用挂件吊挂到吊杆上，并将吊杆和挂件上的螺拧紧。空腹 U 形栅板穿螺钉处，应将栅板空腹内用防腐木块垫实，以免螺钉拧紧时将栅板挤压变形。

(4)整理、收边。安装方法和要求同“有骨架格栅吊顶整理、收边”。

# 第五节　金属吊顶

## 一、施工机具

(1)机具:型材切割机、电锯、无齿锯、手枪钻、冲击电锤、电焊机、角磨机等。下面简要介绍型材切割机。

型材切割机是对金属型材高效切割的机具。它利用砂轮磨削原理,高速旋转砂轮片实现切割,切割速度快,质量好,是建筑装饰和水电安装作业的常用机具。

1)构造。型材切割机由切割动力头、可转夹钳、驱动电机和机座等部分组成。使用时,将型材固定在夹钳上,启动电机,手动按下动力头,开始切割工作。

2)使用要点。

①使用前,检查绝缘电阻,检查各接线柱是否接牢,接好地线。

②检查电源是否与铭牌额定的电压相符,不能在超过或低于额定电压10%的电压上使用。

③检查砂轮转动方向是否与防护罩壳上标示的旋转方向一致,如发现相反,应立即停车,将插头中两支电线其中一支对调互换。切不可反向旋转。

④使用的砂轮片或合金圆锯片的规格不能大于铭牌上规定的规格,以免电机过载。绝对不能使用安全线速度低于切割速度的砂轮片。

(2)工具:拉铆枪、射钉枪、手锯、钳子、扳手、螺丝刀等。

(3)计量检测用具:钢尺、水平尺、水准仪、靠尺、塞尺、线坠等。

(4)安全防护用品:安全帽、安全带、电焊帽、电焊手套、线手套等。

## 二、施工技术

1.构造

金属吊顶系统是采用铝合金,镀锌钢等金属材料经机械成型、滚涂、喷涂等工艺加工后应用于吊顶装饰工程的产品。金属吊顶系统由面板,龙骨及安装辅配件(如:面板连接件,龙骨连接件,安装扣,调校件等)组成。构造如图2-31所示。

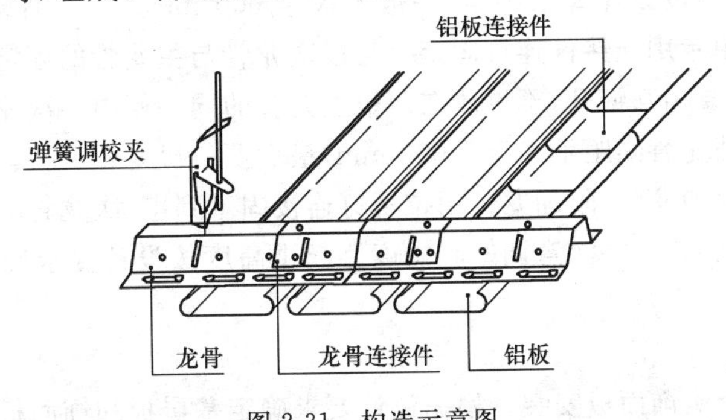


图2-31　构造示意图

2.放线

(1)放吊顶标高及龙骨位置线。依据室内标高控制线(点),用尺或水准仪找出吊顶设计标高位置，在四周墙上弹一道墨线，作为吊顶标高控制线。弹线应清晰，位置应准确。再按吊顶排板图或平面大样图，在楼板上弹出主龙骨的位置线。主龙骨宜从吊顶中心开始，向两边均匀布置（应尽量避开嵌入式设备），最大间距应根据设计要求和饰面板的规格确定，一般应不大于1 000 mm。然后在主龙骨位置线上用小"＋"字线标出吊杆的固定位置，一般吊杆间距为900～1 000 mm，距主龙骨的端头应不大于300 mm，均匀布置。若遇较大设备或管道，吊杆间距大于1 200 mm时，宜采用型钢扁担来满足吊杆间距。

(2)放设备位置线。按施工图上的位置和设备的实际尺寸、安装形式，将吊顶上的所有大型设备、灯具、电扇等的外形尺寸和吊具、吊杆的安装位置，用墨线弹于顶板上。

3.固定吊杆

通常用冷拔钢筋或盘圆钢筋做吊杆，使用盘圆钢筋时，应用机械先将其拉直，然后按吊顶所需的吊杆长度下料。断好的钢筋一端焊接∟ 30 mm×30 mm×3 mm角码（角码另一边打孔，其孔径按固定吊杆的膨胀螺栓直径确定），另一端套出长度不小于100 mm的螺纹（也可用全丝螺杆做吊杆）。吊杆长度小于1 000 mm时，直径宜不小于$\phi 6$；吊杆长度大于1 000 mm，直径宜不小于$\phi 8$。吊装型钢扁担的吊杆，当扁担上有两根以上吊杆时，直径应适当增加1～2级。当吊杆长度大于1 500 mm时，还应设置反向支撑杆。制作好的金属吊杆应做防腐处理，吊杆用金属膨胀螺栓固定到楼板上。吊杆应通直并有足够的承载力。在预埋件上安装金属吊杆和吊杆接长时，宜采用焊接并连接牢固。吊顶上的灯具、风口及检修口和其他设备，应设独立吊杆安装，不得固定在龙骨吊杆上。吊杆、角码等金属件和焊接处应做防腐处理。

4.安装主龙骨

主龙骨按设计要求选用。通常用UC38或UC50轻钢龙骨，也可用型钢或其他金属方管做主龙骨。龙骨安装时采用专用吊挂件与吊杆连接，吊杆中心应在主龙骨中心线上。主龙骨的间距一般为900～1 000 mm。主龙骨端部悬挑应不大于300 mm，否则应增加吊杆。主龙骨接长时应采取专用连接件，每段主龙骨的吊挂点不得少于2处，相邻两根主龙骨的接头要相互错开，不得放在同一吊杆档内。采用型钢或其他金属方管做主龙骨时，通常与吊杆用螺栓连接或焊接。主龙骨安装完成后，应拉通线对其进行一次调平，并调整至各吊杆受力均匀。

5.安装次龙骨

次龙骨按设计要求选用。通常选用与主龙骨配套的U形或T形龙骨，用专用连接件与主龙骨固定。次龙骨间距按设计要求确定，一般不大于600 mm。次龙骨需接长时，必须对接，不得有搭接，并应使用专用连接件连接固定。每段次龙骨与主龙骨的固定点不得少于两处，相邻两根次龙骨的接头要相互错开，不得放在两根主龙骨的同一档内。次龙骨安装完后，还应安装撑挡龙骨，通常撑挡龙骨间距不大于1 000 mm，最后调整次龙骨.使其间距均匀、平整一致。各种洞口周围，应设附加龙骨，附加龙骨用拉铆钉连接固定到主、次龙骨上。次龙骨装完后，应拉通线进行整体调平、调直，并注意调好起拱度。起拱高度按设计要求确定，一般为房间跨度的3‰～5‰。

6.饰面板安装

(1)有基层板的金属饰面板安装。根据设计要求确定基层板和饰面板的材质、规格、颜色，通常基层板选用胶合板或细木工板。粘贴、安装施工过程，必须拉通线，从房间一端开始，按一个方向依次进行。并边粘贴、安装，边将板面调平，板缝调匀、调直。

1)在暗龙骨上安装：次龙骨调平、调直后，用自攻螺钉将基层板固定到龙骨上，然后用胶黏剂将金属饰面板粘贴到基层板上。粘贴时应采取临时固定措施，涂胶应均匀，厚薄一致，不得漏刷，并及时擦去挤出的胶液。金属饰面板块之间，应根据设计要求留出适当的缝隙，待粘贴牢固后，用嵌缝胶嵌缝。

2)在明龙骨上安装：先在加工厂将基层板按金属饰面板的规格和设计要尺寸裁好，然后把金属饰面板粘贴到基层板上，加工成需要的饰面板块。现场安装时，根据吊顶施工大样图，将加工好的饰面板置于T形龙骨的翼缘上，应放平稳、固定牢固。

(2)无基层板的金属饰面板安装。按设计要求确定饰面板的材质、规格、颜色及安装方式。安装方式有钉固法和卡挂法两种。

1)钉固法安装(适用于矩形金属饰面板安装)：通常金属饰面板均较薄，易发生变形，因此板块四周应按设计要求扣边，一般扣边尺寸应不小于10 mm；板块边长大于600 mm时，板背面应加肋。安装前应在工厂按设计尺寸将板块加工好，然后运抵现场安装。安装时，先在地上将角码用拉铆钉固定在板块的扣边上，角码的材质应与饰面板相适应，固定位置、间距按设计要求确定，一般应不大于600 mm且每边不少于两个角码。相对两边角码的位置应相互错开，避免安装时相临两块板的角码打架。然后用自攻螺钉通过角码将板块固定到龙骨上。板与板之间应按设计要求留缝，通常为8～15 mm，以便拆装板块。安装过程中必须双方向拉通线，从房间一端开始，按一个方向依次进行，并边安装，边将板面调平，板缝调匀、调直。最后在缝隙中塞入胶棒，用嵌缝胶进行嵌缝。

2)卡挂法安装(适用于条形金属饰面板安装)：通常金属饰面板与龙骨由厂家配套供应，饰面板已经扣好边，可以直接卡挂安装。安装应在龙骨调平、调直后进行。安装时，将条板双手托起，把条板的一边卡入龙骨的卡槽内，再顺势将另一边压入龙骨的卡槽内。条板卡入龙骨的卡槽后，应选用与条板配套的插板与邻板调平，插板插入板缝应固定牢固。通常条板应与龙骨垂直，走向应符合设计要求，吊顶大面应避免出现条板的接头，一般将接头布置在吊顶的不明显处。施工时应从房间一端开始，按一个方向依次进行，并拉通线进行调整，将板面调平，板边和接缝调匀、调直，以确保板边和接缝严密、顺直，板面平整。

7.收口安装压条

吊顶的金属饰面板与四周墙、柱面的交界部位及各种预留孔洞的周边，应按设计要求收口，所用材料的材质、规格、形状、颜色应符合设计要求，一般用与饰面板材质相适应的收口条、阴角线进行收口。墙、柱边用石膏线收口时，应在墙、柱上预埋木砖，再用螺钉固定石膏线，螺钉间距宜小于600 mm。其他轻质收口条，可用胶黏剂粘贴或卡挂，但必须保证安装牢固可靠、平整顺直。

8.清理

在整个施工过程中，应保护好金属饰面板的保护膜。待交工前再撕去保护膜，用专用清洗剂擦洗金属饰面板表面，将板面清理干净。

# 第三章　门窗工程

## 第一节　塑料门窗安装

### 一、施工机具

(1)机具:冲击电钻、电钻、射钉枪。

(2)工具:螺丝刀、扁铲、锤子、锉子、割刀、铁锹、大铲、抹子等。

(3)计量检测用具:水准仪、钢尺、水平尺、钢板尺、直角尺、托线板、线坠、墨斗、铅笔等。

### 二、施工技术

1.弹线

按照设计图纸要求,在墙上弹出门、窗框安装的位置线。

2.门、窗框上铁件安装

(1)检查连接点的位置和数量:连接固定点应距窗角、中竖框、中横框 150～200 mm,固定点之间的间距不应大于 600 mm,如图 3-1 所示;不得将固定片直接安装在中横框、中竖框的挡头上,如图 3-2 所示。

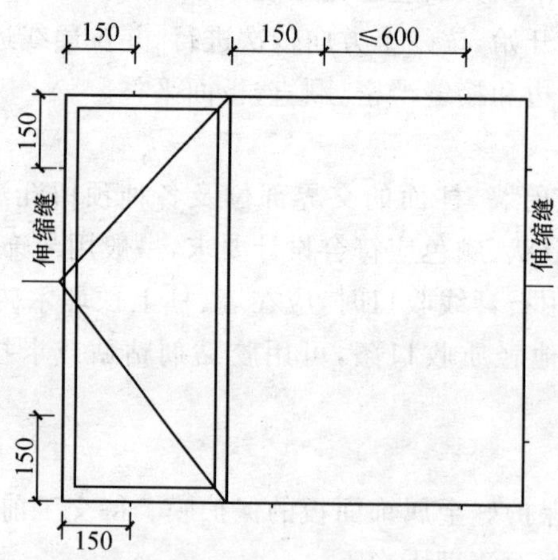


图 3-1　框墙连接点的布置(单位:mm)

(2)塑料门、窗框在连接固定点的位置背面钻 $\phi3.5$ 的安装孔,并用 $\phi4$ 自攻螺钉将 Z 形镀锌连接铁件拧固在框背面的燕尾槽内。

3.立门、窗框并校正

塑料门、窗框放入洞口内,按已弹出的水平线、垂直线位置,校正其垂直、水平、对中、内角方正等,符合要求后,用对拔木楔将门、窗框的上下框四角及中横框的对称位置塞紧作临时固定;当下框长度大于 0.9 m 时,其中央也应用木楔或垫块塞紧,临时固定。

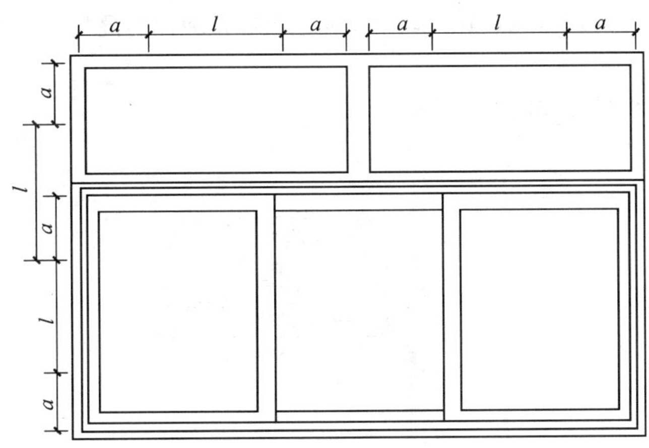


图 3-2　固定片安装位置

$a$—端头（或中框）距固定片的距离（$a$=150～200 mm）；

$l$—固定片之间距离（$l$≤600 mm）

4. 门、窗框与墙体固定

将塑料门、窗框上已安装好的 Z 形镀锌连接铁件与洞口的四周固定。先固定上框，后固定边框。固定方法应符合下列要求。

(1)混凝土墙洞口，应采用射钉或塑料膨胀螺钉固定。

(2)砌体洞口，应采用塑料膨胀螺钉或水泥钉固定，但不得固定在砖缝上。

(3)加气混凝土墙洞口，应采用木螺钉将固定片固定在胶黏圆木上。

(4)有预埋铁件的洞口，应采用焊接方法固定，也可先在预埋件上按紧固件规格打基孔，再用紧固件固定。

(5)窗下框与墙体的固定如图 3-3 所示。

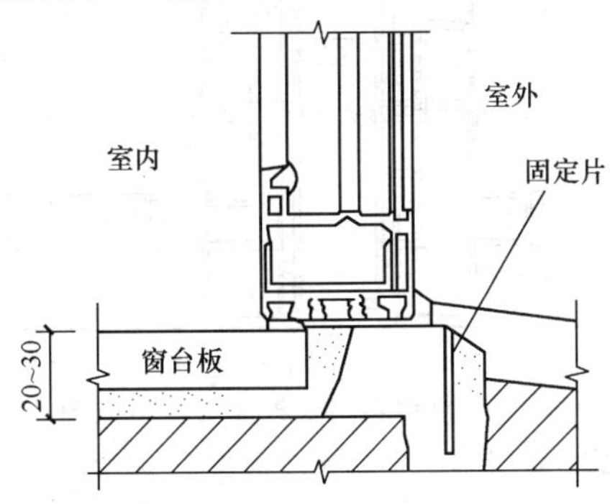


图 3-3　窗下框与墙体的固定（单位：mm）

(6)每个 Z 形镀锌连接件的伸出端不得少于两只螺钉固定。门、窗框与洞口墙之间的缝隙应均等。

5. 安装组合窗、连窗门

(1)安装组合窗、连窗门时，拼樘料与洞口的连接应符合以下要求。

1)当拼樘料与混凝土过梁或柱子连接时，应采用预埋件或后置件并采用焊接或紧固件固定。

2)拼樘料与砖墙连接时，建议在砖墙中预先砌筑有预埋件的混凝土块，然后采用焊接或紧固件的方法固定。

(2)拼樘料与窗框连接如图 3-4 所示。

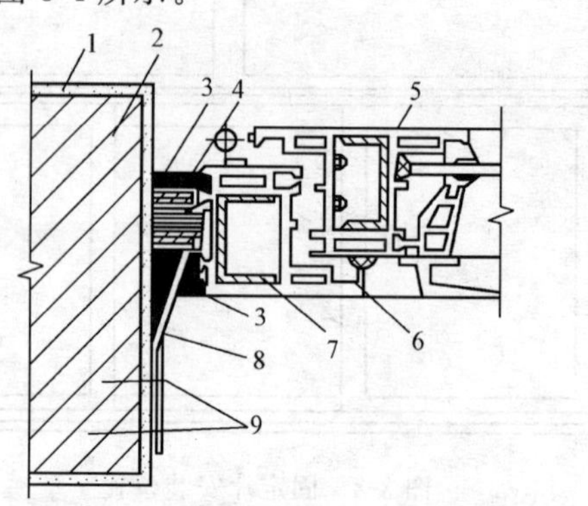


图 3-4　塑料门窗框嵌缝注膏示意图(单位:mm)

1—底层刮糙；2—墙体；3—密封膏；4—软质填充料；

5—塑扇；6—塑框；7—衬筋；8—连接件；9—膨胀螺栓

6.嵌缝密封

(1)卸下对拔木楔，清除墙面和边框上的浮灰。

(2)在门、窗框与墙体之间的缝隙内嵌塞 PE 高发泡条、矿棉毡或其他软填料，外表面留出 10 mm 左右的空槽。

(3)在软填料内、外两侧的空槽内注入嵌缝膏密封，如图 3-5 所示。

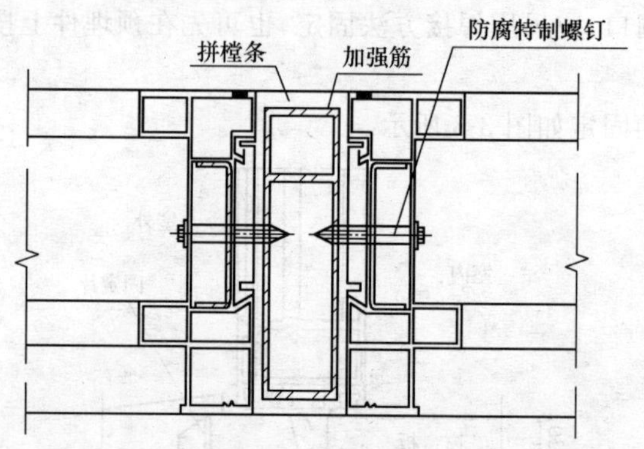


图 3-5　拼樘料与窗框架安装节点图

注:1.横向拼条安装完后，在室内应采用硅酮密封胶通长封闭；

2.固定拼条的防腐特制螺钉间距不应大于 600 mm。

(4)注嵌缝膏时，墙体需干净、干燥，室内外的周边均须注满、打匀，注嵌缝膏后应保持 24 h 不得见水。

7.安装门窗扇

(1)平开门窗扇安装:应先在厂内剔好框上的铰链槽，到现场再将门窗扇装入框中，调整扇与框的配合位置，并用铰链将其固定，然后复查开关是否灵活自如。

(2)推拉门窗扇安装:由于推拉门窗扇与框不连接，因此对可拆卸的推拉扇，应先安装好玻璃后再安装门窗扇。

(3)对出厂时框、扇就连在一起的平开塑料门窗，则可将其直接安装，然后再检查开启是否灵活自如，如发现问题，则应进行必要的调整。

8.镶配五金

(1)在框、扇杆件上钻出略小于螺钉直径的孔眼，用配套的自攻螺钉拧入。严禁将螺钉用锤直接打入。

(2)安装门、窗铰链时，固定铰链的螺钉应至少穿过塑料型材的两层中空腔壁，或与衬筋连接。

(3)安装平开塑料门、窗时，剔凿铰链槽不可过深，不允许将框边剔透。

(4)平开塑料门窗安装五金时，应给开启扇留一定的吊高，正常情况门扇吊高 2 mm，窗扇吊高 1～2 mm。

(5)安装门锁时，先将整体门扇插入门框铰链中，再按门锁说明书的要求装配门锁。

9.清洁保护

(1)门、窗表面及框槽内粘有水泥砂浆、白灰砂浆等时，应在其凝固前清理干净。

(2)塑料门安好后，可将门扇暂时取下编号保管，待交活前再安装上。

(3)塑料门框下部应采取措施加以保护。

(4)粉刷门、窗洞口时，应将塑料门窗表面遮盖严密。

(5)在塑料门、窗上一旦沾有污物时，要立即用软布擦拭干净，切忌用硬物刮除。

## 第二节　铝合金门窗安装

### 一、施工机具

(1)主要机械：电焊机、手枪钻、电锤等。

(2)工具：抹子、锤子、活动扳手、钳子、螺丝刀、木楔、射钉枪、割刀、拉锚枪等。

(3)计量检测用具：水准仪、弹簧秤、钢尺、水平尺、钢板尺、直角尺、线坠、托线板等。

(4)安全防护用品：电焊面罩、手套、绝缘鞋、护目镜等。

### 二、施工技术

1.弹安装线

根据设计图纸和墙面＋500 mm 水平基准线，在门、窗洞口墙体和地面上弹出门窗安装位置线。高层或超高层建筑的外墙窗口，必须用经纬仪从顶层到底层逐层施测边线，再用量尺定中心线。同一楼层水平标高偏差应不大于 5 mm。各洞口中心线从顶层到底层偏差应不超过±5 mm。周边安装缝应满足装饰要求，一般不应小于 25 mm。

2.门、窗就位

(1)铝框上的保护膜安装前后不要撕除或损坏。

(2)框子安装在洞口的安装线上，调整正、侧面垂直度、水平度和对角线合格后，用对拔木楔临时固定。木楔应垫在边、横框能受力的部位，以防框子被挤压变形，如图 3-6 所示。

(3)组合门、窗应先按设计要求进行预拼装。然后先装通长拼樘料，后装分段拼樘料，最后安装基本门、窗框。门、窗框横向及竖向组合应采用套插，搭接应形成曲面组合，搭接量一般不少于 10 mm，以避免因门窗冷热伸缩和建筑物变形而引起的门窗之间裂缝。缝隙要用密封胶条密封。组合方法如图 3-7 所示。

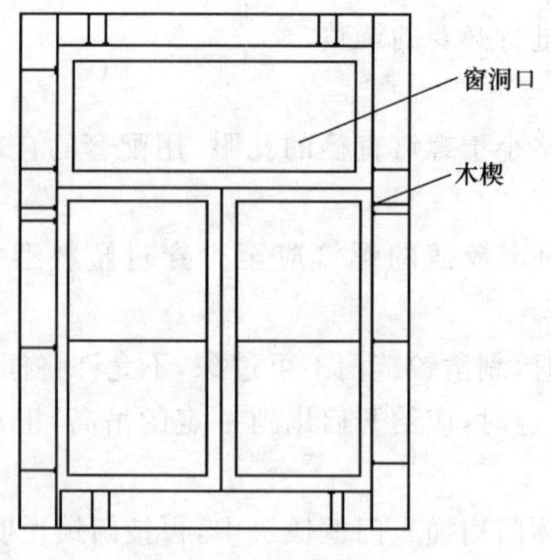


图 3-6 木楔的位置

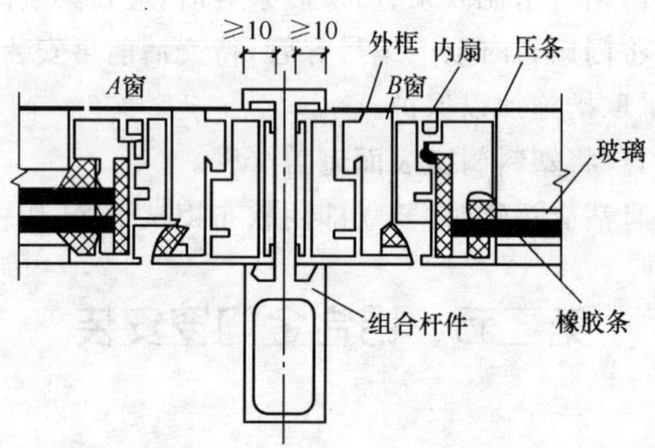


图 3-7 铝合金门窗组合方法示意图(单位:mm)

(4)组合门窗拼樘料如需加强时,其加强型材应经防腐处理。连接部位采用镀锌螺钉,如图 3-8 所示。

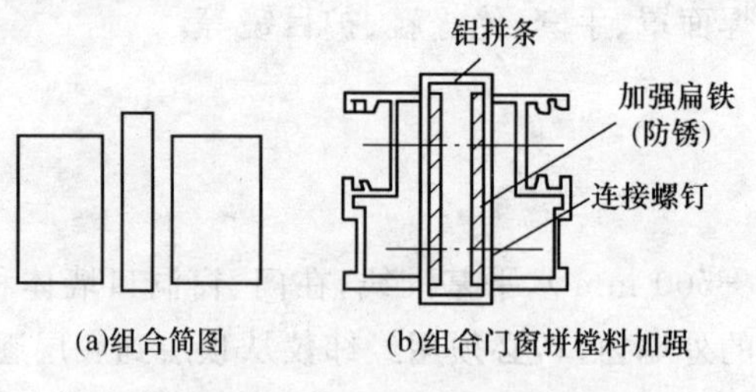


图 3-8 铝合金门窗拼樘料加强示意图

(5)若门、窗框采用明螺栓连接,应用与门窗同颜色的密封材料将其掩埋密封。

3.铝合金门、窗框安装

(1)将铝合金门、窗框用木楔临时固定,待检查立面垂直,左右间隙大小、上下位置一致,均符合要求后,再将镀锌锚固板固定在门、窗洞口内。

(2)锚固板是铝合金门、窗框与墙体洞口固定的连接件。锚固板的一端固定在门、窗框的外侧,另一端固定在密实的墙体洞口内,锚固板的形状,如图 3-9 所示。

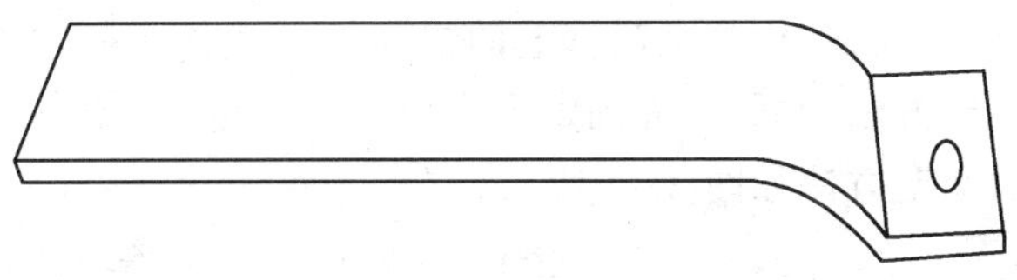

图 3-9　锚固板示意图

注:厚度 1.5 mm,长度可根据需要加工

(3)铝合金门、窗框安装固定点的距离要求:铝合金门、窗框与墙体洞口的连接要牢固可靠,锚固板至框角的距离不应大于 180 mm,锚固板间的距离应不大于 600 mm,如图 3-10 所示。

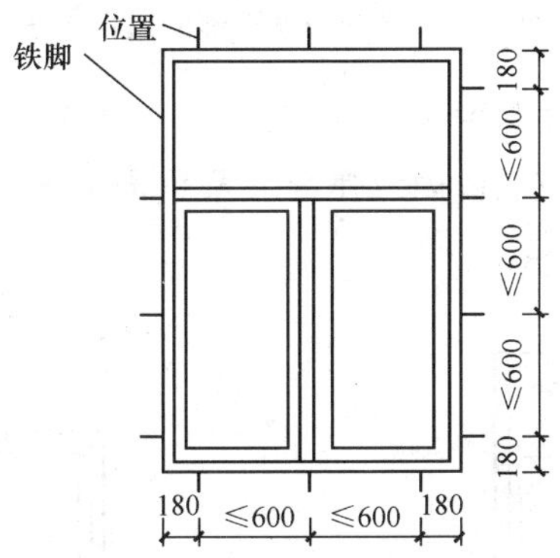


图 3-10　铝门窗安装固定距离要求(单位:mm)

(4)铝合金窗与墙体的连接:铝合金窗框上的锚固板与墙体的固定方法有预埋件连接、燕尾铁脚连接、金属胀锚螺栓连接、射钉连接等固定方法,如图 3-11、图 3-12 所示。

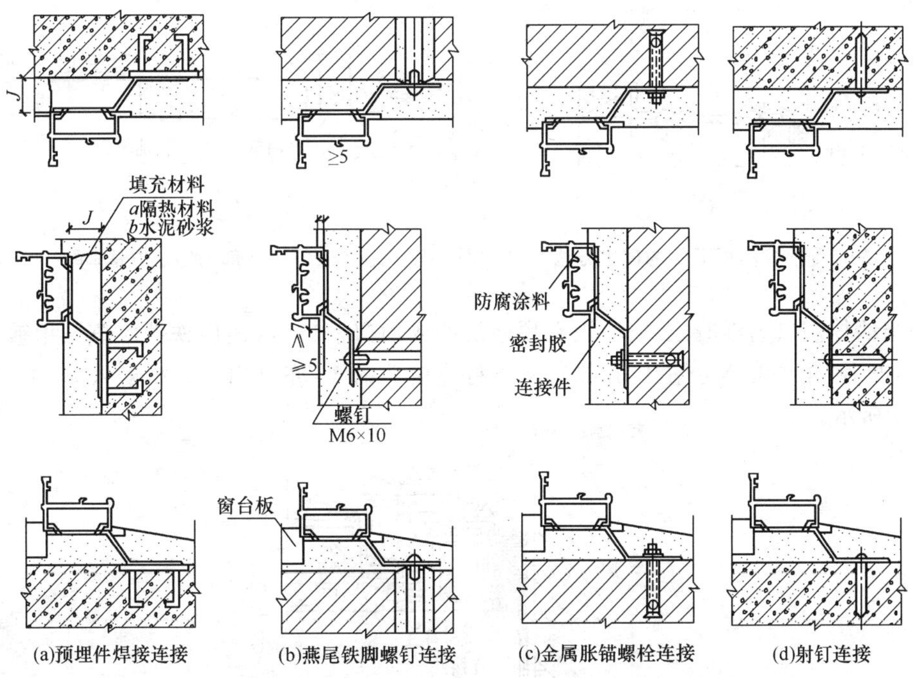


图 3-11　铝合金窗与墙体连接(单位:mm)

(5)铝合金门与墙体的连接:铝合金门框上的锚固板与墙体的固定方法,上面和侧面的固定方法与铝合金窗的固定方法相同,下面固定方法根据铝合金门的形式、种类而有所不同。

1)平开门框下部的固定方法如图 3-12 所示。

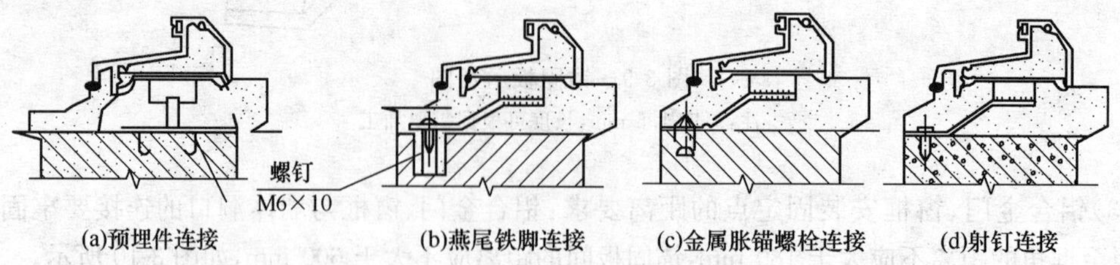


图 3-12 平开门框下部的固定方法

2)推拉门框下部的固定方法如图 3-13 所示。

3)地弹簧门框下部的固定方法。因地弹簧门无下框,边框直接固定在地面中,地弹簧也埋入地面混凝土中,如图 3-14 所示。

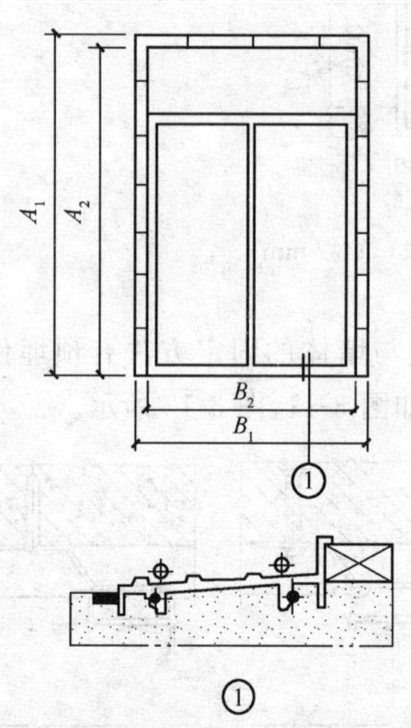

图 3-13 推拉门框下部的固定方法

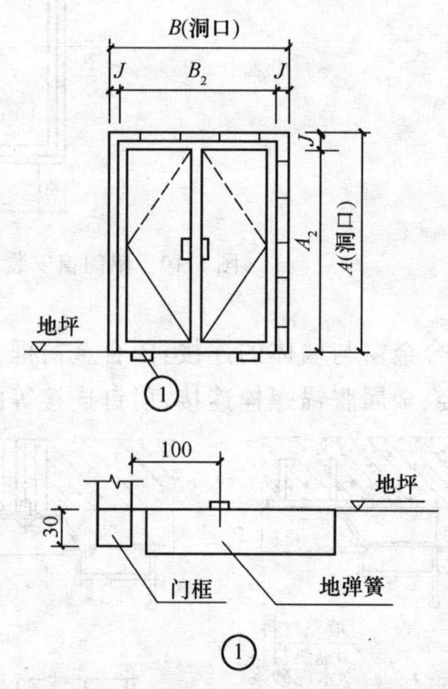


图 3-14 地弹簧门框下部的固定方法(单位:mm)

(6)当墙体洞口为混凝土结构,没有预埋铁件或预留槽口时,连接铁件应事先用镀锌螺钉铆固在铝框上,并在墙体上钻孔,用胀管螺栓将连接件锚固,亦可用射钉枪射入 $\phi5$ 射钉紧固,如图 3-15 所示。

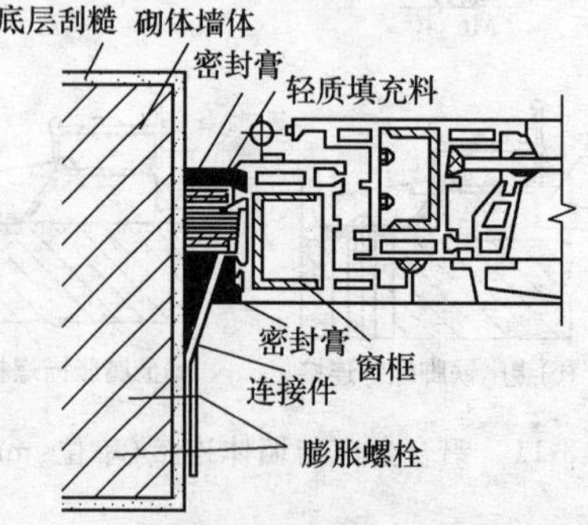


图 3-15 铝框连接件射钉锚固示意图

当门窗洞口墙体为砖砌结构，应用冲击电钻距砖墙外皮不大于 50 mm 钻入 $\phi8\sim\phi10$ 的深孔，用膨胀螺栓紧固连接，如图 3-16 所示，不宜采用射钉连接。

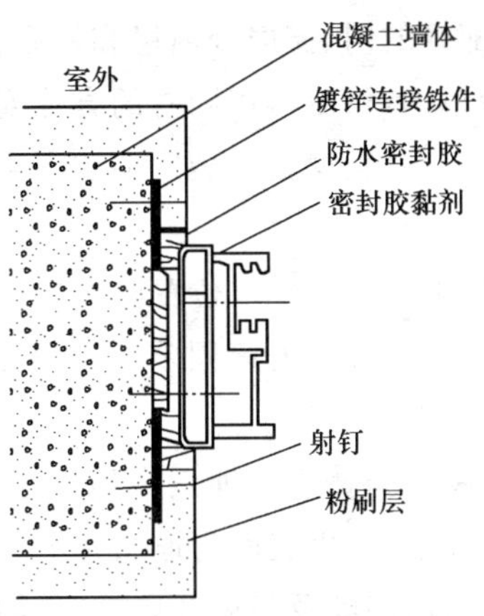


图 3-16　膨胀螺栓紧固连接件

(7)带型窗、大型窗的拼接处如需设角钢或槽钢加固，则其上、下部要与预埋钢板焊接，预埋件可按每 1 000 mm 间距在洞口内均匀设置。

(8)严禁在铝合金门、窗上连接地线进行焊接工作，当固定铁码与洞口预埋件焊接时，门、窗框上要遮盖石棉毯等防火材料，防止焊接时烧伤门窗。

(9)铝合金门、窗框与洞口的间隙，应采用矿棉条或玻璃棉毡条分层填塞，缝隙表面留 5～8 mm 深的槽口嵌填密封材料，如图 3-17 所示。

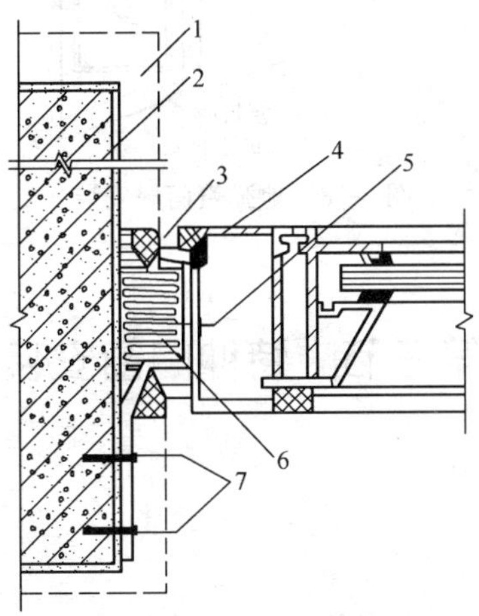


图 3-17　铝合金门、窗框堵塞周边缝隙示意图

1—最后一遍装饰面层；2—第一遍粉刷；3—密封膏；4—铝框；
5—自攻螺钉；6—软质填充料；7—膨胀螺栓

(10)在施工中注意不得损坏铝合金门、窗上的保护膜，如表面沾污了水泥砂浆，应随时擦净，以免腐蚀铝合金，影响外表美观。

(11)铝合金门、窗框安装完毕后，在工程竣工前不能剥去门、窗框上的保护膜，并且要防止撞击，避免铝合金型材受撞变形。

4. 铝合金门、窗扇安装

(1)铝合金门、窗扇的安装：应在室内外装修基本完成后进行。

(2)推拉门、窗扇的安装：将配好的门、窗扇分内扇和外扇，先将外扇插入上滑道的外槽内，自然下落于对应的下滑道的外滑道内，然后再用同样的方法安装内扇。

(3)对于可调导向轮的安装：应在门、窗扇安装之后调整导向轮，调节门、窗扇在滑道上的高度并使门、窗扇与边框间平行。

(4)平开门、窗扇的安装：应先把合页按要求位置固定在铝合金门、窗框上，然后将门、窗扇嵌入框内作临时固定，调整合适后，再将门、窗扇固定在合页上，必须保证上、下 2 个转动部分在同一个轴线上。

(5)地弹簧门扇的安装：应先将地弹簧主机埋设在地面上，并浇筑混凝土使其固定。主机轴应与中横档上的顶轴在同一垂线上，主机表面与地面齐平。待混凝土达到设计强度后，调节上门顶轴，将门扇装上，最后调整门扇间隙及门扇开启速度，如图 3-18 所示。

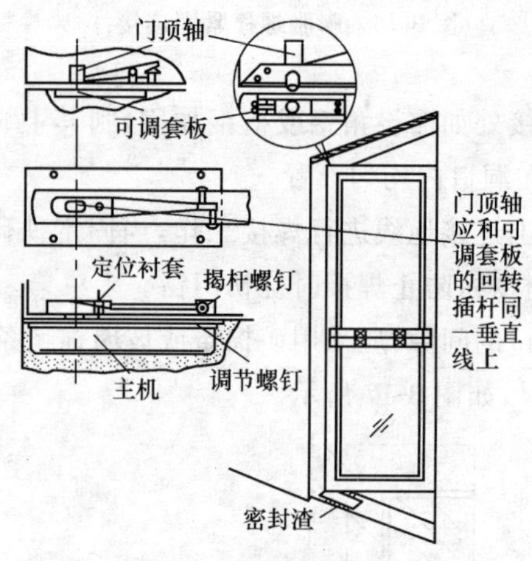


图 3-18 地弹簧门扇安装

## 第三节 特种门窗安装

### 一、涂色镀锌钢板门窗安装

1. 施工机具

(1)主要机械：电焊机、手枪钻、电锤等。

(2)主要工具有：抹子、锤子、活动扳手、钳子、螺丝刀、木楔、射钉枪、割刀、拉锚枪等。

(3)主要计量检测用具：水准仪、弹簧秤、钢尺、水平尺、钢板尺、直角尺、线坠、托线板等。

(4)主要安全防护用品：电焊面罩、手套、绝缘鞋、护目镜等。

2. 施工技术

(1)带副框涂色镀锌钢板门窗安装。

1)用水平管、线坠、粉线包等工具分别弹出彩板门窗安装的水平线和垂直中心线。

2)用自攻螺钉把连接铁脚固定在副框上，铁脚在副框上的位置如图 3-19 所示。

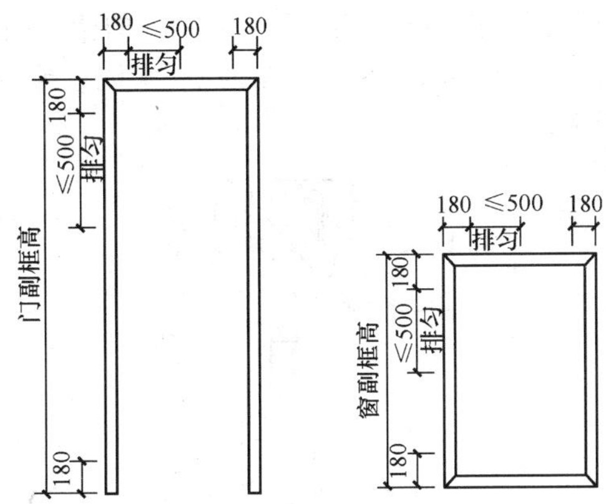


图 3-19　有副框门窗与副框连接示意图(单位:mm)

3)副框安装时,首先根据已弹好的门窗的水平标高线和垂直中心线,用对拔木楔临时固定,然后进行调整,使其水平标高、中心位置都符合设计和规范规定。

4)副框固定:彩板门窗的副框与墙体的连接,要根据砖墙、混凝土墙、加气混凝土墙等不同的墙体材料分别采用金属胀锚螺栓、射钉、预埋件焊接等方法进行连接。对副框进行正式固定,如图 3-20、图 3-21 所示。

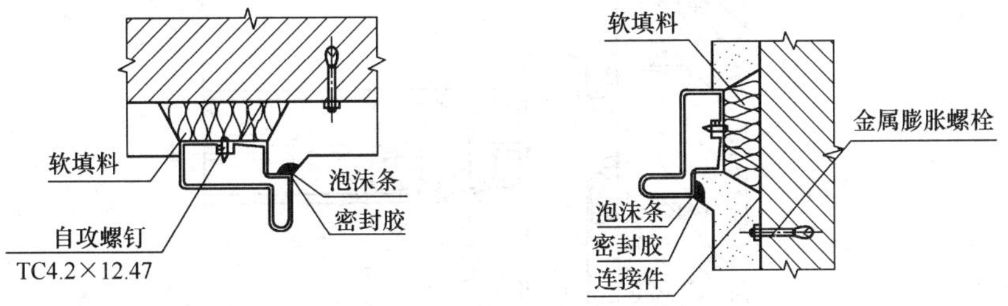


图 3-20　金属膨胀螺栓连接

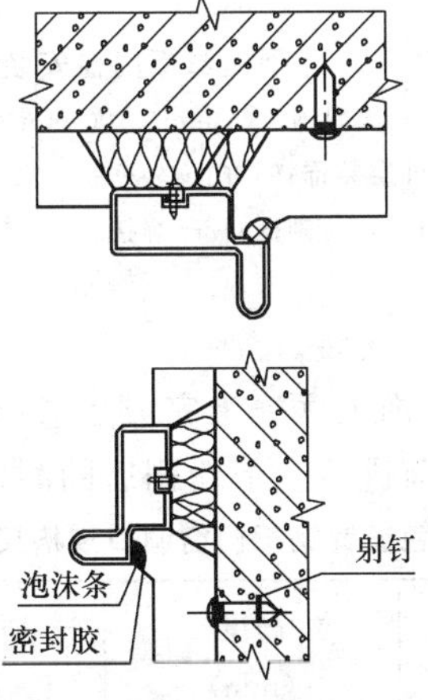


图 3-21　射钉连接

5)彩板门窗的副框与墙体的缝隙处理:彩板门窗的副框与墙体的缝隙应采用闭孔泡沫塑料、发泡聚苯乙烯等弹性材料分层填塞,但不宜过紧。对于保温、隔声等级要求较高的工程,应采用相应的隔热、隔声材料填塞。但内外要留 15～20 mm 的槽，并在槽内抹水泥砂浆，同时在外墙面水泥砂浆与门窗副框相交处留 6～8 mm 深的槽，水泥砂浆凝固后，在槽内注入防水密封胶，如图 3-22、图 3-23 所示。

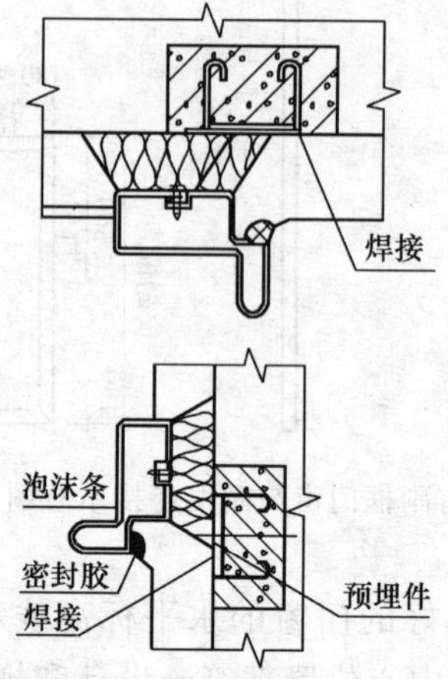


图 3-22　预埋件焊拉连接

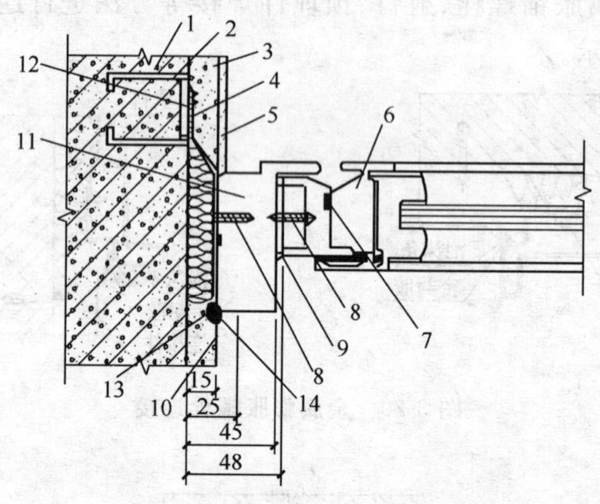


图 2-23　有副框彩板门窗安装节点

1—预埋件（$\phi$10 圆钢）；2—预埋钢板（5 mm×100 mm×100 mm）；3—水泥砂浆；4—连接铁件；5—外层装饰；6—门窗外框；7—塑料盖；8—自攻螺钉；9—密封膏；10—洞口；11—副框；12—焊接；13—泡沫条；14—密封胶条

(2)不带副框涂色镀锌钢板门窗安装。

1)无副框的彩板门窗可在外装饰工序施工完成后进行，如果外装的饰面材料是面砖等贴面材料饰面，宜在施工贴面材料以前进行。但粉刷后的洞口尺寸偏差应符合表 3-1 的规定。

表 3-1　涂色镀锌钢板门窗洞口规格尺寸允许偏差

| 构造类型 | 宽度(mm) | | 高度(mm) | | 对角线差(mm) | | 正、侧面垂直度(mm) | | 平行度 |
|---|---|---|---|---|---|---|---|---|---|
| | ≤1 500 | ＞1 500 | ≤1 500 | ＞1 500 | ≤2 000 | ＞2 000 | ≤2 000 | ＞2 000 | |
| 有副框门、窗或组合拼管安装的允许偏差(mm) | ≤2.0 | ≤3.0 | ≤2.0 | ≤3.0 | ≤4.0 | ≤5.0 | ≤2.0 | ≤3.0 | ≤3.0 |

续上表

| 构造类型 | 宽度(mm) | | 高度(mm) | | 对角线差(mm) | | 正、侧面垂直度(mm) | | 平行度 |
|---|---|---|---|---|---|---|---|---|---|
| | ≤1 500 | >1 500 | ≤1 500 | >1 500 | ≤2 000 | >2 000 | ≤2 000 | >2 000 | |
| 无副框门、窗洞口粉刷后允许偏差(mm) | +3.0 | +5.0 | +6.0 | +8.0 | ≤4.0 | ≤5.0 | ≤3.0 | ≤4.0 | ≤5.0 |

2)连接点钻孔:无副框的彩板门窗一般是用膨胀螺栓直接将外框与墙体连接的,所以钻孔时,墙体门窗、洞口上的孔位应与门、窗外框上的孔位一一对应;门、窗外框固定孔位图,如图 3-24所示。

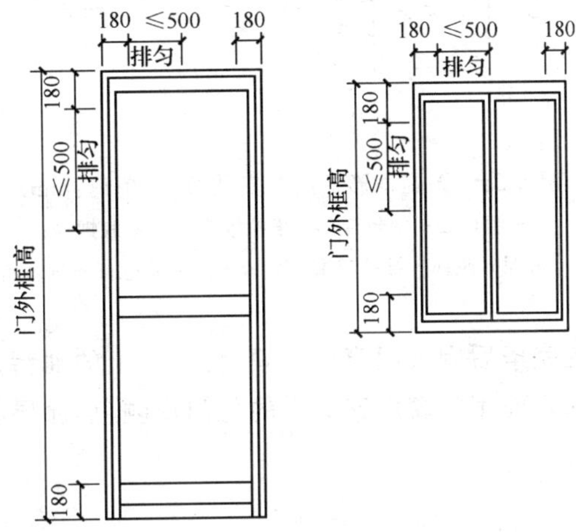


图 3-24 无副框门窗固定孔位图(单位:mm)

3)立门、窗框:将门、窗框装入门、窗洞内的安装位置上,调整垂直、水平、对角线及进深位置,找正后用对拔木楔临时塞紧,如图 3-25 所示。

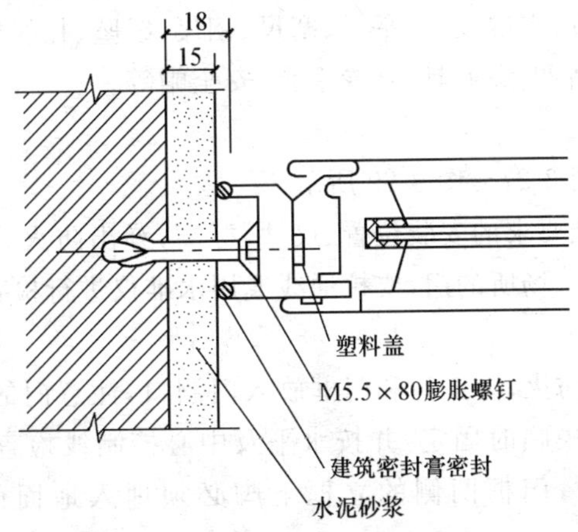


图 3-25 不带副框涂色镀锌钢板门窗安装节点图(单位:mm)

4)固定门窗:用膨胀螺栓插入门、窗外框及门、窗洞口上钻的孔洞内,拧紧膨胀螺栓,将门、窗外框与洞口墙体固定牢。

5)缝隙处理:在门、窗外框与墙体间的缝隙内应采用闭孔泡沫塑料、发泡聚苯乙烯等弹性材料分层填塞,但不宜过紧。对于保温、隔声等级要求较高的工程,应采用相应的隔热、隔声材料填塞。但内外要留 15～20 mm 的槽,并在槽内抹水泥砂浆,同时在外墙面水泥砂浆与门窗副框相交处留 6～8 mm 深的槽,水泥砂浆凝固后,在槽内注入防水密封胶,如图 3-26 所示。

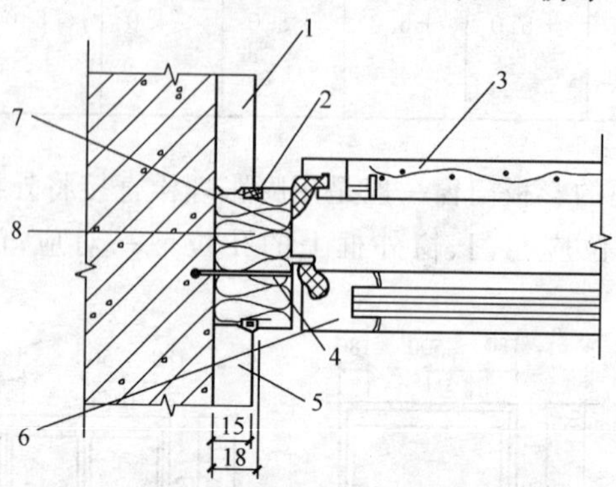


图 3-26　无副框彩板门窗安装节点(单位:mm)

1—洞口;2—密封膏;3—推拉纱扇;4—膨胀螺栓;
5—水泥砂浆;6—推拉门窗内扇;7—门窗外框;8—软埋料

(3)清洁与修色。安装完毕后剥去门窗保护膜,将门窗上的油污、脏物清洗干净;对于在运输、安装过程中门窗破损的表面用门窗厂家提供的与门窗颜色、涂层材质一致的修色液进行修色,以保证门窗颜色一致。

## 二、防火、防盗门安装

1.施工机具设备选用要求

(1)主要机械:电焊机、电钻、射钉枪等。

(2)主要工具:锤子、抹子、水桶、钳子、螺丝刀、扳手、小线、木楔、梯子等。

(3)主要计量检测工具:水准仪、水平尺、塞尺、钢尺、线坠、托线板等。

(4)主要安全防护用品:电焊面具、绝缘手套、安全帽等。

2.施工技术

防火、防盗门构造如图 3-27～图 3-29 所示。

(1)弹线。按设计图纸要求的安装位置、尺寸、标高,弹出防火、防盗门安装位置的垂直控制线和水平控制线。在同一场所的门,要拉通线或用水准仪进行检查,使门的安装标高一致。

(2)安装门框。

1)立框、临时固定:将防火、防盗门和门框放入门洞口,注意门的开启方向,门框一般安装在墙厚的中心线上。用木楔临时固定,并按水平及中心控制线检查,调整门框的标高和垂直度。当门框为无底槛框时,门框两侧的立框下脚必须埋入地面面层内,埋入深度不小于 20 mm,如图 3-30 所示。

2)框与墙体连接如图 3-31 所示。当防火、防盗门为钢制门时,其门框与墙体之间的连接应采用铁脚与墙体上的预埋件焊接固定。当墙上无预埋件时,将门框铁脚用膨胀螺栓或射钉固定，也可用铁脚与后置埋件焊接，每边固定点不少于三处。

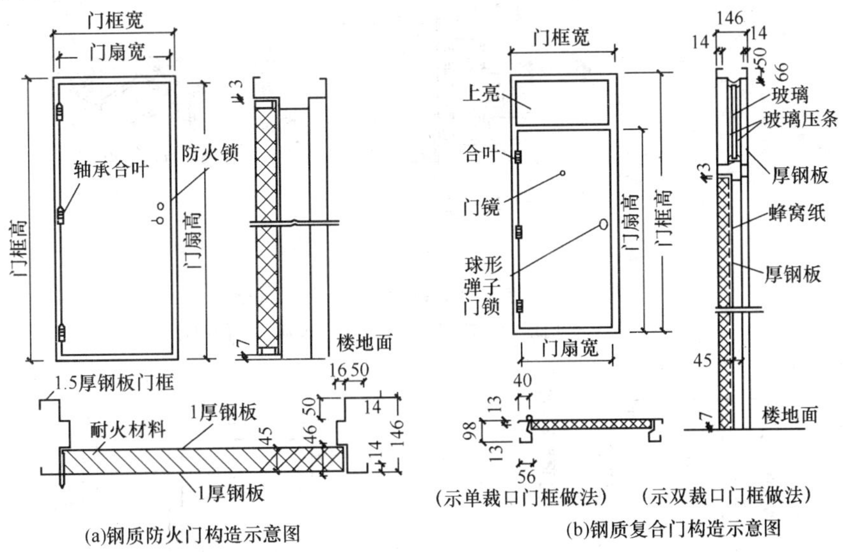


图 3-27　钢质防火门构造(单位:mm)

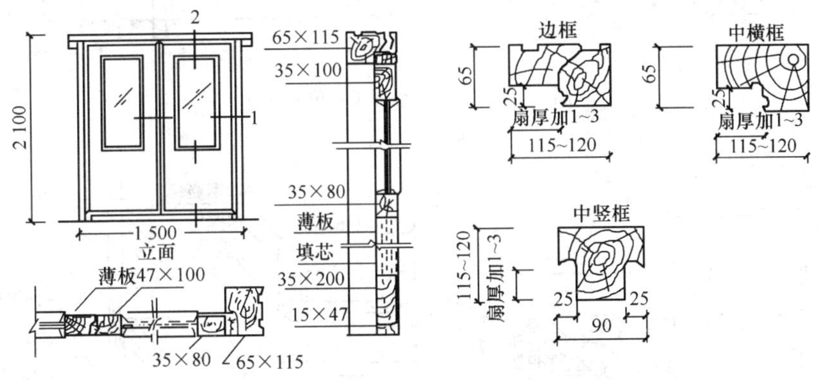


图 3-28　木质防火门构造(单位:mm)

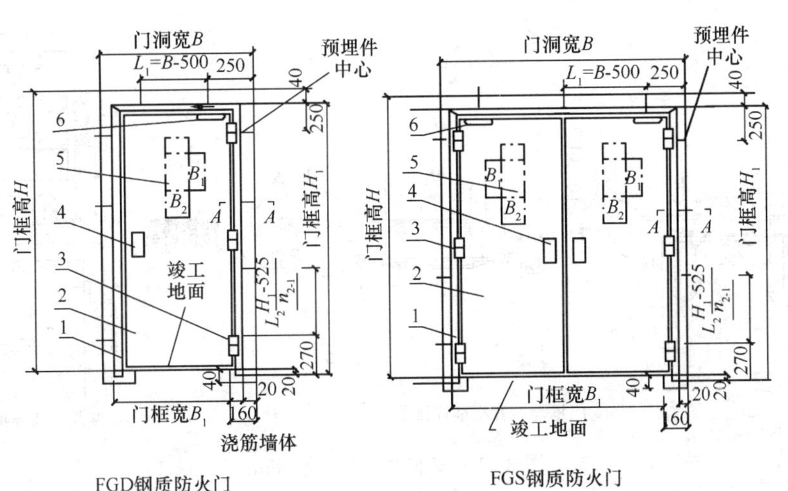


图 3-29

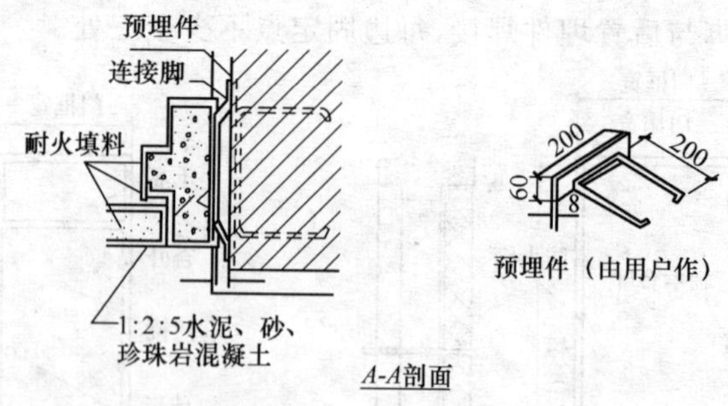


图 3-29　防火门安装示意图(单位:mm)

1—门框;2—门扇;3—铰链;4—拉手;5—玻璃;6—闭门器

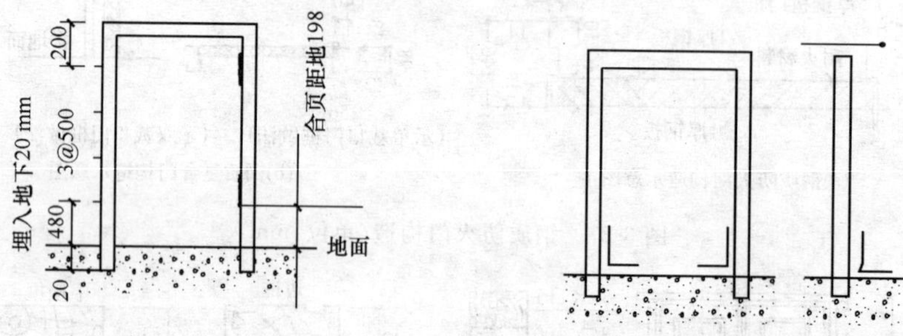


图 3-30　门框安装法(单位:mm)

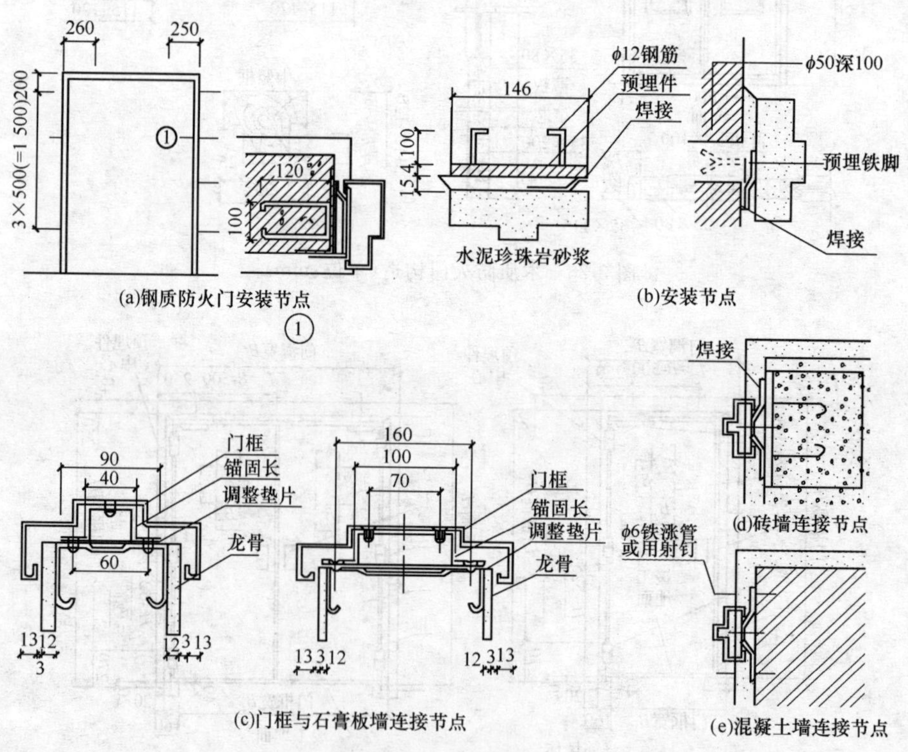


图 3-31　安装节点(单位:mm)

当防火、防盗门为木质门时，在立门框之前用两颗沉头木螺钉通过中心两孔，将铁脚固定在门框上。通常铁脚间距为 500～800 mm，每边固定不少于三个铁脚，固定位置与门洞预埋件相吻合。砌体墙门洞口，门框铁脚两头沉头木螺钉与预埋木砖固定。无预埋木砖时，铁脚两头用 M6 金属膨胀螺栓固定，禁止用射钉固定；混凝土墙体，铁脚两头与预埋件用螺栓连接或焊接。若无预埋件，铁脚两头用 M6 金属膨胀螺栓或射钉固定。固定点不少于三个，而且连接要牢固。

(3)塞缝。门框周边缝隙用 C20 以上的细石混凝土或 1∶2水泥砂浆填塞密实、镶嵌牢固，应保证与墙体连成整体。养护凝固后用水泥砂浆抹灰收口或门套施工。门框与墙体连接处打建筑密封胶。

(4)安装门扇。

1)检查门扇与门框的尺寸、型号、防火等级及开启方向是否符合设计要求。双扇门门扇的裁口一般采取右扇为盖口扇。

2)木质门扇安装时，先将门扇靠在框上画划出相应的尺寸线，门扇与门框的侧、上缝隙通常为 1.5 mm，下缝为 6 mm，双扇门裁口缝为 1.5 mm。合页安装的数量按门自身重量和设计要求确定，通常为 2～4 片。上下合页分别距离门扇端头 200 mm。合页裁口位置必须准确，保持大小、深浅一致。合页的三齿片固定在门框上，两齿片固定在门扇上。

3)金属门扇安装时，通常门扇与门框由厂家配套供应，只要核对好规格、型号、尺寸，调整好四周缝隙，直接将合页用螺钉固定到门框上即可。

(5)安装密封条、五金件。

1)密封条、五金件安装在面层油漆干燥后进行。将配套的密封条嵌入门框的槽口内，密封条的连接处和四个角部，应拼接严密，必要时可以用胶粘结。

2)安装五金件：根据门的安装说明安装插销、闭门器、顺序器、门锁及拉手等五金件。闭门器安装在门开启方向一面的门扇顶端，斜撑杆固定端安装在门框上，并调节闭门器的闭门速度。拉手和防火锁安装高度通常为距地面 950～1 000 mm，对开门扇锁要装在盖口扇(一般为右扇或大扇)上，对开门必须安装顺序器。

## 三、卷帘门安装

1. 施工机具

(1)主要机械：电焊机、手电钻、电锤、手持砂轮机等。下面简要介绍手电钻。

手电钻是最基本的手头工具，它分主通用型、万能型和角向钻，外形、样式多种多样，如图 3-32 所示。

1)构造和原理。手电钻由电机及其传动装置、开关、钻头、夹头、壳体、调节套筒及辅助把组成。其工作原理是通过开关接通电源，带动电机转动，电机带动变速装置使钻头转动，钻头按照一定的方向旋转，在人工轻压下按照人的意愿完成钻孔作业。

2)用途。手电钻的基本用途是钻孔和扩孔，如果配上不同的钻头还可以进行打磨、抛光和螺钉螺母的拆装作业。其中钻孔和扩孔可以用于金属、木塑、砖砌体、混凝土等各种材料上。

3)规格和技术性能。为了满足使用要求，现列出几种手电钻的规格和技术性能指标，供选购时参考，见表 3-2。

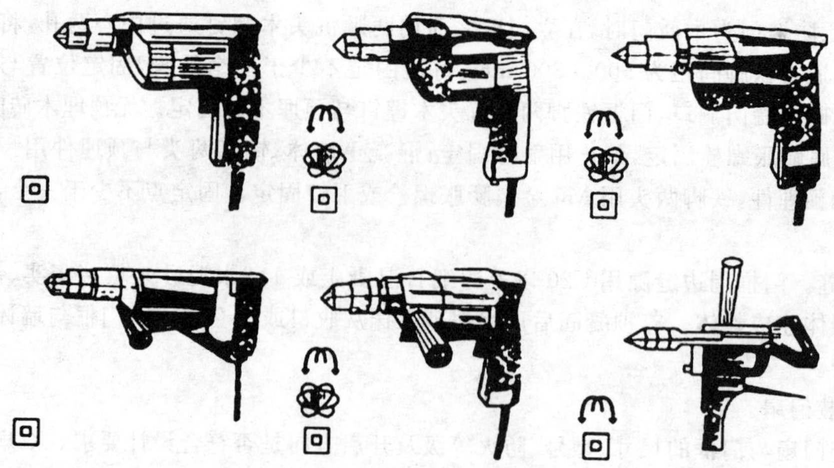

图 3-32 手电钻

**表 3-2 部分国产手电钻技术性能**

| 型号 | 最大钻孔直径 (mm) | 额定电压 (V) | 输入功率 (W) | 空载转速 (r/min) | 净重 (kg) | 形式 |
|---|---|---|---|---|---|---|
| J1Z-6 | 6 | 220 | 250 | 1 300 | — | 枪 柄 |
| J1Z-13 | 13 | 220 | 480 | 550 |  | 环 柄 |
| J1Z-ZD2-6A | 6 | 220 | 270 | 1 340 | 1.7 | 枪 柄 |
| J1Z-ZD2-13A | 13 | 220 | 430 | 550 | 4.5 | 双侧柄 |
| J1Z-ZD-10A | 10 | 220 | 430 | 800 | 2.2 | 枪 柄 |
| J1Z-ZD-10C | 10 | 220 | 300 | 1 150 | 1.5 | 枪 柄 |
| J1Z2-6 | 6 | 220 | 230 | 1 200 | 1.5 | 枪 柄 |
| J1Z-SF2-6A | 6 | 220 | 245 | 1 200 | 1.5 | 枪 柄 |
| J1Z-SF3-6A | 6 | 220 | 280 | 1 200 | 1.5 | 枪 柄 |
| J1Z-SF2-13A | 13 | 220 | 440 | 500 | 4.5 | 双侧柄 |
| J1Z-SF1-10A | 10 | 220 | 400 | 800 | 2 | 环 柄 |
| J1Z-SF1-13A | 13 | 220 | 460 | 580 | 2 | 环 柄 |
| J1Z-SD 03-6A | 6 | 220 | 230 | 1 350 | 1.2 | 枪 柄 |
| J1Z-SD 04-6C | 6 | 220 | 220 | 1 600 | 1.15 | 枪 柄 |
| J1Z-SD 05-6A | 6 | 220 | 240 | 1 350 | 1.32 | 枪 柄 |
| $J1Z_2$-6K | 6 | 220 | 165 | 1 600 | 1 | 枪 柄 |
| J1Z-SD 04-10A | 10 | 220 | 320 | 700 | 1.55 | 环 柄 |
| J1Z-SD 03-10A | 10 | 220 | 440 | 680 | 1.8 | 下侧柄 |
| J1Z-SD 03-13A | 13 | 220 | 420 | 550 | 3.35 | 双侧柄 |
| J1Z-SD 04-13A | 13 | 220 | 440 | 570 | 2 | 环 柄 |
| J1Z-SD 05-13A | 13 | 220 | 420 | 550 | 3.12 | 双侧柄 |
| J1Z-SD 04-19A | 19 | 220 | 740 | 330 | 6.5 | 双侧柄 |
| J1Z-SD 04-23A | 23 | 220 | 1 000 | 300 | 6.5 | 双侧柄 |
| J3Z-32 | 32 | 380 | 1 100 | 190 |  | 双侧柄 |
| J3Z-38 | 38 | 380 | 1 100 | 160 | — | 双侧柄 |
| J3Z-49 | 49 | 380 | 1 300 | 120 |  | 双侧柄 |

(2)主要工具:木楔、锤子、钳子、螺丝刀、电工工具、各种扳手等。

(3)主要计量检测用具:水准仪、水平尺、钢板尺、直角尺、塞尺、钢尺、线坠等。

(4)主要安全防护用品:绝缘手套、面罩等。

2.施工技术

卷帘门构造示意图如图 3-33 所示。

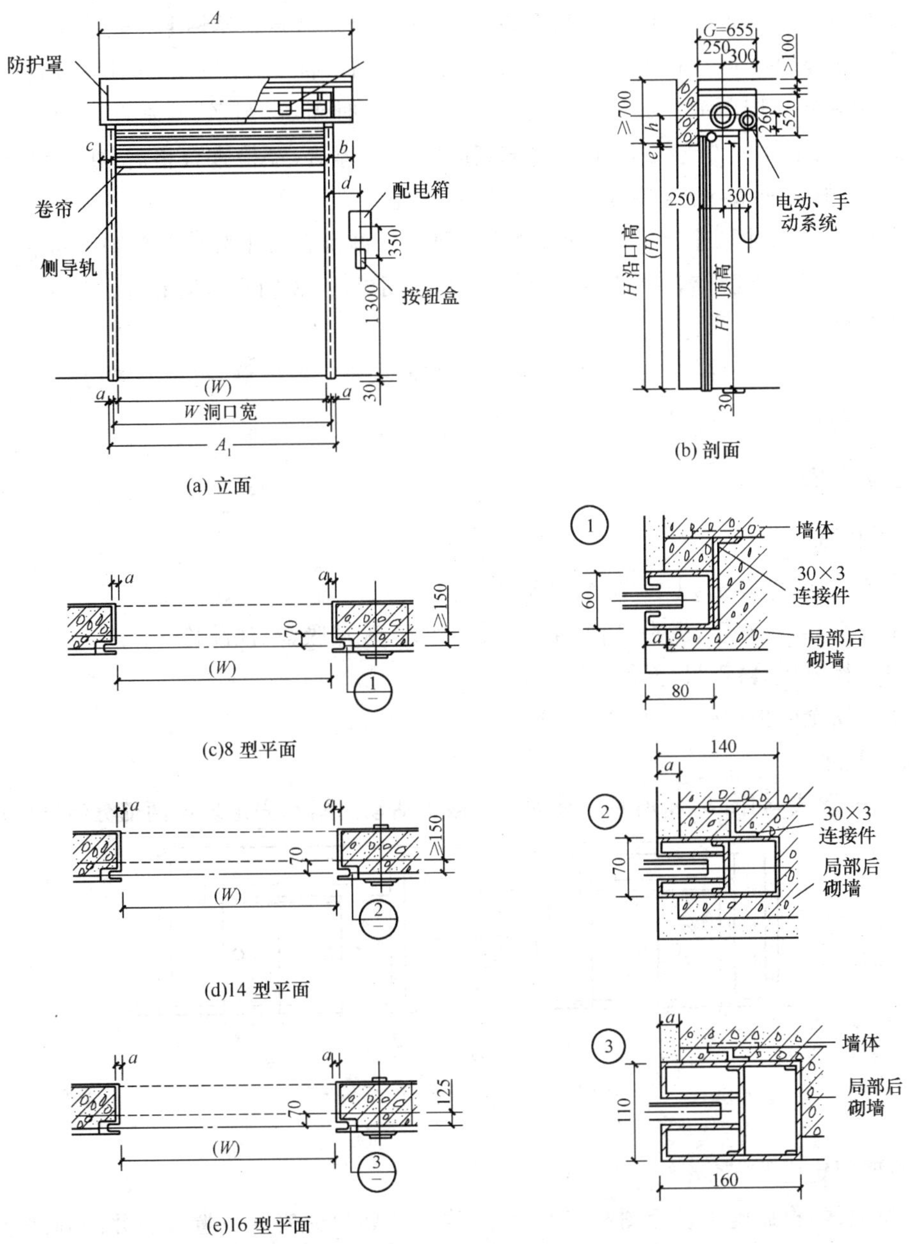


图 3-33　卷帘门构造示意图(单位:mm)

(1)找规矩、弹线。以门洞口中线为准,按设计要求确定卷帘门的安装位置,以标高控制线为准确定门的安装高度,测设出门两侧的轨道垂线、卷筒中心线。

(2)安装卷动芯轴。安装时,应使卷动芯轴保持水平,且使卷芯与导轴之间距离保持一致。先对卷芯轴进行临时固定,然后调整校核,检查无误后,将支架与预埋件焊接牢固。芯轴安装后应转动灵活。

(3)安装控制部件。电器控制系统、感应器、导轴、导轨驱动机构等部件按产品说明书或装配图进行安装。安装各部件时，要定位准确，安装牢固，松紧适度，并在轨道、链轮等转动或滑动部位适当添加润滑油。然后接通电源，对各部件进行空载调试。如果是手动的，安装手动机构。

(4)安装卷帘。卷帘分为工厂拼装和现场拼装两种。现场拼装时，将帘片逐片进行拼装后，固定盘卷到卷动轴上。工厂已拼装好的，可直接固定并盘卷到卷轴上。安装时卷帘正面朝外，不得装反。安装好后应将帘片擦干净，并调整大面的平整度，片与片之间应转动灵活。

(5)安装导轨。按图纸要求，将导轨就位，用木楔临时固定，调平、调垂直后，通过角码、膨胀螺栓或电焊与墙体埋件连接牢固，焊接固定时需敲尽焊渣，经检查合格后，在施焊部位刷好防锈漆。安装好的两条导轨，必须平行且与地面垂直。

(6)调试。调试时先进行手动升降，确认无问题后再将卷帘下降到门洞口中间部位，进行通电运行，使卷帘上下动作。调试达到动作灵敏，启闭灵活，无明显卡阻和异常噪声为止，升降速度符合设计和规范要求。

(7)塞缝、饰面。将导轨边缝清理干净，用发泡胶或密封胶塞缝，再按要求粉刷或镶砌墙体饰面层。然后将卷帘门及现场清理干净。

## 四、全玻门安装

1.施工机具

(1)主要机械：电焊机、手枪钻、角磨机等。

(2)主要工具：克丝钳、扳手、内六角扳手、螺丝刀、玻璃吸盘、注胶枪等。

(3)主要检测用具：钢尺、靠尺、线坠等。

(4)主要安全防护用品：护目镜、绝缘手套、绝缘鞋等。

2.施工技术

玻璃门的形式，如图3-34所示。玻璃门一般由活动门扇和固定玻璃两部分组合而成。

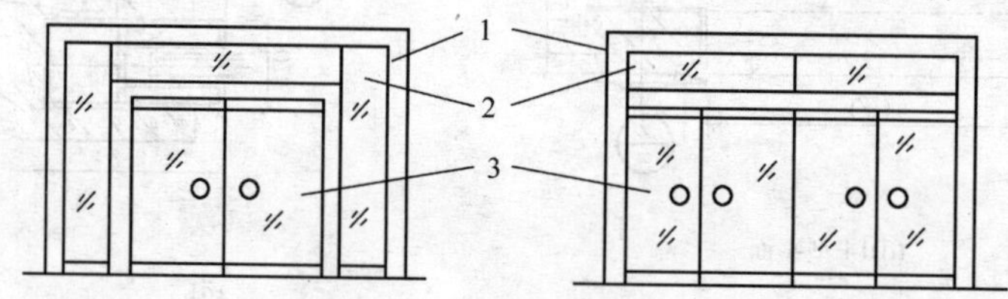


图3-34 玻璃门形式

1—金属包框；2—固定部分；3—活动开启扇

(1)玻璃固定门的安装。

1)定位放线：根据施工设计图和节点大样，放出玻璃门的安装位置线。并准确测量室内、室外地面标高和门框顶部标高及中横框标高，做出标志。

2)安装框顶限位槽：门框顶部限位槽的做法如图3-35所示。限位槽的宽度应大于玻璃厚度2～4 mm，槽深为10～20 mm。安装时，先由安装位置线(中心线)引出两条金属饰面板边线，然后靠框顶边线，跟线各装一根定位方木条，校正水平度合格后用钢钉或螺钉将方木紧固于框顶过梁上。按边线进行门框顶部限位槽的安装。通过胶合板垫板，调整槽口的槽深，用

1.5mm 厚的钢板或铝合金板，压制成限位槽框衬里，衬里与定位木条用木螺栓或自攻螺栓固定。在其表面包事先压制成型的镜面不锈钢饰面板，用万能胶紧粘于衬里上。

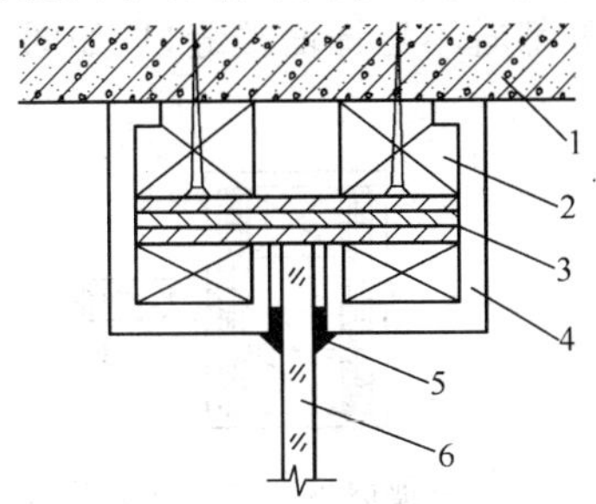


图 3-35 门框顶部限位槽构造

1—门顶过梁；2—定位方木限位槽；3—胶合板垫板；4—镜面不锈钢饰面板；5—注玻璃胶；6—厚玻璃

3)装木底托：按安装位置线，先将方木条固定在地面上，然后再用万能胶将成型镜面不锈钢饰面板粘贴于方木条上，如图 3-36 所示。方木条两端抵住门洞口边框，用钢钉将方木条直接钉在地面上。如地面已预埋防腐木砖，则用圆钉或木螺钉将方木条钉在木砖上。

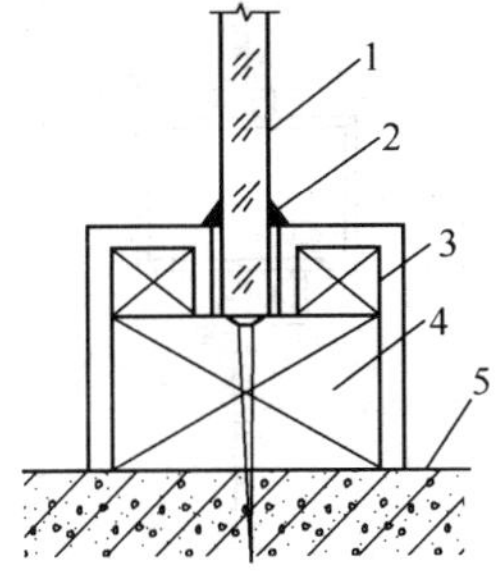


图 3-36 不锈钢饰面板木底托构造

1—厚玻璃；2—注玻璃胶；3—镜面不锈钢饰面板；4—方木条；5—地坪

两方木条之间留装玻璃和嵌胶的空隙。其缝宽及槽深，应与门框顶部一致。方木条固定后，用万能胶将压制成型的镜面不锈钢板粘贴在方木条上。底托应留出活动门位置。

4)安装竖门框、横框。

①安装竖向边框时，按所弹中心线和门框截面边线，钉立竖框方木。竖框方木上抵顶部限位槽方木，下埋入地面内 30～40 mm，竖向应与墙体预埋铁件连接牢固。骨架安装完工后，钉胶合板包框。最后，外包镜面不锈钢饰面板。竖框与顶部横框饰面板，应按 45°斜接对头缝。

②当活动全玻璃门扇之上为固定玻璃时，横框的构造应按设计规定施工。横框骨架两端应嵌固或焊牢在门洞口基体预留槽口内或预埋铁件上。骨架包衬采用胶合板，外包镜面不锈钢饰面板。

③如设计采用活动全玻门扇的上方、左右两侧为固定玻璃时，应根据规定，弹出活动门的净宽线以及门的净高。按线画出竖框柱的截面尺寸并定出横框截面。用方木钉活动门的竖门框柱和横框骨架。竖框柱应嵌入地面建筑标高下 30～40 mm。然后骨架四周包里衬胶合板并钉牢，最后，外包镜面不锈饰面板。包饰面板时，要把饰面板对头接缝放在安装玻璃的两侧中间位置。接缝位置必须准确，并保证垂直。

5)安装固定玻璃。

①玻璃工用玻璃吸盘机把厚玻璃板吸住提起，移至安装位置，先将玻璃上部插入门框顶部的限位槽，随后玻璃板的下部放到底托上。玻璃下部对准中心线，两侧边部正好封住门框处的不锈钢饰面对缝口，要求做到内外都看不见饰面接缝口，如图 3-37 所示。

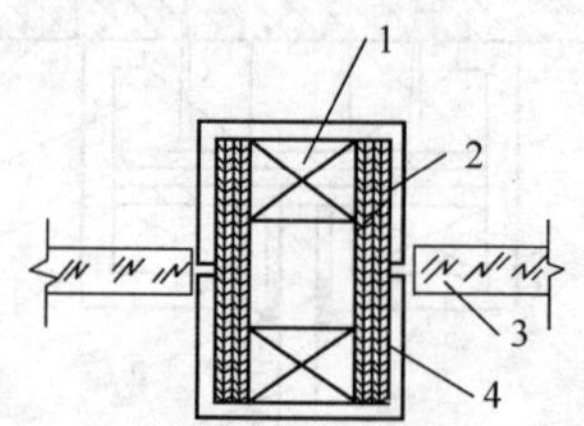


图 3-37　厚玻璃板与框柱间安装示意

1—方木；2—合板；3—厚玻璃；4—包框镜面不锈钢板

②在底托方木上的内外钉两根方木条，把厚玻璃夹在中间，方木条距厚玻璃面 3～4 mm 注玻璃胶，然后在方木条上涂刷万能胶，将压制成型的不锈钢饰面板粘固在方木上。玻璃板竖直方向各部位的安装构造，如图 3-38 所示。

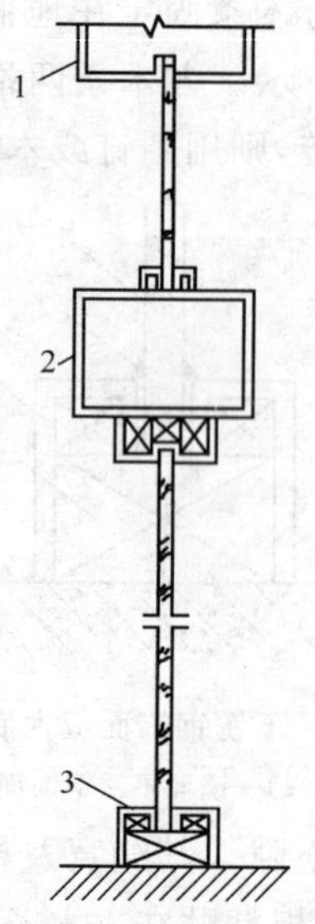


图 3-38　玻璃门竖向安装示意

1—大门框；2—横框或小门框；3—底托

6)注玻璃胶封口。

①在门框顶部限位槽和底部底托的两侧，以及厚玻璃与框柱的对缝等各缝隙处，注入玻璃胶封口，如图 3-39 所示。注胶时，从注胶缝隙的端头开始，顺缝隙均匀连续注胶，使玻璃的缝隙处形成一条表面均匀的直线，用塑料刮去多余的玻璃胶，并用布擦净胶迹。

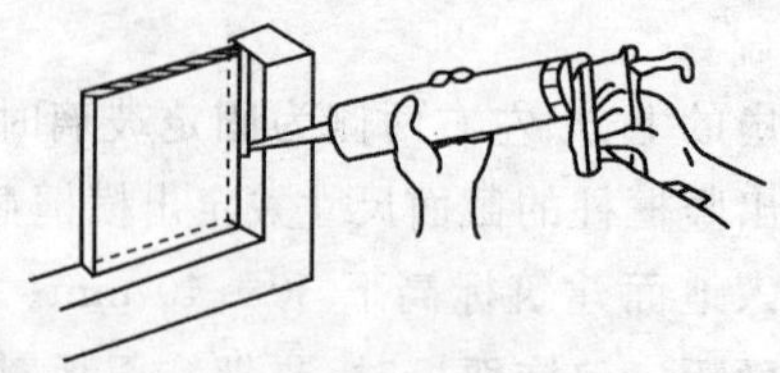

图 3-39　注胶封口操作示意图

②当玻璃门固定部门玻璃面积过大，需要拼接时，其对接缝要有 2～3 mm 的宽度，玻璃板

边要倒角。玻璃板固定后，将玻璃胶注入对接缝中，注满后，用塑料刮刀将胶刮平，使缝隙形成一条洁净均匀的直线，并用干净的棉布擦去玻璃面上的胶迹。

(2)玻璃活动门的安装。玻璃活动门为无框门扇，活动门的启闭，靠门扇上下的金属门夹或部分金属铰接的地弹簧来实现，如图 3-40 所示。

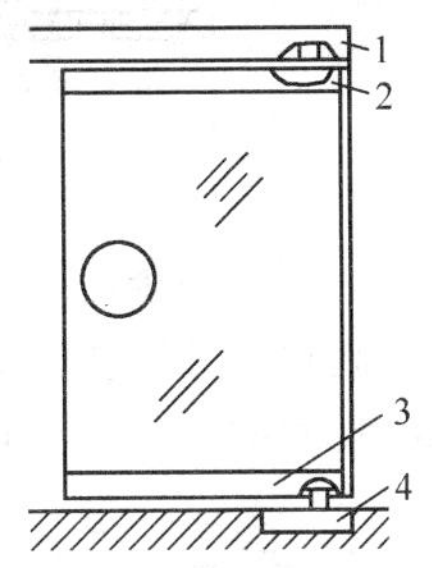


图 3-40　玻璃活动门扇示意

1—固定门框；2—门扇上门夹；3—门扇下门夹；4—地弹簧

1)先安装门底弹簧和门框顶面的定位销：门底弹簧应与门顶定位销同一轴线，因此安装时必须用吊线坠反复吊正，确保门底弹簧转轴与门顶定位销的中心线在同一垂直线上。地弹簧安装步骤，如图 3-41 所示。

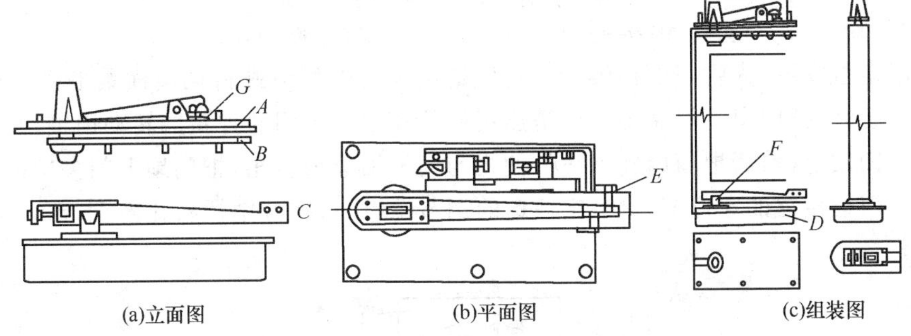


(a)立面图　(b)平面图　(c)组装图

图 3-41　地弹簧立面、平面图

$A$—顶轴；$B$—顶轴套板；$C$—回转轴杆；$D$、$E$—调节螺钉；$F$、$G$—升降螺钉

①先将顶轴套板 $B$ 固定于门扇上部，再将回转轴杆 $C$ 装于门扇底部，然后将螺钉 $E$ 装于两侧，顶轴套板之轴孔中心与回转轴杆之轴孔中心必须上、下对齐，保持在同一中心线上，并与门扇底面垂直。中线距门边尺寸为 69 mm。

②将顶轴 $A$ 装于门框顶部，安装时应注意顶轴之中心距边柱的距离，以保持门扇启闭灵活。

③底座 $D$ 安装时，从顶轴中心吊一垂线至地面，对准底座上地轴之中心 $F$，同时要保持底座的水平，底座上面板和门扇底部的缝隙为 15 mm，然后将外壳用混凝土填实浇固(注意切不可将内壳浇牢)。

④待混凝土养护期满后，将门扇上回转轴杆的轴孔套在底座的地轴上，然后将门扇顶部顶轴套板的轴孔和门框上的顶轴对准，拧动顶轴上的升降螺钉 $G$，使顶轴插入轴孔 15 mm，门扇即可启闭使用。

2)玻璃门扇安装上下门夹：把上下金属门夹，分别装在玻璃门扇上下两端，并测量门扇高度。如果门扇的上下边框距门横框及地面的缝隙超过规定值。即门扇高度不够，可在上下门夹内的玻璃底部垫木胶合板条，如图 3-42 所示。如门扇高度超过安装尺寸，则需裁去玻璃扇的多余部分。钢化玻璃则需按安装尺寸重新定制。

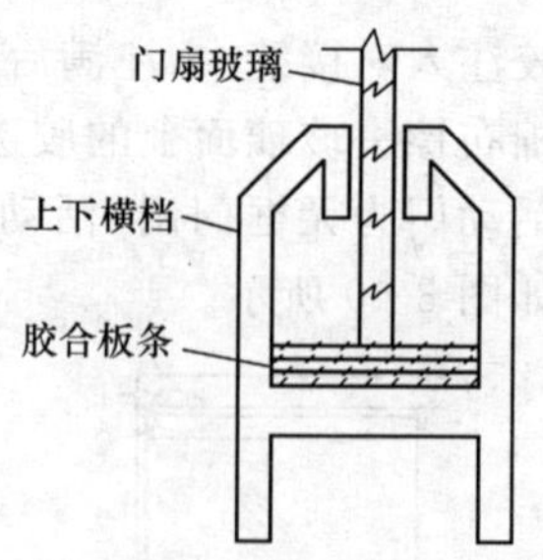


图 3-42　加垫胶合板条调整门扇高度

3)玻璃门扇上下门夹固定:定好门扇高度后,在厚玻璃与金属上下门夹内的两侧缝隙处,同时插入小木条,轻敲稳实,然后在小木条、厚玻璃、门夹之间的缝隙中注入玻璃胶,如图 3-43 所示。

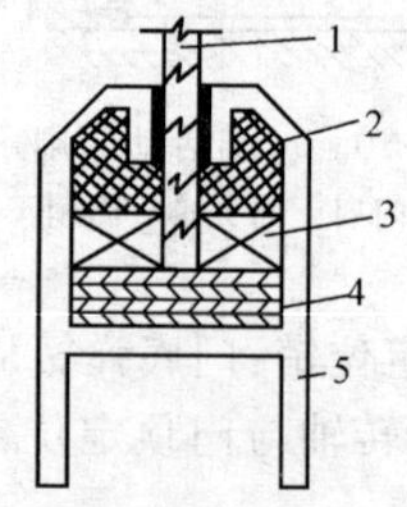


图 3-43　玻璃门上下门夹安装构造示意

1—门扇厚玻璃;2—玻璃胶;3—方木条;4—胶合板或橡胶垫;5—上下门夹

4)门扇定位安装:先将门框横梁上的定位销用本身的调节螺钉调出横梁平面 2 mm,再将玻璃门扇竖起来,把门扇下门夹的转动销连接件的孔位对准门底弹簧的转动销轴,并转动门扇将孔位套入销轴上,然后把门扇转动 90°,使之与门框横梁成直角,把门扇上门夹中的转动连接件的孔对准门框横框的定位销,调节定位销的调节螺钉,将定位销插入孔内 15 mm 左右,如图 3-44 所示。

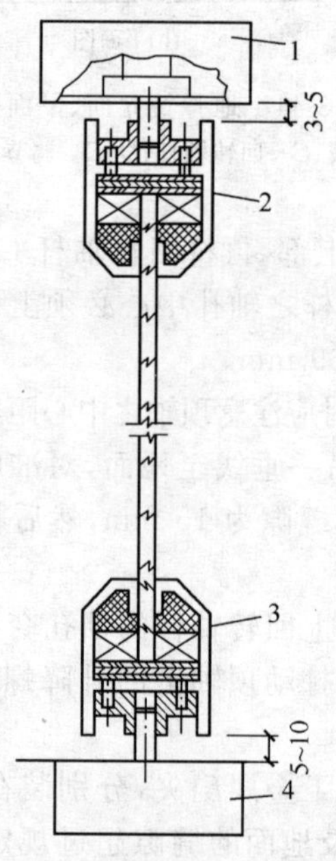


图 3-44　门扇定位安装方法示意(单位:mm)

1—门框横梁;2—门扇上门夹;3—门扇下门夹;4—门底弹簧

5)安装玻璃拉手:全玻门扇上的拉手孔洞,一般在裁割玻璃时加工完成(亦可在现场台桌上用电钻装上钻孔钻头打孔)。拉手连接部分插入孔洞中不能过紧,应略有松动;如插入过松,可在插入部分缠上软质胶带。安装前在拉手插入玻璃的部分,涂少许玻璃胶,拉手根部与玻璃板紧密结合后再拧紧固定螺钉,以保证拉手无松动现象,如图 3-45 所示。

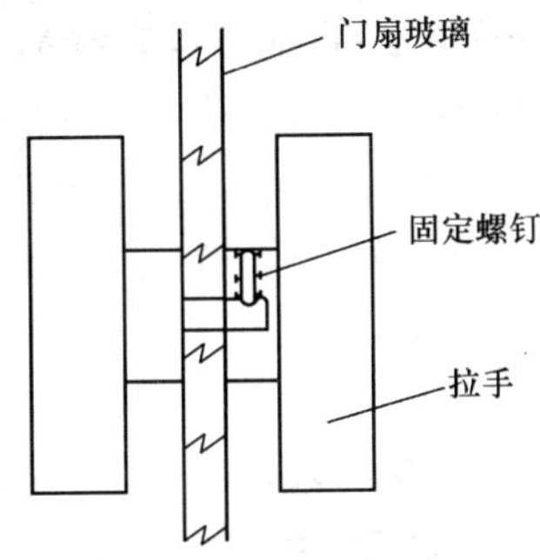


图 3-45　安装玻璃门拉手

## 第四节　门窗玻璃安装

### 一、施工机具

(1)主要工具:工作台、玻璃刀、克丝钳、扁铲、油灰刀、刨铁、木柄小锤、棉丝或擦布、毛笔、工具袋、刨刀、吸盘器等。

(2)主要计量检测用具:尺板、钢尺、木折尺、方尺等。

(3)主要安全防护用品:安全带、手套等。

### 二、施工技术

1. 门窗玻璃安装

(1)玻璃裁割。

1)玻璃裁割的一般要求。

①玻璃应集中裁割。裁割时应按照“先裁大,后裁小;先裁宽,后裁窄”的顺序进行。

②选择几种不同规格、尺寸的框、先量好尺寸进行试裁割和试安装,确认玻璃尺寸正确、留量合适后方可成批裁制。

③玻璃裁割留量,不同厚度单片玻璃、夹层玻璃和中空玻璃的最小安装尺寸应符合相应的要求。

④玻璃刀使用时刀杆应垂直玻璃表面。

⑤裁割厚大玻璃时应在裁割刀口上先刷上煤油。

⑥裁割好的玻璃半成品应按规格斜立放,下面垫好厚度一致的木方。

⑦钢化玻璃严禁裁划或用钳子扳。应按设计规格和要求,预先裁割好之后再进行钢化处理。

⑧裁割玻璃时,严禁在已划过的刀路上重划第二遍。必要时,将玻璃翻过面来重划。

2)裁割玻璃时,将需要安装的玻璃,按部位分规格、数量裁制;已裁好的玻璃按规格、尺寸码放；分送的数量应以当天安装的数量为准，不宜过多，以减少搬运玻璃的损耗。玻璃裁割应根据不同的玻璃品种、厚度及外形尺寸，采取不同的操作方法，以保证裁割质量。

①裁割 2～3 mm 厚的平板玻璃：可用 10～12 mm 厚木直尺，用尺量出门窗框玻璃裁口尺寸，再在直尺上定出玻璃的尺寸。此时，要考虑门窗的收缩，留出适当余量。一般情况下玻璃框宽 500 mm，在直尺上 495 mm 处做记号，再加刀口 2 mm，则所裁割的玻璃为 497 mm，这样安装效果好。操作时将直尺上的标记紧靠玻璃一端，玻璃刀紧靠直尺的另一端，一手掌握标记在玻璃边口不使其变动，另一手掌握刀刃端直向后退划，不能有轻重弯曲。

②裁割 4～6 mm 厚的玻璃：除了掌握薄玻璃裁割方法外，还要按下述方法裁割，用 5 mm×40 mm 直尺，玻璃刀紧靠直尺裁割。裁割时，要在划口上预先刷上煤油，使划口渗入煤油，易于扳脱。

③裁割 5～6 mm 厚的大块玻璃：方法与裁割 4～6 mm 的小块玻璃相同。但因玻璃面积大，操作人员需脱鞋站在玻璃上裁割。裁割前用绒垫在操作台上，使玻璃受压均匀。裁割后双手握紧玻璃，同时向下扳脱。另一种方法是：一人趴在玻璃上，身体下面垫上麻袋布，一手掌握玻璃刀，一手扶好直尺，另一人在后拉动麻袋布后退，刀子顺尺拉下，中途不宜停顿否则找不到锋口。

④裁割夹丝玻璃：夹丝玻璃的裁割方法与 5～6 mm 平板玻璃相同。但夹丝玻璃裁割因高低不平，裁割时刀口容易滑动难掌握，因此要认清刀口，握稳刀头，用力比一般玻璃要大，速度相应要快，这样才不致出现弯曲不直。裁割后双手紧握玻璃，同时用力向下扳，使玻璃沿裁口线裂开。如有夹丝未断，可在玻璃缝口内夹一细长木条，再用力往下扳，夹丝即可扳断，然后用钳子将夹丝划倒，以免搬运时划破手掌。裁割的玻璃边缘上应刷防锈漆进行防腐处理。

⑤裁割压花玻璃：裁割压花玻璃时，压花面应向下，裁割方法与夹丝玻璃同。

⑥裁割磨砂玻璃：裁割磨砂玻璃时，毛面应向下，裁割方法与平板玻璃同，但向下扳时用力要大且均匀，向上回时，要在裁开的玻璃缝处压一木条。

⑦裁割各种矩形玻璃，要注意对角线长度必须一致，划口要齐直不能弯曲。划异形玻璃，最好在事前划出样板或做出套板，然后进行裁割，以求准确。

(2)清理裁口。玻璃安装前，应清除门窗裁口(玻璃槽)内的灰尘、焊渣、铁锈和杂物，以保证槽口干净、干燥，排水孔畅通。

(3)玻璃加工。

1)玻璃打孔眼。先定出圆心，用玻璃刀划出圆圈并从背面将其敲出裂痕，再在圈内正反两面划上几条相互交叉的直线和横线，同样敲出裂痕。再用一块尖头铁器轻而慢地把圆圈中心处击穿，用小锤逐点向外轻敲圆圈内玻璃，使玻璃破裂后取出即成毛边洞眼。最后用金刚石或油石磨光圆边即可。此法适用于直径大于 20 mm 的洞眼。

2)玻璃钻孔眼：定出圆心并点上墨水，将玻璃垫实平放于台钻平台上，不得移动。再将内掺煤油的 280～320 目金刚砂点在玻璃钻眼处，然后将安装在台钻上安平头工具钢钻头，对准圆心墨点轻轻压下，不能摇晃、旋转钻头，不断运动钻磨，边磨边点金刚砂。钻磨自始至终用力要轻而均匀，尤其是接近磨穿时，用力更要轻，要有耐心。此法适用于加工直径小于 10 mm 的孔眼。直径在 11～50 mm 之间的孔眼，目前，在普通手电钻的前端安上一个与钻孔直径相同的平头圆筒空心钻花，将玻璃平放在台桌上(垫绒毡布)，以同样的操作方法(注意加助磨水)钻出一个圆圆的孔洞来。

3)玻璃打槽：先在玻璃上按要求槽的长、宽尺寸画出墨线，将玻璃平放于固定在工作台上的手摇砂轮机的砂轮下，紧贴工作台，使砂轮对准槽口的墨线，选用边缘厚度稍小于槽宽的金刚砂轮，倒顺交替摇动摇把，使砂轮来回转动，转动弧度不大于周边的 1/4，转速不能太快过猛，边磨边加水，注意控制槽口深度，直至打好槽口。目前现场均用电动砂轮代替手动砂轮。

4)玻璃磨边：先加工一个槽形容器，用长约 2 m，宽约 40 mm 的等边角钢在其两端焊上薄钢板封口。槽口朝上置于工作凳上，槽内盛清水和金刚砂。将玻璃立放在槽内，双手紧握玻璃两边，使玻璃毛边紧贴槽底，用力推动玻璃来回移动，即可磨去毛边棱角。磨时勿使玻璃同角钢碰撞，防止玻璃缺棱掉角。目前现场玻璃磨边，均采用电动磨边机械和装置。

5)玻璃磨砂：现场常采用手工研磨，即将平板玻璃平放在垫有棉毛毡等柔性软料的操作台上。将 280～300 目金刚砂堆放在玻璃面上，并用粗瓷碗反扣住，后用双手轻压碗底，并推动碗底打圈移动研磨，或将金刚均匀地铺在玻璃上，再将一块玻璃覆盖在上面，一手拿稳上面一块玻璃的边角，一手轻轻压住玻璃另一边，推动玻璃来回打圈研磨；也可在玻璃上放置适量的石英砂，再加少量的水，用磨砂纸研磨。研磨从四角开始，逐步移向中间，直至玻璃呈无效的乳白色，达到透光不透明即成。研磨时用力要适当，速度可慢一些，以避免玻璃压裂或缺角。此法只适用于现场少量玻璃的加工。一般在市场有商品磨砂玻璃可售，产品到现场后裁割即可。

(4)玻璃安装。

1)木门窗玻璃的安装及固定。

①木门窗玻璃固定方法如图 3-46 所示。

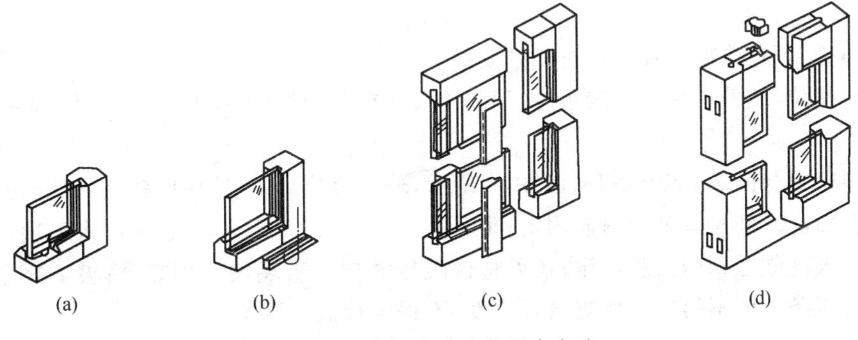


图 3-46 木门窗玻璃的固定方法

②涂抹底油灰：在玻璃底面与裁口之间，沿裁口的全长抹厚 1～3 mm 底油灰，要求均匀连续，随后将玻璃推入裁口并压实。待底油灰达到一定强度时，顺着槽口方向，将溢出的底油灰刮平清除。

③嵌钉固定：玻璃四边均需钉上玻璃钉，钉与钉之间距离一般不超过 300 mm，每边不少于两颗，要求钉头紧靠玻璃。钉好后，还需检查嵌钉是否平整牢固，一般采取轻敲玻璃，听所发出的声音来判断玻璃是否卡牢。

④涂抹表面油灰：选用无杂质、稠度适中的油灰。一般用油灰刀从一角开始，紧靠槽口边，均匀地用力向一个方向刮成 45°斜坡形，再向反方向理顺光滑，如此反复修整，四角成八字形，表面光滑无流淌、裂缝、麻面和皱皮现象。黏结严密、牢固，使打在玻璃上的雨水易于流走而不致腐蚀门窗框。涂抹表面油灰后用刨铁收刮油灰时，如发现玻璃钉外露，应将其钉进油灰面层，然后理好油灰。

⑤木压条固定玻璃：木压条按设计要求或图纸尺寸加工，选用大小、宽窄一致的优质木压条，要求木压条光滑平直，用小钉钉牢。钉帽应钉进木压条表面 1～3 mm，不得外露。木压条

要贴紧玻璃、无缝隙，也不得将玻璃压得过紧，以免损坏玻璃。

2)钢门窗玻璃的安装。

①涂底油灰：在槽口内涂抹厚度为 3～4 mm 的底油灰。油灰要求调制均匀，稀稠适中，涂抹饱满、均匀、不堆积，如果采用橡皮垫，应先将橡皮热嵌入裁口内，并用压条和螺钉加以固定。

②安装玻璃：双手平推玻璃，使油灰挤出，然后将玻璃与槽口接触部位的油灰刮齐刮平、采用橡皮垫时，需将玻璃周围的橡皮垫推平、挤严、卡入槽中。

③安钢丝卡、刮油灰：用钢丝卡固定玻璃时，其间距不应大于 300 mm，每边不得少于两个卡子，并用油灰填实抹光。在采用橡皮压条固定时，应先将橡胶压条嵌入钢门窗裁口内，并用螺钉和卡条固定，防止门窗玻璃松动和脱落，如图 3-47 所示。

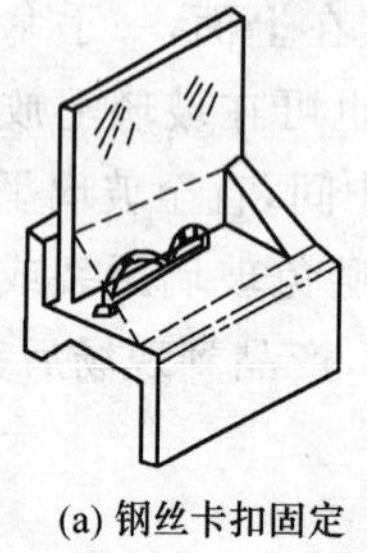
(a) 钢丝卡扣固定

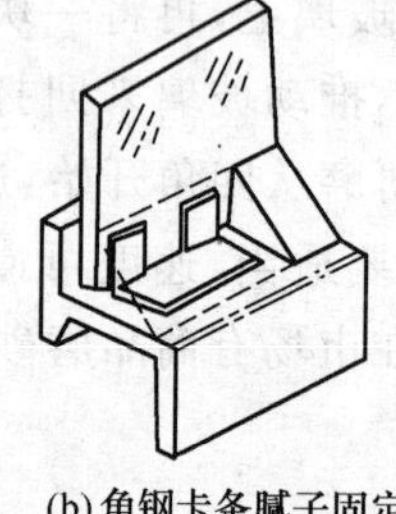
(b) 角钢卡条腻子固定

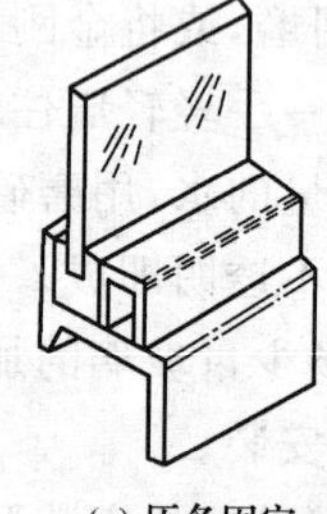
(c) 压条固定

图 3-47 钢窗玻璃安装方法

3)铝合金、彩色涂层钢板门窗玻璃的安装。

①玻璃就位：玻璃单块尺寸较小时，用双手夹住就位；玻璃单块尺寸较大时，可用玻璃吸盘帮助就位。

②玻璃密封与固定，如图 3-48、图 3-49 所示，玻璃就位后，可用橡胶条嵌入凹槽挤玻璃，然后在胶条上面注入硅酮系列密封胶固定；也可用不小于 25 mm 长的橡胶块将玻璃挤住，然后在凹槽中注入硅酮系列密封胶固定；还可将橡胶压条嵌入玻璃两侧密封，将玻璃挤紧，不再注密封。橡胶压条长度不得短于所需嵌入长度，不得强行嵌入胶条。

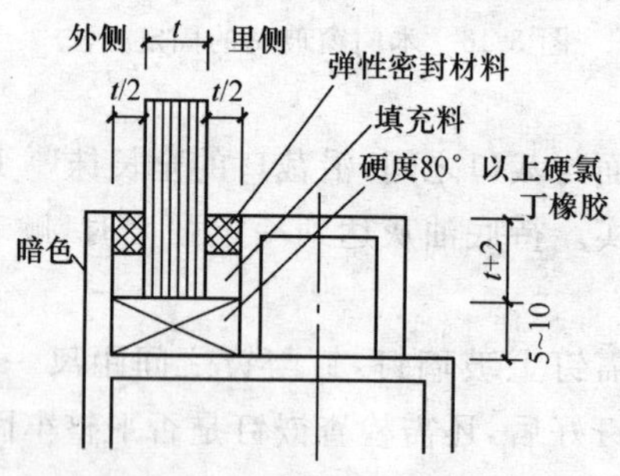


图 3-48 门窗玻璃安装及使用材料示意(单位：mm)

玻璃应放入凹槽中间，内、外两侧的间隙不应少于 2 mm，也不宜大于 5 mm。玻璃下部应用 3 mm 厚的氯丁橡胶热块垫起，不得直接坐落在金属面上。

4)塑料门窗玻璃的安装。

①玻璃不得与玻璃槽直接接触，在玻璃四边垫上玻璃热块如图 3-50 所示。

②用聚氯乙烯胶固定边框上的玻璃垫块。

③将玻璃装入门、窗扇框内，然后用玻璃压条将其固定。

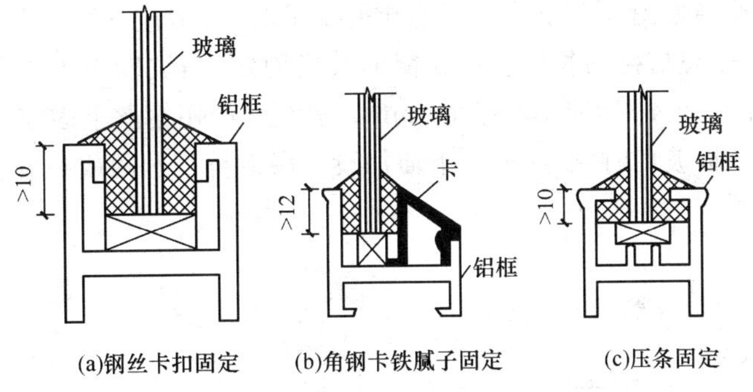


图 3-49　玻璃安装示意(单位:mm)

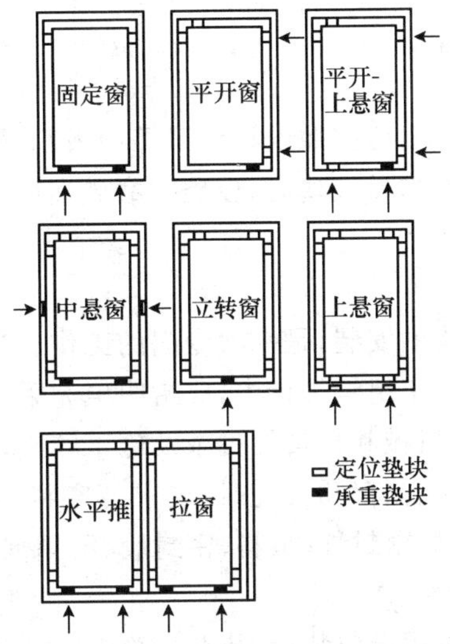


图 3-50　承重垫块和定位垫块的布置

④安装双层玻璃时,应在玻璃夹层四周嵌入中隔条,中隔条应密封,不变形、不脱落。玻璃槽和玻璃内表面应清洁、干燥。

⑤安装玻璃压条时可先装短向压条,后装长向压条,玻璃压条夹角与密封胶条的夹角应密合。

⑥塑料门窗采用干法镶嵌玻璃,即用附有弹性密封条的玻璃压条异型材卡固玻璃。先在扇框上密封条沟槽内嵌入玻璃密封条,然后在扇框型材凹槽内摆放玻璃垫块及窗角槽板,放上玻璃,再用装有密封条的玻璃压条将玻璃固定如图 3-51 所示。

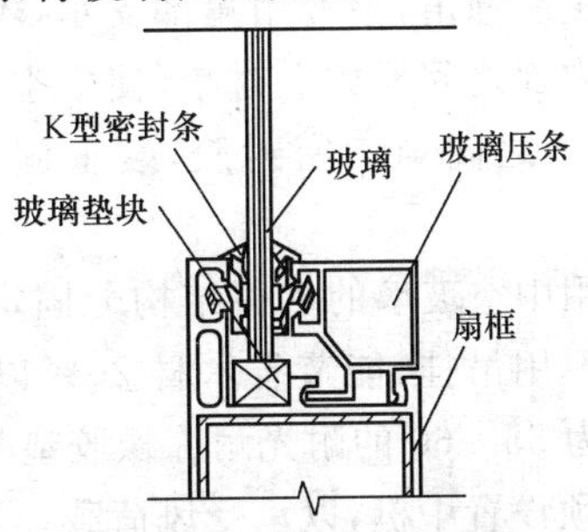


图 3-51　玻璃安装大样图

5)安装斜天窗玻璃如图 3-52 所示：当设计无要求时，一般应采用夹丝玻璃。施工应从顺流水方向盖叠安装，盖叠搭接的长度应视天窗的坡度而定，当坡度为 1/4 或大于 1/4 时，应不小于 30 mm；坡度小于 1/4 时，应不小于 50 mm。盖叠处应用钢丝卡固定，并在缝隙中用密封膏嵌填密实。采用平板玻璃时，要在玻璃下面加设一层镀锌钢丝网或在玻璃上贴防爆膜，将玻璃进行防爆处理。

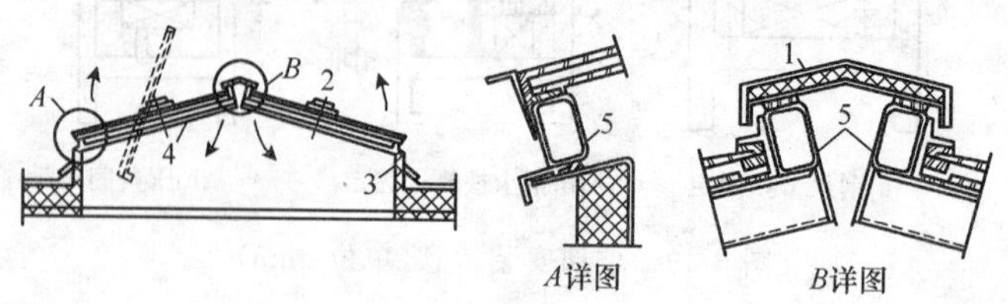


图 3-52　可开闭双坡天窗

1—屋脊构件；2—铰链；3—支承柜；4—旋转框；5—旋转框构件

6)安装彩色、压花和磨砂玻璃：应按照设计图案仔细裁割，拼缝时玻璃纹路必须吻合，不允许出现错位和斜曲等缺陷。安装磨砂玻璃时，玻璃的磨砂面应朝向室内。

2. 中空玻璃安装

(1)中空玻璃安装特点。

1)镶有中空玻璃的透明结构的安装，是一项专门的工作。当安装面积较大时，通常要编制组织施工设计与施工方案。在施工组织设计中，应指明填充采光口的方法，确定制件或预制件的运输条件，储存地点以及安装机械和器具的目录及施工顺序，阐明主要的安全技术条例。

2)中空玻璃和预制窗在运输、储存和安装时，要求遵守特殊的预防措施，以防破损。在运输和保存中空玻璃及辅助材料(如密封件、填料、密封胶、胶黏剂等)时，要注意按材料和制品的现行技术条件执行。

一般中空玻璃是由玻璃厂采用纸包装后，装在木箱内，或装在专门的装具中。中空玻璃与箱壁之间用干刨花填充，运输中不能受潮或损伤，装有中空玻璃的箱或台架应放在干燥的房间内，在严寒地区，储库内应有采暖设备。

3)在安装之前，要对中空玻璃制品进行严格检查，有裂缝的制品、端部有缺口的制品、中间框损伤或密封性不良的制品不能采用。

4)中空玻璃的辅助材料应准备齐全。辅助材料准备好后，把侧部和下端部的衬垫粘到窗扇上，然后把非凝固油膏层涂在企口表面上，安上中空玻璃，并使其与侧面衬垫贴紧。

5)安装规格较大的中空玻璃时，要使用装有真空吸盘的专门横梁。真空吸盘与玻璃表面接触的可靠性，每一次都应该用使中空玻璃试升高 5～10 cm 的方式检查一下。当中空玻璃运到安装位置时，要保护角和边部免受撞击，不准用角部支承，不能支在刚性基座上。用中空玻璃填充采光口后，其边部和窗扇内面之间要放上衬垫，使中空玻璃准确定位，再把第二层衬垫粘到玻璃上；然后，将玻璃与窗扇之间填满密封胶，装上固定压条；最后，用密封胶填充玻璃间隙。

(2)木窗安装中空玻璃。采用中空玻璃的木窗结构分固定式和开闭式两种。固定式的特点是中空玻璃与窗框直接接触，不用吊挂，能节省木材 20％以上。开闭式窗悬挂在上轴或水平轴上，中空玻璃通过邵氏硬度为 55～60 的耐光耐冻橡胶垫与窗框接触，采用木压条，木螺丝固定。当窗高为 2.4 m 以上时，须设置中梃，以承受风荷载。当窗高超过 4.2 m 时，应使用钢质横梁。镶有中空玻璃的木窗构造如图 3-53 所示。

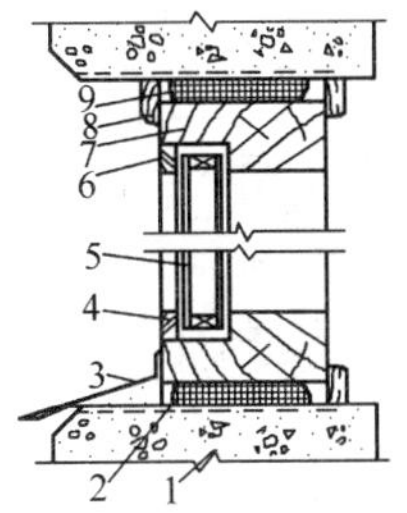


图 3-53　镶有中空玻璃的木窗

1—墙板;2—胶黏剂;3—披水;4—下压条;5—中空玻璃;
6—上压条;7—窗樘;8—压缝条;9—密封材料

(3)钢窗安装中空玻璃。采用中空玻璃的钢窗结构也有固定式和开闭式之分,开闭式腰头窗悬挂在水平中轴上。这两种形式既可以构成带形玻璃窗,也可以装配单独的采光口。当洞口高度大于 3.6 m 时,要用几个窗板填充,并装置在抗风横梁中。中空玻璃用耐光、耐寒橡胶垫固定在窗板上,碰头缝由焊在窗板和腰头窗上的弯型钢构成,用海绵橡胶密封,如图3-54 所示。

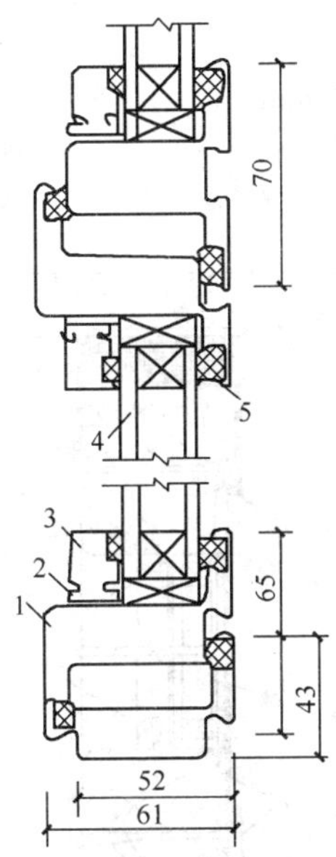


图 3-54　中空玻璃钢窗结构(单位:mm)

1—窗扇型材;2—短段槽钢;3—压条;4—中空玻璃;5—密封件

(4)铝合金窗安装中空玻璃。铝合金窗结构是现代建筑业广泛采用的结构形式,其外形美观,可以利用铝合金板材加工成各种复杂的横断面形式的构件,使碰头缝达到可靠的密封。采用铝合金等刚度大的封闭截面空心型材,能够增加采光口面积,同时,可以提高窗的耐久性,从而提高整个建筑物的坚固性,如图 3-55 所示。

(5)钢铝窗结构。在国外,钢铝窗结构的承重中枢用冷轧的型钢制成,中空玻璃由铝合金型材固定,铝型材把隔断窗扇截面的“冷桥”塑料接合板锁住,如图 3-56 所示。

(6)木铝窗安装中空玻璃。镶嵌中空玻璃的木铝窗结构是金属和木料结合使用的一种形式。这种结构中,铝型材包在外侧,起防护和装饰作用,小构件装于内侧,起隔热和承重的作用，如图 3-57 所示。

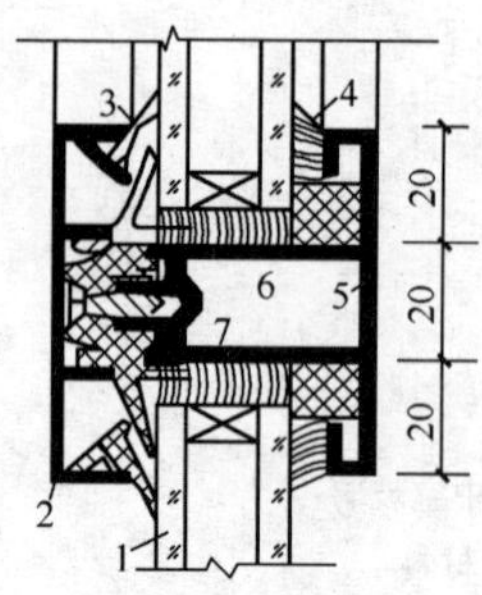


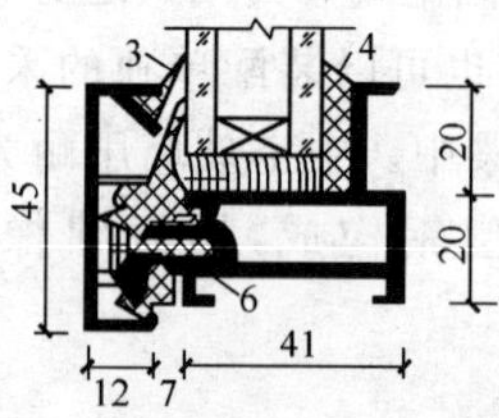


图 3-55 中空玻璃铝合金窗结构(单位:mm)

1—中空玻璃;2—压条;3—密封件;4—胶黏剂;
5—窗扇承重铝型材;6—自攻螺丝;7—隔热填充料

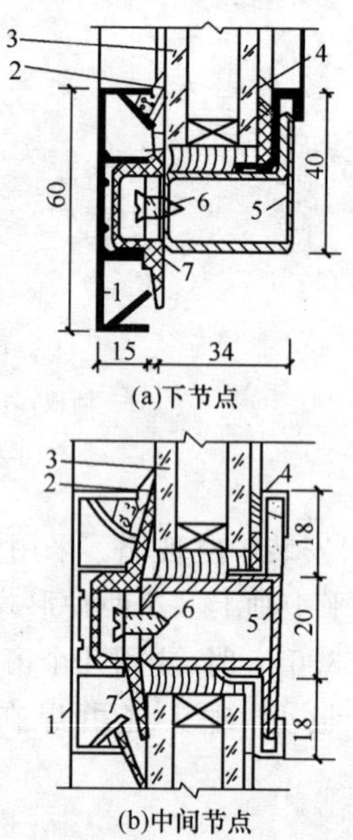


图 3-56 钢铝窗的节点(单位:mm)

1—铝塑材;2—密封件;3—中空玻璃;4—胶黏剂;
5—冷轧的钢型材;6—螺钉;7—塑料保温垫板

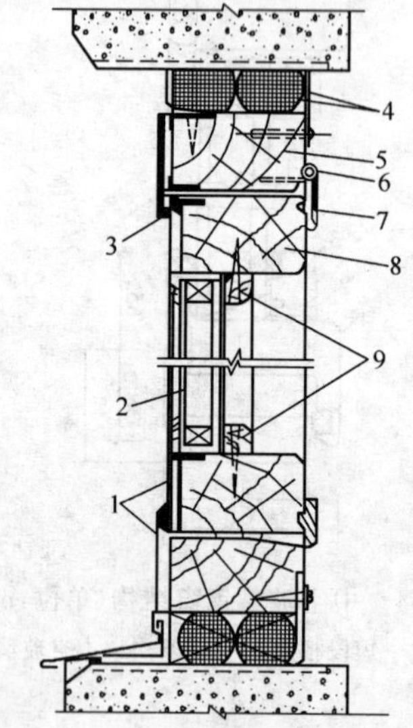


图 3-57 木铝窗结构

1—铝塑材;2—中空玻璃;3—碰头缝密封;4—垫块;5—木窗樘;
6—合页;7—压缝条;8—木窗扇;9—压条

(7)塑料窗安装中空玻璃。镶中空玻璃的 PVC 窗结构近年来得到了推广和应用，尤其是纺织业和造纸业等化学工业厂房，因环境的空气湿度较大，采用塑料窗结构既耐久，又可降低维修费用。在 PVC 窗扇中镶中空玻璃，是采用聚氨酯之类材质的压条将中空玻璃固定。玻璃与与窗扇间的缝隙用花瓣式橡胶垫密封。窗扇中有孔眼，用于排除可能落在中空玻璃下面的水分。为了减少空气渗透性，在开闭式窗扇中，预设了双碰头缝，并填充了橡胶密封件，如图3-58所示。

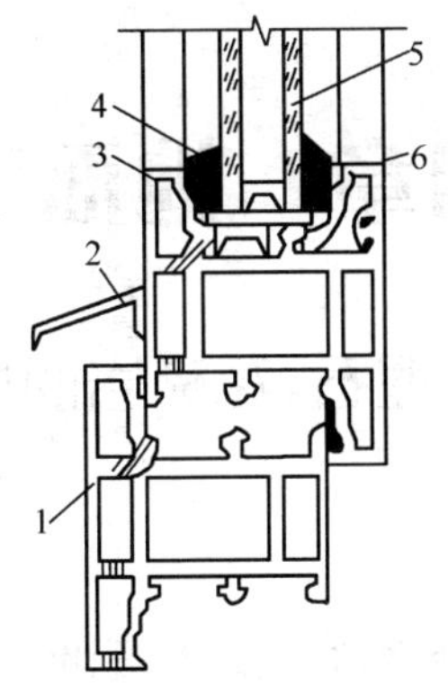


图 3-58 镶中空玻璃的塑料窗

1—窗樘；2—披水；3—窗扇；4—密封材料；5—中空玻璃；6—压条

# 第四章　地面工程

## 第一节　大理石、花岗岩面层和人造石

### 一、施工机具

(1)机械:砂浆搅拌机、台钻、合金钢钻头、砂轮锯、磨石机、角磨机等。

(2)其他器具:修整用平台、木楔、灰簸箕、水平尺、2 m 靠尺、方尺、橡皮锤或木锤、小线、手推车、铁锹、浆壶、水桶、铁抹子、木抹子、墨斗、钢卷尺、尼龙线、扫帚、钢丝刷。

### 二、施工技术

(1)大理石、花岗石地面面层采用天然大理石、天然花岗石(或碎拼大理石、碎拼花岗石)板材应在结合层上铺设。大理石板材不得用于室外地面面层。

(2)认真进行基层清理。为使结合层厚度一致,宜在基层上铺设一层 1∶2.5～1∶3 水泥砂浆找平层。为保证找平层与基结合牢固,铺设前应在基层表面刷一层水灰比为 0.4～0.5 的素水泥浆。

若基层为隔离层时,除将表面清扫干净外,还应注意保护隔离层防止损坏。操作人员应穿胶底鞋,手推车的腿下要包胶皮或软布等保护措。

(3)根据水平控制线,用于硬性砂浆贴灰饼,灰饼的标高应按地面标高减板厚再减2 mm,并在铺贴前弹出排板控制线。

(4)先将板材背面刷干净,铺贴时保持湿润,阴干或擦干后备用。

(5)根据控制线,按预排编号铺好每一开间及走廊左右两侧标准行(封路)后,再进行拉线铺贴,并由里向外铺贴。

(6)铺贴大理石、花岗石。

1)铺设大理石、花岗石面层前,板材应浸湿、晾干;结合层与板材应分段同时铺设。

2)铺贴前,先将基层浇水湿润,然后刷素水泥浆一遍,水灰比 0.5 左右,并随刷随铺底灰,底灰采用干硬性水泥砂浆,配比为 1∶2,以手握成团不出浆为准。铺灰厚度以拍实抹平与灰饼同高为准,用铁抹子拍实抹平。然后进行试铺,检查结合层砂浆的饱满度(如不饱满,应用砂浆填补),随即将大理石背面均匀地刮上 2 mm 厚的素灰膏,然后用毛刷沾水湿润砂浆表面,再将石板对准铺贴位置,使板块四周同时落下,用小木锤或橡皮锤敲击平实,随即清理板缝内的水泥浆。

3)同一房间,开间应按配花、品种挑选尺寸基本一致,色泽均匀,纹理通顺(指大理石和花岗石)进行预排编号,分类存放,待铺贴时按号取用;必要时可绘制铺贴大样图,再按图铺贴。分块排列布置要求对称,厅、房与走道连通处,缝子应贯通;走道、厅房如用不同颜色、花样时,分色线应设在门框裁口线内侧;靠墙柱一侧的板块,离开墙柱的宽度应一致。

(7)板材间的缝隙宽度如设计无规定时,对于花岗石、大理石不应大于 1 mm,相邻两块高

低差应在允许偏差范围内，严禁二次磨光板边。

(8)铺贴完成 24 h 后，开始洒水养护。3 d 后，用水泥浆(颜色与石板块调和)擦缝饱满，并随即用干布擦净至无残灰、污迹为止。铺好的板块禁止行人和堆放物品。

(9)镶贴踢脚板。

1)踢脚板在地面施工完后进行，施工方法有镶贴法和灌浆法两种，施工前均应进行基层处理，镶贴前先将石板块刷水湿润，晾干。踢脚板的阳角按设计要求，宜做成海棠角或割成 45°角。

2)板材厚度小于 12 mm 时，采用镶贴法施工；当板材厚度大于 15 mm 时，宜采用灌浆法施工。

①根据墙面的标高控制线，测出踢脚板上口水平线，弹在墙上，根据墙面抹灰厚度，用线附吊线，确定踢脚板的出墙厚度，一般为 8～10 mm。

②对于抹灰墙面，按踢脚板出墙厚度，用 1∶3 水泥砂浆打底找平，表面搓毛。

③找平层砂浆干硬后，拉踢脚板上口的水平线，按设计要求对阳角进行处理，在经浸水阴干的大理石(花岗石)踢脚板表面，先刮抹一层 2～3 mm 厚的聚合物水泥浆，再进行粘贴，并用木锤敲实，根据水平线找直、找平。

④24 h 后用同色水泥浆擦缝并用棉丝团浆余浆擦净。

3)采用灌浆法施工时，先在墙两端用石膏(或胶黏剂)各固定一块板材，其上楞(上口)高度应在同一水平线上，突出墙面厚度应控制在 8～12 mm。然后沿两块踢脚板上楞拉通线，用石膏(或胶黏剂)逐块依顺序固定踢脚板。然后灌 1∶2 水泥砂浆，砂浆稠度视缝隙大小而定，以能灌实为准。

4)镶贴时，应随时检查踢脚板的平直度和垂直度。

5)板间接缝应与地面缝贯通(对缝)，擦缝做法同地面。

(10)楼梯踏步铺贴：楼梯踏步和台阶，跟线先抹踏步立面(踢板)的水泥砂浆结合层，但踢板可内倾，决不允许外倾。后抹踏步平面(踏板)，并留出面层板块的厚度，每个踏步的几何尺寸必须符合设计要求。养护 1～2 d 后在结合层上浇素水泥浆作黏结层，按先立面后平面的规则，拉斜线铺贴板块(图 4-1)。

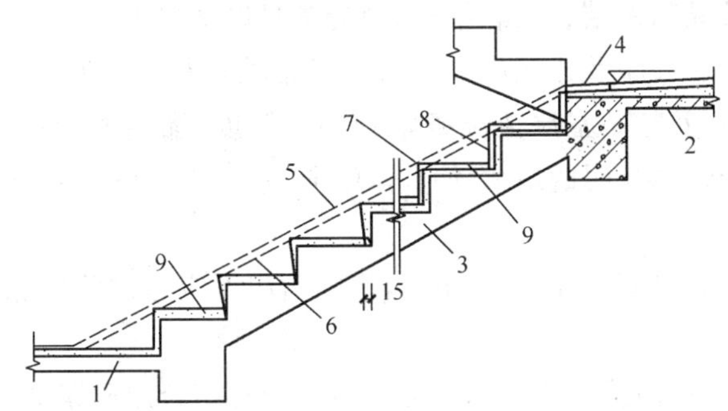


图 4-1　楼梯踏步板块铺贴

1—楼(地)面；2—休息平台；3—斜梁；4—建筑标高线；5—建筑标高斜线；6—水泥砂浆找平层斜线；7—齿角；8—踢板(立面)；9—踏板(平面)

防滑条的位置距齿角 30 mm，亦可经养护后锯割槽口嵌条。

踏步铺贴完工，以角钢包角，并铺设木板保护，7 d 内不得上人。

室外台阶踏步，每级踏步的平面，其板块的纵向和横向，应能排水，雨水不得积聚在踏步的平面上。

踢脚线：先沿墙（柱）弹出墙（柱）厚度线，根据墙体冲筋和上口水平线，用1∶2.5～1∶3的水泥砂浆（体积比）抹底、刮平、划纹，待干硬后，将已湿润晾干的板块背面抹上2～3 mm素水泥浆跟线粘贴，并用木锤敲击，找平、找直，次日用同色水泥浆擦缝。

（11）碎拼大理石或碎拼花岗石面层施工。

1）碎拼大理石或碎拼花岗石面层施工可分仓或不分仓铺砌，亦可镶嵌分格条。为了边角整齐，应选用有直边的一边板材沿分仓或分格线铺砌，并控制面层标高和基准点，如图4-2所示。用干硬性砂浆铺贴，施工方法同大理石地面。铺贴时，按碎块形状大小相同自然排列，缝隙控制在15～25 mm，并随铺随清理缝内挤出的砂浆，然后嵌填水泥石粒浆，嵌缝应高出块材面2 mm。待达到一定强度后，用细磨石将凸缝磨平。如设计要求拼缝采用灌水泥砂浆时，厚度与块材上面齐平，并将表面抹平压光。

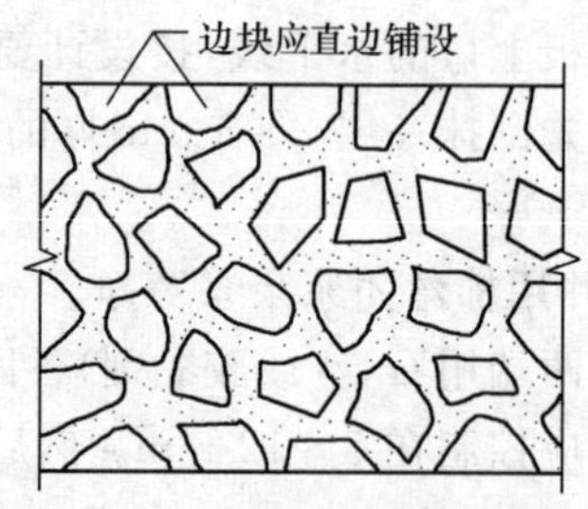


图4-2　碎拼板材地面边块铺设

2）碎块板材面层磨光，在常温下一般2～4 d即可开磨，第一遍用80～100号金刚石，要求磨匀、磨平、磨光滑，冲净渣浆，用同色水泥浆填补表面所呈现的细小空隙和凹痕，适当养护后再磨。第二遍用100～160号金刚石磨光，要求磨至石子粒显露，平整光滑，无砂眼细孔，用水冲洗后，涂抹草酸溶液（热水∶草酸＝1∶0.35，质量比，溶化冷却后用）一遍。如设计有要求，第三遍应用240～280号的金刚石磨光，研磨至表面光滑为止。

（12）当板材采用胶黏剂做结合层黏结时，尚应满足以下要求。

1）双组分胶黏剂拌和程序及比例应严格按照产品说明书要求执行。

2）根据石料、胶黏剂及粘贴基层情况确定胶黏剂厚度，黏结的胶层厚度不宜超过3 mm。应注意产品说明书对胶黏剂标明的最大使用厚度，同时应考虑基材种类和操作环境条件对使用厚度的影响。

3）石料胶黏剂的晾置时间为15～20 min，涂胶面积不应超过胶的晾置时间内可以粘贴的面积。

（13）打蜡：踢脚线打蜡同楼地面打蜡一起进行。应在结合层砂浆达到强度要求、各道工序完工、不再上人时，方可打蜡，打蜡应达到光滑亮洁。

1）酸洗后的大理石、花岗石面，应经擦净晾干。打蜡工作应在不影响大理石、花岗石面层质量的其他工序全部完成后进行。

2）地板蜡有成品供应，当采用自制时其方法是将蜡、煤油按1∶4的质量比放入桶内加热、熔化（约120℃～130℃），再掺入适量松香水后调成稀糊状，凉后即可使用。

3）用布或干净麻丝沾蜡薄薄均匀涂在大理石、花岗石上，待蜡干后，用包有麻布或细帆布的木块代替油石，装在磨石机的磨盘上进行磨光，或用打蜡机打磨，直到大理石、花岗石表面光滑洁亮为止。高级大理石、花岗石应打二遍蜡，抛光两遍。打蜡后，铺锯末进行养护。

## 第二节　料石面层

### 一、施工机具

(1)机械：碾压机、砂轮锯等。

(2)工具：专用石材夹具、绳索、撬杠、手推车、铁锹、铁钎、刮尺、水桶、喷壶、铁抹子、木抹子、墨斗、小线、木夯、木锤(橡皮锤)、扫帚、钢丝刷。

(3)计量检测用具：钢尺、水平尺、方尺、靠尺等。

(4)安全防护用品：口罩、手套、护目镜等。

### 二、施工技术

料石面层的施工技术见表 4-1。

**表 4-1　料石面层施工技术**

| 项目 | | 内容 |
|---|---|---|
| 块石面层 | 准备工作 | 将基层和块石上的杂物清扫干净，不得留有泥土等杂物 |
| | 试拼 | 在正式铺砌前，按施工大样图对块石板块试拼，设计无要求时宜将非整块板对称排放在相应部位，试拼后编号，并码放整齐 |
| | 拉线 | 为了控制块石板块的位置，拉十字控制线，然后依据标高控制线钉桩，弹出面层标高线或做标高控制点 |
| | 铺砌块石板材 | 在基土砂垫层上铺砌块石面层做法如图 4-3 所示。 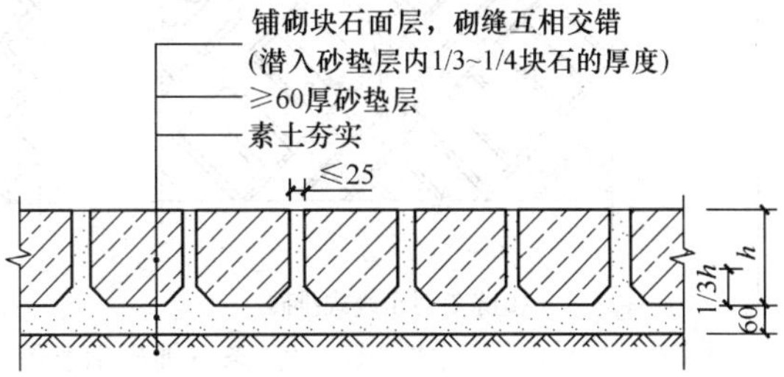<br><br>图 4-3　块石面层铺砌示意图(单位：mm)<br>(1)按面层标高控制线将过筛的砂铺筑在基土上，用刮尺刮平并洒水压实。砂垫层压实后的厚度不应小于 60 mm。<br>(2)根据控制线沿纵向铺砌一行块石，沿横向铺砌 2～3 行块石，作为大面积铺砌的标筋。然后按试拼的图案编号及缝隙(板块间的缝隙宽度设计无规定时一般不应大于 25 mm)，在标筋交点处开始铺砌，缝隙应相互错开，通缝不超过两块石料。<br>(3)按标筋拉通线将块石大面朝上铺砌，调整缝隙后，用木夯夯击至面层标高上5 mm 左右(夯击时石材上垫木板，此时块石嵌入砂垫层的深度应大于石料厚度的 1/3)，再用木锤(橡皮锤)轻击木垫板，按控制线用水平尺找平。铺完第一块，向两侧和后退方向顺序铺砌。大面积宜分段、分区进行铺砌 |

续上表

| 项目 | | 内容 |
| --- | --- | --- |
| 块石面层 | 填缝 | 填缝前应对铺砌好的块石面层进行检查、调整，然后按设计要求的材料进行填缝。设计无要求时，先用15～20 mm的片石填缝，突出面层 3 mm 左右，用夯打入，再填入 5～15 mm碎石，铁钎捣实，继续碾压至石料不松动为止。最后往缝中填砂，至砂粒不下陷为止 |
| 条石面层 | 准备工作 | (1)基层或基土表面要求平整洁净，杂物应清理干净。<br>(2)条石应按规格尺寸分类，石料铺砌前洒水湿润 |
| | 试拼 | 在正式铺砌前，条石板块应按图案、颜色、纹理试拼，图案一般有直行式、对角线式和人字式三种(图 4-4)。设计无要求时试拼后按纵横方向进行编号，然后按施工顺序码放整齐 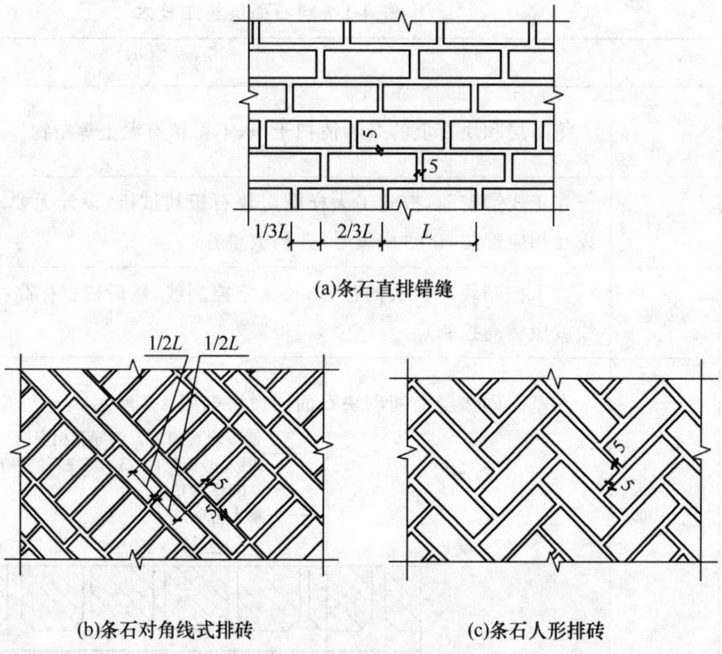<br>(a)条石直排错缝<br>(b)条石对角线式排砖　(c)条石人形排砖<br>图 4-4　条石铺砌示意图(单位：mm) |
| | 试排 | 按控制线方向铺两条干砂带，宽度大于板块宽度，厚度以可以平整放置板块为宜。结合施工大样图及实际尺寸，把板块排好，检查缝隙和相对位置 |
| | 拉线 | 为了控制条石板块的位置，直行法铺砌拉十字控制线，对角线法、人字形法铺砌拉相应控制线。然后依据标高控制线钉桩，在桩上弹出标高线或做标高控制点 |

续上表

| 项　　目 | | 内　　容 |
|---|---|---|
| 条石面层 | 铺条石板块 | 在垫层上以砂、水泥砂浆为结合层铺砌条石面层，其做法如图 4-5 所示。 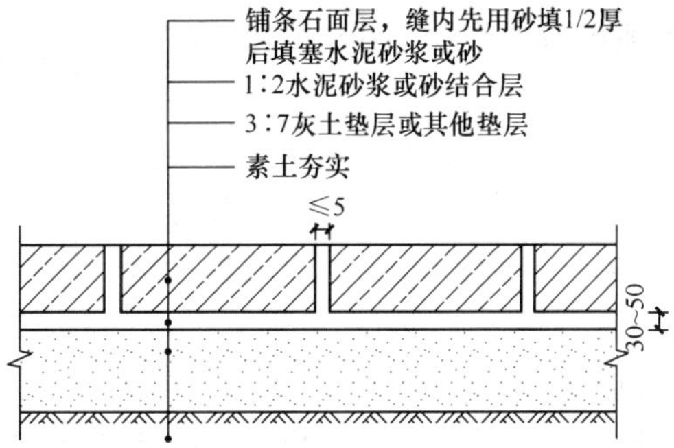<br>铺条石面层，缝内先用砂填1/2厚后填塞水泥砂浆或砂<br>1∶2水泥砂浆或砂结合层<br>3∶7灰土垫层或其他垫层<br>素土夯实<br>≤5<br>30~50<br>图 4-5　条石面层铺设示意图(单位:mm)<br>(1)在混凝土垫层上铺砌条石:试铺完后，把基层清理干净，洒水湿润，刷聚合物水泥浆(其水灰比宜为 0.4～0.5，随刷随铺)。然后纵向拉控制线、铺结合层干硬性砂浆(宜采用水泥∶砂＝1∶2.5～1∶3.0 的干硬性砂浆，干硬程度以手捏成团、落地即散为宜)，厚度控制在放上石材高出面层 10 mm 左右。铺好后用铁抹子拍实找平。结合层实际厚度按设计要求确定，如无设计要求，水泥砂浆结合层厚度为 30～50 mm。根据控制线，纵横各铺 2～3 行作为大面积铺砌的标筋。依据试拼时的图案编号及缝隙分段进行铺砌，条石铺砌时不宜出现十字缝，缝隙宽度应符合设计规定，如无设计要求，一般不应大于 5 mm，相邻两行的错缝应为条石长度的 1/2～1/3。<br>安放板块时四角同时下落，先用木夯夯击木垫板至板面标高以上 3～4 mm，然后用木锤或橡皮锤轻击木垫板，按水平线用水平尺找平。铺完第一块，向两侧和后退方向顺序铺砌，大面积铺砌可分段分区依次铺砌。<br>(2)用砂结合层铺砌时，结合层厚度为 30～50 mm，铺贴方法与“块石面层铺砌”相同 |
| | 嵌缝 | 根据结合层类型，条石面层填缝可采用细砂、水泥砂浆。用砂填缝时，宜先将砂撒于面层上，再用扫帚扫入缝中。用水泥砂浆填缝时，应预先用砂填缝至 1/2 高度，后再用水泥砂浆灌缝，勾缝抹平，缝口为平缝 |
| | 养护 | 条石面层铺砌及水泥砂浆嵌缝后，表面应覆盖洒水养护，养护时间不应小于 7 d |

# 第三节　实木地板面层

## 一、施工机具

(1)机械:多功能木工机床、刨地板机、磨地板机、平刨、压刨、小电锯、电锤等。

(2)工具:斧子、冲子、凿子、手锯、手刨、锤子、墨斗、錾子、扫帚、钢丝刷、气钉枪、割角尺等。

(3)计量检测用品:水准仪、水平尺、方尺、钢尺、靠尺等。

## 二、施工技术

1. 实木地板铺设施工关键要素

(1)同一房间或同一检验批的木地板，应采用同一批品种的材料，使花纹、色泽尽可能协调一致。成品免漆木地板铺钉前应作适当挑选，将有节疤、劈裂、翘曲、腐朽等弊病的木板剔出另作他用。

(2)为防止木搁栅、毛地板及面层木地板从墙体中吸收潮湿气，施工中应使木搁栅与墙之间留出不小于 30 mm 的空隙，毛地板和面层木地板与墙体之间应留出 8～12 mm 的空隙。毛地板铺钉时，板间缝隙不应大于 3 mm。毛地板在每根搁栅上应至少用 2 枚钉子作固定。毛地板应与搁栅成 30°或 45°斜向铺设，以避免上下板材产生同缝现象，增强木地板的整体性能。

(3)为防止木地板面层在使用中发出响声和潮湿气侵蚀，铺设双层地板的面层地板时，可在毛地板上干铺一层沥青油纸或泡沫塑料垫毡，或按设计要求采用其他材料。

(4)铺设面层木地板，应使心材朝上。心材就是靠近树木髓心处颜色较深的木材，由于心材生长年代较久，含水量相对较小，木质坚硬、强度亦较高，不易发生翘曲变形。此外，心材细胞已大多枯死，内部储存有较多的树脂、胶质和色素等物质，其他溶液不易浸透，所以抗腐能力、耐磨能力都相对较强。而处于树木外围的边材，则和心材相反，它是树木有生命的部分，含水量较高，容易产生收缩、翘曲变形，强度和抗腐蚀性能都较心材差。因此，铺钉木地板时，规定心材朝上，对保证木地板面层的平整度、提高耐久性、抗磨性等都有显著的效果。

铺设时，心材朝上和心材朝下木地板的翘曲变形情况，如图 4-6 所示。木板心材朝上若发生翘曲变形，乃是中部凸起，对板缝和相邻板的影响较小，在使用过程中，在人体及其他外力作用下，容易抵制木地板的翘曲变形。如木板心材朝下铺设，则翘曲情况刚好相反，两边凸起，对板缝和相邻两板的影响较大，在使用过程中，人体和其他外力也不易制止翘曲变形。

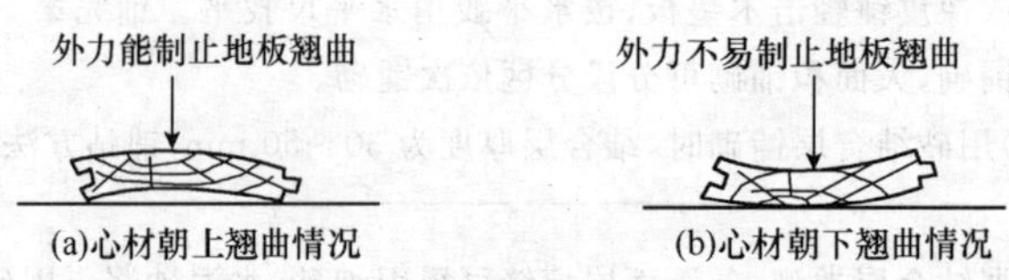


图 4-6　木板的翘曲变形

(5)铺钉面层木地板的钉子，应从企口处斜向钉入，一般采用 45°或 60°角钉入，钉头砸扁，并用送钉器将钉头冲入木板内。钉子的长度应为板厚的 2.5 倍。铺钉情况如图 4-7 所示。

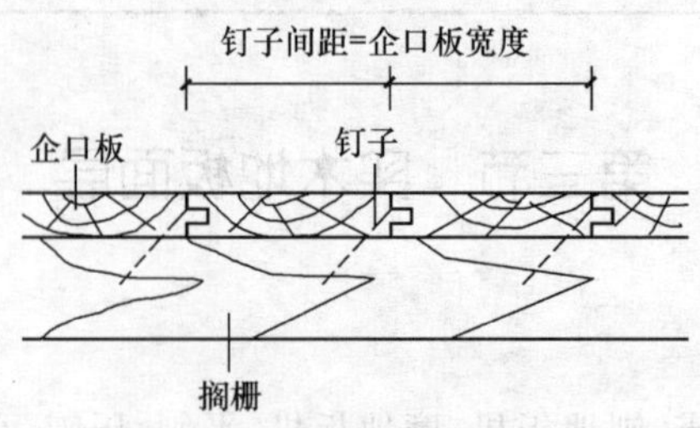


图 4-7　企口木地板的铺钉情况

钉子从企口处斜向入木，不但使木地板表面无钉痕，拼缝紧密，很重要的一条是使用中钉子不容易从木板中拔出，从而使地板坚固耐用。图 4-8 为斜向入木钉子的受力分析图，由图 4-8 可知，要将斜向入木的钉子拔出，必须要有一个与钉子入木方向相反的一个力，其大小应能克服钉子拔出时的摩阻力。这个力可分解为一个垂直向上的力和一个水平方向的力，而木地板在使用过程中，不可能两个方向的力同时发生，一般以垂直向上的力为多，而单独向上的力，对于直向入木的钉子往往容易拔起，而对于斜向入木的钉子就难于拔起。因此，钉子斜向入木，是有一定的科学道理的，也是保证木地板质量的一个有效的措施。在有关铺钉地板的施工操作规程和施工质量验收规范中，都有钉子斜向入木的明确要求。

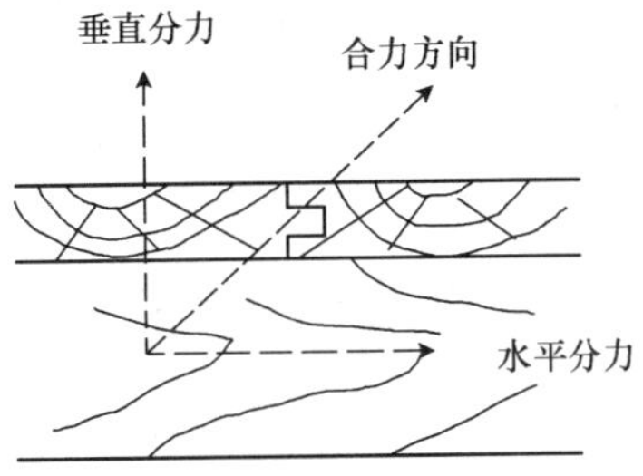


图 4-8　钉向入木的钉子受力分析

(6)木地板的铺走方向：对于走道地面，应顺行走方向；对于室内房间地面，应顺光线方向，如图 4-9 所示。木地板顺行走方向铺钉，使行人走动时的鞋底与地面摩擦方向和木材的纤维方向一致，因而能有效地减少对木材纤维的摩擦损伤，同时也便于清洁卫生时打扫拖抹工作。至于室内木地板顺光线方向铺设，对大多数房间来说，是同行走方向一致的。顺光线铺钉，能使木纹明显清晰，增加视觉上的舒适感和习惯感，增加木地板的外形美观，同时又不易发现地板表面(特别是接缝处)微小的凹凸不平的质量缺陷。

图 4-9　木地板的铺设方向

注：房间顺光线方向铺设，走道则沿行走方向铺设，以免显露凹凸不平，并可减少磨损及方便清扫；南方潮湿地区，沿墙四周应考虑预留伸缩缝隙

(7)铺设企口木板(长条木板)，应从靠门口较近的一边开始铺钉，每钉 600～800 mm 宽要拉线找直修整。铺设应与搁栅成垂直方向钉牢，板的顶端缝应间隔错开，并应有规律的在一条直线上。板与板之间的缝隙宽度应视木地板含水率的大小和铺设时环境温度、湿度情况而定，最大不应大于 1 mm，如用硬木企口板不得大于 0.5 mm。每块企口板在每根搁栅上都应用钉子钉牢，硬木企口板钉钉前，应先用木钻钻孔，然后再用钉子钉入，以免直接敲钉时将木板钉裂。

(8)铺设面积较大的木地板面层，宜在纵向和横向设置一定数量的胀缩缝，以适应木板面层的胀缩性能。横向宜 4～6 m 设一道，纵向宜 8～12 m 设一道。胀缩缝处用特殊的铜条镶盖，如图 4-10 所示。

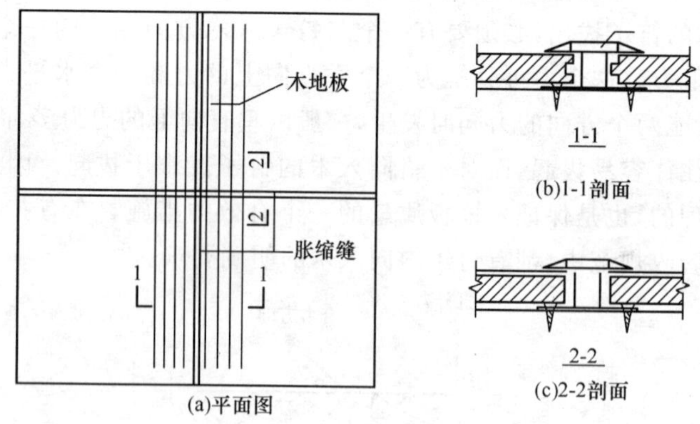


图 4-10　大面积木地板面层的胀缩缝

2. 实木地板的铺设

(1)实木地板的构造：木地板的基本构造一般是由基层和面层组成。

1)面层：木地板面层是木地板整体构造的重要组成部分，它直接与人接触，承受磨损。同时，面层又是室内装修非常重要的内容。

面层的种类通常按板条的规格及组合方式划分，可分为条板面层和拼花面层。其中条板面层是木地面中，应用最多最普通的一种地板，常用的条板规格为 50～80 mm 宽、长度多为 800 mm 以上，厚度 18～23 mm。

拼花面层是用较短的小板条，通过不同方式组合拼出各种的拼板图案。如目前常用的有标准式、平行式、鱼脊形、哈顿豪等，如图 4-11 所示。

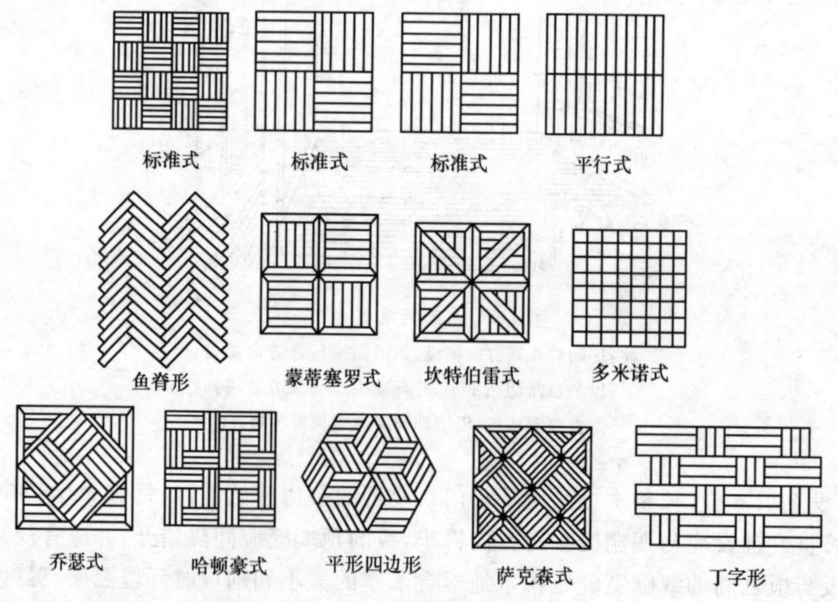


图 4-11　木地板面层拼花样式

拼花木地板有空铺和实铺两种(空铺和实铺工艺将在基层构造介绍)，其木搁栅等布置与普通木地板相同。一般是先铺一层毛板(或称为毛地板)，毛板可无需企口，上面再铺硬木地板，为防潮与隔音，在毛板与硬木地板之间增设一层油纸。

实铺拼花木地板的另一种做法是将拼花木地板面层用沥青胶黏剂直接粘贴于混凝土或水泥砂浆基层上。

2)基层：基层的作用主要是承托和固定面层，通过黏结或钉结方法，起到固定的作用。基层可分为木基层、水泥砂浆基层或混凝土基层三种。

①木基层构造：有实铺式和架空式两种，架空式如图 4-12 所示，架空实木地板龙骨设置如图 4-13 所示。

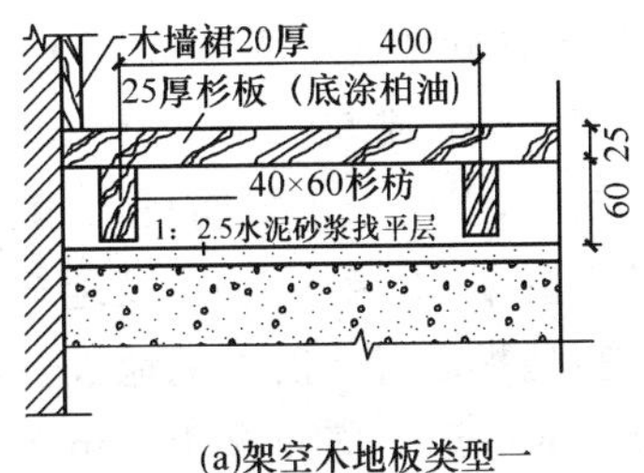


(a)架空木地板类型一

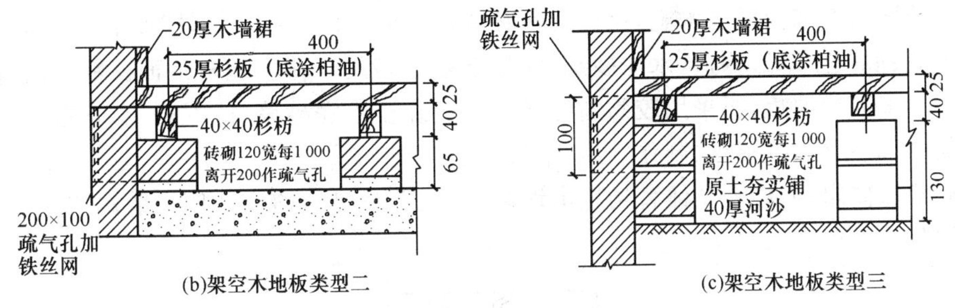


(b)架空木地板类型二

(c)架空木地板类型三

图 4-12　架空式木地板的几种构造作法(单位：mm)

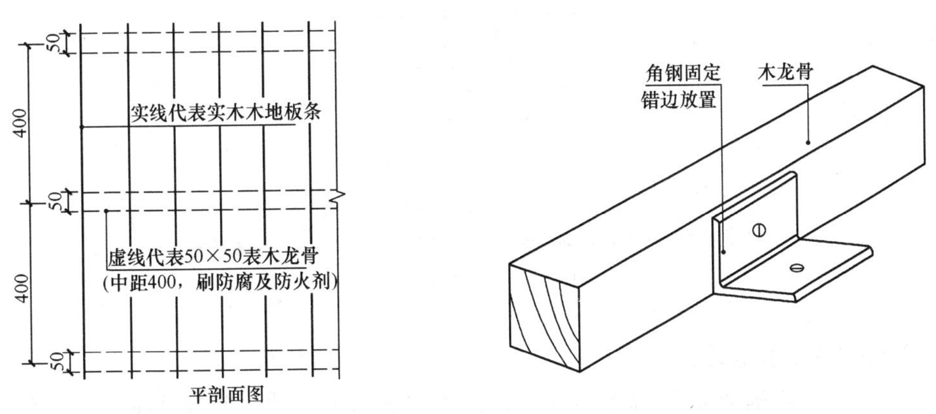


图 4-13　架空实木地板龙骨设置(单位：mm)

a. 实铺木地板一般用于楼层在二层以上较干燥的楼层地面，即木地板铺在钢筋混凝土楼板或混凝土等垫层上。木搁栅断面呈梯形，宽面在下，其断面尺寸及间距应符合设计要求(间距一般为 400 mm 左右)。企口板铺钉在木搁栅上，与木搁栅相垂直。木搁栅与木板面层底面均应涂焦沥青两道或作其他防腐处理。也有不用木搁栅而直接将木地板面层粘贴在地面上，如拼花地板块，就是通过黏结层直接粘贴在基面上。实铺式木地板自上而下的构造是：双层或单层木地板→木搁栅、用 12 号钢丝与"U"形预埋铁件绑扎牢固→60 mm 厚 C10 细石混凝土预埋"U"形铁件→毡油防潮层→40 mm 厚细石混凝土刷冷底子油一道→100 mm 厚 3∶7灰土。

b. 空铺木地板主要用于平房、楼房一层和较潮湿的地面，以及为地层下敷设管道设备需将木地板架空等情况，是由木搁栅、剪刀撑、企口板等组成。建筑底层房间的木地板，其木搁栅两端一般是搁置于基础墙上，并在搁栅搁置处垫放通长的沿缘木。

当木搁栅跨度较大时，应在房间中间加设地垄墙或砖墩，地垄墙或砖墩顶上加铺油毡及垫土，将木搁栅架置在垫木上，以减小木搁栅的跨度，也能相应减小搁栅断面。搁栅上铺设企口木板，企口木板与搁栅相垂直。如若基础墙或地垄墙间距大于 2 m，还应在木搁栅之间加设剪刀撑，剪刀撑断面一般用 38 mm×50 mm 或 50 mm×50 mm。

此外这种木地板要采取通风措施，以防止木材腐朽，一般是将通风洞设在地垄墙及外墙上使空气对流。同时，为了防潮，其木搁栅、沿缘木、垫木及地板底面均应涂焦油沥青两道或作其他防腐处理。其自上而下的构造是：地板面层→松木毛地板→木搁栅（木梁）→干铺油毡一层→砖地垅墙（厚 240 mm）、每 1 500 mm 一道→剪刀撑 40 mm×40 mm，中距 1 500 mm。

楼房一层房间内铺木地板，如果地势较高，地面比较干燥，可以不设地垄墙和砖墩，而是将木搁栅两端搁置在墙内沿缘木上，搁栅之间必须加设剪刀撑，搁栅上面铺设企口木板。

②水泥、混凝土基层构造：水泥砂浆、混凝土基层多用于薄木地板地面。薄木地板是比较短小木料加工而成的板，再采用胶黏剂将薄板直接黏于水泥砂浆（或混凝土）基层上。该种基层施工简单、成本低、投资少、制作容易、维修方便。

如有特殊要求，如舞台及体育场地木地面，对减震及整体的弹性比一般木质地面高，可通过增加橡胶垫来解决如图 4-14 所示。

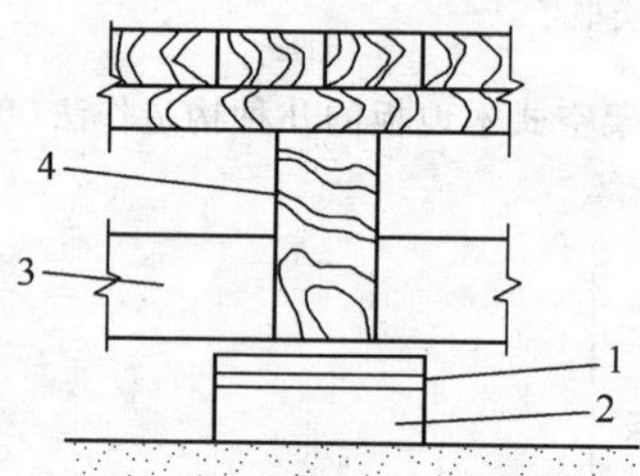


图 4-14　橡胶垫块弹性木地板

1—7×100×100 mm 橡胶垫片三层；2—30×100×100 mm 木垫块；

3—50×50 mm 横木撑；4—木搁栅

(2)条形实木地板铺设。

1)条形实木地板构造类型：条形板面层包括单层和双层两种。前者是在木搁栅上直接钉企口板，称普通木地板；后者是在木搁栅上先钉一层毛板，再钉一层面层企口板，面层板分为条形普通软木地板和条形硬木地板两大类。木搁栅有空铺式和实铺式两种，如图 4-15、图 4-16 所示。

2)条形木地板接缝类型：木地板拼缝可有多种形式，但是常用的是企口缝、裁口缝和平头接缝三种类型如图 4-17 所示。

上述三种拼缝，以企口缝使用最为多。其原因主要是拼缝紧密，有利于相邻板之间传力，拼装方便，整体性能好。可用暗钉固定，美观，牢固。

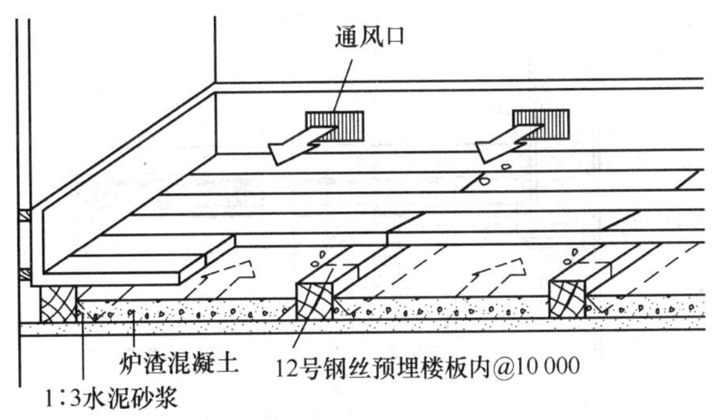


图 4-15　架空条形木地板地面

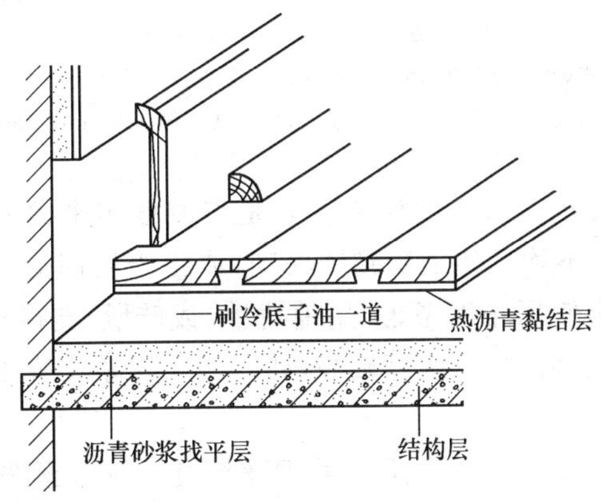


图 4-16　实铺条形木板地面

图 4-17　木地板的拼缝类型

3)空铺条形实木地板基层施工。

①地垅墙或砖墩：地垅墙(或砖墩)一般采用水泥砂浆或混合砂浆、普通实心砖砌筑。顶部应涂沥青焦油两道，地垅墙的厚度、高度及基础要求应根据设计要求施工。垅墙与垅墙间距以1.5 m宽为宜，一般不应大于2 m，否则将造成木搁栅(木龙骨)断面尺寸加大，提高工程造价。地垅墙与砖墩的不同，主要在于砖墩的布置，要同搁栅的布置一致，一般搁栅间距400～500 mm，砖墩间距也应与其配合，架空木地板各部件构造组成，如图4-18所示。

地垅墙(或墩)的砌筑施工应严格按照砌体工程施工技术要求进行，标高应符合设计要求。砖砌垅墙的顶部，可根据需要抹水泥砂浆或细石混凝土找平。

为保证架空层有良好的通风，应在每道架空层间的隔墙、暖气沟墙、地垅墙，设通风孔。在砌筑时，就留出通风孔洞，一般尺寸为120 mm×120 mm。外墙每隔3～5 m预留约180 mm×180 mm的通风孔洞，外侧安风箅子，下皮标高距室外地墙约200 mm。

②垫木(包括沿缘木、剪刀撑等)：应将垫木等材料按设计要求作防腐处理，然后在地垅墙(或砖墩)与搁栅之间，用垫木连接。垫木的防腐处理，通常采用煤焦油二道，或刷二道氟化钠水溶液。有时，为更好地区别所使用的木构件是否刷过氟化钠水溶剂，可在溶液中加入氧化铁

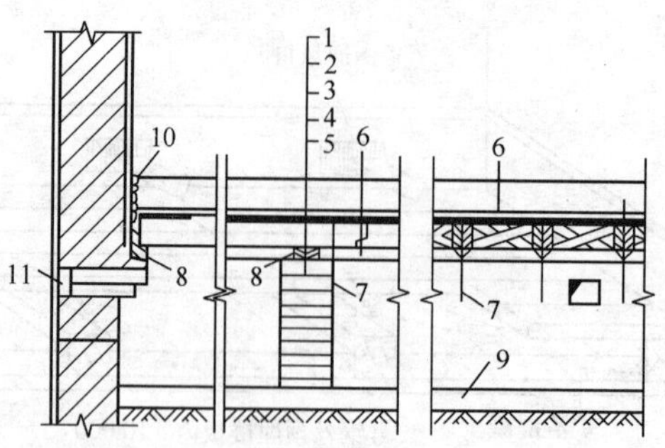

图 4-18　架空木地面构造组成示意

1—压缝条 20 mm×20 mm；2—松木地板条 23 mm×100 mm；
3—木搁栅(木梁)500 mm×100 mm，中—中 400 mm；4—干铺油毡一层；
5—砖地垅墙厚 240 mm、每 1 500 mm 一道；6—剪刀撑 40×40 mm，中—中 1 500 mm；7—12 号绑扎钢丝；
8—垫木(压檐木)50 mm×75 mm；9—房心"三七"灰土 100 mm 厚；
10—木踢脚板 23 mm×150 mm；11—通风洞 120 mm×180 mm

红，可使刷过的表面呈淡红色。垫木的作用主要是将搁栅传来的荷载，传到地垅墙(或砖墩)上，避免砖墙表面由于受力不均而使上层砌体松动，或由于局部受力过大，超过砖的抗压强度而破坏砖墙。所以，从安全使用角度考虑，用地垅墙(或砖墩)支撑整个木地面荷载，应加设垫木。使用木材是因为木材质轻而抗压强度较高，如一般木材顺纹抗压强度为 24.5～73.5 MPa，远远大于红砖的抗压强度。

垫木与地垅墙(或砖墩)的连接，常用 8 号钢丝绑扎。钢丝预先固定在砖砌体中，垫木放稳、放平，符合标高后，用 8 号钢丝拧紧。目前，在架空式木地板中，多使用木材垫板。如考虑面部受压及提高局部受压抗压能力，也可用混凝土垫板。如果在地垅墙(或砖墩)上部现浇一条混凝土圈梁(也称压顶)，其整体结构会更好，这样可以省去垫木工序。然后在圈梁内预埋铁件或 8 号钢丝，如图 4-19 所示。

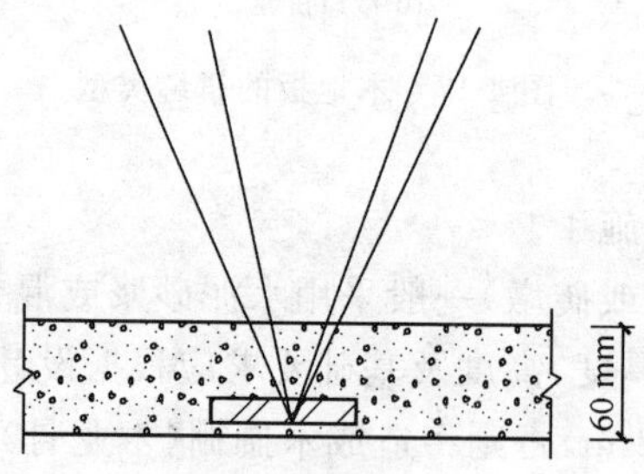


图 4-19　预埋钢丝做法($l$=450 mm)

一般垫木的厚度 50 mm，可以锯成一段，直接铺放于搁栅底下，也可以沿地垅墙布置。如若通长布置，绑扎固定的间距应在 300 mm 内，接头采取平接法。在两根接头处，绑扎的钢丝分别在接头处的两端 150 mm 以内绑扎。

③木搁栅—木龙骨：木搁栅主要起固定与承托的作用。根据受力状态，可以看做是一根小梁。木搁栅断面大小的选择，应根据地垅墙(或砖墩)的间距大小而定。间距大，木搁栅的跨度大，断面尺寸也相应大一些。木搁栅的摆放间距为 400 mm，除按设计施工要求外，还应结合房间的具体尺寸。木搁栅与墙间距离不少于 30 mm 的缝隙，标高要准确。注意掌握木搁栅表面标高与门扇下沿及其他地面标高的关系。用 2 m 长尺检查时，尺与搁栅间的空隙不应超过

3 mm。上面不平时，可用垫板垫平，也可刨平，或在底部砍削找平，砍削深度不宜超过 10 mm，并用防腐剂处理砍削处。木搁栅找平后，用长 100 mm 铁钉从搁栅两侧中部斜向呈 45°角与垫木钉牢，并保持平直。木搁栅表面也要作防腐处理。

④剪刀撑：为防止木搁栅在钉结时移动应设剪刀撑，主要是为增加搁栅的侧向稳定性，使一根根单独的搁栅连成一个整体，增加了整个楼面的刚度。剪刀撑对木搁栅本身的翘曲变形也有一定的约束作用。在木搁栅两侧面布置剪刀撑，并用铁钉固定，间距布置应按设计要求，如图 4-20 所示。

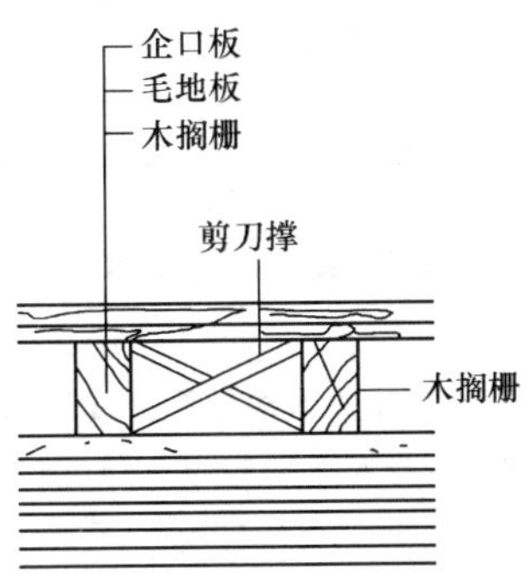


图 4-20 空铺式剪刀撑构造

⑤毛地板：一般用较窄的松、杉木板条做毛地板，或使用细木工板及 9 mm 厚以上的胶合板、纤维板等都可以用作毛地板。在木搁栅上部钉满一层，用铁钉将毛板条与搁栅钉紧，要求表面平整，可以有一定的缝隙，但缝宽不应超过 3 mm。相邻板条要错开接缝。如面层采用条形或硬木席纹地面，应采用斜向铺设毛地板，斜向角度为 30°或 45°，如图 4-21 所示。采用硬木花人字纹时，则与木搁栅垂直铺设，固定毛板的钉，宜用板厚 2.5 倍的圆钉，每端 2 个。另外，在封钉面板前，应将架空层地垅墙内的杂物彻底清除干净。

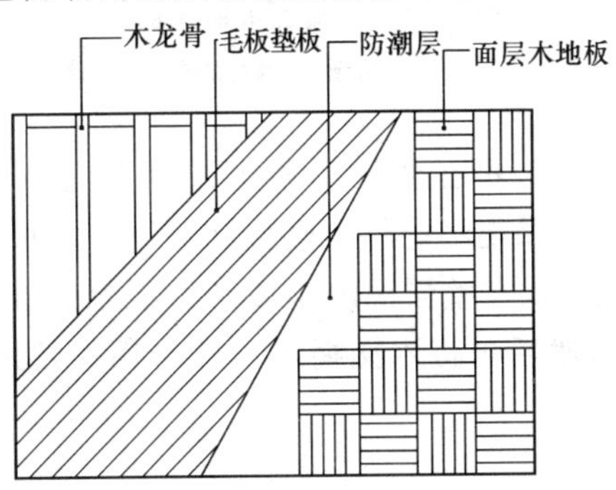


图 4-21 条形或标准席纹地板双层铺法

4）实铺条形实木地板基层施工。实铺式木基层，是木搁栅直接固定在基底上，不像架空式木基层那样，用地垅墙架空。实铺式木基层施工主要是解决将木搁栅固定与找平的问题，如图 4-22 和图 4-23 所示。

①应先在现浇钢筋混凝土楼板，弹出木搁栅位置线，并按线将各木搁栅放置平稳，如果是现浇钢筋混凝土楼板可用预埋镀锌钢丝或“U”形铁件，将木搁栅固定于楼板上，预埋件间距为 800 mm。

②搁栅与搁栅之间的空隙，可填充一些轻质材料，厚度为 40 mm，如蛭石、干焦渣、矿棉

毡、石灰炉渣等，以减少人在地板上行走时所产生的空鼓声。注意填充材料不得高出木搁栅上皮。搁栅与搁栅之间，还应设置横撑，间距 150 mm 左右，与搁栅垂直相交，用铁钉固定。其目的是加强搁栅的整体性。

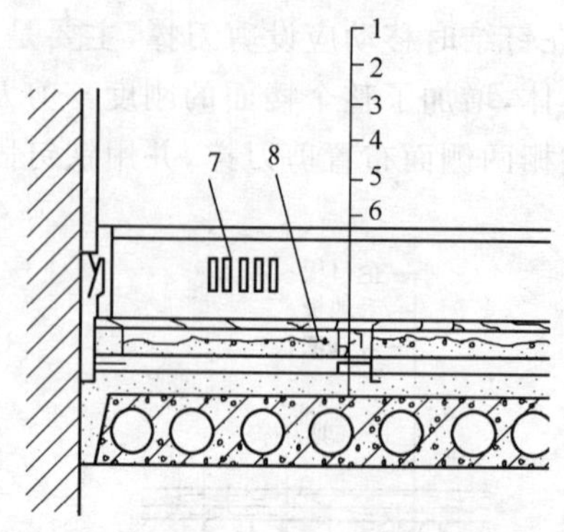


图 4-22 实铺式木地板构造(PRC 楼板)

1—木踢脚板；2—松木地面；3—木搁栅；4—"U"形铁件；
5—细石混凝土固定"U"形铁件；6—预制钢筋混凝土楼板；7—通风孔；8—焦渣填充层

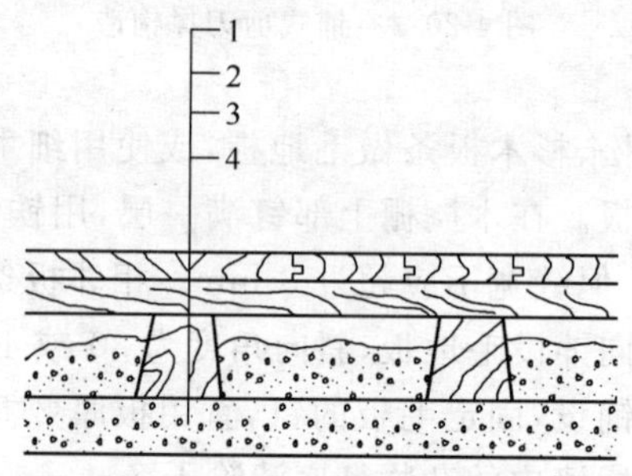


图 4-23 实铺式木地板构造

1—硬木地板；2—毛地板；3—木搁栅(用预埋钢丝固定)；4—细石混凝土垫层

③对预制圆孔板或首层基底，可在垫层混凝土或豆石混凝土找平层中预埋镀锌铁丝或"U"形铁件，如图 4-24 所示。如果现浇混凝土楼板和预制空心板上混凝土找平层中均未预埋镀锌铁丝或"U"形铁件，通常采取在整层混凝土或细石混凝土找平层上用 6～8 钻头打孔，清除浮土后用硬木楔钉入孔中，然后再将木搁栅对准孔心用螺纹地板钉固定，每根木楔处应钉 2 根螺纹钉。

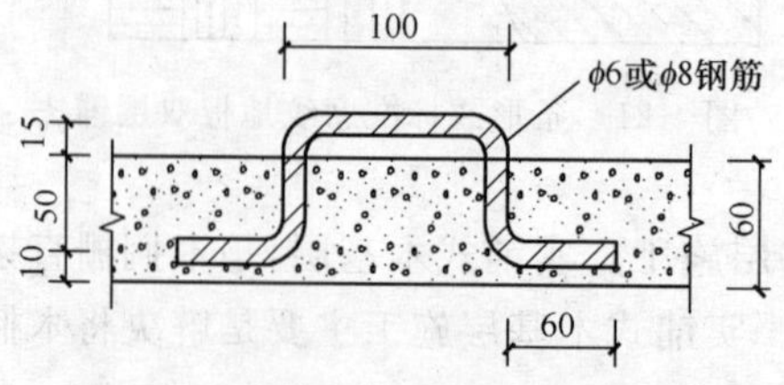


图 4-24 预埋"U"形件做法(单位：mm)

④防潮层一般用冷底子油，热沥青一道或一毡二油做法，以防止地板面层受潮而引起木材变形、腐朽，安放垫木和木搁栅前，应根据设计标高在墙面四周弹线，找平木搁栅的顶面高度。

⑤木搁栅使用前进行防腐处理，绑扎钢丝按 800 mm 间距。固定时，应将搁栅上皮削出凹槽，以使表面保持平整。

5)条形实木地板面层铺设：面层施工主要是采用钉接式和黏结式两种。以钉接固定为主，即将面层条板用圆钉固定在毛地板或木搁栅上，条形板的拼缝一般采用企口、平口或裁口形式。

双层木板面层下层的毛地板，可采用钝棱料，宽度约 120 mm。在毛地板上铺钉长条木板或拼花木板时，为防止使用中发出声响和潮气侵蚀，应先铺设一层沥青油毡。

按设计要求施工，选材应符合质量标准。木垫块、木搁栅均要做防腐处理，条形木地板底面，要做防潮防腐处理。木地板靠墙处，留出 15 mm 空隙，以利通风。在地板和踢脚板相交处安装封闭木压条时，注意在木踢脚板上留通风孔。

实铺式木地板所铺设的油毡防潮层，须与墙身防潮层连接。细石混凝土垫层浇灌至少 7 d 后方可铺装木搁栅。

①钉接式：钉接式木地板的固定分单层条式钉接固定和双层条式钉接固定两种。

a. 单层条式钉固法：单层条形板应与木搁栅垂直铺设，并用圆钉将其固定在搁栅上；

b. 双层条式钉固法：主要用于毛地板基层，将面层条板直接钉固在毛地板上。

条形木地板的铺设方向考虑方便铺钉，结构牢固，使用美观。对于走廊、过道等部位铺设宜顺着行走的方向。室内房间，铺钉宜顺着光线。对于大多数房间来说，铺钉顺着光线，同行走方向是一致的。以墙面一侧开始，逐块排紧铺钉，缝隙不允许超过 1 mm，板的接口应在木搁栅上，圆钉长度为板厚的 2.0～2.5 倍。铺钉硬木板前，应先钻孔。

钉接式，钉法上有明钉和暗钉两种钉法：

明钉法是将钉帽砸扁，将圆钉斜向钉入板内，并将钉帽冲入板内 3～5 mm，明钉法多用于普通软木条形平口对缝木地板的铺设。

暗钉法是先将钉帽砸扁，从板边的凹角处，斜向钉入。铺钉时，钉子要与表面呈 45°或 60°斜钉入内，暗钉法适用于硬木条形企口接缝木地板的铺设。

②黏结式：黏结式木地板面层一般多用于毛板木基层或混凝土找平层上，面层木地板多为小条块硬木平口板，铺置形式为纵向、横向或拼花组合。

a. 基层处理：基层为毛板面时，可不必将毛板表面刨净见光，毛板面的自然毛茬更能增强胶黏剂的黏结力，必要时也可采用钝棱料。但是，无论何种毛板面，均应保证其整体的平整度，用 2 m 直尺检验其空隙应小于 2 mm。

黏结式拼花地板面层如铺贴在混凝土基层时，应采用随捣随抹的方法，或用水泥砂浆找平抹光。其施工方法及要求可参照水泥地面的做法。其基层表面平整、洁净、干燥、不起砂，含水率不应大于 15%，以 2 m 直尺检查的允许空隙不得大于 2 mm。

b. 拼缝形式：黏结式拼花木板面层的拼缝可采取裁口接缝、企口拼缝或平口接缝，如图 4-17所示。平口接缝形式施工简便，更适合以沥青胶接料或胶黏剂铺贴。

c. 试铺：黏结式木地板面层铺贴前，应根据设计图案和尺寸弹线。采用施工线的布置及弹施工线的方法来控制，如采用人字形铺贴条形木地板，应按图 4-25 所示方法布置施工线及第一块条形地板的定位。黏结式地板面层按所弹施工线试铺，以检查其拼缝高低、平整度、对缝等。经反复调整符合要求后进行编号，施工时按编号从房间中央向四周铺贴。

d. 沥青玛瑞脂铺贴法：用沥青玛瑞脂铺贴木板面层，应先将基层清扫干净，涂刷一层冷底子油，再用热沥青玛瑞脂随涂随铺。涂刷时用大号鬃毛刷，刷得薄而均匀，不得有空白、麻点和气泡。

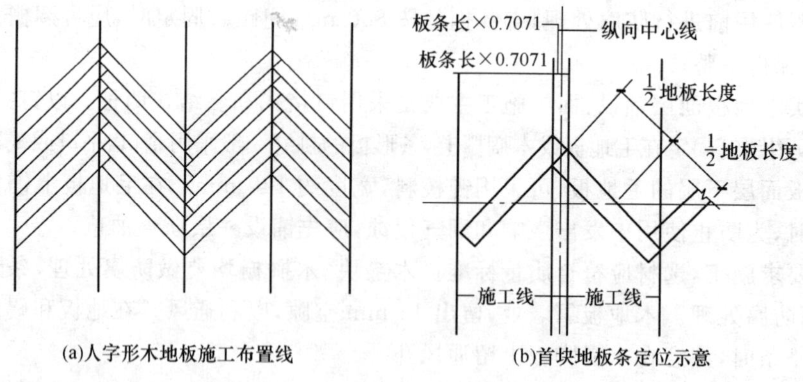


(a)人字形木地板施工布置线　　(b)首块地板条定位示意

图 4-25　条形木地板的人字形定位法

涂刷好冷底子油须待一昼夜后，才可以铺贴木地板面层。用于黏结的沥青玛瑞脂的熬制和铺贴时的温度见表 4-2。

**表 4-2　沥青玛瑞脂铺贴温度**

| 地面受热的最高温度 | 按"环球法"测定的最低软化点(℃) | | 沥青玛瑞脂的熬制温度(℃) | | 铺设时温度不低于(℃) |
|---|---|---|---|---|---|
| | 石油沥青 | 玛瑞脂 | 夏季 | 冬季 | |
| 30℃以下 | 60 | 30 | 180～200 | 200～220 | 160 |
| 31～40℃ | 70 | 90 | 190～210 | 210～225 | 170 |
| 31～60℃ | 95 | 110 | 200～220 | 210～225 | 180 |

注：1. 取 100 $cm^2$ 的沥青玛瑞脂加热至铺设所需的温度时应能在平坦的水面上自动流成 4 mm 以下的厚度；温度为(18±2)℃时，玛瑞脂应为凝结、均匀而无明显的杂物和填充料颗粒；

2. 地面受热的最高温度，应根据设计要求选用。

铺贴时，将木地板背面涂刷一层热沥青，涂刷要薄而均匀，同时在已涂刷冷底子油的基层上涂刷热沥青一遍，厚度一般为 2 mm，要随涂随铺。木地板要呈水平状态就位，同时要用力与相邻的木地板挤压得严密无缝隙。相邻两块木地板的高差不应超过－1～5 mm，过高或低都要重铺。铺贴时要避免热沥青溢出表面，如有溢出应及时刮除并擦拭干净。待结合层凝固后，即可进行刨平磨光工作，所刨去的厚度不宜大于 1.5 mm，并应无刨痕。

e. 胶黏剂铺贴法：用胶黏剂铺贴拼花木地板面层，应将基层表面清扫干净，然后弹出施工线。用干净棉纱或布将表面灰尘揩净，用鬃刷涂刷一层薄而均匀的底子胶。底子胶应采用原胶黏剂配制，如采用非水溶性胶黏剂，应按原胶黏质最加 10%的稀释剂和 10%的醋酸乙酯，搅拌均匀即成底子胶。

6)条形实木地板与木踢脚连接：木踢脚板是木地板施工的重要组成部分，也是墙面与地面的重要收口处理，它即可以增加室内美观，同时也可保护墙面下部免遭磕碰、弄污。因而，木地板房间的四周墙底脚处均应配套做木踢脚板，木踢脚板的高度通常在 80～150 mm 之间，厚度在 10～25 mm，图 4-26 是木地板与踢脚板的连接做法。

木踢脚板面部应与木地板面层所用的材质、品种基本相同，这样才能保证整体效果的统一。木踢脚板可进行现场加工制作，也可采用市场出售的成品。现场制作时，应预先将踢脚板

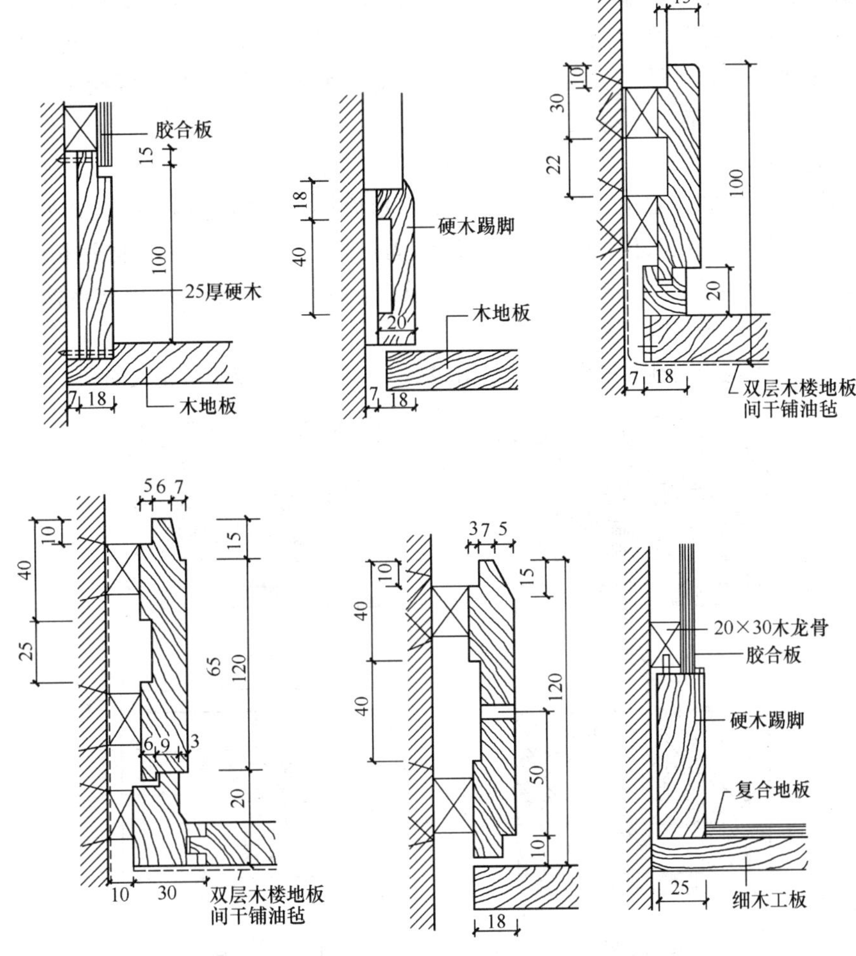


图 4-26 木踢脚板与木地板收口做法(单位:mm)

面刨光,上口刨成圆弧线条;如采用成品木线条收口,应选择与踢脚板纹理、木色基本一致的木线条。

为避免长期使用中踢脚板变形、翘曲,应在踢脚板的背面(靠墙的一面)开出凹槽,凹槽的数量视踢脚板的高度而定,高度为 100 mm 时,开 1 条凹槽;高度为 150 mm 则开 2 条凹槽;如果高度超过 150 mm 则应开 3 条凹槽,深度约 3～5 mm。

踢脚板安装应注意施工程序,最好在木地面刨光,墙面抹灰罩面结束后再进行安装。这样才能使木踢脚板作为收口压在墙面上。踢脚板的底口必须压在木质地面上。按标高将踢脚板固定在预埋木砖上,要求木砖位置及标高正确。安装前,先将控制线弹到墙面,使木踢脚板上口与标高控制线重合。

木踢脚板采用圆钉固定,钉头沉入板面 3 mm 左右,油漆前再用腻子刮平。钉子的长度应是板厚的 2.0～2.5 倍,间距应小于 1 500 mm。应注意木踢脚板的板面接槎,可作暗榫或斜坡压槎,转角部位应做 45°斜角接缝。钉结牢固,上口平直。踢脚板与墙面应贴紧,木踢脚板的油漆施工,应同木地板面层同时进行。

(3)拼花实木地板铺设。

1)拼花实木地板基层要求。

①木基层：拼花木地板的木基层采用钉结固定，基层材料和构造为木搁栅、毛地板。

②水泥砂浆基层：采用黏固法，薄木地板主要用石油沥青胶黏结在水泥砂浆或混凝土基层上，要求基层干燥、干净，足够的强度和合适的平整度。用 2 m 直尺检查，混凝土平整度误差不得大于 2 mm；水泥砂浆面层不得大于 4 mm。

2)面层施工。

①连接固定类型：拼花木地板面层施工主要包括面层板的固定和表面装饰处理。主要固定方式可以分为黏结固定和钉接固定两种。黏结固定是采用胶黏剂将板材胶黏到基层上；钉接固定是指用元钉将面层拼花木板固定在毛地板上。拼花木地板面层板的做法有单层黏结式、双层拼花式及硬木拼花式三种。

②单层黏结式木地板(胶固)铺设，单层黏结式如图 4-27 所示，双层拼花式如图 4-28 所示。

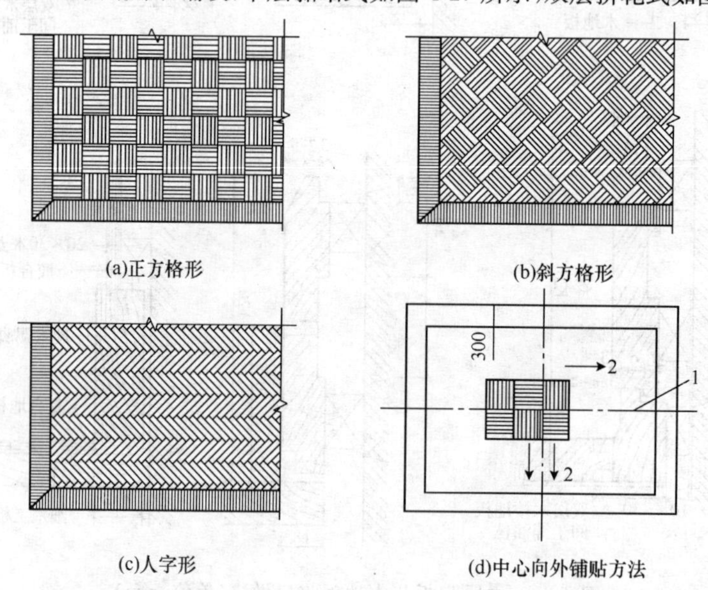


图 4-27 胶结拼花木地板面层及铺贴方法(单位：mm)

1—弹线；2—铺贴方向

a. 单层黏结式木地板是在钢筋混凝土楼板上或水泥砂浆、沥青砂浆垫层上，用热沥青或其他黏结材料，将硬木面层板直接黏贴于地面上，垫层及热沥青的铺设方法为一般做法，沥青砂浆层仅用于需防潮和面积较大的地面。胶黏剂采用 10 号或 30 号石油沥青配制而成的沥青胶(即玛𤥒脂)，需现场熬制。用沥青玛𤥒脂铺贴拼花木地板面层，其下层应平整、洁净、干燥，并预先涂刷一层冷底子油，然后用热沥青玛𤥒脂随涂随铺，其厚度一般为 2 mm。

b. 铺贴时，木地板背面亦应涂刷一层薄而均匀的沥青玛𤥒脂。热沥青胶黏结板条的最大优点是，既可以固定，同时也可防潮。特别对于首层水泥砂浆或细石混凝土基层，最好选择沥青胶黏结。用其他胶黏剂黏贴拼花木板面层，通常可选用 309 胶、万能胶、环氧树脂等。铺贴时，板块间缝隙宽度应控制在 1 mm 内，板与结合层间不得有空鼓现象，板面应平整，铺贴完成后 1～2 d 即可油漆、打蜡。

c. 清理干净基层表面的残余砂浆、浮灰或木基层的木刨屑等杂物，刮胶前再用拧干的湿布浆基层表面擦清洁。对水泥砂浆面层或细石混凝土基层，待其干燥后，再黏结，含水率不大于 8%。基层的细石混凝土强度等级，不得低于 C15，表面须压实，抹光。

d. 铺贴前，先根据室内地面尺寸找出房间的中心，房间四边墙误差较大的，应及时找规矩，纠正不规则墙边线后再放线定位。自房间中心第一块木地板开始，如图 4-28 所示，向四周黏贴，拼成图案，有镶边的应先贴镶边部分，然后再由中央向四周铺贴。铺贴应先在找平层（水泥砂浆或沥青砂浆）上用大排刷涂一层冷底子油，在已刷涂的冷底子油上涂刷热沥青，这样可以提高黏结能力，将木板浸蘸深度为板厚的 1/4 沥青并涂刷均匀，厚度约 2 mm。随涂随铺，并随时用刮板刮除溢出的胶粘料，等沥青胶或胶黏剂凝结后，才可进行刨（磨）光；现代施工中多采用电动手推式磨光机磨光。也可用细刨手工刨光，但应避免出现刨痕，刨去的厚度应小于 1.5 mm，最后用砂纸打磨出光。

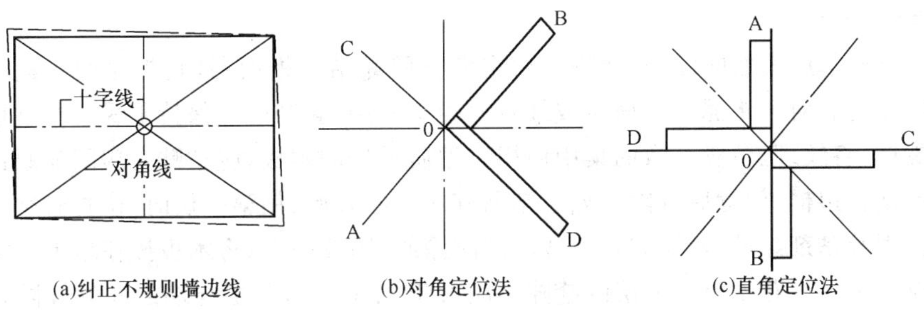


图 4-28　拼花木地板定位法

③双层拼花木地板（钉固）铺设，如图 4-29。

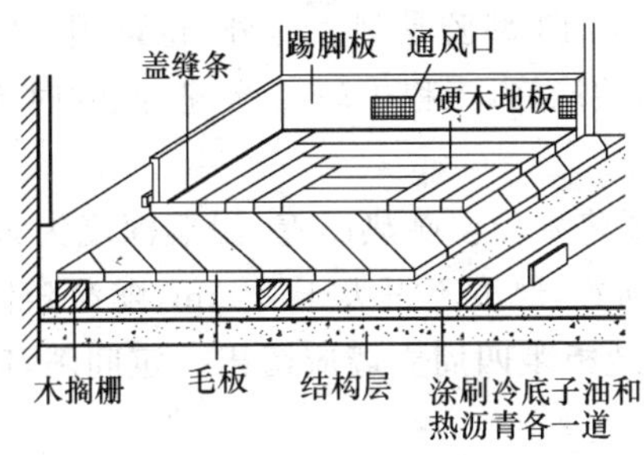


图 4-29　双层拼花木地板交错铺设

a. 双层拼花木地板固定方法是用暗钉将面层板钉在毛地板上。面层板有条形小木板（散板）和硬木拼花板（拼板）两种。在毛地板上铺钉拼花木板或长条木板，为防止使用中发生声响和潮气浸蚀，应先铺设一层沥青油纸（油毡），如图 4-15 和图 4-29 所示。

b. 铺设木板面层时，木板的接缝应间隔错开，板与板之间仅允许个别地方有缝隙，但其宽度不得大于 1 mm。木板面层与墙之间应留 10～20 mm 的伸缩缝隙，并用踢脚板或踢脚条封盖。

c. 施工前，应先进行弹线分格，并按设计图案进行试铺调整，再由房间中央向四边逐块用圆钉铺钉。面板与毛板之间加油毡起防潮和隔声作用。为使企口吻合，硬木拼花地板拼缝，不得大于 0.3 mm。在铺钉时，应用有企口的硬木套于木地板企口上，用锤敲击使拼缝严实。

d. 拼花木地板与毛板用暗钉法固定，应铺钉紧密，所用钉的长度应为面层板厚的 2～2.5 倍，在侧面斜向钉入毛地板中，钉头不应露出。拼花木地板的长度不大于 300 mm 时，侧面应钉两个钉；长度大于 300 mm 时，应钉三个钉，顶端均应钉一个钉。完工后，进行刨（磨）光，刨去的厚度应小于 1.5 mm。

④硬木拼花地板铺设。

a. 硬木拼花地板有两种类型，一种是生产厂家将硬木地板块像陶瓷锦砖一样用牛皮纸按通用图案粘贴在一起，呈多种不同规格的方板。另一类是散装较短的小板条，由使用者自行拼花组合图案，硬木拼花地板较常用的通用组合图案参见图 4-10。

b. 铺贴前，应根据设计图案和尺寸弹线，拼花形图案的组合应严格按照施工线的布置及弹线方法进行。

先弹出房间纵横中心线，再从中心向四边划出。弹出的方格线要求方正，尺寸准确，线迹清晰，如图 4-27 所示。镶贴尺寸应均匀一致。边框宽度应按照房间用途及规模等因素考虑，一般是 150～200 mm。

c. 清除干净基层表面的浮灰、杂物。如用沥青胶黏结木板面层，宜先涂刷一遍冷底子油，以提高黏结能力。对于水泥砂浆面层或细石混凝土基层，黏结前应保持干燥。粘贴前，硬木地板应进行挑选，将纹理、色彩一致的集中使用。把质量好的木板，应粘贴在房间显眼部位，差一些的木板粘贴在边框、门背后等隐蔽处。粘贴宜从中心开始，粘第一块时，位置必须正确，其余依次排列。用胶黏剂黏结，基层和木板背面同时涂胶，晾置一会，将木板按在地上，注意木板条间的缝隙应严密。拼花木板条面层的缝隙不应大于 0.3 mm，面层与墙之间的缝隙，应以踢脚板或踢脚条封盖。

d. 粘贴是硬木拼花地板施工中的主要工序，用沥青胶（玛琋脂）或胶黏剂进行黏结。选用 10 号或 30 号石油沥青。目前常用胶黏剂有聚醋酸乙烯乳胶、聚氨酯、氯丁橡胶型、环氧树脂、合成橡胶溶剂型、PAA 胶剂和 8213 型胶黏剂。此外，也可用 32.5 级水泥加 108 胶配制水泥聚合物胶黏剂，其成本低，黏结性能好，工程中较受欢迎，配制时不加水，直接用 108 胶搅拌水泥糊状即可。

e. 如果选用沥青胶粘贴，要将木板浸蘸热沥青，浸蘸深度为板厚的 1/4，同时，在已刷过冷底子油的基层上，涂刷一遍热沥青，厚度不得大于 2 mm，随涂随铺。相邻两块板的高差，宜在 1～1.5 mm 之间。为了通风，地板距四周立墙应留出一定间隙，间隙的尺寸，应以木踢脚板能够遮盖为宜。

f. 如果使用的是整张牛皮纸粘贴型板，应在胶黏剂完全黏结固定后，用湿墩布在木地板上全面湿拖一次，以全部浸湿牛皮纸，但不要有积水，隔 0.5 h 即可撕掉表面的牛皮纸。

g. 黏结后的硬木拼花板，表面常有不平，在油漆前，要对其表面进行刨平磨光。施工时注意顺着木纹方向刨削三次，拼花木板面层应予刨（磨）光，所刨去的厚度不宜大于 1.5 mm，并应无刨痕。铺贴的拼花木板面层，应待沥青玛琋脂或胶黏剂结硬凝固后方可刨（磨）光。然后，用砂纸磨光，再将面层打扫干净，应在室内所有分部工程全部竣工后进行。由于硬木拼花地板花纹明显，多采用透明的清漆刷涂，这样可透出木纹，增加装饰效果。打蜡常用地板蜡，增加地板的光洁度。

h. 此外，为保证施工质量，所用的材料都应符合质量标准、施工程序和施工方法，一定要按设计要求和施工技术规范进行；黏结式木地面应在水泥砂浆找平层干燥后，方可涂饰冷底子油，再涂饰沥青胶。所有的木垫块、木搁栅均应做防腐处理，条形木地板板底也要防腐处理。在木地板靠墙处，要留出 15 mm 的空隙，有利通风，如在地板和踢脚板相交处安装封闭木压条，应在木踢脚板上留通风孔。实铺式木地板所铺设的油毡防潮层，必须与墙身防潮层连接。在常温条件下，细石混凝土垫层浇灌 7 d 后，方可铺装木搁栅或铺贴拼花木板。

# 第五章　轻质隔墙工程

## 第一节　骨架隔墙

### 一、施工机具

1. 机具

(1)木龙骨安装机具。电锯、电刨、手提电钻、电动冲击钻、射钉枪等。

(2)轻钢龙骨安装机具。直流电焊机、砂轮切割机、手电钻、电锤、射钉枪等。下面简要介绍砂轮切割机。

砂轮切割机是它利用砂轮磨削的原理,将薄片砂轮作为切削刀具,对各种金属型材进行切割下料;具有切割速度快,切断面光滑、平整、垂直度高、生产效率高等特点。若将薄片砂轮换装上合金锯片,还可以用来切割木材或塑料等。

根据构造和功能的不同,砂轮切割机分为单速型和双速型两种,如图 5-1 所示;这两种砂轮切割机都是由电动机、动力切割头、可旋转的夹钳底座、转位中心调速机构及砂轮切割片等组成。

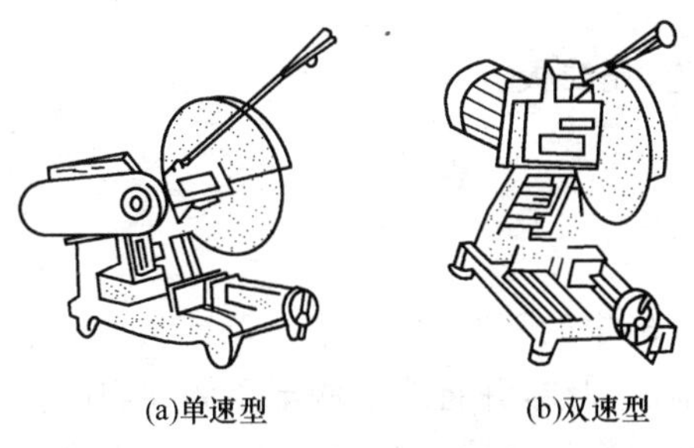

(a)单速型　　(b)双速型

图 5-1　砂轮切割机

单速型砂轮切割机作业时,将要切割的材料装卡在可换夹钳上,接通电源,电动机驱动带传动机构带动切割头砂轮片高速回转,操作者按下手柄,砂轮切割头随着向下送进而切割材料。这种砂轮切割机构造简单,但只有一种工作速度,只能作为切割金属材料用。

双速型砂轮切割机采用锥形齿轮传动,增设了变速机构,可以变换出高速和低速两种工作速度;若使用高速,需配装直径为 300 mm 的切割砂轮片,可用于切割钢材和有色金属等金属材料:若使用低速,需配装直径为 300 mm 的木工圆锯片,用于切割木材和硬质塑料等非金属材料。双速型砂轮切割机的砂轮中心可在 50 mm 范围内做前后移动;底座可以在 0°～45°的范围内做任意角度的调整,于是加宽了切割的功能。而单速型砂轮切割机的动力头与底座是固定的,且不能前后移动。

常用砂轮切割机的主要技术性能见表 5-1。

表 5-1 常用砂轮切割机的主要技术性能

| 技术性能 | | 型号 | |
|---|---|---|---|
| | | J3G-400 | J3GS-300 |
| 电动机类别 | | 三相工频电动机 | 三相工频电动机 |
| 额定电压(V) | | 380 | 380 |
| 额定功率(kW) | | 2.2 | 2.4 |
| 转速(r/min) | | 2 880 | 2 880 |
| 级数 | | 单速 | 双速 |
| 增强纤维砂轮片(外径×中心孔径×厚度)(mm) | | 400×32×3 | 300×32×3 |
| 切割线速度(m/min) | | 60(砂轮片) | 18(砂轮片),32(圆锯片) |
| 最大切割范围(mm) | 圆钢管、异形管 | 135×6 | 90×5 |
| | 槽钢、角钢 | 100×10 | 80×10 |
| | 圆钢、方钢 | 50、50 | 25、25 |
| | 木材、硬质塑料 | | 90 |
| 夹钳可转角度(°) | | 0,15,30,45 | 0～45 |
| 切割中心调整量(mm) | | 50 | |
| 整机质量(kg) | | 80 | 40 |

2.工具

电动螺丝刀、墨斗、拉铆枪、壁纸刀、靠尺、钢锯、开刀。

3.计量检测用具

钢尺、水平尺、方尺、线坠、托线板。

## 二、施工技术

1.轻钢龙骨隔墙安装

(1)弹线。根据设计图纸确定的隔断墙位，结合罩面板的长、宽分档，以确定竖向龙骨、横撑及附加龙骨的位置，在楼地面弹线，并将线引测至顶棚和侧墙。

(2)轻钢龙骨安装示意图。轻钢龙骨安装示意图如图 5-2 所示。

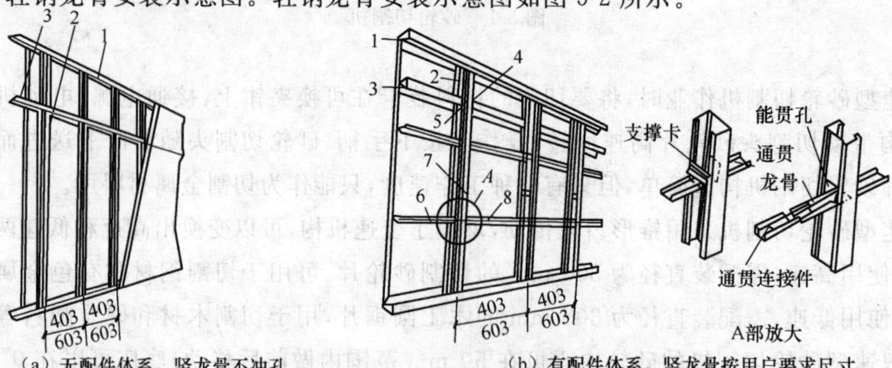


(a) 无配件体系，竖龙骨不冲孔，不加通贯龙骨　　(b) 有配件体系，竖龙骨按用户要求尺寸冲孔，加通贯龙骨

图 5-2 隔墙龙骨安装示意图(单位:mm)

1—横龙骨;2—竖龙骨;3—通撑龙骨;4—角托;5—卡托;6—通贯龙骨;7—支撑卡;8—通贯龙骨连接件

注:1.墙高不大于 3 mm 时,可不加通撑龙骨;大于 3 m 时,在板材接缝处加通撑龙骨,用横龙骨做通撑龙骨时,用抽芯铆钉连接。

2.竖龙骨间距为 403 mm、603 mm 时用于石膏板隔墙;612 mm 时用于埃特板隔墙。

(3)地枕基座施工。

1)有踢脚台(墙垫)时,应先对楼地面基层进行清理,并涂刷 YJ302 型界面处理剂一道。

2)浇筑 C20 素混凝土踢脚台,上表面应平整,两侧面应垂直。厚度一般为 100 mm,为方便沾地龙骨固定可预先埋入防腐木砖,木砖间距按设计要求,一般间距 600 mm 左右。

(4)安装沿地、沿顶及沿边龙骨。

1)横龙骨与建筑顶、地连接及竖龙骨与墙、柱连接可采用射钉,选用 M5×35 mm 的射钉将龙骨与混凝土基体固定,砖砌墙、柱体应采用金属胀铆螺栓。射钉或电钻打孔间距宜为 600 mm。

2)轻钢龙骨与建筑基体表面接触处,应在龙骨接触面的两边各粘贴一根通长的橡胶密封条。沿地、沿顶和靠墙(柱)龙骨的固定方法如图 5-3 所示。

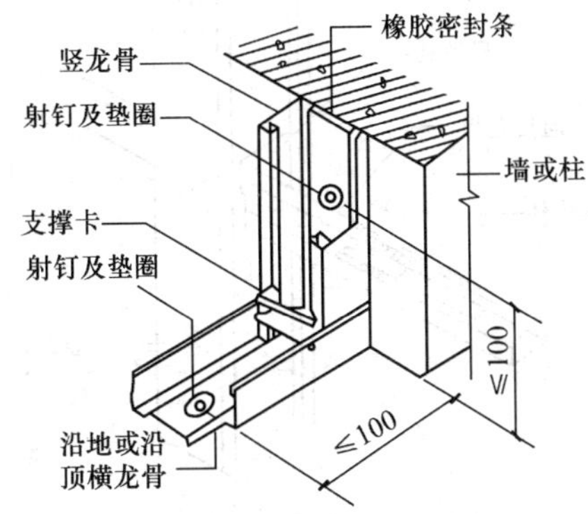


图 5-3 沿地(顶)及沿墙(柱)龙骨的固定(单位:mm)

(5)竖龙骨分档及安装。

1)按设计确定的间距就位竖龙骨,或根据罩面板的宽度尺寸而定。

①罩面板材较宽者,应在其中间加设一根竖龙骨,竖龙骨中距最大不应超过 600 mm。

②隔断墙的罩面层重量较大时(如贴瓷砖)的竖龙骨中距,应以不大于 420 mm 为宜。

③隔断墙体的高度较大时,其竖龙骨布置也应加密。

2)由隔断墙的一端开始排列竖龙骨,有门窗者要从门窗洞口开始分别向两侧排列。当最后一根竖龙骨距离沿墙(柱)龙骨的尺寸大于设计规定时,必须增设一根竖龙骨。

①将竖龙骨推向沿顶、沿地龙骨之间,翼缘朝罩面板方向就位。龙骨的上、下端如为钢柱连接,均用自攻螺钉或抽心铆钉与横龙骨固定如图 5-4 所示。

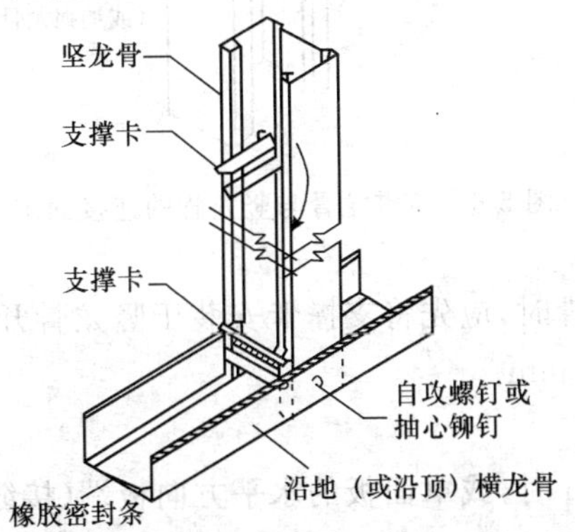


图 5-4 竖龙骨与沿地(顶)横龙骨的固定

②当采用有冲孔的竖龙骨时，其上下方向不能颠倒，竖龙骨现场截断时一律从其上端切割，并应保证各条龙骨的贯通孔高度必须在同一水平。

3)门窗洞口处的竖龙骨安装应依照设计要求，采用双根并用或是扣盒子加强龙骨。如果门的尺度大且门扇较重时，应在门框外的上下左右增设斜撑。

(6)安装通贯龙骨。

1)通贯横撑龙骨的设置：低于 3 m 的隔断墙安装 1 道，3～5 m 高度的隔断墙安装 2～3 道。

2)通贯龙骨横穿各条竖龙骨进行贯通冲孔，需接长时应使用配套的连接件如图 5-5 所示。

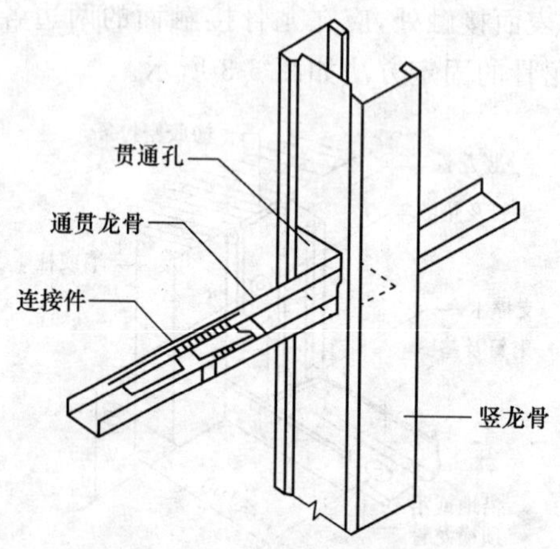


图 5-5　通贯龙骨的接长图

3)在竖龙骨开口面安装卡托或支撑卡与通贯横撑龙骨连接锁紧如图 5-6 所示，根据需要在竖龙骨背面可加设角托与通贯龙骨固定。

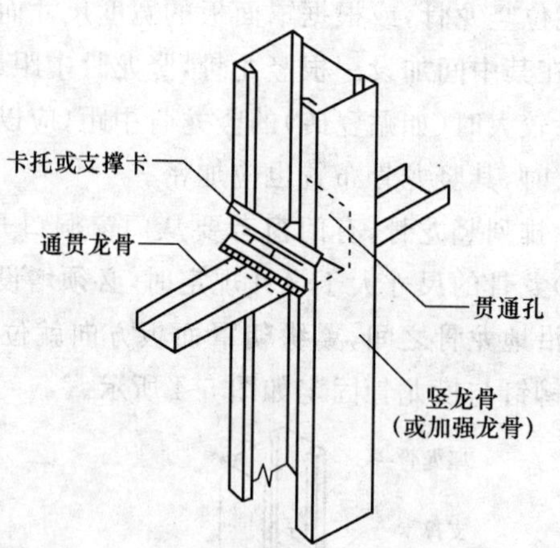


图 5-6　通贯龙骨与竖龙骨的连接固定

4)采用支撑卡系列的龙骨时，应先将支撑卡安装于竖龙骨开口面，卡距为 400～600 mm，距龙骨两端的距离为 20～25 mm。

(7)安装横撑龙骨。

1)隔墙骨架高度超过 3 m 时，或罩面板的水平方向板端(接缝)未落在沿顶沿地龙骨上时，应设横向龙骨。

2)选用U形横龙骨或C形竖龙骨作横向布置,利用卡托、支撑卡(竖龙骨开口面)及角托(竖龙骨背面)与竖向龙骨连接固定如图5-7所示。

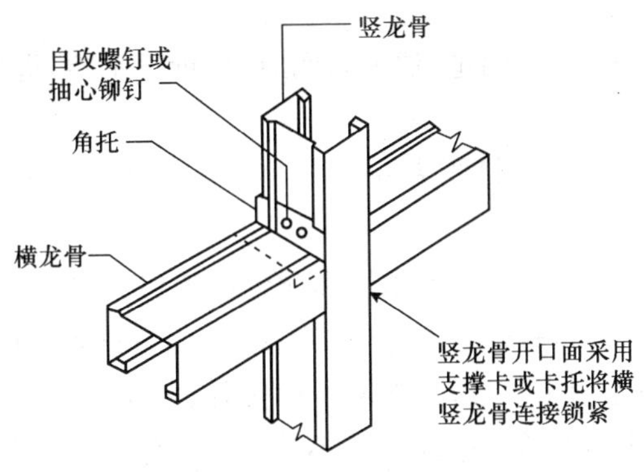


图5-7　横撑龙骨与竖龙骨

3)有的系列产品,可采用其配套的金属嵌缝条作横竖龙骨的连接固定件。

(8)固定各种洞口及门窗框。门窗或特殊节点处,增设附加龙骨,安装应符合设计要求。

(9)龙骨检查校正补强。安装罩面板前,应检查隔墙骨架的牢固程度,门窗框、各种附墙设备、管道的安装和固定是否符合设计要求。龙骨的立面垂直偏差应不大于3 mm,表面不平整应不大于2 mm。

(10)安装一侧罩面板。

1)纸面石膏罩面板安装。

①纸面石膏板安装,宜竖向铺设,其长边(包封边)接缝应落在竖龙骨上。如果为防火墙体,纸面石膏板必须竖向铺设。曲面墙体罩面时,纸面石膏板宜横向铺设。

②纸面石膏板可单层铺设,也可双层铺板,由设计确定。安装前应对预埋隔断中的管道和有关附墙设备等,采取局部加强措施。

③纸面石膏板材就位后,上、下两端应与上下楼板面(下部有踢脚台的即指其台面)之间分别留出3 mm间隙。用$\phi$3.5×25 mm的自攻螺钉将板材与轻钢龙骨紧密连接。

④自攻螺钉的间距为:沿板周边应不大于200 mm;板材中间部分应不大于300 mm;自攻螺钉与石膏板边缘的距离应为10～16 mm。自攻螺钉进入轻钢龙骨内的长度,以不小于10 mm为宜。

⑤板材铺钉时,应从板中间向板的四边顺序固定,自攻螺钉头埋入板内但不得损坏纸面。

⑥板块宜采用整板,如需对接时应靠紧,但不得强压就位。

⑦纸面石膏板与墙、柱面之间,应留出3 mm间隙,与顶、地的缝隙应先加注嵌缝膏再铺板,挤压嵌缝膏使其与相邻表层密切接触。

⑧安装防火墙石膏板时,石膏板不得固定在沿顶、沿地龙骨上,应另设横撑龙骨加以固定。

⑨隔墙板的下端如用木踢脚板覆盖,罩面板应离地面20～30 mm;用大理石、水磨石踢脚板时,罩面板下端应与踢脚板上口齐平,接缝严密。

⑩安装好第一层石膏板后,即可用嵌缝石膏粉(按粉水比为1.0∶0.6)调成的腻子处理板缝,并将自攻螺钉帽涂刷防锈涂料,同时用腻子将钉眼嵌补平整。

2)人造木板罩面板安装。

①面板应从下面角上逐块钉设,宜竖向装订,板与板的接头宜作成坡楞。

②如为留缝作法时，面板应从中间向两边由下而上铺钉，接头缝隙以 5～8 mm 为宜，板材分块大小按设计要求，拼缝应位于立筋或横撑上。

③铺钉时要求。

a. 安装胶合板的基体表面，用油毡、油纸防潮时，应铺设平整，搭接严密，不得有皱折、裂缝和透孔等。

b. 胶合板如用普通圆钉固定，钉距为 80～150 mm，钉帽敲扁并进入板面 0.5～1.0 mm，钉眼用油性腻子抹平。

c. 胶合板如涂刷清漆时，相邻板面的木纹和颜色应近似。

d. 纤维板如用圆钉固定时，钉距为 80～120 mm，钉帽宜进入板面 0.5 mm，钉眼用油性腻子抹平。硬质纤维板应预先用水浸透，自然阴干后安装。

e. 胶合板、纤维板如用木压条固定，钉距不应大于 200 mm，钉帽应打扁并进入木压条 0.5～2.0 mm，钉眼用油性腻子抹平。

f. 当胶合板或纤维板罩面后作为隔断墙面装饰时，在阳角处宜做护角。

3)水泥纤维板安装。

①在用水泥纤维板做内墙板时，严格要求龙骨骨架基面平整。

②板与龙骨固定用手电钻或冲击钻、大批量同规格板材切割应委托工厂用大型锯床进行，少量安装切割可用手提式无齿圆锯进行。

③板面开孔：分矩形孔和大圆孔两种。开矩形孔通常采用电钻先在矩形的四角各钻一孔，孔径为 10 mm，然后用曲线锯沿四孔圆心的连线切割开孔部位，边缘用锉刀倒角。

开大圆孔同样用电钻打孔，再用曲线锯加工，完成后边缘用锉刀倒角。

所有开孔均应防止应力集中而产生表面开裂。

④将水泥纤维板固定在龙骨上，龙骨间距一般为 600 mm，当墙体高度超过 4 m 时，按设计计算确定。用自攻螺钉固定板，其钉距根据墙板厚度一般为 200～300 mm。钉孔中心与板边缘距离一般为 10～15 mm。螺钉应根据龙骨、板的厚度，由设计人员确定直径与长度。

⑤板与龙骨固定时，手电钻钻头直径应选用比螺钉直径小 0.5～1.0 mm 的钻头打孔。固定后钉头处应及时涂底漆或腻子。

(11)保温材料、隔声材料铺设。当设计有保温或隔声材料时，应按设计要求的材料铺设。铺放墙体内的玻璃棉、矿棉板、岩棉板等填充材料，应固定并避免受潮。安装时尽量与另一侧纸面石膏板同时进行，填充材料应铺满铺平。

(12)暖卫水电等钻孔下管穿线并验收。

1)安装好隔断墙体一侧的第一层面板后，按设计要求将墙体内需要设置的接线盒、穿线管固定在龙骨上。穿线管可通过龙骨上的贯通孔。

2)接线盒的安装可在墙面开洞，但在同一墙面每两根竖龙骨之间最多可开两个接线盒洞，洞口距竖龙骨的距离为 150 mm；两个接线盒洞口须上下错开，其垂直边在水平方向的距离不得小于 300 mm。

3)在墙内安装配电箱，可在两根竖龙骨之间横装辅助龙骨，龙骨之间用抽芯铆钉连接固定，不允许采用电气焊。

4)对于有填充要求的隔断墙体，待穿线部分安装完毕，即先用胶黏剂(792 胶或氯丁胶等)按 500 mm 的中距将岩棉粘固在石膏板上，牢固后(约 12 h)，将岩棉等保温材料填入龙骨空腔内，用岩棉固定钉固定，并利用其压圈压紧。

(13)安装另一侧罩面板。

1)装配的板缝与对面的板缝不得布在同一根龙骨上。板材的铺钉操作及自攻螺钉钉距等同上述要求。

2)单层纸面石膏板罩面如图 5-8 所示安装后，如设计为双层板罩面(图 5-9)，其第一层板铺钉安装后只需用石膏腻子填缝，尚不需进行贴穿孔纸带及嵌条等处理工作。

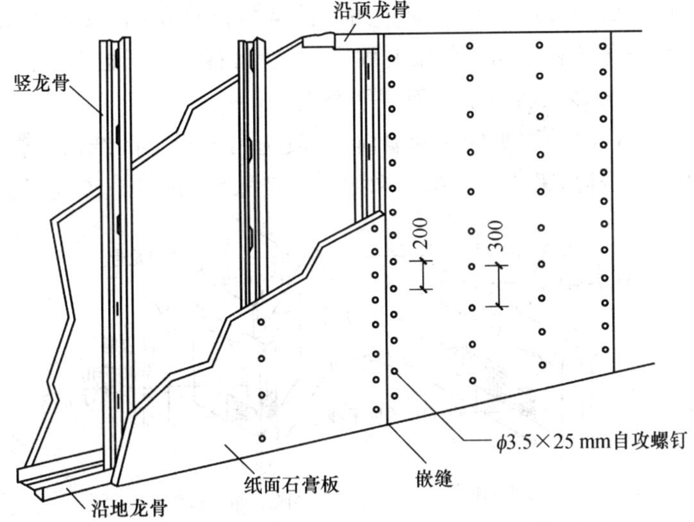


图 5-8　单层纸面石膏板隔墙罩面(单位：mm)

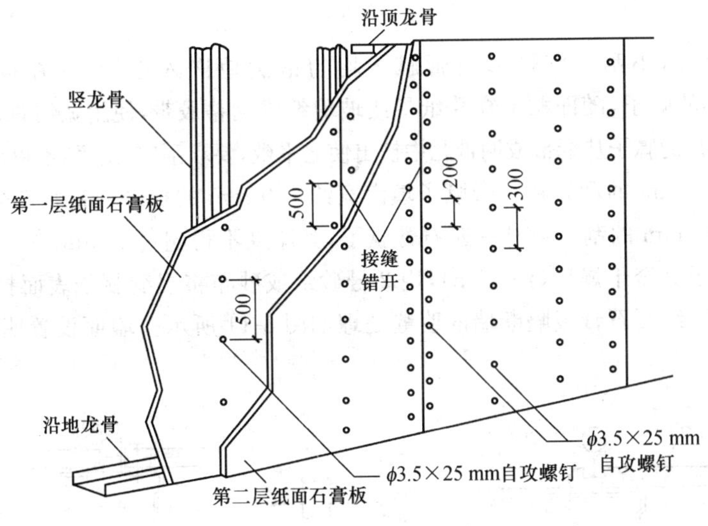


图 5-9　双层纸面石膏板隔墙罩面(单位：mm)

3)第二层板的安装方法同第一层，但必须与第一层板的板缝错开，接缝不得布在同一根龙骨上。固定应用 $\phi$3.5×5 mm 自攻螺钉。内、外层板应采用不同的钉距，错开铺钉，如图 5-9 所示。

4)除踢脚板的墙端缝之外，纸面石膏板墙的丁字或十字相接的阴角缝隙，应使用石膏腻子嵌满并粘贴接缝带(穿孔纸带或玻璃纤维网格胶带)。

(14)接缝处理。

1)纸面石膏板接缝及护角处理:主要包括纸面石膏板隔断墙面的阴角处理、阳角处理、暗缝和明缝处理等。

①阴角处理。将阴角部位的缝隙嵌满石膏腻子,把穿孔纸带用折纸夹折成直角状后贴于阴缝处,再用阴角贴带器及滚抹子压实。

用阴角抹子薄抹一层石膏腻子,待腻子干燥后(约 12 h)用 2 号砂纸磨平磨光。

②阳角处理。阳角转角处应使用金属护角。按墙角高度切断,安放于阳角处,用 12 mm 长的圆钉或采用阳角护角器将护角条作临时固定,然后用石膏腻子把金属护角批抹掩埋,待完全干燥后(约 12 h)用 2 号砂纸将腻子表面磨平磨光。

③暗缝处理。暗缝(无缝)要求的隔断墙面,一般选用楔形边的纸面石膏板。嵌缝所用的穿孔纸带宜先在清水中浸湿,采用石膏腻子和接缝纸带抹平,如图 5-10 所示。

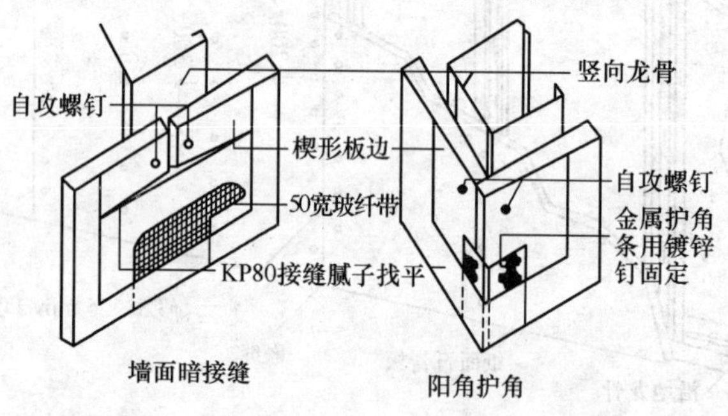


图 5-10 墙面接缝及阳角做法(单位:mm)

对于重要部位的缝隙,可采用玻璃纤维网格胶带取代穿孔纸带。石膏板拼缝的嵌封分以下四个步骤。

a. 清洁板缝,用小刮刀将嵌缝石膏腻子均匀饱满地嵌入板缝,并在板缝处刮涂宽约 60 mm,厚 1 mm 的腻子,随即贴上穿孔纸带或玻璃纤维网格胶带,使用宽约 60 mm 的刮刀顺贴带方向压刮,将多余的腻子从纸带或网带孔中挤出使之平敷,要求刮实、刮平,不得留有气泡。

b. 用宽约 150 mm 的刮刀将石膏腻子填满宽约 150 mm 的板缝处带状部分。

c. 用宽约 300 mm 的刮刀再补一遍石膏腻子,其厚度不得超过 2 mm。

d. 待石膏腻子完全干燥后(约 12 h),用 2 号砂纸或砂布将嵌缝腻子表面打磨平整。

④明缝处理。纸面石膏板隔断墙的明缝处理如图 5-11 所示。墙面设置明缝者,一般有三种情况。

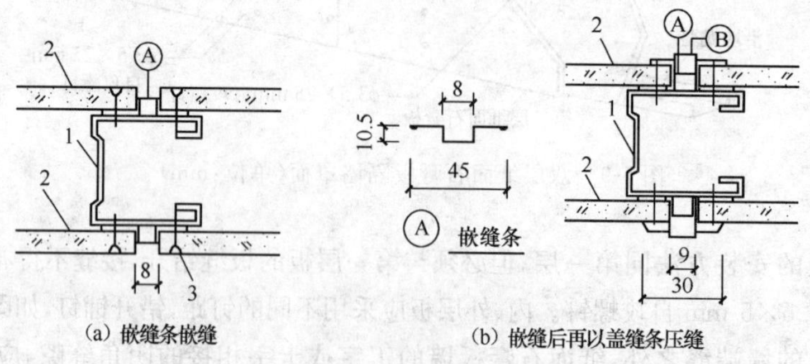


(a) 嵌缝条嵌缝 (b) 嵌缝后再以盖缝条压缝

图 5-11

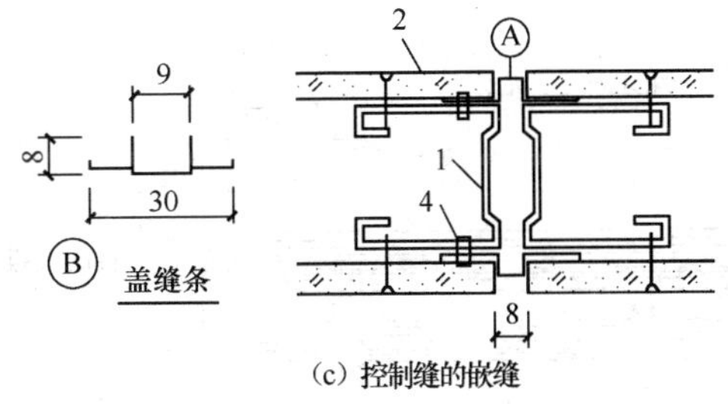


图 5-11　石膏罩面板的明缝处理(单位:mm)

1—墙体竖龙骨;2—纸面石膏板;3—自攻螺钉;4—抽芯铆钉

a. 采用棱边为直角边的纸面石膏板于拼缝处留出 8 mm 间隙,使用与龙骨配套的金属嵌缝条嵌缝。

b. 留出 9 mm 板缝先嵌入金属嵌缝条,再以金属盖缝条压缝。

c. 隔墙的通胀超过一定限值(一般为 20 m)时需设置控制缝,控制缝的位置可设在石膏板接缝处或隔墙门洞口两侧的上部。

⑤包边处理。纸面石膏板需要包边的部位,应按设计要求用金属包边条做好包边处理。

2)人造木板板缝处理:板材四周接缝处加钉盖口条,将缝盖严。也可采用四周留缝的做法,缝宽一般以 10 mm 左右为宜。接缝处理根据板材确定,纤维板可采取二次抹压填缝剂的方法。

①在接缝处使用填缝剂前,应使用线带。

②第一道填缝剂处理,应使其与壁齐平。

③待第一道填缝剂干硬后,再使用第二道填缝剂。填缝时,要使填缝剂鼓起,并在干后能高出表面,如图 5-12 所示。

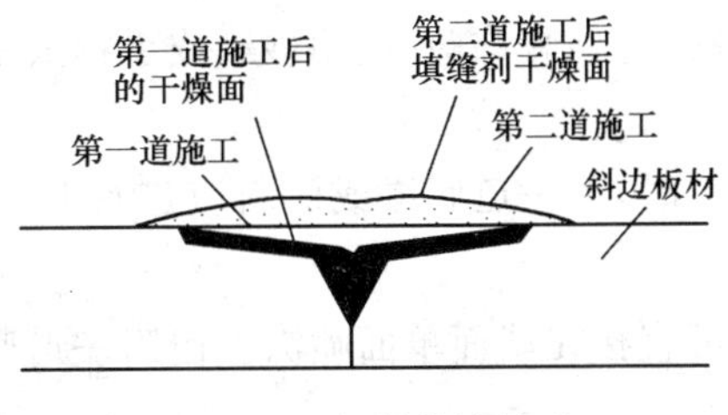


图 5-12　板材接缝处理

④砂磨填缝剂,使其与板面平整。

3)水泥纤维板板缝处理。

①将板缝清刷干净,板缝宽度 5～8 mm。

②根据使用部位,用密封膏、普通石膏腻子或水泥砂浆加胶黏剂拌成腻子进行嵌缝。

③板缝刮平,并用砂纸、手提式平面磨光机打磨,使其平整光洁。

(15)连接固定设备、电气。

1)隔墙管线安装与电气接线盒构造如图 5-13 所示。管线安装时,所有管子必须与各种墙板保留间隙,在两根竖龙骨间开孔最大断面积不得大于 2 580 mm$^2$,即 50 mm(外径)管 1 根或 25 mm(外径)管 5 根。

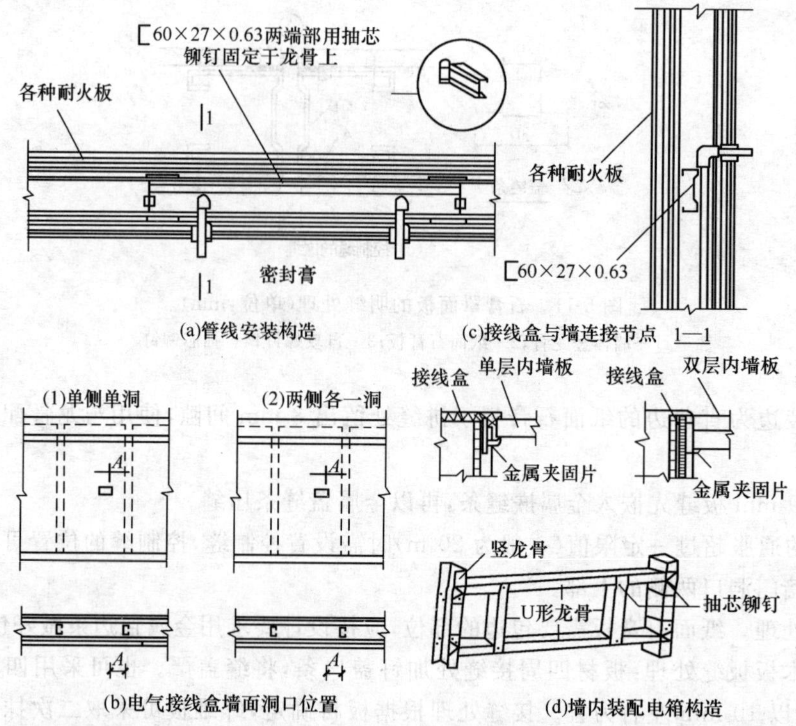


图 5-13 隔墙管线安装与电气接线盒构造示意图(单位:mm)

2)电气设备孔洞需满足:每一墙面,每两根竖龙骨间最多可开两个接线盒洞,当图中 $A=150$ mm 时,不加隔板。

(16)墙面装饰、踢脚线施工。

1)在对水泥纤维板板面进行各种装饰前,应用砂纸或手提式平面磨光机清除板面的浮灰、油污等。

2)需对板进行喷、涂预加工时,第一道底漆或涂料应进行双面喷涂,以防单面应力而产生变形。

3)对已安装固定的面板,可直接在墙面单面喷涂。但第一道底漆必须为白色。

2. 木龙骨隔墙安装

(1)弹线。

1)根据设计图样要求,先在楼地面上弹出隔墙的边线,并用线坠将边线引到两端墙上、引到楼板或过梁的底部,同时标出门洞口位置、竖向龙骨位置。

2)根据所弹的位置线,检查墙上预埋木砖,检查楼板或梁底部预留镀锌钢丝的位置和数量是否正确,如有问题及时修理。

(2)做地枕带。参见本节轻钢龙骨隔墙施工的相关内容。

(3)固定沿顶、沿地木龙骨及固定边框木龙骨。

1)依弹线固定靠墙立筋。

①将立筋靠墙立直,钉牢于墙内防腐木砖上。

②将上槛托到楼板或梁的底部,用预埋镀锌钢丝绑牢,两端顶住靠墙立筋钉固。

③将下槛对准地面事先弹出的隔墙边线或是预先砌筑好的踢脚台(墙垫、墙基),两端撑紧

于靠墙立筋底部，然后进行局部固定。

2)隔墙木龙骨靠墙或柱骨架安装，可采用木楔圆钉固定法。

①使用 16～20 mm 的冲击钻头在墙(柱)面打孔，孔深不小于 60 mm，孔距 600 mm 左右，孔内打入木楔(潮湿地区或墙体易受潮部位塞入木楔前应对木楔刷涂桐油或其他防腐剂待其干燥)，将龙骨与木楔用圆钉连接固定如图 5-14 所示。

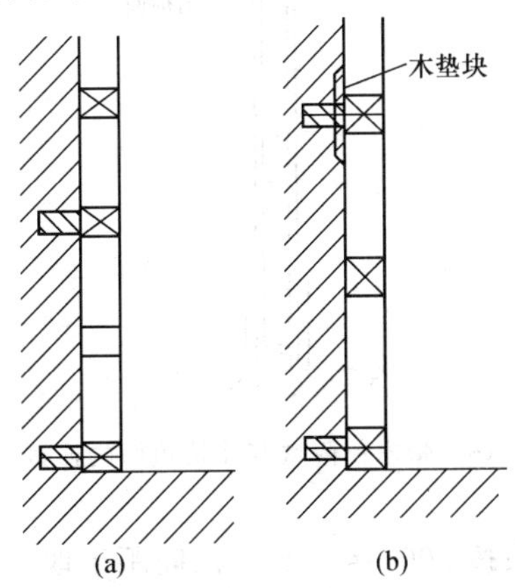


图 5-14　木龙骨与墙体的连接

②对于墙面平整度误差在 10 mm 以内的基层，可重新抹灰找平；如果墙体表面平整度偏差大于 10 mm，可不修正墙体，而在龙骨与墙面之间加设木垫块进行调平。

3)对于大木方组成的隔墙骨架，在建筑结构内无预埋时，龙骨与墙体的连接应采用胀铆螺栓连接固定。固定木骨架前，应按对应地面和顶面的墙面固定点的位置，在木骨架上画线，标出固定连接点位置，在固定点打孔，孔的直径略大于胀铆螺栓直径，如图 5-15 所示。

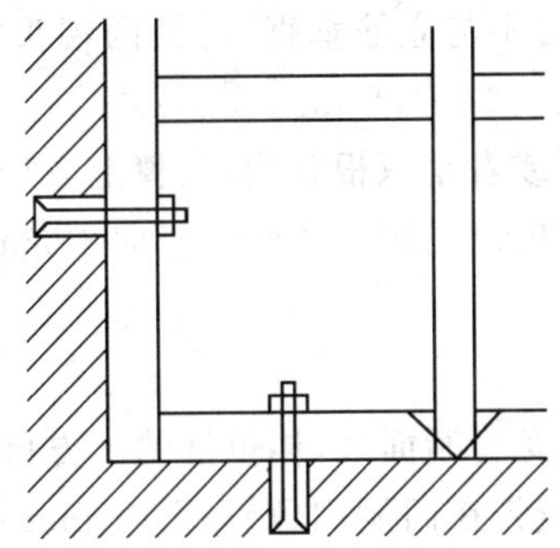

图 5-15　大木方龙骨用胀铆螺栓连接固定示意图

4)木骨架与沿顶的连接可采用射钉、胀铆螺栓、木楔圆钉等固定。

①不设开启门扇的隔墙，当其与铝合金或轻钢龙骨吊顶接触时，隔墙木骨架可独自通入吊顶内与建筑楼板以木楔圆钉固定；当其与吊顶的木龙骨接触时，应将吊顶木龙骨与隔墙木龙骨的沿顶龙骨钉接，如两者之间有接缝，还应垫实接缝后再钉钉子。

②有门扇的木隔墙，竖向龙骨穿过吊顶面与楼板底需采用斜角支撑固定。斜角支撑的材料可用方木，也可用角钢，斜角支撑杆件与楼板底面的夹角以 60°为宜。斜角支撑与基体的固定，可用木楔铁钉或胀铆螺栓如图 5-16 所示。

5)木骨架与地(楼)面的连接。

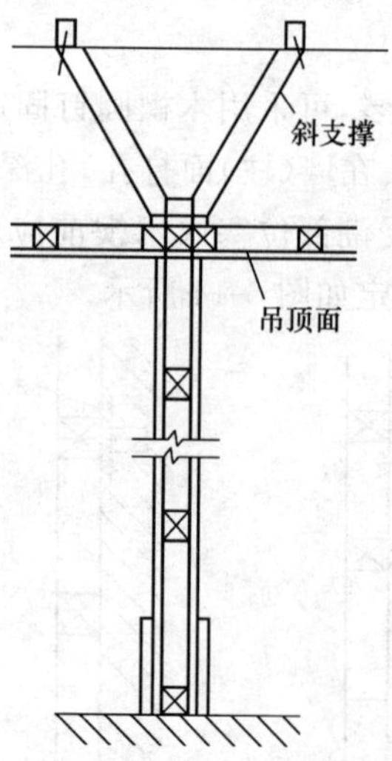

图 5-16 带木门隔墙与建筑顶面的连接固定

①用 $\phi$7.8 或 $\phi$10.8 的钻头按 300～400 mm 的间距于地(楼)面打孔,孔深为45 mm左右,利用 M6 或 M8 的胀铆螺栓将沿地龙骨固定。

②对于面积不大的隔墙木骨架,可采用木楔圆钉固定法,在楼地面打 $\phi$20 左右的孔,孔深 50 mm 左右,孔距 300～400 mm,孔内打入木楔,将隔墙木骨架的沿地龙骨与木楔用圆钉固定。

③简易的隔墙木骨架,可采用高强水泥钉,将木框架的沿地面龙骨钉牢于混凝土地(楼)面。

(4)安装竖向木龙骨。

1)安装竖向木龙骨应垂直,其上下端要顶紧上下槛,分别用钉斜向钉牢。

2)在立筋之间钉横撑,横撑可不与立筋垂直,将其两端头按相反方向稍锯成斜面,以便楔紧用钉固定。横撑的垂直间距宜 1.2～1.5 m。

3)门樘边的立筋应加大断面或者是双根并用,门樘上方加设人字撑固定。

(5)安装门、窗框。隔墙的门框以门洞口两侧的竖向木龙骨为基体,配以档位框、饰边板或饰边线组合而成。

1)档位框设置。

①大木方骨架的隔墙门洞竖龙骨断面大,档位框的木方可直接固定于竖向木龙骨上。

②小木方双层构架的隔墙,应先在门洞内侧钉固 12 mm 厚的胶合板或实木板,再在其上固定档位框。

③木隔墙门框的竖向方木,应采取铁件加固法如图 5-17 所示。

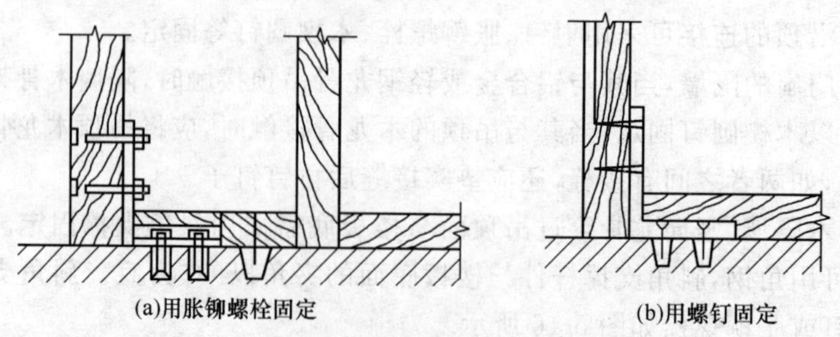

图 5-17 木隔断门框采用铁件加固的构造做法

2)饰边板(线)安装。木质隔墙门框在设置档位框的同时,采用包框饰边的结构形式,常见的有厚胶合板加木线条包边、阶梯式包边、大木线条压边等。安装固定时可使用胶粘钉合,装设牢固,注意铁钉应冲入面层。

(6)根据设计要求附加木龙骨、支撑木龙骨,其安装方法同立柱的安装。

(7)电气铺管安附墙设备、罩面板安装、接缝及护角处理,参见本节轻钢龙骨隔墙施工的相关内容。

# 第二节　玻璃隔墙

## 一、施工机具

(1)机具:电焊机、电锤、电钻、切割机、玻璃吸盘机。

(2)工具:玻璃吸盘、线锯、小钢锯、手锤、扳手、螺丝刀、注胶枪。

(3)计量测量用具:直尺、方尺、水平尺、钢尺、靠尺、线坠等。

## 二、施工技术

1. 弹线定位

先弹出地面位置线,再用垂直线法弹出墙、柱上的位置线,高度线和沿顶位置线。有框玻璃隔墙标出竖框间隔位置和固定点位置。无竖框玻璃隔墙应核对已做好的预埋铁件位置是否正确或划出金属膨胀螺栓位置。

2. 框材下料

有框玻璃隔墙型材料划线下料时先复核现场实际尺寸,如果实际尺寸与施工图尺寸误差大于 5 mm 时,应按实际尺寸下料。如果有水平横档,则应从竖框的一个端头为准,划出横档位置线,包括连接部位的宽度,以保证连接件安装位置准确和横档在同一水平线上。下料应使用专用工具(型材切割机),保证切口光滑、整齐。

3. 安装框架、边框

(1)组装铝合金玻璃隔墙的框架有两种方式。一是隔墙面积较小时,先在平坦的地面上预制组装成形,然后再整体安装固定。二是隔墙面积较大时,则直接将隔墙的沿地、沿顶型材,靠墙及中间位置的竖向型材按控制线位置固定在墙、地、顶上。用第二种方式施工时,一般从隔墙框架的一端开始安装,先将靠墙的竖向型材与角铝固定,再将横向型材通过角铝件与竖向型材连接。角铝件安装方法是:先在角铝件打出两个孔,孔径按设计要求确定,设计无要求时,按选用的铆钉孔径确定,一般不得小于 3 mm。孔中心距角铝件边缘 10 mm,然后用一小截型材(截面形状及尺寸与横向型材相同)放在竖向型材划线位置,将已钻孔的铁铝件放入这一小截型材内,握稳小截型材,固定位置准确后,用手电钻按角铝件上的孔位在竖向型材上打出相同的孔,并用自攻螺钉或拉铆钉将角铝件固定在竖向型材上。铝合金框架与墙、地面固定可通过铁件来完成。

(2)当玻璃板隔断的框为型钢外包饰面板时,将边框型钢(角钢或薄壁槽钢)按已弹好的位置线进行试安装,检查无误后与预埋铁件或金属膨胀螺栓焊接牢固,再将框内分别型材与边框焊接。型钢材料在安装前应做好防腐处理焊接后经检查合格,补做防腐。

(3)当面积较大的玻璃隔墙采用吊挂式安装时,应先在建筑结构梁或板下做出吊挂玻璃的支撑架，并安装吊挂玻璃的夹具及上框。夹具距玻璃两个侧边的距离为玻璃宽度的1/4(或根据设计要求)。要求上框的底面与吊顶标高应保持平齐。

(4)对于无竖框玻璃隔墙。当结构施工没有预埋铁件，或预埋铁件位置已不符合要求，则应首先设置金属膨胀螺栓。然后将型钢(角钢或薄壁槽钢)按已弹好的位置线安装好，在检查无误后随即与预埋铁件或金属膨胀螺栓焊牢。型钢材料在安装前应刷好防腐涂料，焊好以后在焊接处应再补刷防锈漆。

4. 玻璃安装及固定

把已裁好的玻璃按部位编号，并分别竖向堆放待用。安装玻璃前，应对骨架、边框的牢固程度、变形程度进行检查，如有不牢固应予以加固。

玻璃与基架框的结合不宜太紧密，玻璃放入框内后，与框的上部和侧边应留有3～5 mm左右的缝隙，防止玻璃由于热胀冷缩而开裂。

(1)玻璃板与木基架的安装。

1)用木框安装玻璃时，在木框上要裁口或挖槽，校正好木框内侧后定出玻璃安装的位置线，并固定好玻璃板靠位线条，如图5-18所示。

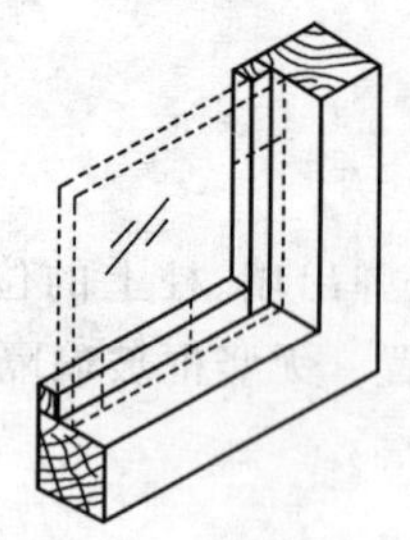

图5-18 木框内玻璃安装方式

2)把玻璃装入木框内，其两侧距木框的缝隙应相等，并在缝隙中注入玻璃胶，然后钉上固定压条，固定压条宜用钉枪钉。

3)对面积较大的玻璃板，安装时应用玻璃吸盘器将玻璃提起来安装，如图5-19所示。

图5-19 大面积玻璃用吸盘器安装

(2)玻璃与金属方框架的固定。

1)玻璃与金属方框架安装时，先要安装玻璃靠住线条，靠住线条可以是金属角线或是金属槽线。固定靠住线条通常是用自攻螺丝。

2)根据金属框架的尺寸裁割玻璃,玻璃与框架的结合不宜太紧密,应该按小于框架 3～5 mm的尺寸裁割玻璃。

3)安装玻璃前,应在框架下部的玻璃放置面上,涂一层厚 2 mm 的玻璃胶,如图 5-20 所示。玻璃安装后,玻璃的底边就压在玻璃胶层上。也可放置一层橡胶垫,玻璃安装后,底边压在橡胶垫上。

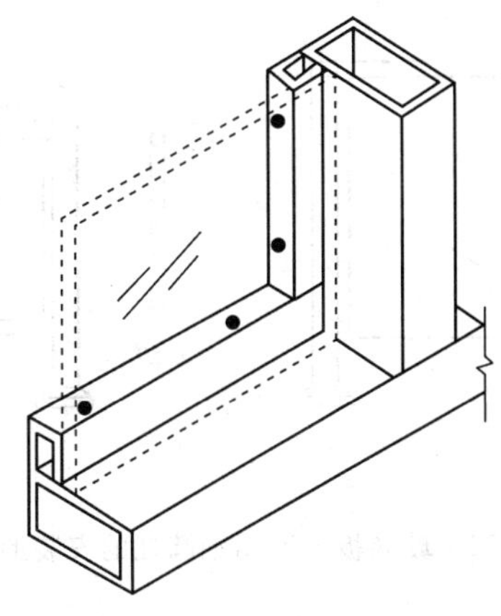

图 5-20 玻璃靠位线条及底边涂玻璃胶

4)把玻璃放入框内,并靠在靠位线条上。如果玻璃面积较大,应用玻璃吸盘器安装。玻璃板距金属框两侧的缝隙相等,并在缝隙中注入玻璃胶,然后安装封边压条。

如果封边压条是金属槽条,且要求不得直接用自攻螺钉固定时,可先在金属框上固定木条,然后在木条上涂环氧树脂胶(万能胶),把不锈钢槽条或铝合金槽条卡在木条上。如无特殊要求,可用自攻螺钉直接将压条槽固定在框架上,常用的自攻螺钉为 M4 或 M5。

安装时,先在槽条上打孔,然后通过此孔在框架上打孔。打孔钻头要小于自攻螺钉直径 0.8 mm 当全部槽条的安装孔位都打好后,再进行玻璃的安装。玻璃的安装方式如图 5-21 所示。

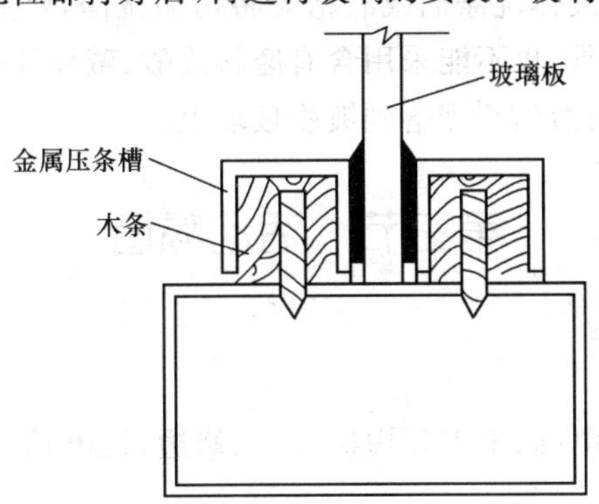


图 5-21 金属框架上的玻璃安装

(3)玻璃板与不锈钢圆柱框的安装。

1)玻璃板四周是不锈钢槽,其两边为圆柱,如图 5-22(a)所示。先在内径宽度略大于玻璃厚度的不锈钢槽上划线,并在角位处开出对角口,对角口用专用剪刀剪出,并用什锦锉修边,使对角口合缝严密。

在对好角位的不锈钢槽框两侧,相隔 200～300 mm 的间距钻孔。钻头应小于所用自攻螺钉 0.8 mm。在不锈钢柱上面划出定位线和孔位线,并用同一钻孔头在不锈钢柱上的孔位处钻孔。用平头自攻螺钉,把不锈钢槽框固定在不锈钢柱上。

2)玻璃板两侧是不锈钢槽与柱,上下是不锈钢管,且玻璃底边由不锈钢管托住,如图 5-22(b)所示。

3)玻璃安装后,应随时清理玻璃面,特别是冰雪片彩色玻璃,要防止污垢积淤,影响美观。

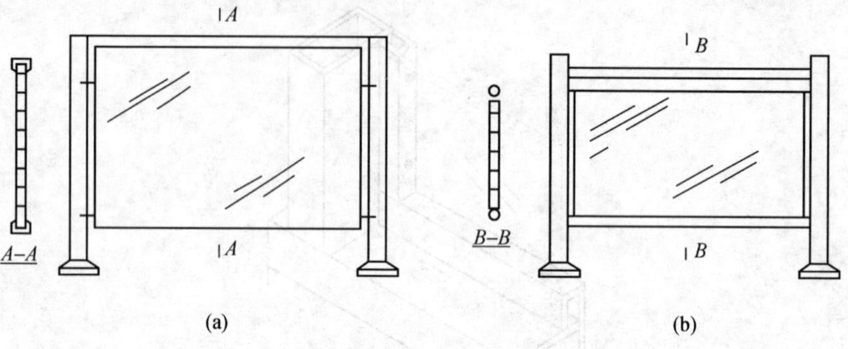


图 5-22 玻璃板与不锈钢圆柱的安装形式

5.嵌缝打胶

玻璃全部就位后,校正平整度、垂直度,同时用聚苯乙烯泡沫嵌入槽口内使玻璃与金属槽接合平伏、紧密,然后打硅酮结构胶。注胶时操作顺序应从缝隙的端头开始,一只手托住注胶枪,另一只手均匀用力握挤,同时顺着缝隙移动的速度也要均匀,将结构胶均匀地注入缝隙中,注满后随即用塑料片在玻璃的两面刮平玻璃胶,并清洁溢到玻璃表面的胶迹。

6.清洁

玻璃板隔墙安装后,应将玻璃面和边框的胶迹、污痕等清洗干净。普通玻璃一般情况下可用清水清洗。如有油污,可用液体溶剂先将油污洗掉,然后再用清水擦洗。镀膜玻璃可用水清洗,污垢严重时,应先用中性液体洗涤剂或酒精等将污垢洗净,然后再用清水洗净。玻璃清洁时不能用质地太硬的清洁工具,也不能采用含有磨料或酸、碱性较强的洗涤剂。其他饰面用专用清洁剂清洗时,不要让专用清洁剂溅落到镀膜玻璃上。

## 第三节 活动隔墙

### 一、施工机具

(1)机具:电锯、曲线锯、电刨、木工开槽机、木工修边机、电钻、冲击钻、气泵、气钉枪、电焊机等。

(2)工具:各种手工刨子、木锯、小铁锤、扁铲、木钻、丝锥、螺丝刀、扳手、凿子、钢锉、墨斗、粉线包等。

(3)计量检测用具:钢尺、水平尺、方尺、托线板、线坠等。

### 二、施工技术

活动隔断,按开启方式可分为拼装式,直滑推拉式,折叠式,卷帘式等几种形式,如图 5-23 所示。

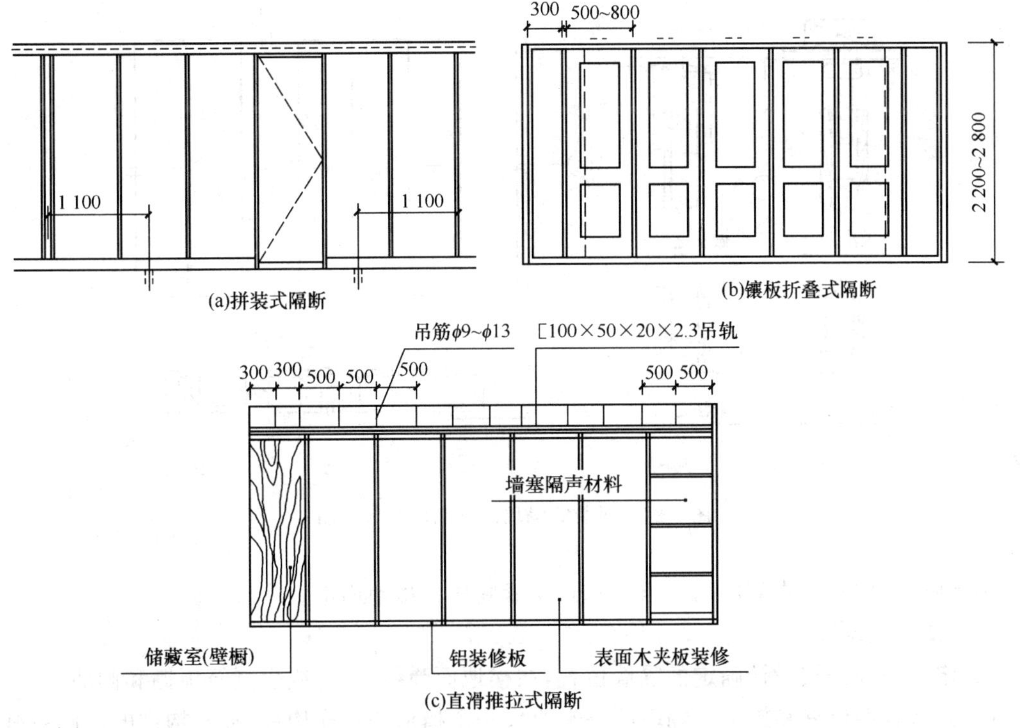


图 5-23　活动隔断(单位:mm)

1. 拼装式活动隔墙

(1)定位放线。按设计确定的隔墙位置,在楼地面弹线,并将线引测至顶棚和侧墙。

(2)隔墙板两侧壁龛施工。隔墙的一端要设一个槽形的补充构件。如图 5-24③所示。它与槽形上槛的大小和形状完全相同,以便于安装和拆卸隔扇,并在安装后掩盖住端部隔扇与墙面之间的缝隙。

(3)上轨道安装。为装卸方便,隔墙的上部有一个通长的上槛,上槛的形式有两种:一种是槽形,一种是"T"形。用螺钉或钢丝固定在平顶上。

(4)隔墙扇制作。

1)拼装式活动隔墙的隔扇多用木框架,两侧贴有木质纤维板或胶合板,有的还贴上一层塑料贴面或覆以人造革。隔声要求较高的隔墙,可在两层面板之间设置隔声层,并将隔扇的两个垂直边做成企口缝,以便使相邻隔扇能紧密地咬合在一起,达到隔声的目的。

2)隔扇的下部照常做踢脚。

3)隔墙板两侧做成企口缝等盖缝、平缝。

4)隔墙板上侧采用槽形时,隔扇的上部可以做成平齐的;采用 T 形时,隔扇的上部应设较深的凹槽,以使隔扇能够卡到 T 形上槛的腹板上。

(5)隔墙扇安放及连接。分别将隔墙扇两端嵌入上下槛导轨槽内,利用活动卡子连接固定,同时拼装成隔墙,不用时可拆除重叠放入壁龛内,以免占用使用面积。隔扇的顶面与平顶之间保持 50 mm 左右的空隙,以便于安装和拆卸。图 5-24 是拼装式隔墙的立面图和主要节点图。

(6)密封条安装。当楼地面上铺有地毯时,隔扇可以直接坐落在地毯上,否则,应在隔扇的

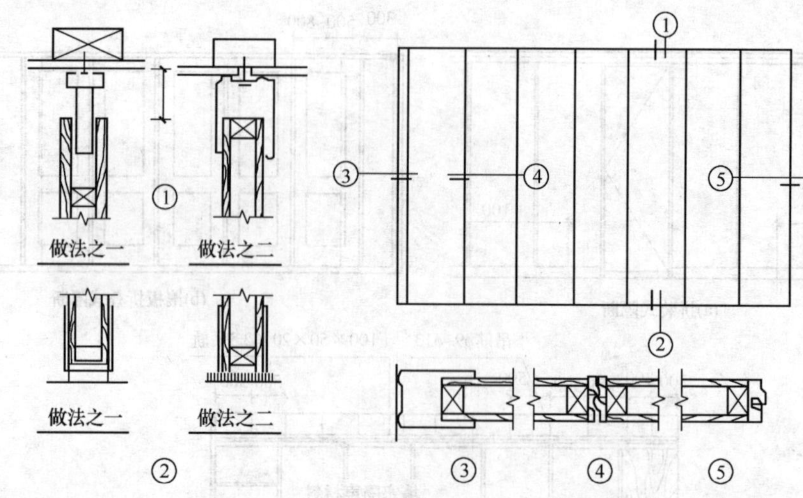

图 5-24　拼装式隔墙的立面图与节点图

底下另加隔音密封条，靠隔扇的自重将密封条紧紧压在楼地面上。

2. 直滑式活动隔墙

(1)定位放线。按设计确定的隔墙位置，在楼地面弹线，并将线引测至顶棚和侧墙。

(2)隔墙板两侧壁龛施工。隔墙的一端要设一个槽形的补充构件，补充构件的两侧各有一个密封条，与隔扇的两侧紧紧地相接触。如图 5-25③、④所示。

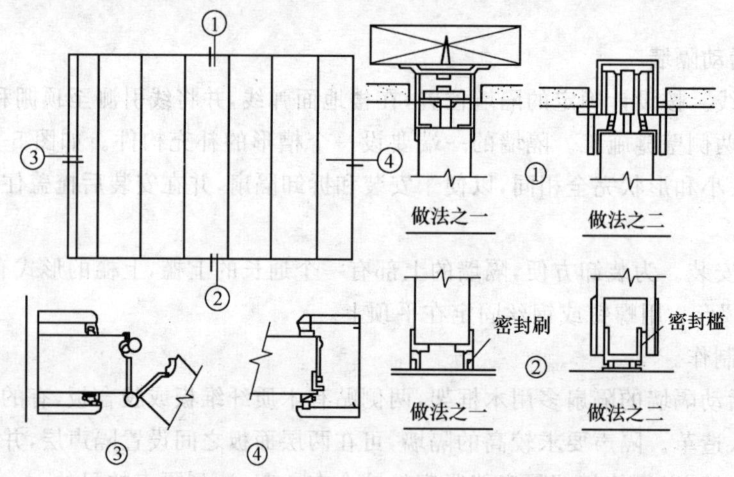

图 5-25　直滑式隔墙的立面图与节点图

(3)上轨道安装。轨道和滑轮的形式多种多样，轨道的断面多数为槽形。滑轮多为四轮小车组。小车组可以用螺栓固定在隔扇上，也可以用连接板固定在隔扇上。隔扇与轨道之间用橡胶密封刷密封，也可将密封刷固定在隔扇上，或将密封刷固定在轨道上。

(4)隔墙扇制作。如图 5-26 所示是直滑式隔墙隔扇的构造，其主体是一个木框架，两侧各贴一层木质纤维板，两层板的中间夹着隔声层，板的外面覆盖着聚乙烯饰面。隔扇的两个垂直边，用螺钉固定铝镶边。镶边的凹槽内，嵌有隔声用的泡沫聚乙烯密封条。直骨式隔墙的隔扇尺寸比较大。宽度约为 1 000 mm，厚度为 50～80 mm，高度为 3 500～1 000 mm。

(5)隔墙扇安放、连接及密封条安装。图 5-25 为直滑式隔墙的立面图与节点图，后边的半

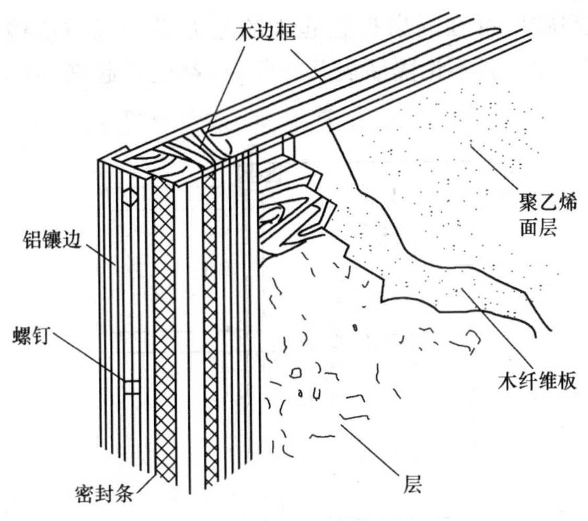


图 5-26　直滑式隔墙隔扇的构造

扇隔扇与边缘构件用铰链连接着，中间各扇隔扇则是单独的。当隔扇关闭时，最前面的隔扇自然地嵌入槽形补充构件内。隔扇与楼地面之间的缝隙采用不同的方法来遮掩：一种方法是在隔扇的下面设置两行橡胶做的密封刷；另一种方法是将隔扇的下部做成凹槽形，在凹槽所形成的空间内，分段设置密封槛。密封槛的上面也有两行密封刷，分别与隔扇凹槽的两个侧面相接触。密封槛的下面另设密封垫，靠密封槛的自重与楼地面紧紧地相接触。

3. 折叠式活动隔墙

折叠式活动隔墙按其使用的材料的不同，可分硬质和软质两类。硬质折叠式隔墙由木隔扇或金属隔扇构成，隔扇利用铰链连接在一起。软质折叠式隔墙用棉、麻织品或橡胶、塑料等制品制作。

(1)单面硬质折叠式隔墙。

1)定位放线：按设计确定的隔墙位置，在楼地面弹线，并将线引测至顶棚和侧墙。

2)隔墙板两侧壁龛施工。

①隔扇的两个垂直边常做成凸凹相咬的企口缝，并在槽内镶嵌橡胶或毡制的密封条，如图 5-27 所示。最前面一个隔扇与洞口侧面接触处，可设密封管或缓冲板，如图 5-28 所示。

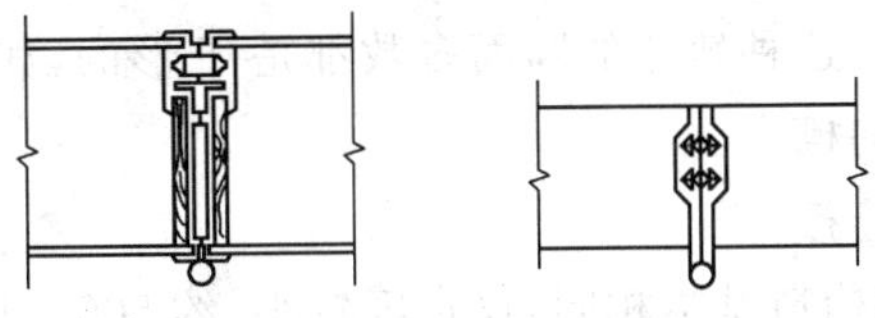

图 5-27　隔扇之间的密封

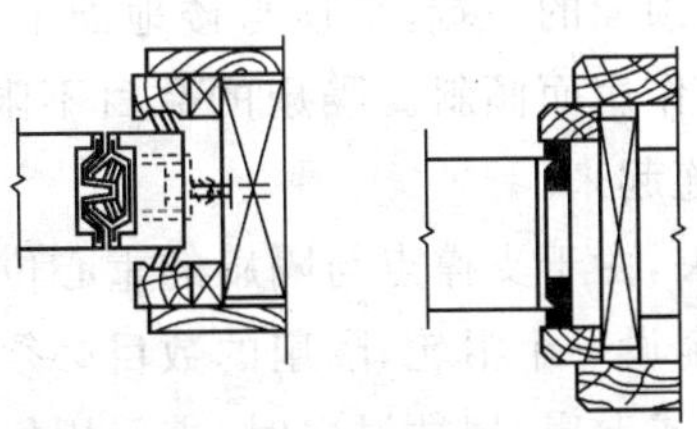

图 5-28　隔扇与洞口之间的密封

②室内装修要求较高时,可在隔扇折叠起来的地方做一段空心墙,将隔扇隐蔽在空心墙内。空心墙外面设一双扇小门,不论隔断展开或收拢,都能关起来,使洞口保持整齐美观,如图5-29所示。

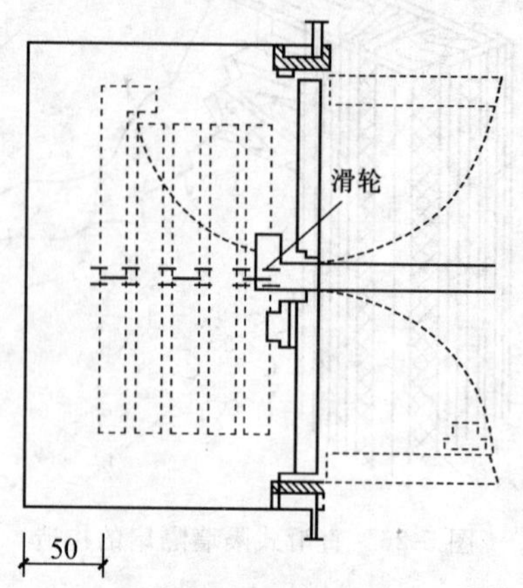


图5-29 隐藏隔壁的空心墙(单位:mm)

3)轨道安装。上部滑轮的形式较多。隔扇较重时,可采用带有滚珠轴承的滑轮,轮缘是钢的或是尼龙的;隔扇较轻时,可采用带有金属轴套的尼龙滑轮或滑钮,如图5-30所示。与滑轮的种类相适应,上部轨道的断面可呈箱形或T形,均为钢、铝制成。

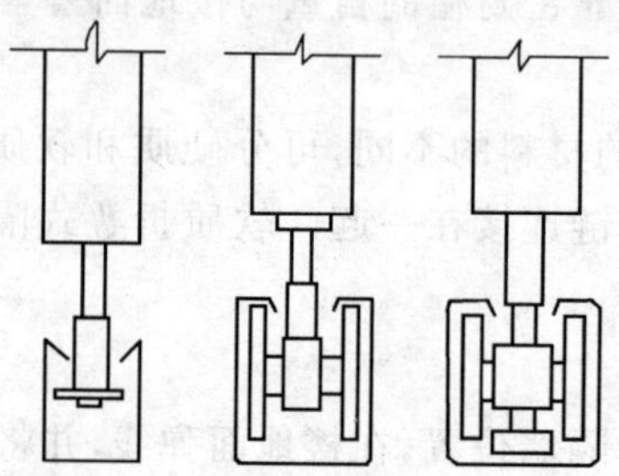

图5-30 滑轮的不同类型

楼地面上一般不设置轨道和导向槽,当上部滑轮设在隔扇顶面的一端时,楼地面上要相应地设轨道,构成下部支承点。这种轨道的断面多数都是T形的,如图5-31(a)所示。如果隔扇较高,可在楼地面上设置导向槽。

4)隔墙扇制作、安装及连接。

①隔扇与直滑式隔扇的构造基本相同,仅宽度较小,约500～1 000 mm。

②隔扇的上部滑轮可以设在顶面的一端,即隔扇的边梃上;也可以设在顶面的中央。

③当隔扇较窄时,滑轮设在顶面的一端,平顶与楼地面上同时设轨道,隔扇底面要相应地设滑轮,以免隔扇受水平推力的作用而倾斜。隔扇的数目不限,但要成偶数,以便使首尾两个隔扇都能依靠滑轮与上下轨道连起来。

④滑轮设在隔扇顶面正中央,由于支撑点与隔扇的重心位于同一条直线上,楼地面上就不必再设轨道。隔扇可以每隔一扇设一个滑轮,隔扇的数目必须为奇数(不含末尾处的半扇)。

采用手动开关的,可取五扇或七扇,扇数过多时,需采用机械开关。

⑤作为上部支承点的滑轮小车组,与固定隔扇垂直轴要保持自由转动的关系,以便隔扇能

够随时改变自身的角度。垂直轴内可酌情设置减震器，以保证隔扇能在不大平整的轨道上平稳地移动。

⑥地面设置为导向槽时，在隔扇的底面相应地设置中间带凸缘的滑轮或导向杆。如图5-31(b)、(c)所示。

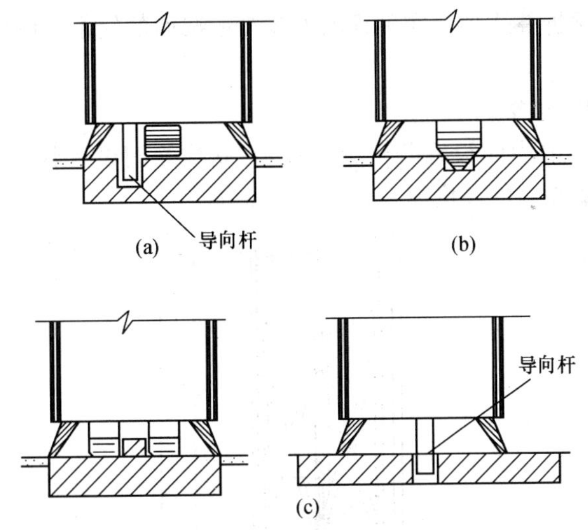


图5-31 隔墙的下部装置

⑦隔扇之间用铰链连接，少数隔墙也可两扇一组地连接起来，如图5-32所示。

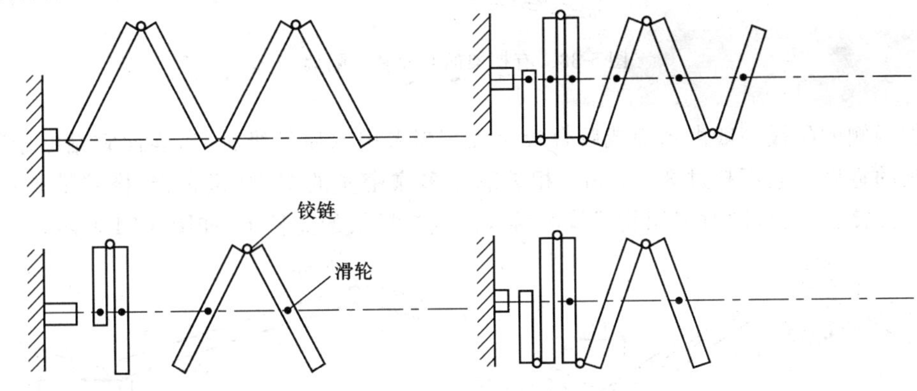


图5-32 滑轮和铰链的位置示意

5)密封条安装。隔扇的底面与楼地面之间的缝隙(约25 mm)用橡胶或毡制密封条遮盖。当楼地面上不设轨道时，可在隔扇的底面设一个富有弹性的密封垫，并相应地采取专门装置，使隔墙于封闭状态时能够稍稍下落，从而将密封垫紧紧地压在楼地面上。

(2)双面硬质折叠式隔墙。

1)定位放线：按设计确定的隔墙位，在楼地面弹线，并将线引测至顶棚和侧墙。

2)隔墙板两侧壁龛施工：同单面硬质折叠式隔墙。

3)轨道安装。

①有框架双面硬质折叠式隔墙的控制导向装置有两种：一是在上部的楼地面上设作为支承点的滑轮和轨道，也可以不设，或是设一个只起导向作用而不起支承作用的轨道；另一种是在隔墙下部设作为支承点的滑轮，相应的轨道设在楼地面上，平顶上另设一个只起导向作用的

轨道。

当采用第二种装置时，楼地面上宜用金属槽形轨道，其上表面与楼地面相平。平顶上的轨道可用一个通长的方木条，而在隔墙框架立柱的上端相应地开缺口，隔墙启闭时，立柱能始终沿轨道滑动。

②无框架双面硬质折叠式隔墙在平顶上安装箱形截面的轨道。隔墙的下部一般可不设滑轮和轨道。

4)隔墙扇制作安装、连接。

①有框架双面隔墙的中间设置若干个立柱，在立柱之间设置数排金属伸缩架，如图 5-33 所示。伸缩架的数量依隔墙的高度而定，一般 1～3 排。

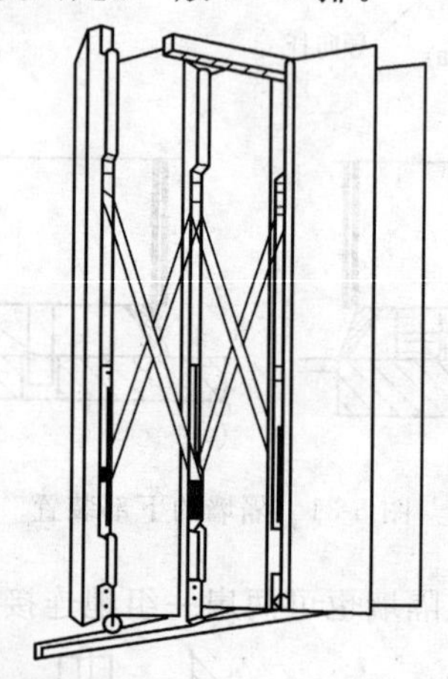

图 5-33　有框架的双面硬质隔墙

框架两侧的隔板一般由木板或胶合板制成。当采用木质纤维板时，表面宜粘贴塑料饰面层。隔板的宽度一般不超过 300 mm。相邻隔板多靠密实的织物(帆布带、橡胶带等)沿整个高度方向连接在一起，同时将织物或橡胶带等固定在框架的立柱上，如图 5-34 所示。

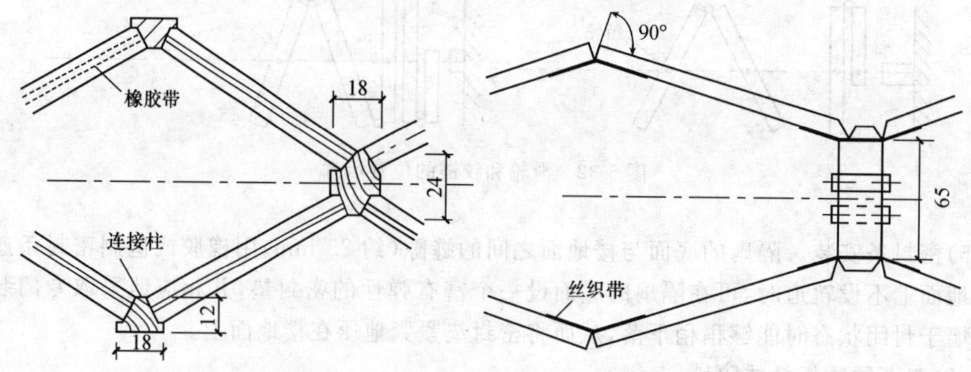


图 5-34　隔板与隔板的连接(单位:mm)

隔墙的下部宜用成对的滑轮，并在两个滑轮的中间设一个扁平的导向杆。导向杆插在槽形轨道的开口内。

②无框架双面硬质折叠式隔墙，其隔板用硬木或带有贴面的木质纤维板制成，尺寸最小宽度可到 100 mm，常用截面为 140 mm×12 mm。隔板的两侧设凹槽，凹槽中镶嵌同高的纯乙烯

条带，纯乙烯条带分别与两侧的隔板固定在一起。

隔墙的上下各设一道金属伸缩架，与隔板用螺钉连接。上部伸缩架上安装作为支承点的小滑轮，无框架双面硬质隔墙的高度不宜超过 3 m，宽度不宜超过 4.5 m 或 2×4.5 m(在一个洞口内装两个 4.5 m 宽的隔墙，分别向洞口的两侧开启)。

(3)软质折叠式隔墙。

1)定位放线：按设计确定的隔墙位置，在楼地面弹线，并将线引测至顶棚和侧墙。

2)隔墙板两侧壁完施工：同单面硬质折叠式隔墙。

3)轨道安装：在楼地面上设一个较小的轨道，在平顶上设一个只起导向作用的方木；也可只在平顶上设轨道，楼地面不加任何设施。

4)隔扇制作、安装：软质折叠式隔墙大多为双面，面层为帆布或人造革，面层的里面加设内衬。

软质隔墙的内部宜设框架，采用木立柱或金属杆。木立柱或金属杆之间设置伸缩架，面层固定到立柱或立杆上，如图 5-35 所示。

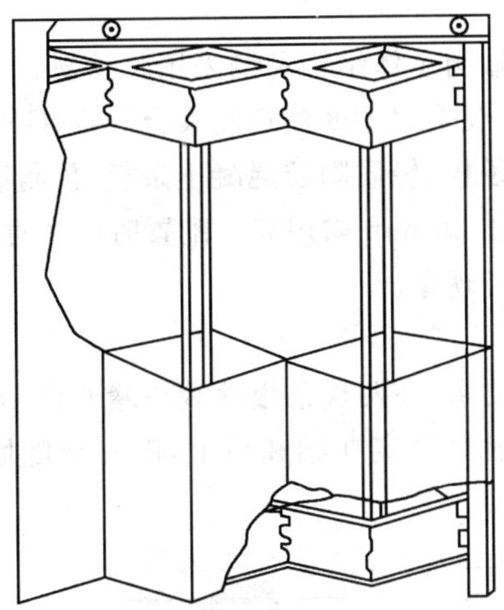

图 5-35　软质双面隔墙内的立柱(杆)与伸缩架

## 第四节　陶粒空心板隔墙

### 一、施工机具

工具：台式切锯机、锋钢锯和普通手锯、固定式摩擦夹具、转动式摩擦夹具、电动慢速钻、无齿锯、撬棍、开八字槽工具、镂槽、扫帚、水桶、钢丝刷、橡皮锤、木楔、扁铲、射钉枪、小灰槽、2 m 托线板、靠尺等。

### 二、施工技术

1.结构墙面、地面、顶面清理找平

清理隔墙板与顶面、地面、墙面的结合部，将浮灰、沙、土、酥皮等物清除干净，凡凸出墙面的砂浆、混凝土块等必须剔除并扫净，结合部使尽力找平。

2.放线

在地面、墙面及顶面根据设计位置，弹好隔墙水平双面边线及门窗洞口线，弹出立面垂直线，弹出顶面连接线，并按板宽分档。

3.配板、修补

(1)板的长度应按楼层结构净高尺寸减 20 mm。

(2)计算并量测门窗洞口上部及窗口下部的隔板尺寸，按此尺寸配预埋件的门窗框板。

(3)板的宽度与隔墙的长度不相适应时，应将部分板预先拼接加宽(或锯窄)成合适的宽度，放置到阴角处。

(4)隔板安装前要进行选板，有缺棱掉角的，应用与板材混凝土材性相近的材料进行修补，未经修补的坏板或表面酥松的板不得使用。

4.架立靠放墙板的临时方木

上方木直接压线顶在上部结构底面，下方木可离楼地面约 100 mm 左右，上下方木之间每隔 1.5 m 左右立支撑方木，并用木楔将下方木与支撑方木之间楔紧。临时方木支撑后，即可安装隔墙板。

5.配置胶黏剂

条板与条板拼缝、条板顶端与主体结构黏结采用胶黏剂。

加气混凝土隔墙胶黏剂一般采用 108 建筑胶聚合砂浆；GRC 空心混凝土隔墙胶黏剂一般采用 791、792 胶泥；增强水泥条板、轻质陶粒混凝土条板、预制混凝土板等则采用 1 号胶黏剂。

胶黏剂要随配随用，并应在 30 min 内用完。配置时应注意 108 胶掺量适当，过稀易流淌，过稠则刮浆困难，易产生“滚浆”现象。

6.安钢板卡

有抗震要求时，应按设计要求，在两块条板顶端拼缝处设 U 形或 L 形钢板卡，与主体结构连接。U 形或 L 形钢板卡用射钉固定在梁和板上，随安板随固定 U 形或 L 形钢板卡，如图 5-36所示。

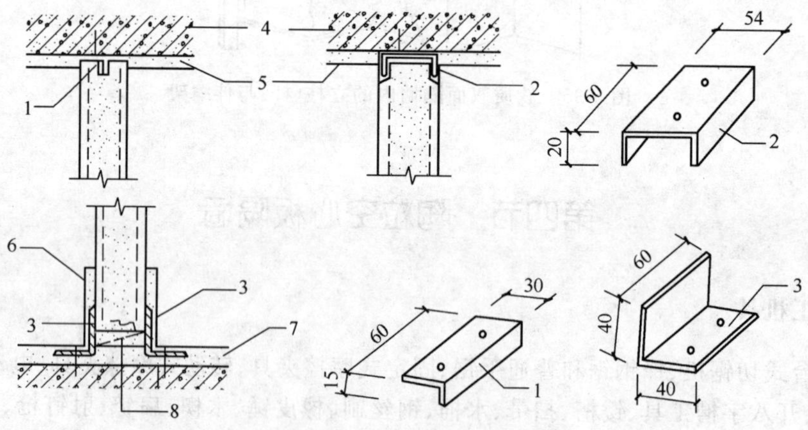


图 5-36　条板墙体安装采用钢板卡(单位：mm)

1—上部 L 形钢板卡；2—上部冂形钢板卡；3—下部 L 形钢板卡；4—顶部结构梁或板；
5—顶部基体抹灰层；6—水泥砂浆踢脚(抹制高度不小于 100 mm)；
7—楼地面抹灰层；8—墙板底部定位楔及填塞细石混凝土(或干硬性水泥砂浆)

7.安装隔墙板

可采用刚性连接，将板的上端与上部结构底面用黏结砂浆或胶黏剂黏结，下部用木楔顶紧后空隙间填入细石混凝土，如图 5-37 所示。隔墙板安装顺序应从门洞口处向两端依次进行，门洞两侧宜用整块板；无门洞的墙体，应从一端向另一端顺序安装。其安装步骤如下。

(1)墙板安装前，先将条板顶端板孔堵塞，黏结面用钢丝刷刷去油垢并清除渣末。

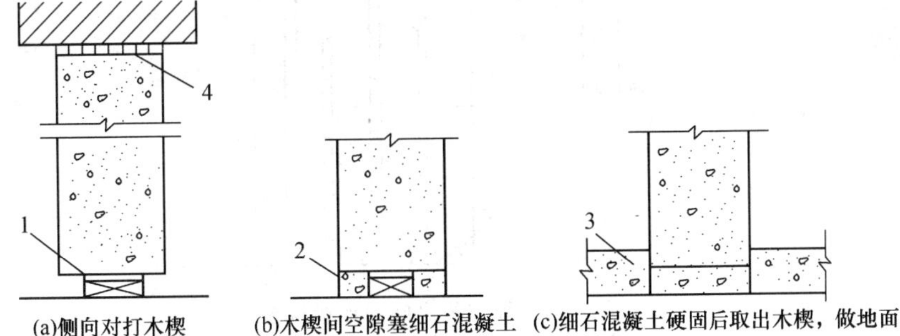


图 5-37　隔墙板上下部连接构造方法之一

1—木楔；2—细石混凝土；3—地面；4—黏结砂浆

(2)条板上端涂抹一层胶黏剂，厚约 3 mm。然后将板立于预定位置，用撬棍将板撬起，使板顶与上部结构底面黏紧；板的一侧与主体结构或已安装好的另一块墙板贴紧，如图 5-38 所示，并在板下端留 20～30 mm 缝隙，用木楔对楔背紧，如图 5-39 所示，撤出撬棍，板即固定。

图 5-38　支设临时方木后隔墙安装示意图

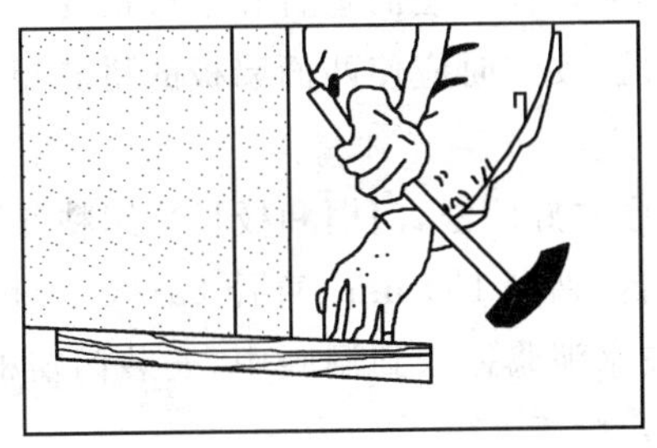

图 5-39　墙板下部打入木楔

(3)板与板缝间的拼接，要满抹黏结砂浆或胶黏剂，拼接时要以挤出砂浆或胶黏剂为宜，缝宽不得大于 5 mm(陶粒混凝土隔板缝宽 10 mm)。挤出的砂浆或胶黏剂应及时清理干净。

板与板之间在距板缝上、下各 1/3 处以 30°斜向钉入铁销或铁钉，如图 5-40 所示，在转角墙、T 形墙条板连接处，沿高度每隔 700～800 mm 钉入销钉或 $\phi$8 铁件，钉入长度不小于 150 mm，如图 5-41 所示，铁销和销钉应随条板安装随时钉入。

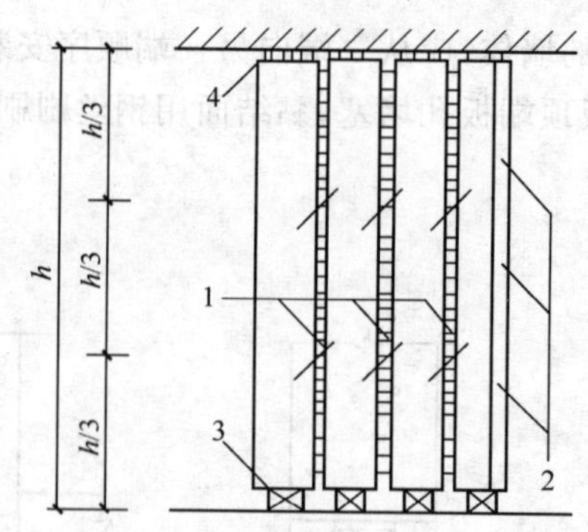


图 5-40　板与板之间的连接构造

1—铁销；2—转角处钉子；3—木楔；4—黏结砂浆

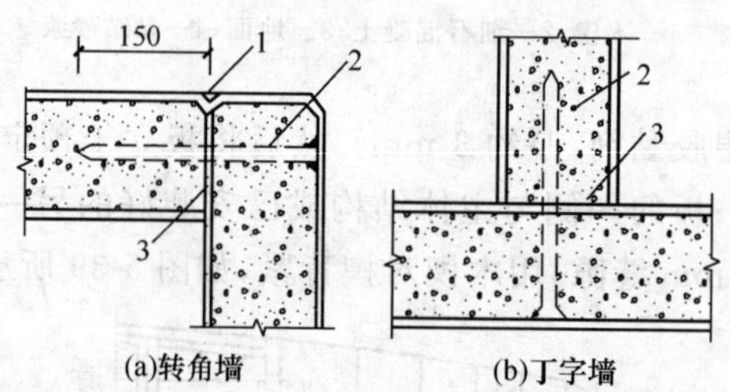


图 5-41　转角和丁字墙节点连接(单位：mm)

1—八字缝；2—用 $\phi$8 钢筋打尖，经防锈处理；3—黏结砂浆

(4)墙板固定后，在板下填塞 1∶2水泥砂浆或细石混凝土，细石混凝土应采用 C20 干硬性细石混凝土，坍落度控制在 0～20 mm 为宜，并应在一侧支模，以利于捣固密实。

1)采用经防腐处理后的木楔，则板下木楔可不撤除。

2)采用未经防腐处理的木楔，则待填塞的砂浆或细石混凝土凝固具有一定强度后，应将木楔撤除，再用 1∶2水泥砂浆或细石混凝土堵严木楔孔。

(5)每块墙板安装后，应用靠尺检查墙面垂直和平整情况。

(6)对于双层墙板的分户墙，安装时应使两面墙板的拼缝相互错开。

8.安门窗框

在墙板安装的同时，应顺序立好门框，门框和板材采用粘钉结合的方法固定。即预先在条板上，门框上、中、下留木砖位置，钻深 100 mm、直径 25～30 mm 的洞，吹干净渣末，用水润湿后将相同尺寸的圆木蘸 108 胶水泥浆钉入到洞眼中，安装门窗框时将木螺丝拧入圆木内。也可用扒钉、胀管螺栓等方法固定门框。

若门窗框采取后塞口时，门窗框四周余量不超过 10 mm。

手板与门窗框连接，如图 5-42 所示。

9.设备、电气安装

(1)设备安装：根据工程设计在条板上定位钻单面孔(不能开对穿孔)，用 2 号水泥胶黏剂预埋吊挂配件，达到粘结强度后固定设备，如图 5-43 所示。

(2)电气安装：利用条板孔内敷软管穿线和定位钻单面孔，对非空心板，则可利用拉大板缝或开槽敷管穿线，用膨胀水泥砂浆填实抹平。用 2 号水泥胶黏剂固定开关、插座，如图 5-44 所示。

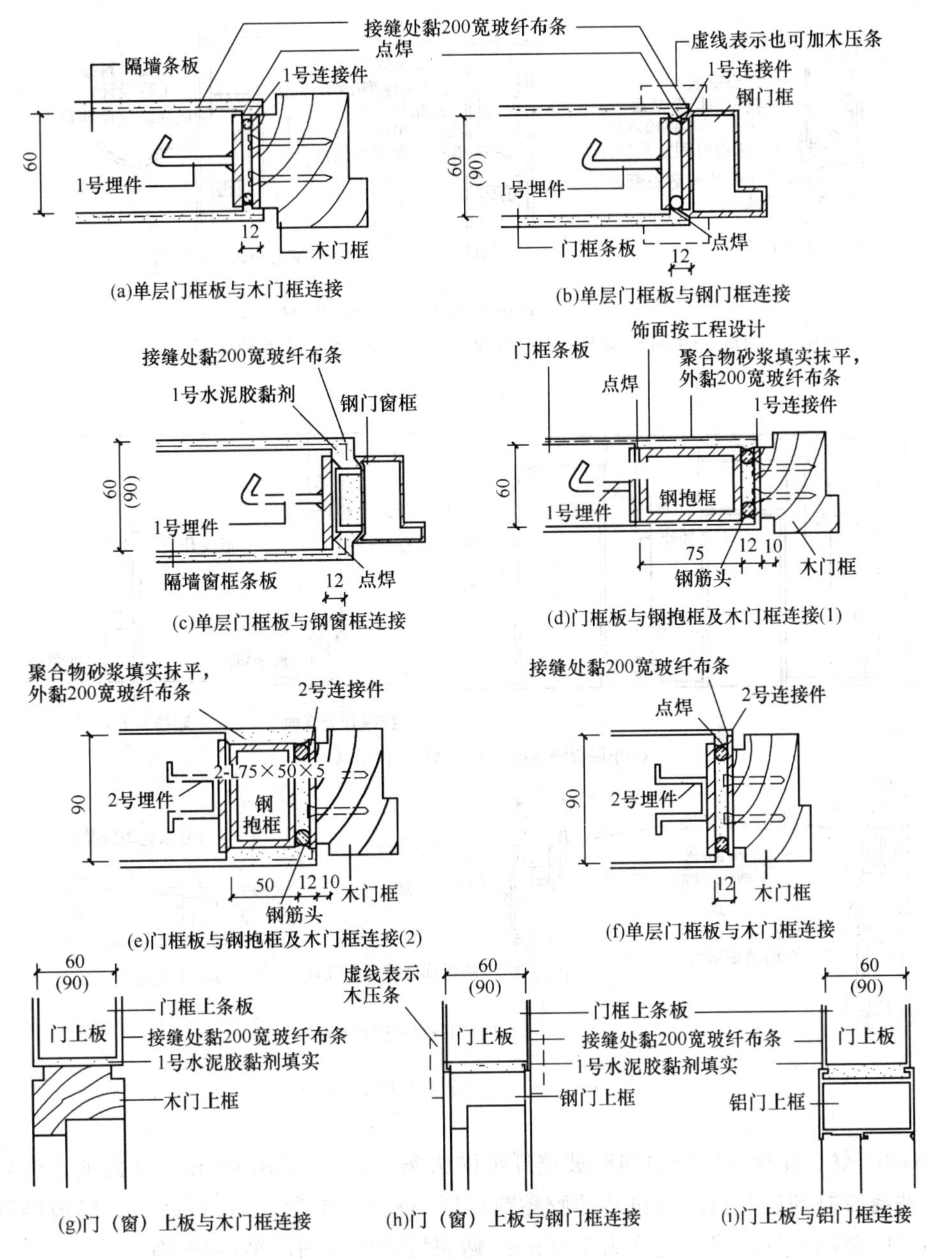


图 5-42 手板与门窗框连接(单位:mm)

10.板缝和条板、阴阳角和门窗框边缝处理

(1)加气混凝土隔板之间板缝在填缝前应用毛刷蘸水湿润,填缝时应由两人在板的两侧同时把缝填实。填缝材料采用石膏或膨胀水泥。

刮腻子之前先用宽度 100 mm 的网状防裂胶带粘贴在板缝处,再用掺 108 胶(聚合物)水泥砂浆在胶带上涂刷一遍并晾干,然后再用 108 胶将纤维布贴在板缝处,再进行各种装修施工。

(2)预制钢筋混凝土隔墙板高度以按房间高度净空尺寸预留 25 mm 空隙为宜,与墙体间每边预留 10 mm 空隙为宜。勾缝砂浆用 1∶2水泥砂浆,按用水量 20%掺入 108 胶。勾缝砂浆应分层捻实,勾严抹平。

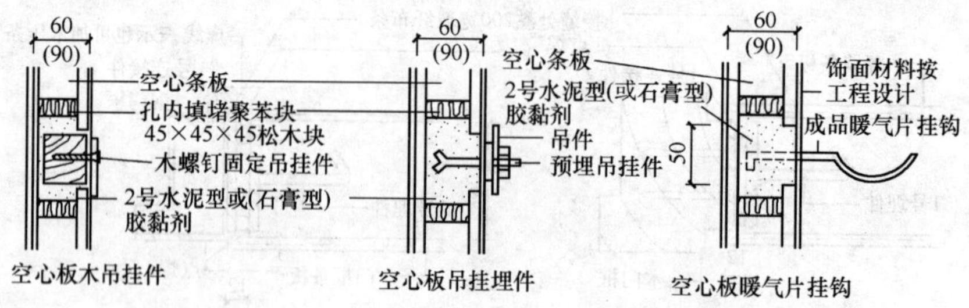


图 5-43 设备吊挂件节点(单位:mm)

注:石膏空心条板用于厨房、卫生间时,条板下设 C20 细石混凝土防水条基,高出地面 100 mm。

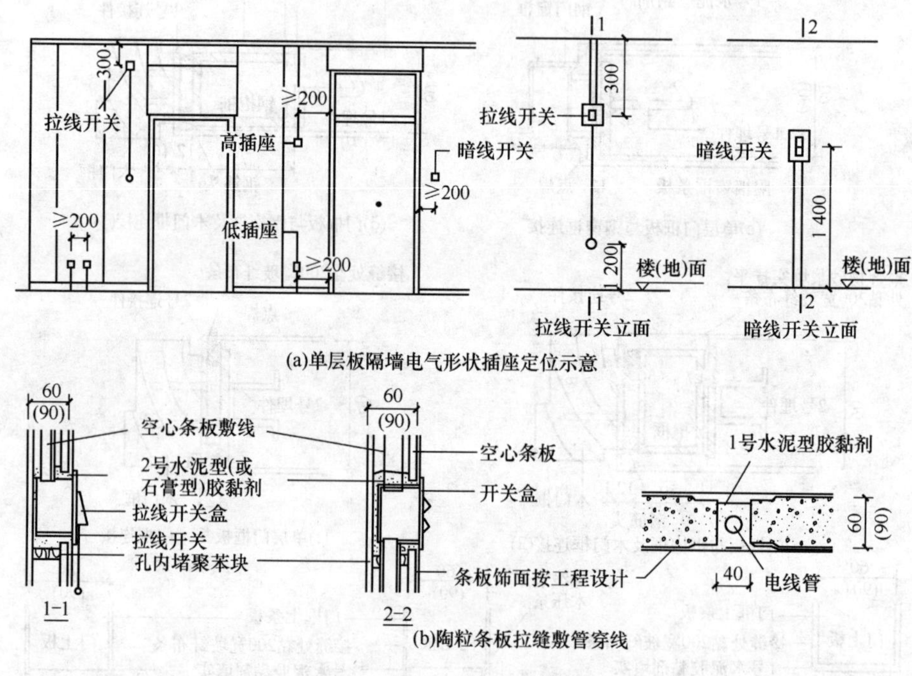


图 5-44 电气开关节点(单位:mm)

(3)GRC 空心混凝土墙板之间贴玻璃纤维网格条,第一层采用 60 mm 宽的玻璃纤维网格条贴缝,贴缝胶黏剂应与板之间拼装的胶黏剂相同,待胶黏剂稍干后,再贴第二层玻璃纤维网格条,第二层玻璃纤维网格条宽度为 150 mm,贴完后将胶黏剂刮平,刮干净。

(4)轻质陶粒混凝土隔墙板缝、阴阳转角和门窗框边缝用 1 号水泥胶黏剂粘贴玻纤布条(板缝、门窗框边缝粘贴 50~60 mm 宽玻纤布条,阴阳转角处粘贴 200 mm 宽玻纤布条)。光面板隔墙基面全部用 3 mm 厚石膏腻子分两遍刮平,麻面墙隔墙基面用 10 mm 厚 1∶3水泥砂浆找平压光。

(5)增强水泥条板隔墙板缝、墙面阴阳转角和门窗框边缝处用 1 号水泥胶黏剂粘贴玻纤布条,板缝用 50~60 mm 宽的玻纤布条,阴阳转角用 200 mm 宽布条。然后用石膏腻子分两遍刮平,总厚控制 3 mm。

# 第六章　饰面板(砖)工程

## 第一节　外墙贴饰面砖

### 一、施工机具

(1)机械:砂浆搅拌机、切割机、无齿锯、云石机、磨光机、角磨机、手提切割机等。下面简要介绍云石机。

云石机又叫手提式切割机,是专门用于石材切割的机具。各种石料、瓷砖的切割一般用云石机来完成。云石机具有重量轻、移动灵活方便、占用场地小等优点。

1)构造与原理。云石机由电机、调节平台板、锁杆、安全防护罩、把手、开关旋塞水阀、切割片等组成(图 6-1),其工作原理是由电机转动经齿轮变速直接带动切割片转动而对工件进行切割。云石机对工件的切割也是利用磨削的原理完成切割的,其中锁杆和调节平台板用以调节切割深度,旋塞水阀用来调节冷却水水量的。

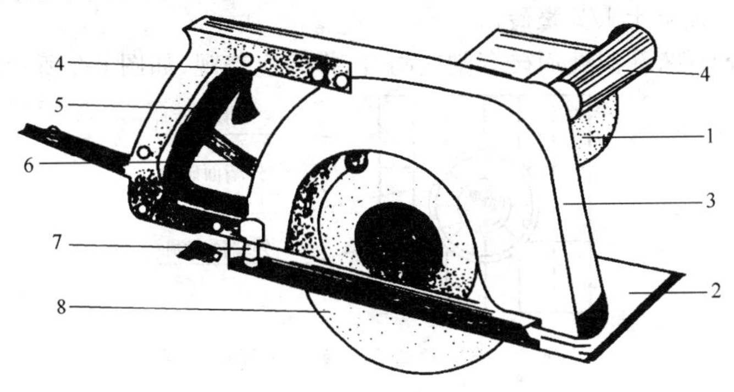


图 6-1　云石机

1—电机;2—调节平台板;3—安全罩;4—把手;
5—把手开关;6—锁杆;7—旋塞水阀;8—切割片

2)主要技术性能。云石机常用的型号有 110 mm 和 180 mm,其主要技术性能见表 6-1。

**表 6-1　云石机的规格与技术性能**

| 切片直径(mm) | 最大锯深(mm) | 回转数(r/min) | 额定输入功率(W) | 长度(mm) | 整机重量(kg) |
|---|---|---|---|---|---|
| 105～110 | 34 | 11 000 | 860 | 218 | 2.7 |
| 125 | 40 | 7 500 | 1 050 | 230 | 3.2 |
| 180 | 60 | 5 000 | 1 400 | 345 | 6.8 |

(2)工具:手推车、平锹、铁板、筛子(孔径 5 mm)、窗纱筛子、大桶、灰槽、水桶、木抹子、铁抹子、刮杠(大、中、小)、灰勺、米厘条、毛刷、钢丝刷、扫帚、小灰铲、勾缝溜子、勾缝托灰板、錾

子、橡皮锤、小白线、铅丝、钉子、墨斗、红蓝铅笔、多用刀等。

(3)计量检测用具:水准仪、经纬仪、水平尺、磅秤、量筒、托线板、线坠、钢尺、靠尺、方尺、塞尺、托线板、线坠等。

(4)安全防护用品:安全帽、安全带、护目镜、手套等。

**二、施工技术**

1. 外墙饰面砖镶贴

(1)饰面砖工程深化设计。饰面砖粘贴前,应首先对设计未明确的细部节点进行辅助深化设计。按不同基层做出样板墙或样板件,确定饰面砖排列方式、缝宽、缝深、勾缝形式及颜色、防水及排水构造、基层处理方法等施工要点,确定找平层、结合层、黏结层、勾缝及擦缝材料、调色矿物辅料等的施工配合比,做粘结强度试验,经建设、设计、监理各方认可后以书面的形式确定下来。饰面砖的排列方式通常有对缝排列、错缝排列、菱形排列、尖头形排列等几种形式;勾缝通常有平缝、凹平缝、凹圆缝、倾斜缝、山型缝等几种形式。外墙饰面砖不得采用密缝,留缝宽度不应小于 5 mm;一般水平缝 10～15 mm,竖缝 6～10 mm,凹缝勾缝深度一般为 2～3 mm。

排砖原则确定后,现场实地测量基层结构尺寸,综合考虑找平层及黏结层的厚度,进行排砖设计,条件具备时应采用计算机辅助计算和制图。排砖时宜满足以下要求:

1)阳角、窗口、大墙面、通高的柱垛等主要部位都要排整砖,非整砖要放在不明显处,即阴角或次要部位,且不宜小于 1/2 整砖。

2)墙面突出的卡件、孔洞处面砖套割应吻合,排砖应美观,如图 6-2 所示。

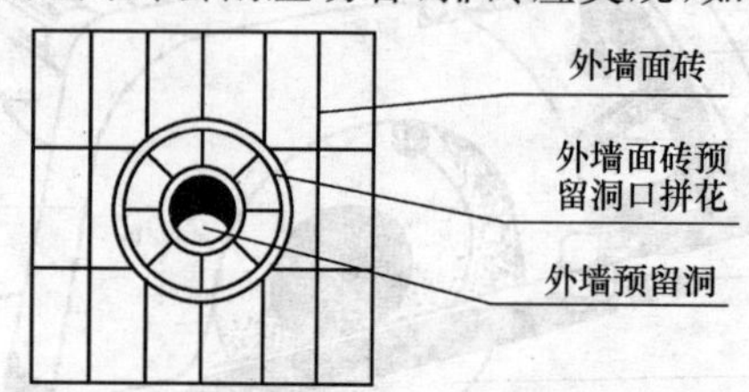


图 6-2　外墙预留孔洞面砖套割示意图

3)墙面阴阳角处最好采用异型角砖,如不采用异型砖,宜留缝或将阳角两侧砖边磨成 45°角后对接,如图 6-3 所示。

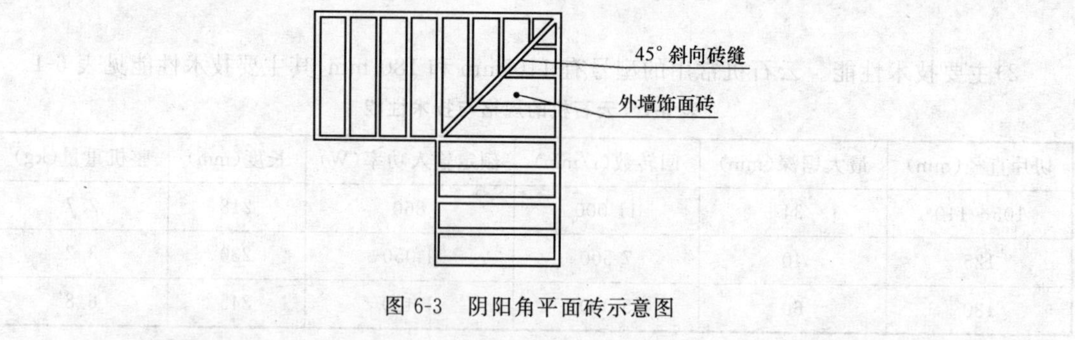


图 6-3　阴阳角平面砖示意图

4)横缝要与窗台齐平。

5)墙体变形缝处,面砖宜从缝两侧分别排列,留出变形缝。

6)外墙饰面砖粘贴应设置伸缩缝,竖向伸缩缝宜设置在洞口两侧或与墙边、柱边对应的部位,横向伸缩缝可设置在洞口上下或与楼层对应处,伸缩缝应采用柔性防水材料嵌缝,如图 6-4 所示。

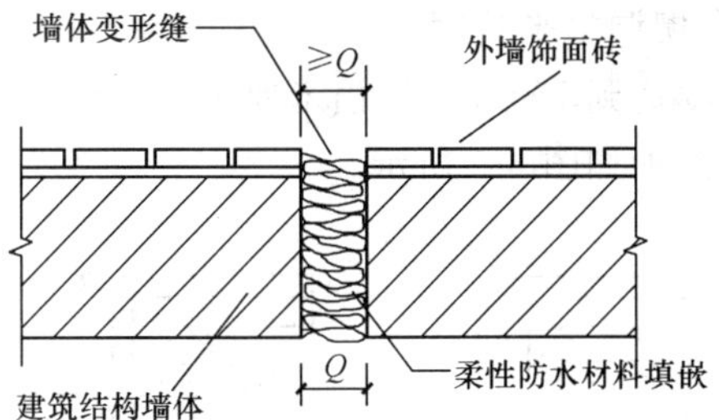


图 6-4　墙体变形缝两侧饰面砖排布示意

7)对于女儿墙、窗台、檐口、腰线等水平阳角处,顶面砖应压盖立面砖,立面底皮砖应封盖底平面面砖,可下突 3～5 mm 兼作滴水线,底平面面砖向内适当翘起以便于滴水。

(2)基层处理。

1)基层为现浇混凝土或混凝土砌块墙面时,先剔平凸出墙面的混凝土,若墙面有油污,可用清洗剂刷除,随之用清水冲净、晾干,然后将 1∶1的聚合物水泥砂浆(掺加水重 20%界面剂),用笤帚甩到墙上,甩点要均匀,终凝后浇水养护至有较高的强度(用手掰不动),即可抹底子灰或贴面砖。

2)基层为砖砌体墙面时,先剔除、清扫干净墙面上的残存砂浆、舌头灰,然后浇水湿润墙面,即可抹底子灰。

3)基层为加气混凝土、陶粒混凝土空心砌块墙面时,先剔除、清扫干净墙面上的残存砂浆、舌头灰,分几遍浇水润湿,然后修补缺棱、掉角、凹凸不平处。修补时先用水湿润待修补处的墙面,再刷一道掺加界面剂的水泥聚合物砂浆(界面剂∶水泥∶砂子＝1∶1∶1,最后用混合砂浆(水泥∶白灰膏∶砂子＝1∶3∶9)分层修补平整,然后抹底子灰。

4)在基层不同的材质交接处,应钉钢板网,通常采用 20 mm×20 mm 孔的钢板网,厚度应不小于 0.7 mm,两边与基体搭接应不小于 100 mm,用扒钉间距不大于 400 mm 绷紧钉牢,然后抹底子灰。

(3)测设基准线、基准面。

1)根据建筑物的高度选用不同的测设方法。高层建筑用经纬仪在墙面阴阳角、门窗口等处测设垂直基准线。

2)多层建筑用钢丝吊大线坠从顶层向下绷钢丝方法测设垂直基准线。

3)水平方向按照标高控制点和水平控制线来测设分格基准线,竖向以四个大角为基准控制各分格线的垂直位置。

4)抹灰前,先按各基准线进行抹灰饼、冲筋,间距以 1 200～1 500 mm 为宜,抹灰饼、冲筋应做到顶面平齐且在同一垂直平面内作为抹灰的基准控制面。

(4)弹分格线:在抹好的底子灰上,按排砖大样图和水平、垂直控制线弹出分格线。

(5)粘贴面砖:

1)先粘贴标砖作为基准,控制面砖的垂直、平整度和砖缝位置、出墙厚度。

2)在每一分格内均挂横竖通线,作为粘贴的标准,自下而上进行粘贴。

3)在各分格第一皮面砖的下口位置上固定好托尺,第一皮面砖落在托尺上与墙面贴牢,用水平通线控制面砖的外皮和上口，然后逐层向上粘贴。

4)面砖粘贴时，面砖之间的水平缝，用宽度适宜的米厘条控制，米厘条用贴砖砂浆与中层灰临时粘贴，并临时加垫小木楔调整平整度。

5)待粘贴面砖的砂浆强度达到75%时，取出米厘条。

6)阳角面砖拼接做法有两种如图6-5所示。

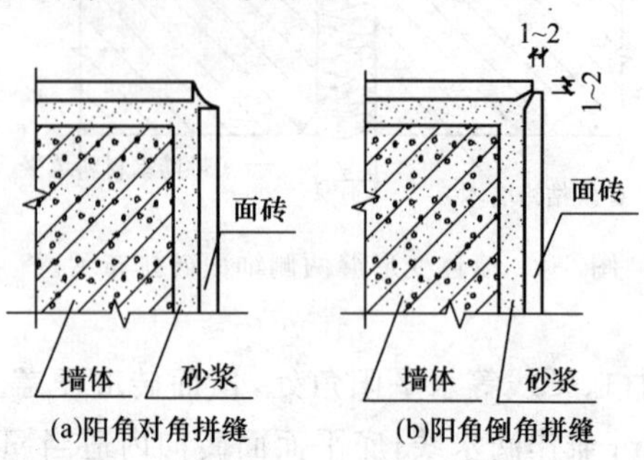


图6-5 阳角砖拼接示意图(单位:mm)

7)墙面阴角处宜采用异形配件角砖如图6-6所示。

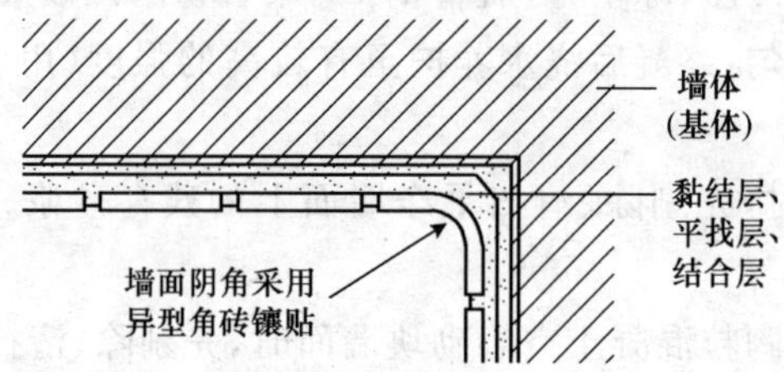


图6-6 阳角异形配件角砖示意图

8)女儿墙压顶、窗台、腰线等部位需要粘贴面砖时，除流水坡度符合设计要求外，应采取顶面砖压立面砖的做法，防止向内渗水，引起空裂，同时还应采取立面中最下一排立面砖下口应低于底面砖4～6 mm的做法，使其起到滴水线(槽)的作用，防止尿檐引起污染，详细做法如图6-7所示。

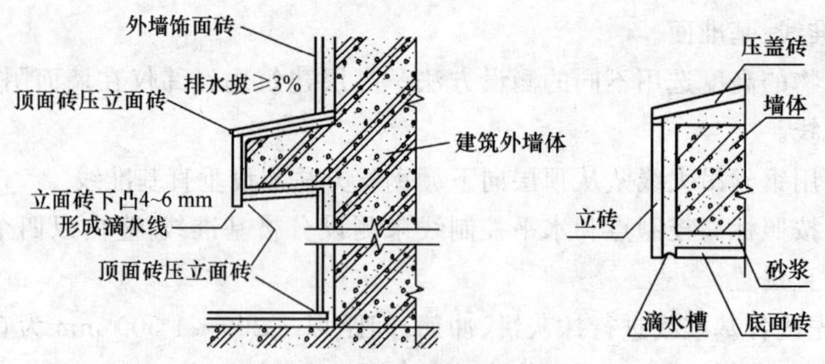


图6-7 滴水线(槽)示意图

9)粘贴面砖的方法有以下两种。

①砂浆粘贴法:在面砖背面满抹一层粘结砂浆，然后把而砖粘贴到墙上，用铲把或橡皮锤轻轻敲击，使之与基层黏结牢固，并用靠尺检查高速平整度和垂直度，用开刀调整面砖的横、竖

缝。当黏结砂浆选用混合砂浆水泥∶白灰膏∶砂＝1∶0.2∶2时，砂浆厚度以 6～10 mm 为宜。当选用掺加界面剂的聚合物水泥砂浆时，砂浆厚度以 3～4 mm 为宜，但基层抹灰应平整，砂子应过细筛后使用。

②胶粉粘贴法：用胶粉黏剂贴面砖时，基层抹灰必须平整，先把基层浇水湿润，阴干后再粘贴。胶粉拌制按产品说明书进行，一般可按胶粉∶水＝(2.5～3)∶1(体积比)配制，稠度以 20～30 mm 为宜，配制好后放置 10～15 min，再充分搅拌均匀即可使用。胶粉粘贴施工做法有下述三种，可根据具体情况选择其一。

a. 将拌制好的胶黏剂均匀抹在底子灰上，厚度以 1.5～2 mm 为宜，一次摊铺以 1 $m^2$ 为宜，同时在面砖背面刮 1.5～2 mm 厚胶黏剂，将面砖靠米厘条粘贴，轻轻揉挤后找平，然后再在已贴好的面砖上皮再粘米厘条，如此由下而上逐皮粘贴。

b. 将拌制好的胶黏剂用边缘开槽的齿型抹子抹在底子灰上，使胶黏剂在基底上成网状，然后将面砖靠米厘条粘贴，应根据胶层不同厚度选用齿型抹子，见表 6-2。

**表 6-2　胶黏剂用量及齿型抹子选用**

| 胶层厚度(mm) | 用量($kg/m^2$) | 抹子号 |
|---|---|---|
| 1.5～2.0 | 2.5～3.0 | 1 |
| 2.0～2.5 | 3.0～3.5 | 2 |
| 3.0～3.5 | 4.0～4.5 | 3 |
| 4.0～4.5 | 5.0～5.5 | 4 |

c. 面砖背面凹槽较深时，一般采用此法。先在面砖背面抹 3～4 mm 厚胶粉黏剂，将面砖沿已贴好的米厘条直接贴到墙面底子灰上，再轻轻揉压，最后进行调整、找平找直。

(6)面砖勾缝与擦缝：按设计要求的材料和方法进行接缝处理。通常用 1∶1水泥砂浆(砂子应过细筛)或使用专用勾缝剂勾缝。砂浆勾缝时，先勾水平缝，再勾竖缝，缝宜凹进面砖 2～3 mm。勾缝应密实、连续、平直、光滑、无空鼓、裂纹。面砖缝小于 3 mm 时，宜使用专用勾缝剂或白水泥配颜料进行擦缝处理。无论勾缝还是擦缝，均应及时用干净的布或棉丝将砖表面擦干净，防止砂浆污染墙面。

(7)清理表面：勾缝时应随勾随用棉纱蘸清水擦净砖面；勾缝后常温下经 3 天即可清洗残留在砖面的污垢。

2. 外墙陶瓷马赛克镶贴

(1)基层处理。

1)基层为现浇混凝土或混凝土砌块墙面时，先剔平凸出墙面的混凝土，若墙面有油污，可用清洗剂刷除，随之用清水冲净、晾干，然后将 1∶1的聚合物水泥砂浆(掺加水重 20%界面剂)，用笤帚甩到墙上，甩点要均匀，终凝后浇水养护至有较高的强度(用手掰不动)，即可抹底子灰或贴陶瓷马赛克。

2)基层为砖砌体墙面时，先剔除、清扫干净墙面上的残存砂浆、舌头灰，堵好脚手眼，然后浇水湿润基层墙面，即可抹底子灰。

3)基层为加气混凝土、陶粒混凝土空心砌块墙面时，先剔除、清扫干净墙面上的残存砂浆、舌头灰，分几遍浇水湿润，然后修补缺棱、掉角、凹凸不平处。修补时先用水湿润待修补处的墙面，再刷一道掺加界面剂的水泥聚合物砂浆(界面剂∶水泥∶砂子＝1∶1∶1)，最后用混合砂浆(水泥:白灰膏:砂子=1:3:9)分层修补平整,然后抹底子灰。

4)在基层不同的材质交接处,应钉钢板网,通常采用 20 mm×20 mm 孔的钢板网,厚度应不小于 0.7 mm,两边与基体搭接应不小于 100 mm,用扒钉间距不大于 400 mm 绷紧钉牢,然后抹底子灰。

(2)测设基准线、基准面:根据建筑物的高度选用不同的测设方法。高层建筑用经纬仪在墙面阴阳角、门窗口等处测设垂直基准线。多层建筑用钢丝吊大线坠从顶层向下绷钢丝方法测设垂直基准线。水平方向按照标高控制点和水平控制线来测设分格基准线,竖向以四个大角为基准控制各分格线的垂直位置。抹灰前,先按各基准线进行抹灰饼、冲筋,间距以 1 200～1 500 mm 为宜,抹灰饼、冲筋应做到顶面平齐且在同一垂直平面内作为抹灰的基准控制面。

(3)抹底层砂浆:抹灰按设计要求进行,设计无要求时厚度一般为 10～15 mm。抹灰应分二层进行,每层厚度一般为 5～9 mm。抹灰总厚度大于 35 mm 时,应采取钉钢板网或其他加强措施。抹灰应确保窗台、腰线、檐口、雨篷等部位的流水坡度。

1)现浇混凝土、混凝土砌块、砖砌体基层,基层处理完后,满刷一道掺界面剂的聚合物水泥浆,然后用 1:3水泥砂浆分两层抹灰。第一层抹完后用木抹子搓平、划毛,待六至七成干时,抹第二层,第二层应与冲筋抹平,并用大杠刮直、刮平,再用木抹子搓毛,砂浆终凝后洒水养护。

2)加气混凝土、陶粒混凝土空心砌块基层,抹底子灰的施工做法有两种。

①陶粒混凝土空心砌块基层处理完后,用水湿润基层表面,刷一道掺加界面剂的水泥砂浆(界面剂:水泥:砂子=1:1:1),然后满刷一道掺加界面剂的水泥砂浆(界面剂:水泥:砂子=1:1:1),然后分层抹灰,第一层用混合砂浆(水泥:白灰膏:砂子=1:1:6),抹 9 mm 厚,抹后用木抹子搓平、搓毛,待六至七成干时,抹第二层混合砂浆(水泥:白灰膏:砂子=1:0.3:1.5),与基准面(冲筋面)抹平,并用木杠刮平找直,木抹子搓毛,终凝后洒水养护。

②加气块基层浇水充分湿润后用间距不大于 400 mm 的扒钉满钉钢板网(网孔小于 32 mm×32 mm,厚度不小于 0.7 mm),绷紧钉牢后,即可分层抹底灰。抹底灰方法同陶粒混凝土空心砌块基层。

(4)选砖:按颜色及规格尺寸挑选出一致的陶瓷马赛克,并统一编号,便于粘贴时对号入座。

(5)排砖:按大样图和现场实际尺寸,进行实际排砖,以确定陶瓷马赛克的排列方式、非整张砖的放置位置及分格缝留置位置等(图 6-8)。

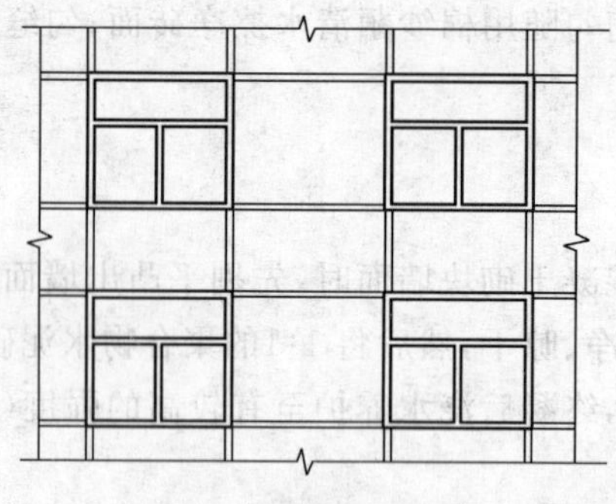

图 6-8 实际排砖

(6)弹控制线:根据排砖结果,在抹好的底子灰上弹出各条分格线,并从上至下弹出若干条水平控制线,阴阳角、门窗洞口处弹垂直控制线,作为粘贴时的控制标准。

(7)贴陶瓷马赛克:粘贴时总体顺序为自上而下,各分段或分格内的陶瓷马赛克粘贴为自下而上。其操作方法为先将底灰浇水润湿，根据弹好的水平线稳好平尺板(图 6-9)，然后在底灰面上刷一道聚合物水泥浆(掺加水重 10%的界面剂)，再抹 2～3 mm 厚的混合灰黏结层(配合比为纸筋∶石灰膏∶水泥＝1∶1∶2，拌和时先把纸筋与石灰膏搅匀过 3 mm 筛，再加入水泥搅拌均匀)，也可采用 1∶0.3 水泥纸筋灰，用刮杠刮平，再用抹子抹平，将陶瓷马赛克底面朝上平铺在木托板上(图 6-10)，在陶瓷锦砖缝里灌 1∶2干水泥细砂，用软毛刷子扫净表面浮砂，再薄薄刮上一层黏结灰浆(图 6-11)，清理四周多余灰浆，两手提起陶瓷马赛克，下边放在已贴好的米厘条上，两侧与控制线相符后，粘贴到墙上，并用木拍板压平、压实。

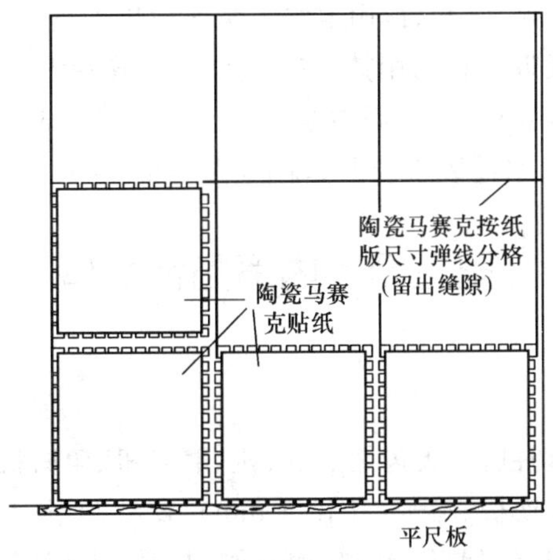


图 6-9　陶瓷马赛克镶贴示意图

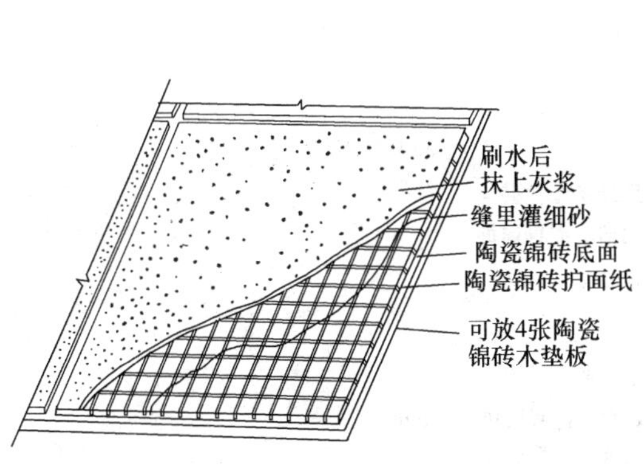


图 6-10　缝中灌砂做法

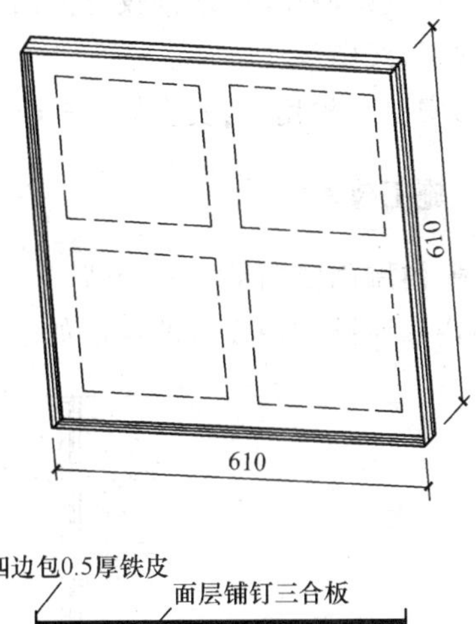


图 6-11　木板垫(单位：mm)

(可放四张陶瓷马赛克)

另外，还可以在底灰润湿后，按线黏好米厘条，然后刷一道聚合物水泥浆，底灰表面不抹混合灰黏结层，而是将 2～3 mm 厚的混合灰黏结层抹在陶瓷马赛克底面上(其他操作要求及灰浆配合比等同上)。在粘贴陶瓷马赛克时，必须按弹好的控制线施工，各条砖缝要对齐。贴完一组后，将米厘条放在本组陶瓷锦砖的上口，继续贴第二组。根据气温条件确定连续粘贴高度。

采用背网黏胶的成品陶瓷锦砖，可直接采用水泥进行正面粘接铺贴。

(8)揭纸、调缝：陶瓷马赛克贴到墙上后，在混合灰黏结层未完全凝固之前，用木拍板靠在贴好的陶瓷马赛克上，用小锤敲击拍板，满敲一遍使其黏结牢固。然后用软毛刷蘸水满刷陶瓷马赛克上的纸面使其湿润，约 30 min 即可揭纸。揭纸时应从上向下揭，揭纸后检查各条缝子大小是否均匀顺直、宽窄一致，对歪斜、不正的缝子，用开刀拨正调直，先调横缝，后调竖缝。然后再垫木拍板用小锤敲击一遍，用刷子蘸水将陶瓷锦砖缝里的砂子清出，用湿布擦净陶瓷锦砖表面。采用背网黏胶的成品陶瓷锦砖不再进行揭纸工序。

(9)擦缝：陶瓷马赛克粘贴 48 h 后，用素水泥浆或专用勾缝剂擦缝(颜色按设计要求配色，通常选用与陶瓷锦砖同色或近似色)，用抹子把素水泥浆或专用勾缝剂浆抹到陶瓷锦砖表面，并将其压挤进砖缝内，然后用擦布将表面擦净。清洗陶瓷锦砖表面时，应待勾缝材料硬化后方可进行。起出米厘条，用 1∶1水泥砂浆勾严、勾平，再用布擦净。

## 第二节　内墙贴饰面砖

### 一、施工机具

(1)机械：砂浆搅拌机、切割机、无齿锯、云石机、磨光机、角磨机、手提切割机等。

(2)工具：手推车、平锹、铁板、筛子(孔径 5 mm)、窗纱筛子、大桶、灰槽、水桶、木抹子、铁抹子、刮杠(大、中、小)、灰勺、米厘条、毛刷、钢丝刷、扫帚、小灰铲、勾缝溜子、勾缝托灰板、錾子、橡皮锤、小白线、铅丝、钉子、墨斗、红蓝铅笔、多用刀等。

(3)计量检测用具：水准仪、经纬仪、水平尺、磅秤、量筒、托线板、线坠、钢尺、靠尺、方尺、塞尺、托线板、线坠等。

(4)安全防护用品：安全帽、安全带、护目镜、手套等。

### 二、施工技术

1. 室内墙面镶贴釉面砖构造

室内墙面镶贴釉面砖的构造如图 6-12 所示。

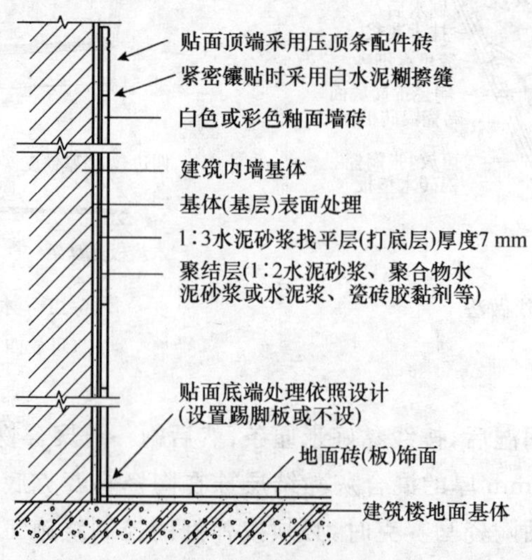


图 6-12　釉面内墙砖贴面装饰的基本构造

2. 基层处理

对于混凝土基层，目前多采用水泥细砂浆掺界面剂进行“毛化处理”。即先将表面灰浆、尘土、污垢清刷干净，用10%火碱水将板面的油污刷掉，随即用净水将碱液冲净，晾干。然后用1∶1水泥细砂浆内掺界面剂，喷或甩到墙上，其甩点要均匀，毛刺长度不宜大于 8 mm，终凝后浇水养护，直至水泥砂浆毛刺有较高的强度(用手掰不动)为止。

(1)光滑的基层表面已凿毛，其深度为 0.5～1.5 cm，间距 3 cm 左右。基层表面残存的灰浆、尘土、油渍等已清洗干净。

(2)基层表面明显凸凹处，应事先用 1∶3水泥砂浆找平或剔平。不同材料的基层表面相接处，已先铺钉金属网。

(3)为使基层能与找平层黏结牢固，已在抹找平层前先洒聚合水泥浆(108 胶∶水＝1∶4的胶水拌水泥)处理。

(4)基层加气混凝土，清洁基层表面后已刷 108 胶水溶液一遍，并满钉镀锌机织钢丝网(孔径 32 mm×32 mm，丝径 0.7 mm，$\phi$6 扒钉，钉距纵横不大于 600 mm)，再抹 1∶1∶4水泥混合砂浆粘结层及 1∶2.5 水泥砂浆找平层。

3. 预排

饰面砖镶贴前应预排。预排要注意同一墙面的横竖排列，均不得有一行以上的非整砖。非整砖行应排在次要部位或阴角处，排砖时可用调整砖缝宽度的方法解决。室内镶贴釉面砖如设计无规定时，接缝宽度可在 1～1.5 mm 之间调整。在管线、灯具、卫生设备支承等部位，应用整砖套割吻合，不得用非整砖拼凑镶贴，以保证饰面的美观。

釉面砖的排列方法有“直线”排列和“错缝”排列两种。如图 6-13、图 6-14 所示。

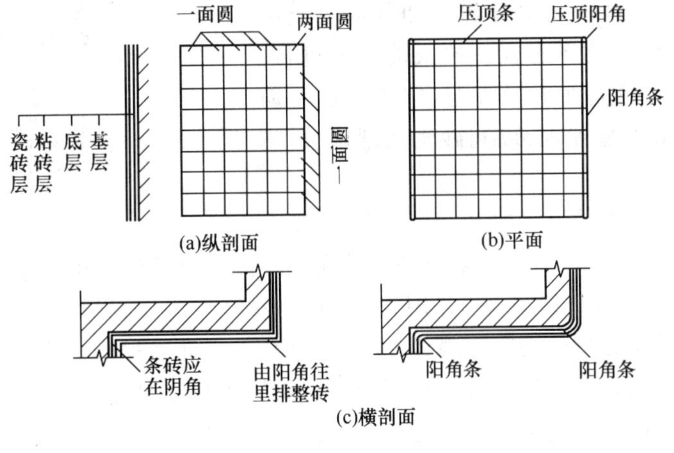


图 6-13　直线排列

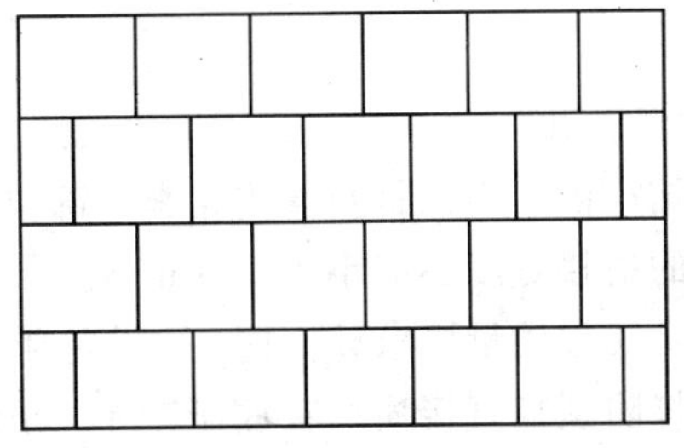

图 6-14　错缝排列

饰面砖根据砖缝的大小不同，分为：有无缝镶贴、划块留缝镶贴、单块留缝镶贴等。质量好的砖，可以适应任何排列形式；外形尺寸偏差大的饰面砖，不能大面积无缝镶贴，否则不仅缝口参差不齐，而且贴到最后无法收尾，交不了圈。这样的砖，可采取单块留缝镶贴，可用砖缝的大小，调节砖的大小，以解决砖尺寸不一致的缺点。饰面砖外形尺寸出入不大时，可采取划块留缝镶贴，在划块留缝内，可以调节尺寸，以解决砖尺寸的偏差。

若饰面砖的厚薄尺寸不一时，可以把厚薄不一的砖分开，分别镶贴在不同的墙面，镶贴砂浆的厚薄来调节砖的厚薄，这样，就不致因砖厚薄不一而使墙面不平。

4.吊垂直、套方、找规矩

(1)弹线。依照室内标准水平线，找出地面标高，按贴砖的面积，计算纵横的皮数，用水平尺找平，并弹出釉面砖的水平和垂直控制线。如用阴阳三角镶边时，则将镶边位置预先分配好。横向不足整块的部分，留在最下一皮与地面连接处。

(2)做灰饼、标志。为了控制整个镶贴釉面砖表面平整度，正式镶贴前，在墙上粘废釉面砖作为标志块，上下用托线板挂直，作为粘贴厚度的依据，横镶每隔 15 m 左右做一个标志块，用拉线或靠尺校正平整度。在门洞口或阳角处，如有阴三角镶过时，则应将尺寸留出先铺贴一侧的墙面，并用托线板校正靠直。如无镶边，应双面挂直，如图 6-15 所示。

5.抹底层砂浆

(1)洒水湿润：将墙面浮土清扫干净，分遍浇水湿润。特别是加气混凝土吸水速度先快后慢，吸水量大而延续时间长，故应增加浇水的次数，使抹灰层有良好的凝结硬化条件，不致在砂浆的硬化过程中水分被加气混凝土吸走。浇水量以水分渗入加气混凝土墙深度 8～10 mm 为宜，且浇水宜在抹灰前一天进行。遇风干天气，抹灰时墙面如干燥不湿，应再喷洒一遍水，但抹灰时墙面应不显浮水，以利砂浆强度增长，不出现空鼓、裂缝。

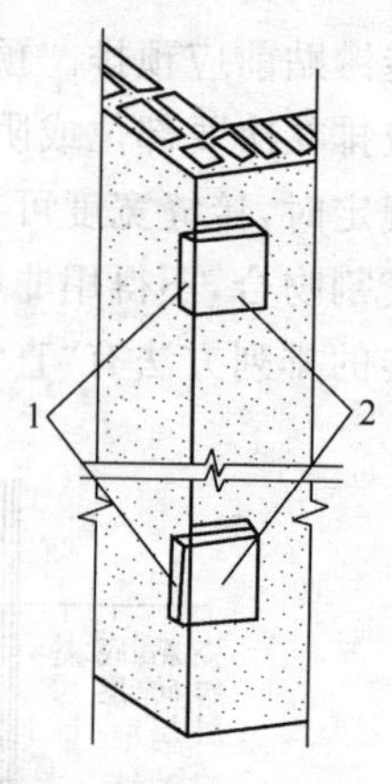

图 6-15　双面垂直

1—小面挂直靠平；2—大面挂直靠平

(2)抹底层砂浆：基层为混凝土、砖墙墙面，浇水充分湿润墙面后的第二天抹 1∶3水泥砂浆，每遍厚度 5～7 mm，应分层分遍与灰饼齐平，并用大杠刮平找直，木抹子搓毛。基层为加气混凝土墙体，在刷好聚合物水泥浆以后应及时抹灰，不得在水泥浆风干后再抹灰，否则，容易形成隔离层，不利于砂浆与基层的黏结。抹灰时不要将灰饼碰坏。底灰材料应选择与加气混凝土材料相适应的混合砂浆，如水泥∶灰膏(粉煤灰)∶砂＝1∶0.5∶(5～6)，厚度 5 mm，扫毛或划出纹线。然后用 1∶3水泥砂浆(厚度约 5～8 mm)抹第二遍，用大杠将抹灰面刮平，表面压光。用吊线板检查，要求垂直平整，阴角方正，顶板(梁)与墙面交角顺直，管后阴角顺直、平整、洁净。

(3)加强措施：如抹灰层局部厚度不小于 35 mm 时，应按照设计要求采用加强网进行加强处理，以保证抹灰层与基体黏结牢固。不同材料墙体相交接部位的抹灰，应采用加强网进行防开裂处理，加强网与两侧墙体的搭接宽度不应小于 100 mm。

(4)当作业环境过于干燥且工程质量要求较高时，加气混凝土墙面抹灰后可采用防裂剂。底子灰抹完后，立即用喷雾器将防裂剂直接喷洒在底子灰上，防裂剂以雾状喷出，以使喷洒均匀，不漏喷，不宜过量，过于集中，操作时喷嘴倾斜向上仰，与墙面的距离，以确保喷洒均匀适度,又不致将灰层冲坏。防裂剂喷洒 2～3 h 内不要搓动,以免破坏防裂剂表层。

6. 面砖镶贴

(1)配制黏结砂浆。

1)水泥砂浆以配比为 1:2(体积比)水泥砂浆为宜。

2)水泥石灰砂浆在 1:2(体积比)的水泥砂浆中加入少量石灰膏,以增加黏结砂浆的保水性和和易性。

3)聚合物水泥砂浆在 1:2(体积比)的水泥砂浆中加掺入约为水泥量 2%～3%的 108 胶(108 胶掺量不可盲目增大,否则会降低黏结层的强度),以使砂浆有较好的和易性和保水性。

(2)大面镶贴。在釉面砖背面满抹灰浆,四周刮成斜面,厚度 5 mm 左右,注意边角满浆。贴于墙面的釉面砖就位后应用力按压,并用灰铲木柄轻击砖面,使釉面砖紧密粘于墙面。

铺贴完整行的釉面砖后,再用长靠尺横向校正一次。对高于标志块的应轻轻敲击,使其平齐;若低于标志块(即亏灰)时,应取下釉面砖,重新抹满刀灰铺贴,不得在砖口处塞灰,否则会产生空鼓。然后依次按上法往上铺贴。

如因釉面砖的规格尺寸或几何形状不等时,应在铺贴时随时调整,使缝隙宽窄一致。当贴到最上一行时,要求上口成一直线。上口如没有压条(镶边),应用一边圆的釉面砖,阴角的大面一侧也用一边圆的釉面砖,这一排的最上面一块应用两边圆的釉面砖,如图 6-16 所示。

(3)细部处理。在有洗脸盆、镜箱、肥皂盒等的墙面,应按脸盆下水管部位分中,往两边排砖。肥皂盒可按预定尺寸和砖数排砖如图 6-17 所示。

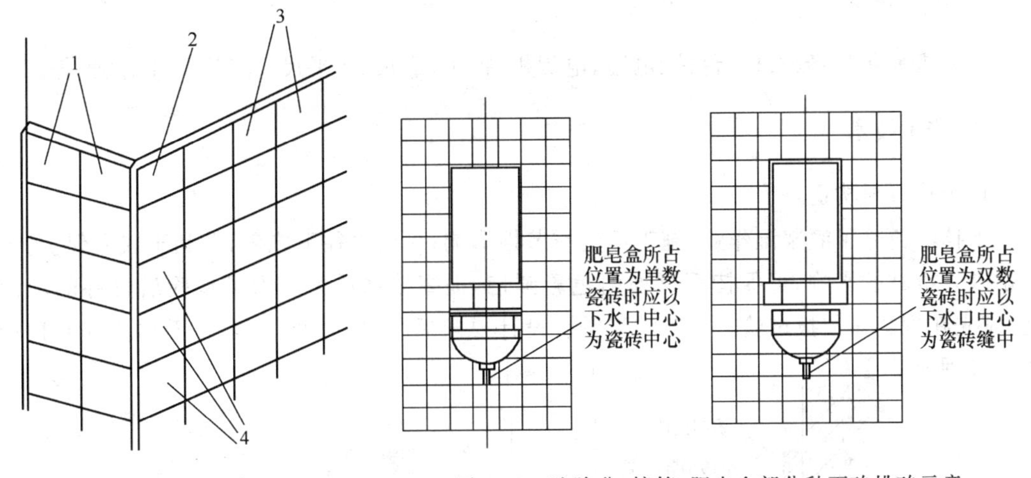


图 6-16 边角

1、3、4——一边圆釉面砖;
2—两边圆釉面砖

图 6-17 洗脸盆、镜箱、肥皂盒部分釉面砖排砖示意

(4)工具式镶贴。采用 108 胶水泥浆镶贴釉面砖,可以采用工具式镶贴法。

在墙面的下端钉一水平木条,另备一木质直尺搁置在水平木条上并沿其滑动,木条上的分格条移动的轨迹必须与水平木条平行,直尺每移动一次的距离,等于一块釉面砖的宽度加接缝宽度,这样直尺垂直方向的铅垂线与分格条的水平轨迹线,即相交成与釉面砖尺寸相当的方格,从而保证釉面砖在墙面上的正确位置。直尺上的分格条用铅板或铜板胶合于直尺上,厚度视设计的接缝宽度而定。分格片伸出尺面长度一般以 20～25 mm 为宜。过短则釉面砖难以固定于正确位置;过长则起尺时易将釉面砖拉脱离位。两分格条之间的间隔应较釉面砖宽度略大一些如图 6-18 所示。

7. 陶瓷马赛克镶贴

参见本章第一节中陶瓷马赛克镶贴的相关内容。

8. 面砖勾缝、擦缝、清理

(1)传统方法镶贴面砖完成一定流水段落后，用清水将面砖表面擦洗干净。釉面砖接缝处用与面砖相同颜色的白水泥浆擦嵌密实，并将釉面砖表面擦净；外墙面砖用 1∶1水泥砂浆（砂子须过窗纱筛）勾缝。

整个工程完工后，应根据不同污染情况，用棉丝或用稀盐酸(10%)刷洗，并随即用清水冲净。

(2)采用胶黏剂镶贴的面砖，釉面砖在贴完瓷砖后 3～4 d，可进行灌浆擦缝。把白水泥加水调成粥状，用长毛刷蘸白水泥浆在墙面缝子上刷涂，待水泥逐渐变稠时用布将水泥擦去。将缝子擦均匀，防止出现漏擦。

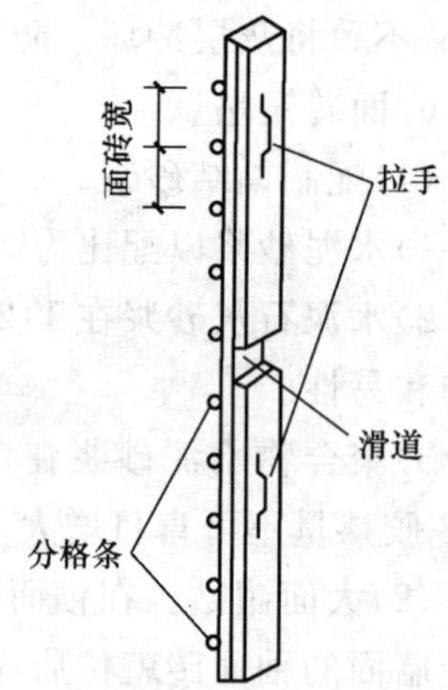

图 6-18 滑动格片木直尺

外墙面砖在贴完一个流水段后，即可用 1∶1水泥砂浆（砂子须过窗纱筛）勾缝，先勾水平缝，再勾竖缝。缝子应凹进面砖 2～3 mm。

## 第三节 干挂石材墙面

### 一、施工机具

主要机具包括：云石机、台钻、电锤、电焊机、扳手、靠尺、水平尺、盒尺、墨斗、锤子等。

### 二、施工技术

1. 干挂石材构造

干挂法免除了灌浆湿作业，施工不受季节性影响；可由上往下施工，有利于成品保护；不受粘贴砂浆析碱的影响，可保持石材饰面色彩鲜艳，提高装饰质量。为了检验后置件的埋设强度，应先在现场做拉拔试验。试验结果符合设计要求后方可使用。花岗石干挂法安装构造如图 6-19 所示。

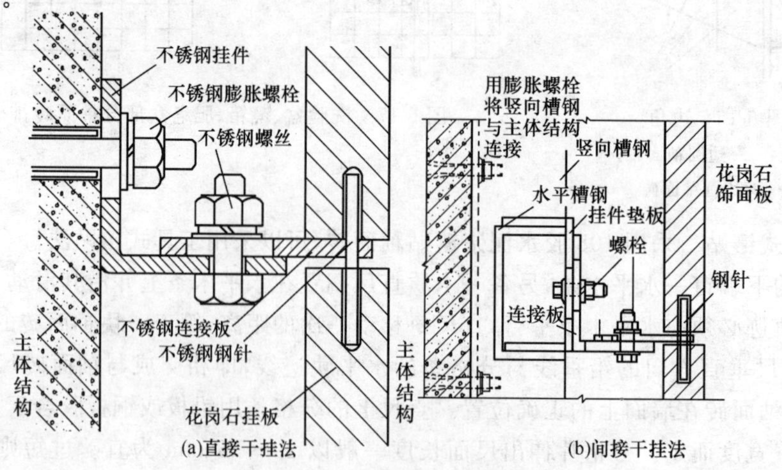

图 6-19 花岗石干挂法安装

2. 饰面板进场检修

饰面板进场拆包后，首先应逐块进行检查，将破碎、变色、局部污染和缺棱掉角的全部挑检出来，另行堆放；另外，对合乎要求的饰面板，应进行边角垂直测量、平整度检验、裂缝检验、棱角缺陷检验，确保安装后的尺寸宽、高一致。

破裂的饰面板，可用环氧树脂胶黏剂粘贴。修补时应将粘结面清洁并干燥，两个黏合面涂厚度不大于 0.5 mm 粘结膜层，在不小于 15℃环境中粘贴，在相同温度的室内养护(紧固时间大于 3 d)；对表面缺边、坑洼、疵点的修补可刮环氧树脂腻子并在 15℃室内养护 1 d，而后用 0 号砂纸磨平，再养护 2～3 d 打蜡。

黏结环氧树脂胶黏剂配合比与环氧树脂腻子配合比见表 6-3。

**表 6-3　环氧树脂胶黏剂与环氧树脂腻子配合比表**

| 材料名称 | 重量配合比 | |
|---|---|---|
| | 胶黏剂 | 腻子 |
| 环氧树脂 E44(6101) | 100 | 100 |
| 乙二胺 | 6～8 | 10 |
| 邻苯二甲酸二丁酯 | 20 | 10 |
| 白水泥 | 0 | 100～200 |
| 颜料 | 适量(与修补板材颜色相近) | 适量(与修补板材相近) |

3. 基层处理

对于适于金属扣件干挂石板工程的混凝土墙体，当其表面有影响板材安装的凸出部位(按不锈钢挂件尺寸特点，一般是在结构基体表面垂直度大于 150 mm 或基面局部凸出使石板与墙身净空距离超过 50 mm 时)应予凿削修整。

4. 饰面石材预拼及处理

(1)选板、预拼、排号。先对石材板进行挑选，使同一立面或相临两立面的石材板色泽、花纹一致，挑出色差、纹路相差较大的不用或用于边角不明显部位。

对照排板图编号检查复核所需板的几何尺寸，并按误差大小归类；检查板材磨光面的疵点和缺陷，按纹理和色彩选择归类。对有缺陷的板，应改小使用或安装在不显眼的部位。

在选板的基础上进行预拼工作。尤其是天然板材，由于它具有天然纹理和色差，因此必须通过预拼使上下左右的颜色花纹一致，纹理通顺，接缝严密吻合。

预拼好的石材应编号，然后分类竖向堆放待用。

凡位于阳角处相邻两块板材，宜磨边卡角，如图 6-20 所示。

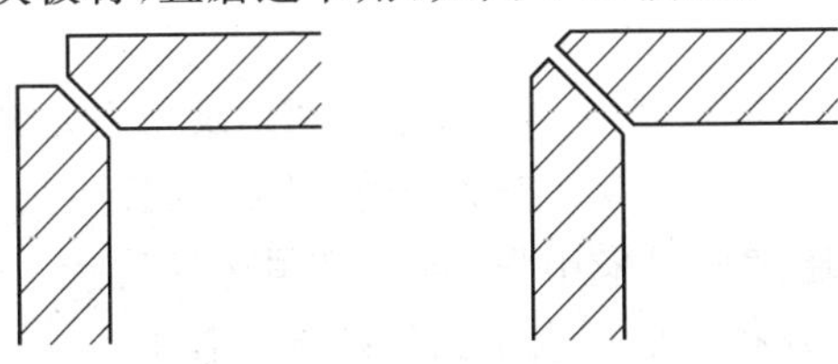

图 6-20　阳角磨边卡角

(2)石材表面处理。石材表面应干燥，一般含水率应不大于 8%，按防护剂使用说明对石材表面进行防护处理。此工序必须在清洁的环境下进行施工。操作时将石材板的正面朝下平放于两根方木上，用羊毛刷蘸防护剂，均匀涂刷于石材板的背面和四个边的小面，涂刷必须到位，不得漏刷。待第一道涂刷完 24 h 后，刷第二道防护剂。第二道刷完 24 h 后，将石材板翻成正面朝上，涂刷第二道防护剂。第二道刷完 24 h 后，将石材板翻成正面朝上，涂刷正面，方法与要求和背面涂刷相同。正面所使用的防护剂通常与背面相同，设计有要求时可使用不同防护剂。

(3)石板开槽打孔。

1)短槽式：将石板临时固定，按设计位置用云石机在石板的上下边各开两个短平槽。短平槽长度不应小于 100 mm，在有效长度内槽深不宜小于 15 mm；开槽宽度宜为 6～7 mm(挂件：不锈钢支撑板厚度不宜小于 3 mm、铝合金支撑板厚度不宜小于 4 mm)。弧形槽的有效长度不应小于 80 mm。两挂件间的距离一般不应大于 600 mm。设计无要求时，两短槽边距离石板两端部的距离不应小于石板厚度的 3 倍且不应小于 85 mm，也不应大于 180 mm。

石板开槽后不得有损坏或崩边现象，槽口应打磨成 45°倒角，槽内应光滑、洁净。开槽后应将槽内的石屑吹干净或冲洗干净。

2)钢针式：将石板固定，按设计位置用台钻打垂直孔，打孔深度宜为 22～23 mm，孔径宜为 7～8 mm(钢销直径宜为 5～6 mm 钢销长度宜为 40～50 mm)。设计无要求时，钢销的孔位应根据石板的大小而定。孔位距离边端不得小于石板厚度的 3 倍，也不得大于 180 mm；钢销间距不宜大于 600 mm；边长不大于 1 m 时每边应设两个销钉，边长大于 1 m 时应复合连接。

开孔后石板的钢销孔处不得有损坏或崩裂现象，孔内应光滑、洁净。

5. 石材安装

(1)龙骨固定与连接。

1)支底层饰面板托架：在没有勒脚的墙上干挂石材，先安装预制好的托架在将要安装的底层石材上面。托架应安装牢固，各个托架应连成一体，托架的上表面为 50 mm 厚通长木板，木板上口应在同一水平面上，以保证干挂石板材上下面处在同一水平面上。

2)主龙骨安装：主龙骨一般采用竖向安装。材质、规格、型号按设计要求选用。通常采用热镀锌槽钢、角钢或方钢。安装时先按主龙骨安装位置线，在结构墙体上用膨胀螺栓或化学锚栓固定角码，按设计要求或通过结构计算确定角码和螺栓的规格、螺栓的数量和锚入基体的深度、角码的布置间距。通常角码采用∟ 110 mm×70 mm×6 mm(或∟ 90 mm×90 mm×6 mm)长度为 150 mm 的热镀、锌角钢，间距为 600 mm，在主龙骨两侧面对面设置。然后将主龙骨卡入角码之间，采用贴角焊与角码焊接牢固。焊接处应刷防锈漆一般情况下，室内钢材涂刷两遍防锈漆，室外焊缝先涂刷一遍富锌底漆，干燥后再涂刷防锈漆 1～2 遍，要求涂刷均匀，不得漏刷。主龙骨安装时应先临时固定，然后拉通线进行调整，待调平、调正、调垂直后再进行固定或焊接。

3)次龙骨安装：次龙骨的材质、规格、型号、布置间距及与主龙骨的连接方式按设计要求确定。一般采用∟ 75 mm×50 mm×6 mm 热镀锌角钢，沿高度方向固定在每一道石材的水平接缝处，次龙骨与主龙骨的连接一般采用焊接，也可用螺栓连接。龙骨焊接前应根据石板尺寸、挂件位置提前进行打孔，孔径一般应大于固定挂件螺栓的 1～2 mm，左右方向最好打成椭圆形，以便挂件的左右调整，焊缝防腐处理同主龙骨。

(2)石材安装。

1)短槽式：首层石板安装。将沿地面层的挂件进行检查，如平垫、弹簧垫安放齐全则拧紧螺母。

将石板下的槽内抹满环氧树脂专用胶,然后将石板插入;调整石板的左右位置找完水平、垂直、方正后将石板上槽内抹满环氧树脂专用胶。

将上部的挂件支撑板插入抹胶后的石板槽并拧紧固定挂件的螺母,再用靠尺板检查有无变形。等环氧树脂胶凝固后按同样方法按石板的编号依次进行石板块的安装。首层板安装完毕后再用靠尺板找垂直、水平尺找平整、方尺找阴阳角方正、用游标卡尺检查板缝,发现石板安装不符合要求应进行修正。按上述方法进行第二层及各层的石板安装。

2)钢针式:首层石板安装。将沿地面层的挂件(俗称舌板)进行检查,如平垫、弹簧垫安放齐全则拧紧螺母。

将石板下的孔内抹满环氧树脂专用胶并插入钢针,然后将石板插入;调整石板的上下、左右缝隙位置找完水平、垂直、方正后将石板上孔内抹满环氧树脂专用胶。

将石板上部固定不锈钢舌板的螺母拧紧,将钢针穿过不锈钢舌板孔并插入石板孔底。再用靠尺板检查有无变形。等环氧树脂胶凝固后按同样方法按石板的编号依次进行石板块的安装。首层板安装完毕后再用靠尺板找垂直、水平尺找平整、方尺找阴阳角方正、用游标卡尺检查板缝,如有石板安装不符合要求应进行修正。按上述方法进行第二层及各层的石板安装。

在第二层以上石板安装时,如石板规格不准确或水平龙骨位置偏差造成挂件与水平龙骨之间有缝隙,应在挂件与龙骨间采用不锈钢垫片予以垫实。

首层石板安装时,如沿地面的挂件无法按正常方法施工,可采用以下方法:在地面标高线向上的墙面上 100 mm 高处安装水平龙骨,并固定 135°的不锈钢干挂件。在石板背面按挂件位置开 45°斜槽,在斜槽内抹上胶再插到挂件上,调整好石材的平整度、垂直度后将上部的挂件支撑板插入抹胶后的石板槽并拧紧固定挂件的螺母。

(3)板缝处理。

1)石材板缝处理:打胶前应在板缝两边的石材上粘贴 40 mm 宽的美纹纸,以防污染石材,美纹纸的边缘要贴齐、贴严,将缝内杂物清理干净,并在缝隙内填入泡沫填充(棒)条,填充的泡沫(棒)条固定好,最后用胶枪把嵌缝胶打入缝内,打胶时用力要均匀,枪走的要稳而慢,若出现胶缝不太平顺,待胶凝固后用壁纸刀将其修整平顺,最后撕去美纹纸。打胶成活后一般低于石材表面 5 mm,呈半圆凹状。嵌缝胶的品种、型号、颜色应按设计要求选用并做相容性试验。在底层石板缝打胶时,注意不要堵塞排水管。

2)清洗:采用柔软的布或棉丝擦拭,对于有胶或其他粘结牢固的污物,可用开刀轻轻铲除,再用专用清洁剂将污物清除干净,必要时可进行罩面剂的涂刷以提高观感质量。阴雨天和四级以上大风天不得进行罩面剂的施工,罩面剂必须在环境温度达到 5℃以上才能进行拌料和施工。罩面剂按照配合比配好,要区别底漆和面漆,分阶段操作。配制罩面剂要搅拌均匀,防止成膜时不均。涂刷时蘸漆不宜过多,防止流坠,尽量少回刷,避免有刷痕,要求无气泡、不漏刷,刷过的石材表面平整有光泽。

(4)外墙干挂石材的封底与压顶。

1)封底:外墙未做散水先挂石材时,最底层石材安装完后,应先进行检查调整,确保连接件固定牢固,板面平整垂直,缝隙均匀顺直,然后进行封底。封底时应先将板缝用背衬条土封闭,封闭高度应大于灌浆高度 50 mm 左右,然后用 1:2.5 的白水泥砂浆灌于底层石材面板与结构外墙面的空腔内,灌浆高度应按设计要求确定,设计无要求时,为排除空腔内的积水,一般灌浆的上表面应比散水顶面标高高出 20 mm 左右,并应有向外的坡度,同时还应设置排水管(孔)。

散水施工时，混凝土与石材面板之间应按设计要求留出缝隙，最后用耐候密封胶封闭。当外墙散水先施工时，散水应做到结构墙面，底层石材安装时下沿与散水顶面之间留出缝隙，以排除空腔内的积水，在此情况下底层石材一般不需做封底灌浆，底缝一般也不需打胶。

2)压顶：外墙顶部石材安装与其他层石材安装相同，但安装完后应进行压顶施工，压顶分为灌浆压顶、石材压顶和金属板压顶。外墙石材为敞缝安装时，无论采用哪种压顶方式，压顶檐口均应有批水条。

①灌浆压顶：最上一层石材安装完调整合格后，在结构墙面与石材板的空腔内，沿通长方向在石材的连接件上用铅丝吊一根小木方，木方与石材顶部的距离按设计灌浆高度确定，一般为 250 mm，木条吊好后，把聚苯板或其他板材裁好，放在木条上作为底模，石材之间和板两边的缝隙应填塞严密，防止灌浆时漏浆，然后用白水泥砂浆灌于石材面板与结构外墙面的空腔内，灌浆的顶面标高宜与顶部石材上口平齐，顶面应有向外的坡度并压光，形成干挂石材的压顶。

②石材压顶：外墙干挂石材的顶部为防止雨水灌入，用平放的石材板进行封闭，顶部平放的石材板安装应内高外低，压在石材面板上，外檐应按设计要求伸出面板表面，板与结构墙面、板与板以及面板之间的缝隙应使用耐候密封胶封闭严密，安装方法与面板石材安装相同。

③金属板压顶：外墙干挂石材的上部为金属饰面板或与女儿墙顶平齐时，通常顶部用金属板封闭。一般情况下封闭金属板与上部或女儿墙顶的饰面板做成整体，并同时安装，也可做成专门的压顶金属板单独进行安装，安装时压顶金属板顶面应有批水坡，与结构墙面之间、与石材面板之间以及金属板相互之间的缝隙应使用耐候密封胶封闭严密，确保不漏水。

## 第四节 石材板湿挂安装

### 一、施工机具

主要施工机具：磅秤、铁板、半截大桶、铁簸箕、平锹、手推车、塑料软管、胶皮碗、喷壶、合金钢扁錾子、合金钢钻头、操作支架、台钻、铁制水平尺、方尺、靠尺板、底尺、托线板、线坠、粉线包、高凳、木楔子、小型台式砂轮、裁改大理石用砂轮、全套裁割机、开刀、灰板、木抹子、铁抹子、细钢丝刷、笤帚、大小锤子、小白线、铅丝、擦布或棉丝、老虎钳子、小铲、盒尺、钉子、红铅笔、毛刷、工具袋等。

### 二、施工技术

1. 基层处理

(1)混凝土表面处理。当基体为混凝土时，先剔凿混凝土基体上凸出部分，使基体基本保持平整、毛糙。然后用火碱水或相应洗涤剂，配以钢丝刷将表面上附着的脱模剂、油污等清除干净，最后用清水刷净。

基体表面如有凹的部位，则需用 1∶2或 1∶3水泥砂浆补平。如为不同材料的结合部位，例如填充墙与混凝土面结合处，还应用钢板网压盖接缝，射钉钉牢。为防止混凝土表面与抹灰层结合不牢，发生空鼓，尚可用108 胶 30%加水 70%拌和的水泥素浆，满涂基体一道，以增加结合层的附着力。

(2)加气混凝土表面处理。砌块内墙应在基体清净后，先刷 108 胶水溶液一道，为保证块料镶贴牢固，最好应满钉丝径 0.7 mm、孔径 32 mm×32 mm 或以上的机制镀锌钢丝网一道。

用 $\phi$6“U”形钉每隔 600 mm 左右钉一个，梅花形布置。

(3)砖墙表面处理。当基体为砖砌体时，应用钢錾子剔除砖墙上多余灰浆，然后用钢丝刷清除浮土，并用清水将墙体充分湿润，使润湿深度约 2～3 mm。

(4)当基体表面处理时，内隔板、阳台阴角以及给排水穿墙洞眼应封堵严实，脚手眼亦应填塞严密，尤其光滑的混凝土面，须用钢尖或扁錾凿坑处理，使表面粗糙。

(5)弹线。先将石材饰面的墙、柱面和门窗套用大线坠(较高时用经纬仪)从上至下找垂直弹线。并应考虑石材厚度、灌注砂浆的空隙和钢筋网所占的尺寸，一般大理石、花岗石板材外皮距结构面距离以 50～70 mm 为宜。找好垂直后，先在地、顶面上弹出石材安装外廓尺寸线(柱面和门窗套等同)。此线即为控制石材安装时外表面基准线。同时还应按石材板块的规格在基准线上弹出石材就位线，注意按设计要求留出缝隙，设计无要求时，一般拉开 1 mm 缝隙。

2.板材预拼及处理

(1)选板、预拼、排号。

1)对照排板图编号检查复核所需板的几何尺寸，并按误差大小归类；检查板材磨光面的疵点和缺陷，按纹理和色彩选择归类。

2)有缺陷的板，应改小使用或安装在不显眼的部位。

3)进行预拼工作。通过预拼使上下左右的颜色花纹一致，纹理通顺，接缝严密吻合。

4)预拼好的石材进行编号，并分类竖向堆放待用。

(2)石板开槽(钻孔)、穿不锈钢(铜)丝、金属夹，做法有两种。

1)钻孔打眼法。

①当板宽在 500 mm 以内时，每块板的上、下边的打眼数量均不得少于两个，如超过 500 mm应不少于三个。

打眼位置应与基层上的钢筋网的横向钢筋的位置相适应。一般在板材的断面上由背面算起 2/3 处，用笔画好钻孔位置，用手电钻钻孔，使竖孔、横孔相连通。钻孔直径以能满足穿线即可，一般为 5 mm。如图 6-21、图 6-22 所示。

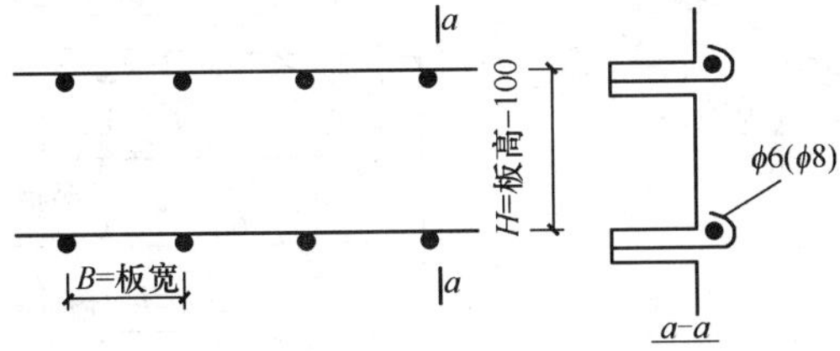


图 6-21　大理石安装预埋钢筋做法示意(单位：mm)

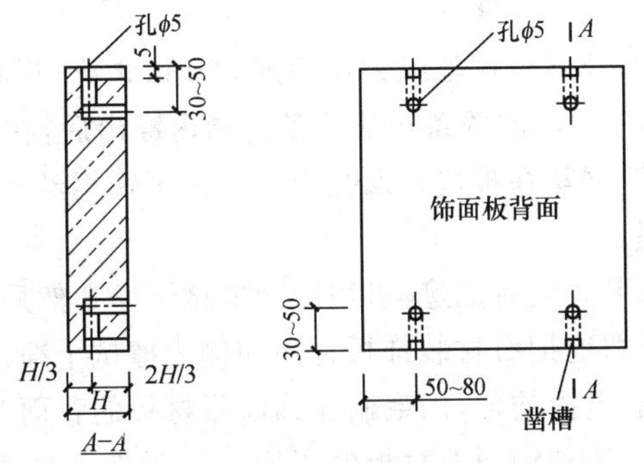


图 6-22　饰面板钻孔及遭槽示意(单位：mm)

②钻好孔后，将铜丝伸入孔内，用环氧树脂加以固结，也可用钢板挤紧铜丝。

③若用不锈钢的挂钩同 $\phi 6$ 钢筋挂牢时，应在石材板上下侧面，用 $\phi 5$ 的合金钢头钻孔，如图 6-23 所示。

2)开槽法。

①用电动手提式石材无齿切割机圆锯片，在需要绑扎钢丝的部位上开槽。采用四道槽法，四道槽的位置：板块背面的边角处开两条竖槽，间距 30～40 mm；板块侧边处的两竖槽位置上开一条横槽，再在板块背面上的两条竖槽位置下部开一条横槽，如图 6-24 所示。

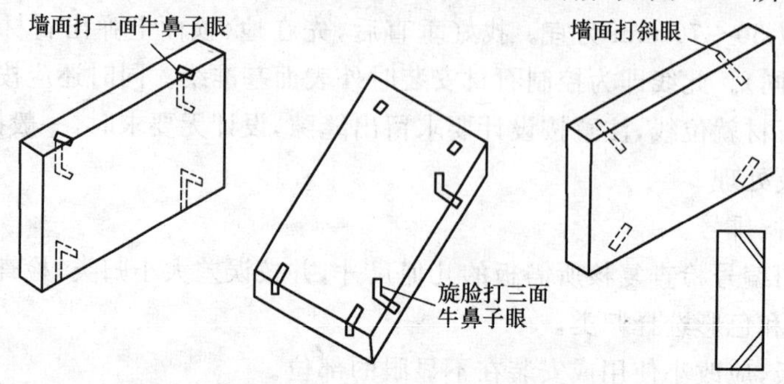


图 6-23　饰面板打眼示意图

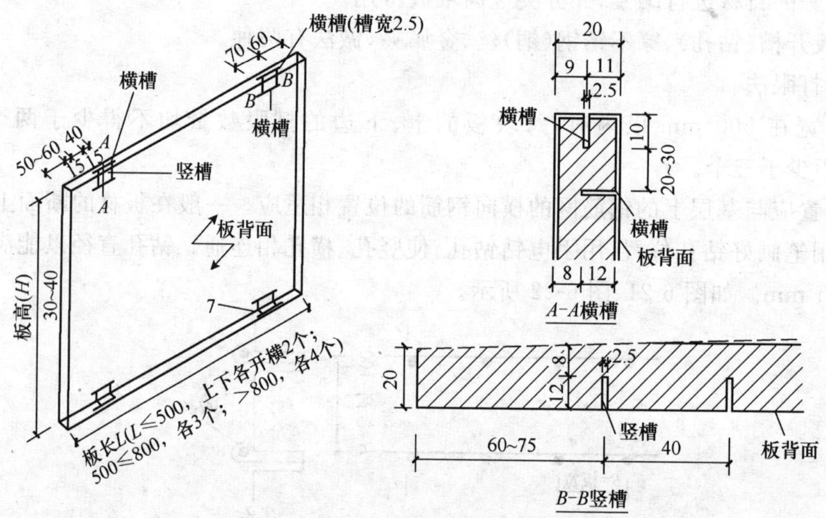


图 6-24　板材开槽方式(单位：mm)

②将备好的 18 号或 20 号不锈钢丝或铜丝剪成 300 mm 长，并弯成“U”形。将“U”形不锈钢丝先套入板背面横槽内，“U”形的两条边从两条竖槽内穿出后，在板块侧边横槽处交叉。

再通过两条竖槽将不锈钢丝在板块背面扎牢。注意不锈钢丝不得拧得过紧。

(3)石材防碱背涂处理。

1)清理饰面石材板，如果表面有油迹，可用溶剂擦拭干净。然后用毛刷清扫石材表面的尘土，再用干净的棉丝认真仔细地把石材装饰板背面和侧边擦拭干净。

2)将石材处理剂的容器搅拌均匀，用毛刷在饰面石材板的背面和侧边涂布。涂饰时，应注意不得将石材涂布处理剂流淌到饰面石材板的正面。如污染了表面，应及时用棉丝反复擦拭干净。

3)第一遍石材处理剂干燥时间，一般需要 20 min 左右，干燥时间的长短主要取决于环境的温度和湿度。待第一遍石材处理剂干燥后，方可涂布第二遍石材处理剂。

4)已处理的饰面石材板在现场如有切割时，应及时在切割处涂刷石材处理剂。

(4)石材防护剂(防碱)处理。石材表面充分干燥(含水率应小于 8%)后，用石材防护剂进行石材四边切口的防护处理。石材正立面保护剂的使用应根据设计要求。如设计要求立面涂刷保护剂时，此工序必须在无污染的环境下进行，将石材平放于木枋上，用羊毛刷蘸上防护剂，均匀涂刷于石材表面，涂刷必须到位，第一遍涂刷完间隙 24 h 后用同样的方法涂刷第二遍石材防护剂。

3. 板材湿挂安装

(1)在基层结构内预埋铁环，与钢筋网绑扎，如图 6-25 所示。

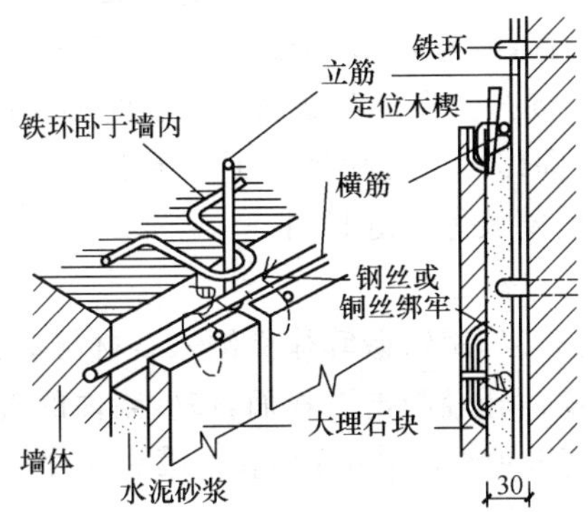


图 6-25 预埋铁环与钢筋网绑扎构造(单位：mm)

1)对于旧房改造或没有预埋钢筋，绑扎钢筋网之前需要在墙面用 M10～M16 的膨胀螺栓来固定钢筋(或铁件)。膨胀螺栓的间距为板面宽。或者用冲击电钻在基层(砖或混凝土基层)打出 $\phi8$～$\phi10$，深度大于 60 mm 的孔，再向孔内打入 $\phi6$～$\phi8$ 的短钢筋，应外露 50 mm 以上并弯钩。短钢筋的间距为板面宽度。上下两排膨胀螺栓(或短钢筋)距离为板的高度减去 80～100 mm。在同一标高的膨胀螺栓或短钢筋上连接(焊或绑扎)水平钢筋如图 6-26 所示。

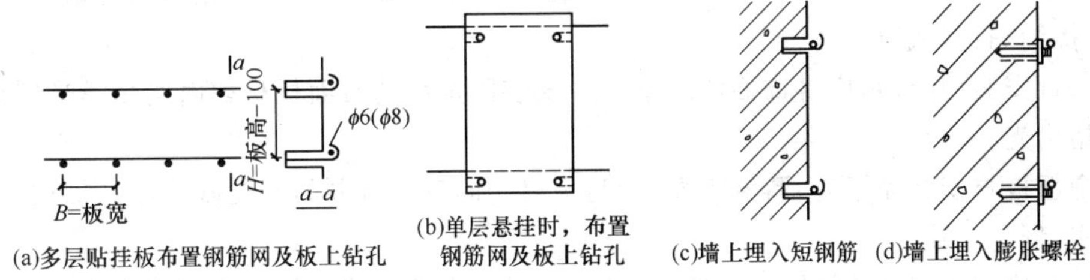


图 6-26 绑扎钢筋网构造

2)墙柱面石材板安装：墙面石板安装顺序是一般由下往上进行，每层板块由中间或一端开始，柱面则先从正面开始顺时针进行。首先弹出第一层板的安装基准线，即用吊铅锤线的方法将饰面石材看面垂直投影到地面上(它应考虑该离墙基体的距离应包含了板厚、灌浆层厚及钢丝网所占空间尺寸)，这就是饰面石材板的外廓尺寸线。然后弹出第一层板下沿标高线，如有踢脚，应弹好踢脚板上沿线。

3)墙(柱)面上，竖向钢筋与预埋筋焊牢(混凝土基层可用膨胀螺栓代替预埋筋)，横向钢筋与竖筋绑扎牢固。横、竖筋的规格、布置间距应符合设计要求，并与石材板块规格相适宜，一般宜采用不小于 $\phi 6$ 的钢筋，间距不大于 600 mm。最下一道横筋宜设在地面以上 100 mm 处，用于绑扎第一层板材的下端固定铜丝，第二道横筋绑在比石板上口低于 20～30 mm 处，以便绑扎第一层板材上口的固定铜丝。再向上即可按石材板块规格均匀布置。

4)安装石材板块：按编号将石板就位，先将石板上的铜丝捋直，把石板上端外倾，右手伸入石板背面，把石板下口铜丝绑扎在钢筋网上。绑扎不要太紧，留出适宜余量，把铜丝和钢筋绑扎牢固即可。然后把石板竖起立正，绑扎石板上口的铜丝，并用木楔垫稳。石材与基层墙柱面间的灌浆缝一般为 30～50 mm。用检测尺进行检查，调整木楔，使石材表面平整、立面垂直，接缝均匀顺直。最后将铜丝扎紧，逐块从一个方向依次向另一个方向进行。

5)柱子一般从正立面开始，按顺时针方向安装。第一层全部安装完毕后，检查垂直、水平、表面平整、阴阳角方正、上口平直，缝隙宽窄一致、均匀顺直，确认符合要求后，用调制成糊状(稠度 70～100 mm)的熟石膏，将石板临时粘贴固定。临时粘贴应在石板的边角部位点粘，木楔处亦可粘贴，使石板固定、稳固即可。再检查一下有无变形，待石膏糊硬化后开始灌浆。当设计有塞缝材料时，应在灌浆前塞放好塞缝材料。

(2)分层灌浆。

1)将拌制好的 1∶2.5 水泥砂浆，用铁簸箕徐徐倒入石材与基层墙柱面间的灌浆缝内，边灌边用钢筋棍插捣密实，并用橡皮锤轻轻敲击石板面，使砂浆内的气体排出。

2)水泥砂浆的稠度一般采用 90～150 mm 为宜。第一次浇灌高度一般为 150 mm，但不得超过石板高度的 1/3。

3)第一次灌浆很重要，操作必须要轻，不得碰撞石板和临时固定石膏，防止石板位移错动。当发现有位移错动时，应立即拆除重新安装石板。

4)第一次灌入砂浆初凝(一般为 1～2 h)后，应再进行一遍检查，检查合格后进行第二次灌浆。

5)第二次灌浆高度一般 200～300 mm 为宜，砂浆初凝后进行第三次灌浆，第三次灌浆应灌至低于板上口 50～70 mm 处。

6)柱子、门窗套贴面，可用木方或型钢做成卡具，卡住石材板，以防止灌浆时错位变形。

(3)擦缝、打蜡或罩面。

1)每日安装固定后，应将饰面清理干净。安装固定后的石面板材如面层光泽受到影响，应重新打蜡出光。

2)全部板材安装完毕后，清洁表面，用与板材相同颜色调制的水泥砂浆，边嵌边擦，使缝隙嵌浆密实，颜色一致。

3)进行擦拭或用高速旋转帆布擦磨，抛光上蜡。光面和镜面的饰面板经清洗晾干后，方可打蜡擦亮。

4.楔固法板材安装

(1)基层处理、墙体测放水平、垂直线、饰面板进场检修、选板、预拼、排号、石材防碱背涂处理等施工工艺参见本款第(1)项“传统安装法”。

(2)石板钻孔。

1)大理石板材钻孔。将大理石饰面板直立固定于木架上，用手电钻在距板两端 1/4 处居板厚中心钻孔，孔径 6 mm，深 35～40 mm。板宽不大于 500 mm 的打直孔两个；板宽大于 500 mm打直孔三个；大于 800 mm 的打直孔四个。

将板旋转 90°固定于木架上，在板两侧分别各打直孔一个，孔位距板下端 100 mm 处，孔径 6 mm，孔深 35～40 mm，上下直孔都用合金錾子在板背面方向剔槽，槽深 7 mm，以便安卧“冂”形钉，如图 6-27 所示。

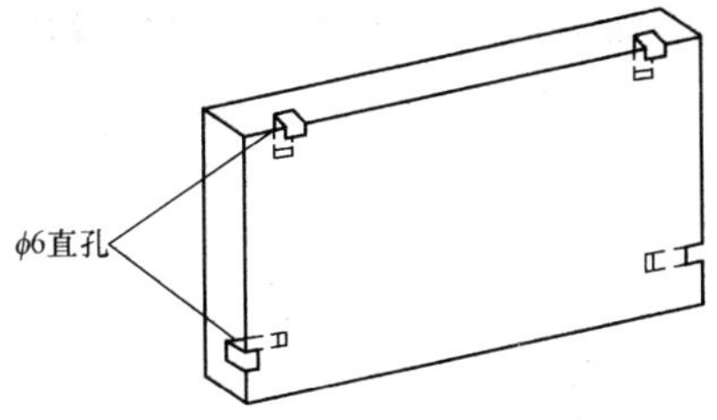


图 6-27　打直孔示意图(单位：mm)

2)花岗石板材钻孔、金属夹安装。

①直孔用台钻打眼，钻头直对板材上端面，操作时应钉木架。一般每块石板上、下两个面打眼，孔位距板两端 1/4 处，每个面各打两个眼，孔径 5 mm，深 18 mm，孔位距石板背面以 8 mm为宜。

如石板宽度较大，中间应增打一孔，钻孔后用合金钢凿子朝石板背面的孔壁轻打剔凿，剔出深 4 mm 的槽，以便固定连接件，如图 6-28 所示。

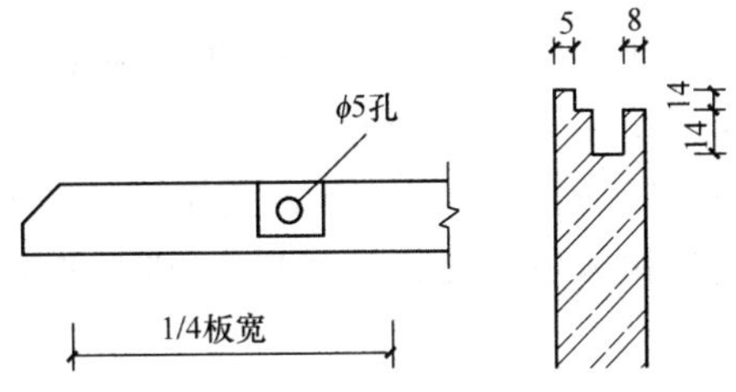


图 6-28　磨光花岗石打孔眼(单位：mm)

②石板背面钻 135°斜孔，先用合金钢凿子在打孔平面剔窝，再用台钻直对石板背面打孔，打孔时将石板固定在 135°的木架上(或用摇臂钻斜对石板)打孔，孔深 5～8 mm，孔底距石板磨光面 9 mm，孔径 8 mm，如图 6-29 所示。

③金属夹安装。把金属夹(图 6-30(a))，安装在 135°孔内，用 JGN 型胶固定，并与钢筋网连接牢固，如图 6-30(b)所示。

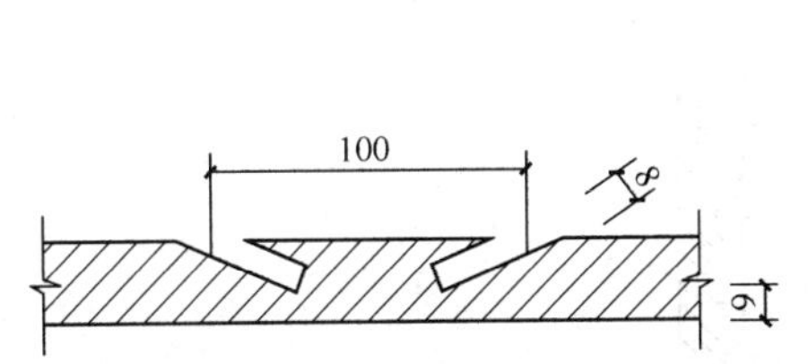


图 6-29　磨光花岗石加工示意图(单位：mm)

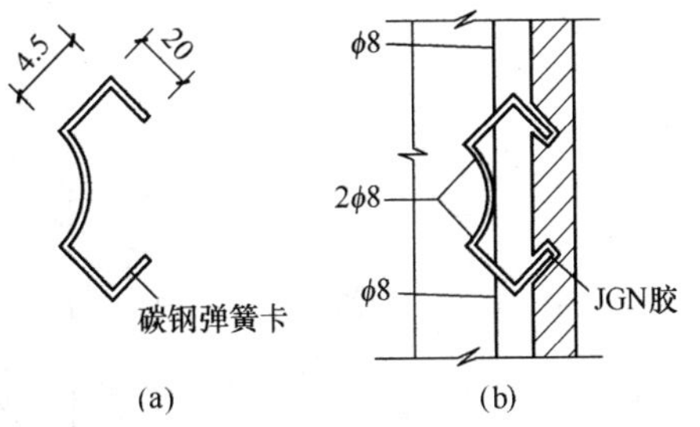


图 6-30　金属夹安装(单位：mm)

(3)基体钻孔。

1)大理石板材。板材钻孔后，按基体放线分块位置临时就位，对应于板材上下直孔的基体位置上，用冲击钻钻成与板材孔数相等的斜孔，斜孔成 45°角，孔径 6 mm，孔深 40～50 mm，如图 6-31 所示。

2)花岗石板材。预埋钢筋要先剔凿，外露于墙面，无预埋筋处则应先探测结构钢筋位置，避开钢筋钻孔，孔径为 25 mm，孔深 90 mm，用 M16 胀杆螺栓固定预埋件，如图 6-32 所示。

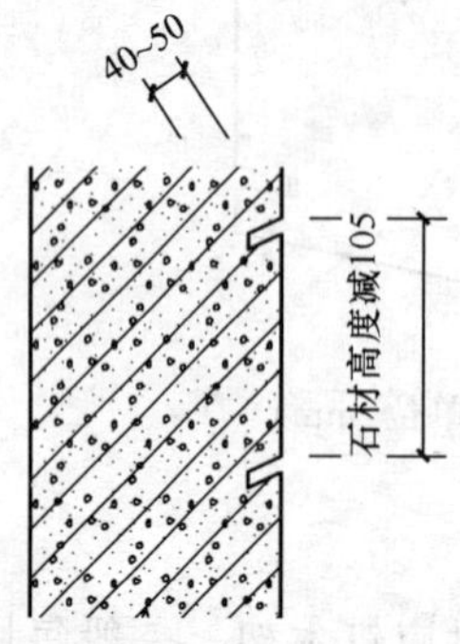


图 6-31 基体钻斜孔(单位:mm)

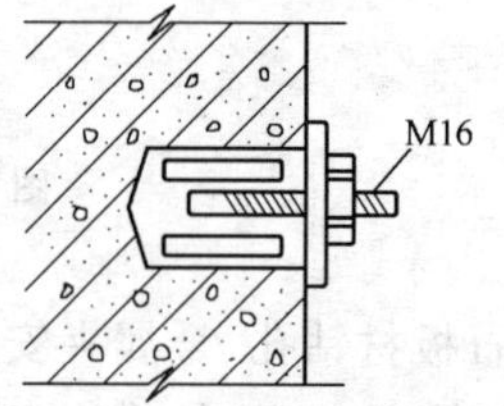


图 6-32 胀杆螺栓固定

(4)绑扎钢筋网。先绑竖筋，竖筋与结构内预埋筋或预埋铁连接，横向钢筋根据石板规格，比石板低 20～30 mm 作固定拉结筋，其他横筋可根据设计间距均分。

(5)石板安装。

1)大理石板材安装、固定。基体钻孔后，将大理石板安放就位，根据板材与基体相距的孔距，用克丝钳子现制直径 5 mm 的不锈钢"⌈⌉"形钉，如图 6-33 所示，一端钩进大理石板直孔内，随即用硬木小楔楔紧；另一端钩进基体斜孔内，拉小线或用靠尺板和水平尺，校正板的上下口及板面的垂直度和平整度，并检查与相邻板材接合是否严密，随后将基体斜孔内不锈钢"⌈⌉"形钉楔紧。

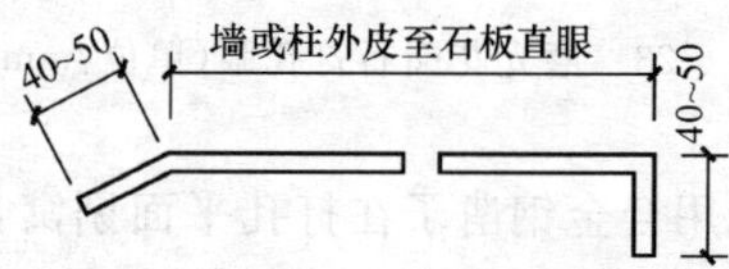


图 6-33 "⌈⌉"形钉(单位:mm)

用大头木楔紧固于板材与基体之间，以紧固"⌈⌉"形钉，如图 6-34 所示。

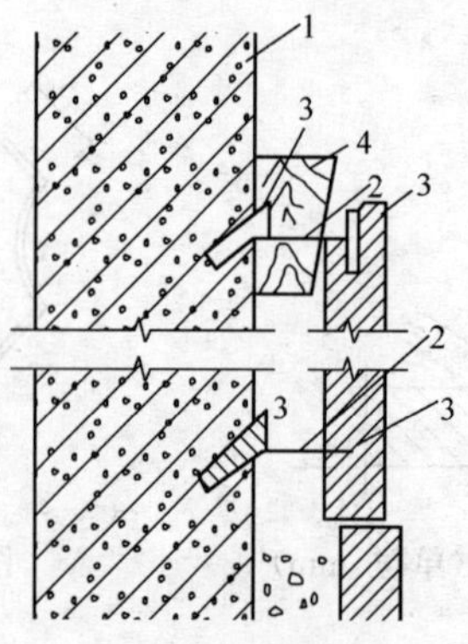


图 6-34 石板就位、固定示意图

1—基体；2—"⌈⌉"形钉；3—硬木小楔；4—大头木楔

2)花岗石板安装。按试拼石板就位,石板上口外锄:将两板间连接筋(连接棍)对齐,连接件挂牢在横筋上,用木楔垫稳石板,用靠尺检查调整平直,从左往右进行安装,柱面水平交圈安装,以便校正阳角垂直度。

四大角拉钢丝找直,每层石板应拉通线找平找直,阴阳角用方尺套方。

缝隙大小不均匀时,应用薄钢板垫平,使石板缝隙均匀一致,并保证每层石板上口平直,然后用熟石膏固定。经检查无变形方可浇灌细石混凝土。

(6)分层浇灌细石混凝土。

1)将细石混凝土徐徐倒入,不得碰动石板及石膏木楔。要求下料均匀,轻捣细石混凝土,直至无气泡。

2)每层石板分三次浇灌,每次浇灌间隔 1 h 左右,待初凝后经检验无松动、变形,方可再次浇灌细石混凝土。

3)第三次浇灌细石混凝土时上口留 50 mm,作为上层石板浇灌细石混凝土的结合层。

(7)擦缝,打蜡。石板安装完毕后,用棉丝或抹布清除所有石膏和余浆痕迹,并按照石板颜色调制水泥浆嵌缝,边嵌缝边擦干净,使之缝隙密实、均匀,外观洁净,颜色一致,最后上蜡抛光。

# 第七章　裱糊与软包工程

## 第一节　裱糊工程

### 一、施工机具

(1)工具：裁纸工作台、壁纸台、白毛巾、塑料桶、塑料盆、油工刮板、拌腻子槽、压辊、开刀、毛刷、排笔、擦布或棉丝、粉线包、小白线、托线板、锤子、铅笔、砂纸、扫帚等。

(2)计量检测用具：钢板尺、水平尺、钢尺、托线板、线坠等。

### 二、施工技术

1.壁纸裱糊

(1)基层处理。

1)混凝土或抹灰基层含水率不得大于8%，木基层的含水率不得大于12%；将基体或基层表面的污垢、尘土清除干净，泛碱部位宜用9%的稀醋酸中和、清洗。基层面不得有飞刺、麻点、砂粒和裂缝，阴阳角应顺直。

2)旧墙涂料墙面，应打毛处理，并涂表面处理剂，或在基层上涂刷一遍抗碱底漆，并使其表干。

3)刮腻子前，应先在基层刷一遍涂料进行封闭，以防止腻子粉化，基层吸水。

4)混凝土及抹灰基层面满刮腻子一遍，腻子干后用砂纸打磨。如基层有气孔、麻点或凹凸不平，应增加刮腻子和磨砂纸的遍数，并且每遍腻子应薄。

5)木材基层的接缝、钉眼等用腻子填平，满刮石膏腻子一遍找平大面，腻子干后用砂纸打磨；再刮第二遍腻子并磨砂纸。裱糊壁纸前应先涂刷一层涂料，使其颜色与周围墙面颜色一致。

6)对于纸面石膏板，主要是在对缝处和螺钉孔位处用嵌缝腻子处理板缝，然后用油性石膏腻子局部找平。如质量要求较高时，亦应满刮腻子并磨平。无纸石膏板基层应刮一遍乳液石膏腻子并磨平。

7)不同基体材料的对接处，如木夹板与石膏板、石膏板面与抹灰或混凝土面的对缝，都应粘贴接缝带。

8)有防潮要求的裱糊墙面，基层应进行防潮处理。

9)开关、插座等突出墙面的电气盒，先卸去盒盖。

(2)弹线、预拼。

1)裱糊第一幅壁纸前，应弹垂直线作为裱糊时的准线，以保证第一幅墙纸垂直、使裱糊面分幅一致、质量效果好(图7-1)。裱糊顶棚时，也应在裱糊第一幅前先弹一条能起准线作用的直线。

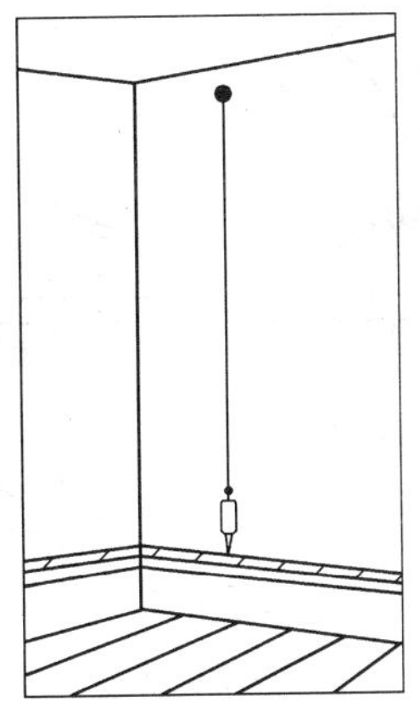

图 7-1 垂线定位示意图

2)在底胶干燥后弹划基准线,以保证壁纸裱糊后,横平竖直,图案端正。

3)弹线时应从墙面阴角处开始,将窄条纸的裁切边留在阴角处,阳角处不得有接缝。

4)有门窗部位以立边划分为宜,便于褶角贴立边。裱糊前应先预拼试贴,观察接缝效果,确定裁纸尺寸。

(3)裁纸。根据裱糊面尺寸和材料规格统筹规划,并考虑修剪量,两端各留出 30~50 mm,然后剪出第一段壁纸。有图案的材料,应将图形自墙的上部开始对花。裁纸时尺子压紧壁纸后不得再移动,刀刃紧贴尺边,连续裁割,并编上号,以便按顺序粘贴。裁好的壁纸要卷起平放,不得立放。

(4)润纸(闷水)。

1)塑料壁纸遇水或胶水自由膨胀大,因此,刷胶前必须先将塑料壁纸在水槽中浸泡 2~3 min取出后抖掉余水,静置 20 min,若有明水可用毛巾揩掉,然后才能涂胶。闷水的办法还可以用排笔在纸背刷水,刷满均匀,保持 10 min 也可达到使其膨胀充分的目的。如果干纸涂胶,或未能让纸充分胀开就涂胶,壁纸上墙后,会继续吸湿膨胀,贴上墙的壁纸会出现大量的气泡、皱折。

2)玻璃纤维基材的壁纸,遇水无伸缩性,不需润纸。

3)复合纸质壁纸由于湿强度较差,禁止闷水润纸。为了达到软化壁纸的目的,可在壁纸背面均匀刷胶后,将胶面对胶面对叠,放置 4~8 min,然后上墙。

4)纺织纤维壁纸也不宜闷水,粘贴前只需用湿布在纸背稍揩一下即可达到润纸的目的。

5)带背胶的壁纸,应在水中浸泡数分钟后裱糊。

6)金属壁纸裱糊前应浸水 1~2 min,阴干 5~8 min,再在背面刷胶。

对于待粘贴的壁纸,若不了解其遇水膨胀的情况,可取其一小条试贴,隔日观察纵、横向收缩情况以确定是否润纸。

(5)刷胶黏剂。基层表面与壁纸背面应同时涂胶。刷胶黏剂要求薄而均匀,不裹边,不得漏刷。基层表面的涂刷宽度要比预贴的壁纸宽 20~30 mm,阴角处应增刷 1~2 遍胶(图 7-2)。

塑料 PVC 壁纸裱糊墙面时,可只在基层表面涂刷胶黏剂:塑料 PVC 壁纸裱糊顶棚时,则基层和壁纸背面均应涂刷胶黏剂。

裱糊顶棚时,带背胶的壁纸应涂刷一层稀释的胶黏剂。

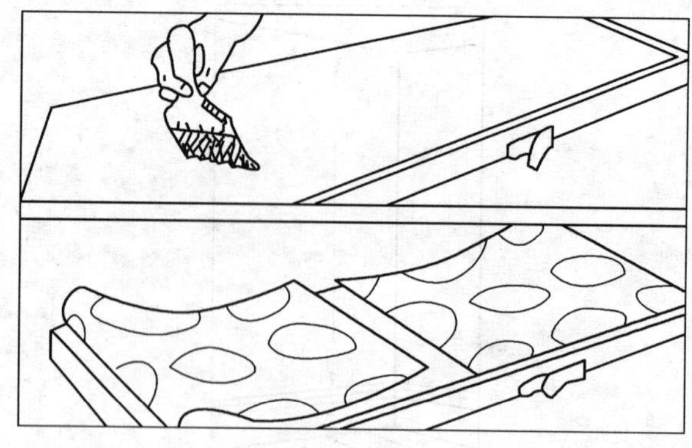

图 7-2 刷胶

金属壁纸应使用壁纸粉一边刷胶、一边将刷过胶的部分向上卷在发泡壁纸卷上。

(6)裱糊。

1)裱糊壁纸时,应先垂直面后水平面,先细部后大面。垂直面先上后下,水平面先高后低。在顶棚上裱糊壁纸,宜沿房间的长边方向裱糊。

2)第一张壁纸裱糊壁纸对折,将其上半截的边缘靠着垂线成一直线,轻轻压平,并由中间向外用刷子将上半截纸敷平,然后依此贴下半截纸。

3)拼缝。

①对于需重叠对花的各类壁纸,应先裱糊对花,然后再用钢尺对齐裁下余边。裁切时,应一次切掉,不得重割。对于可直接对花的壁纸则不应剪裁。

②赶压气泡时,对于压延壁纸可用钢板刮刀刮平,对于发泡及复合壁纸则严禁使用钢板刮刀,只可用毛巾、海绵或毛刷赶平。

4)阴阳角处理壁纸不得在阳角处拼缝,应包角压实,壁纸包过阳角不小于 20 mm。阴角壁纸搭缝时,应先裱糊压在里面的壁纸,再粘贴面层壁纸,搭接面应根据阴角垂直度而定,宽度一般 2~3 mm,并应顺光搭接,使拼缝看起来不显眼。

5)遇有基层卸不下来的设备或突出物件时,应将壁纸舒展地裱在基层上,然后剪去不需要部分,使突出物四周不留缝隙(图 7-3)。

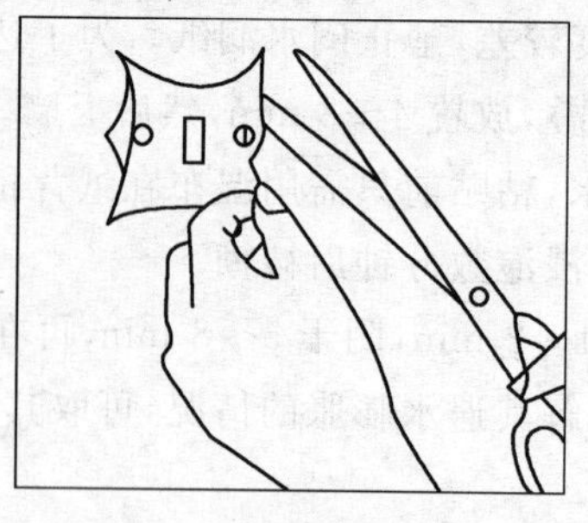

图 7-3 墙纸剪口

6)壁纸与顶棚、挂镜线、踢脚线的交接处应严密顺直。裱糊后,将上下两端多余壁纸切齐,撕去余纸贴实端头(图 7-4、图 7-5)。

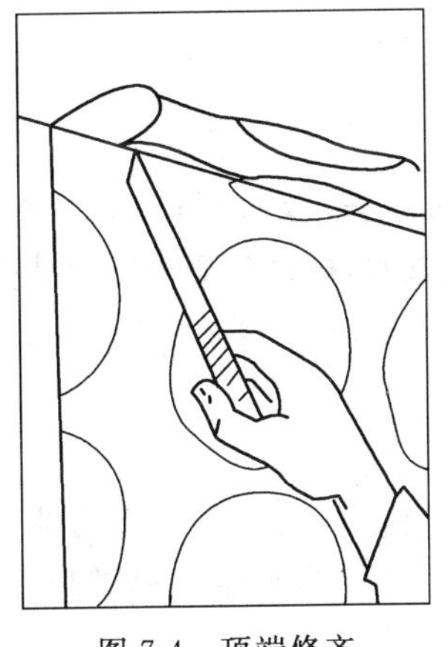

图 7-4　顶端修齐

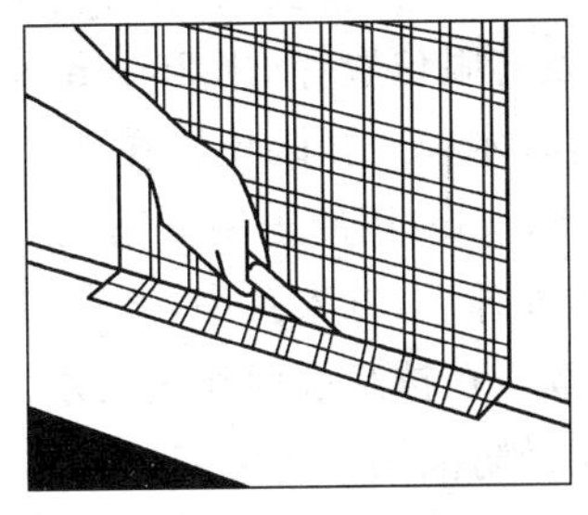

图 7-5　修齐下端

7)壁纸裱糊后,如有局部翘边、气泡等,应及时修补。

8)裱糊过程中,防止穿堂风,防止过急干燥,冬期施工应有保暖措施。

9)修整。

2. 墙布裱糊

(1)基层处理。

1)墙布裱糊的基层处理要求与壁纸裱糊基本相同。

2)玻璃纤维墙布和无纺墙布由于其遮盖力稍差,如基层颜色较深时,应满刮石膏腻子或在胶黏剂中渗入适量白色涂料。裱糊锦缎的基层应彻底干燥。

(2)准备工作。

1)墙布裱糊前的弹线找规矩工作与壁纸基本相同。根据墙面需要粘贴的长度,适当放长100～150 mm,再按花色图案,以整倍数进行裁剪,以便于花型拼接。裁剪的墙布要卷拢平放在盒内备用。切忌立放,以防碰毛墙布边。

2)由于墙布无吸水膨胀的特点,故不需要预先用水湿润。

3)纯棉墙布应在其背面和基层同时刷胶黏剂。

4)玻璃纤维墙布和无纺墙布只需要在基层刷胶黏剂。

5)锦缎柔软易变形,裱糊时可先在其背面衬糊一层宣纸。

6)胶黏剂应随用随配,当天用完。

(3)裱糊。参见壁纸裱糊。

## 第二节　软包工程

### 一、施工机具

施工现场应备有以下机具设备:木工工作台、电锯、电刨、冲击钻、手电钻、电焊机、切裁工作台、专用夹具钢板尺(1 m 长)、裁织革刀、毛巾、塑料水桶、塑料脸盆、油工刮板、小辊、开刀、毛刷、排笔、擦布、棉丝、砂纸、长卷尺、盒尺、锤子、各种形状木工凿子,线锯、铝制水平尺、方尺、多用刀、弹线用的粉线包,墨斗、小白线、笤帚、托线板、线坠、红铅笔、工具袋、高凳、脚手板等。

## 二、施工技术

1. 直接在木基层上做软包墙面

(1)弹线、分格。用吊垂线法、拉水平线及尺量的办法，借助+500 mm 水平线，确定软包墙的厚度、高度及打眼位置等(用 25 mm×30 mm 的方木，按设计要求的尺寸分档)。

(2)钻孔、打入木楔。孔眼位置在墙上弹线的交叉点，孔距 400～600 mm 左右，可视板面划分而定，孔深 60 mm，用冲击钻头钻孔。

木楔经防腐处理后，打入孔中，塞实塞牢。

(3)墙面防潮。在抹灰墙面涂刷防水涂料，或在砌体墙面、混凝土墙面铺一道防水卷材或二布三涂防水层做防潮层。防潮层的构造做法，见表 7-1。防水涂料要满涂、刷匀，不漏涂；铺防水卷材，要满铺，铺平、不留缝。

**表 7-1　防潮层的构造做法**

| 序号 | 构造做法 | 图　示 | 具体要求 |
|---|---|---|---|
| 1 | 防水砂浆防潮层 | 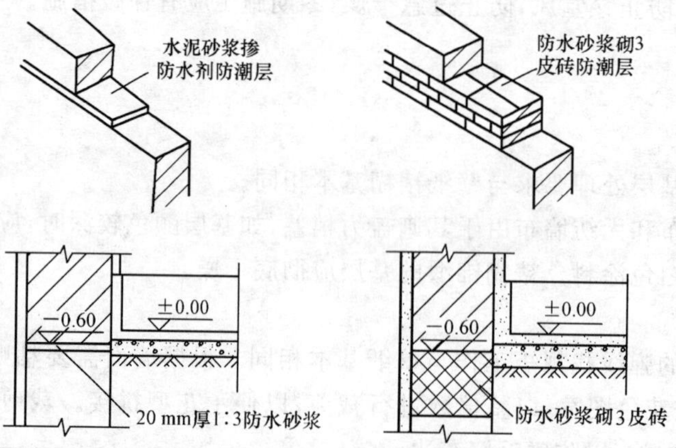 水泥砂浆掺防水剂防潮层；防水砂浆砌3皮砖防潮层；±0.00；−0.60；20 mm厚1∶3防水砂浆；防水砂浆砌3皮砖 | 用防水砂浆砌筑 3～5 皮砖，还有一种是抹一层 20 mm 的1∶3水泥砂浆加5%防水粉拌和而成的防水砂浆 |
| 2 | 卷材防潮层 | 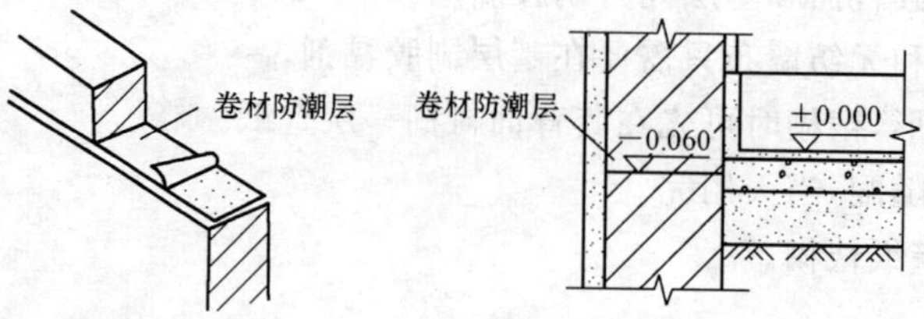 卷材防潮层；卷材防潮层；±0.000；−0.060 | 在防潮层部位先抹 20 mm 厚的砂浆找平层，然后干铺卷材一层，卷材的宽度应与墙厚一致或稍大些，卷材沿长度铺设，搭接长度大于等于 100 mm |
| 3 | 混凝土防潮层 | 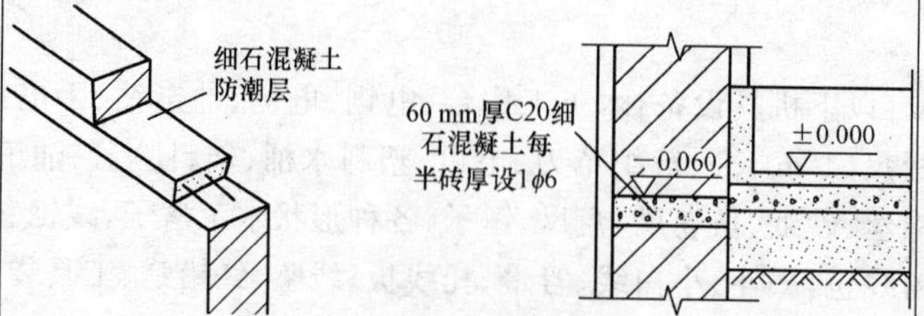 细石混凝土防潮层；60 mm厚C20细石混凝土每半砖厚设1$\phi$6；±0.000；−0.060 | 即在室内外地面之间浇筑一层厚 60 mm的混凝土防潮层，内放纵筋 3$\phi$6、分布筋 $\phi$4@250 的钢筋网 |

(4)预制木龙骨架、装钉木龙骨。

1)采用凹槽榫工艺,制做成木龙骨框架。木龙骨架的大小,可根据实际情况加工成一片或几片拼装到墙上。

2)木龙骨架应刷涂防火漆。

3)将预制好的木龙骨架靠墙直立,用水平尺找平、找垂直,用铁钉钉在木楔上,边钉边找平、找垂直,凹陷较大处应用木楔垫平钉牢。

(5)铺钉胶合板。

1)将木龙骨架与胶合板接触的一面刨光,使铺钉的胶合板平整。

2)胶合板在铺钉前,先在其板背涂刷防火涂料,涂满、涂匀。

3)用气钉枪将胶合板钉在木龙骨上。钉固时,从板中向两边固定,接缝应在木龙骨上且钉头沉入板内,使其牢固、平整。

(6)划线。依据设计图在胶合板木基层上划出墙、柱面上软包的外框及造型尺寸线,并按此尺寸线锯割九厘板拼装到木基层上,钉装造型九厘板的方法同钉胶合板一样。

(7)粘贴芯材。按九厘板围出的软包的尺寸,裁出所需的泡沫塑料块,并用建筑胶粘贴于围出的部分。

(8)包面层材料、镶钉装饰木线及饰面板。从上往下用织锦缎包覆泡沫塑料块:

1)裁剪织锦缎和压角木线,木线长度尺寸按软包边框裁制,在直角处按45°割角对缝,织锦缎应比泡沫塑料块周边宽50～80 mm。

2)将裁好的织锦缎连同作保护层用的塑料薄膜覆盖在泡沫塑料上,用压角木线压住织锦缎的上边缘,展平、展顺织锦缎以后,用气枪钉钉牢木线。

3)拉捋展平织锦缎,钉织锦缎下边缘木线。用同样的方法钉左右两边的木线。压角木线要压紧、钉牢,织锦缎面应展平不起皱。

4)用刀沿木线的外缘(与九厘板接缝处)裁下多余的织锦缎与塑料薄膜如图7-6所示。

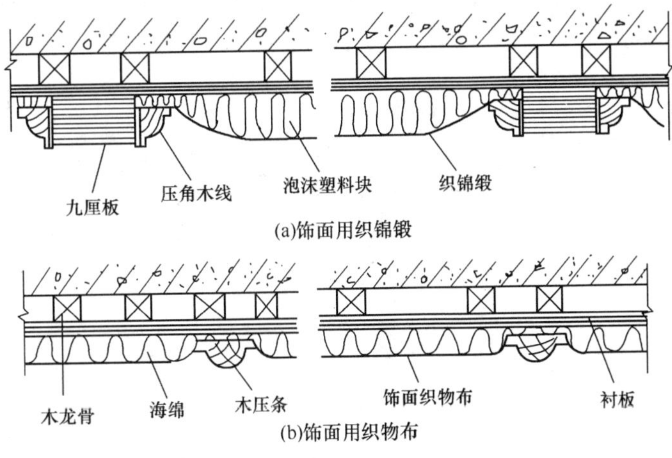


图7-6　直接在木基层上做软包示意图

2.预制软包块拼装软包墙面

(1)弹线、分格、钻孔打入木楔、墙面防潮、钉木龙骨、铺钉胶合板。参见“直接在木基层上做软包墙面”的相关施工要点。

(2)制作软包块。

1)按软包分块尺寸裁九厘板,并将四条边用刨刨出斜面并刨平。

2)以规格尺寸大于九厘板 50～80 mm 的织物面料和泡沫塑料块置于九厘板上,将织物面料和泡沫塑料沿九厘板斜边卷到板背,在展平顺后用钉固定。

3)钉好一边,再展平铺顺拉紧织物面料,将其余三边都卷到板背固定,固定时宜用码钉枪打码钉,码钉间距不大于 30 mm。软包块如图 7-7 所示。

图 7-7　软包预制块示意图

(3)安装软包预制块。

1)在木基层上按设计图划线,标明软包预制块及装饰木线(板)的位置。

2)将软包预制块用塑料薄膜包好(成品保护用),镶钉在墙、柱面做软包的位置,用气枪钉钉牢。每钉一颗钉用手抚一抚织物面料,使软包面无凹陷、起皱现象,无钉头挡手的感觉。连续铺钉的软包块,接缝要紧密,下凹的缝应宽窄均匀一致且顺直(塑料薄膜待工程交工时撕掉)。

(4)镶钉装饰木线及饰面板。在墙面软包部分的四周钉木压线条、盖缝条及饰面板等装饰条,这一部分的材料可先于装软包预制块做好,也可以在软包预制块上墙后制作。

暗钉钉完后,用电化铝帽头钉钉于软包分格的交叉点上。

# 第八章　幕墙工程

## 第一节　玻璃幕墙

### 一、全玻璃幕墙

1. 施工机具

(1)机具:垂直与水平运输机具、电焊机、冲击电锤、玻璃吸盘机、电锯、角磨机、无齿锯、吊车、捯链等。

(2)工具:玻璃吸盘、钳子、手动扳手、力矩扳手、螺丝刀等。

(3)计量检测用具:水准仪、经纬仪、线坠、钢直尺、水平尺、焊缝测量规、钢卷尺、靠尺、塞尺、卡尺、角度尺、方尺、对角线尺等。

2. 施工技术

(1)全玻璃幕墙构造及制作安装。

1)全玻璃幕墙构造。全玻璃幕墙是由玻璃肋支撑的玻璃幕墙,所有连接都由透明结构胶完成,完全没有其他构件,因此更为通透,多用于建筑首层大堂或大厅。全玻璃幕墙的高度一般可达到 12 m。为避免玻璃自重造成变形,当全玻璃幕墙高度大于 5 m 时,应采用吊挂支撑系统,如图 8-1 所示。当全玻璃幕墙高度不大于 5 m 时,可采用其他支撑系统,如图 8-2 所示。

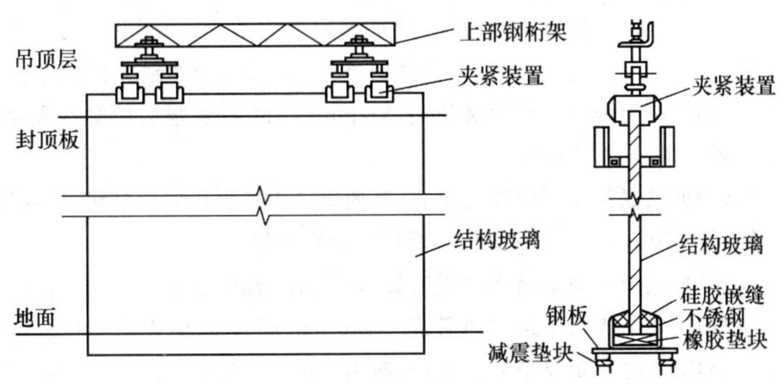


图 8-1　吊挂式全玻璃幕墙构造

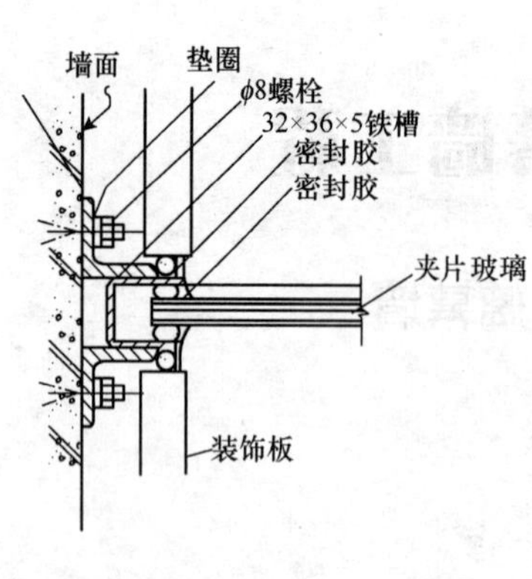


(a)全玻璃幕墙与墙连接（水平截面）

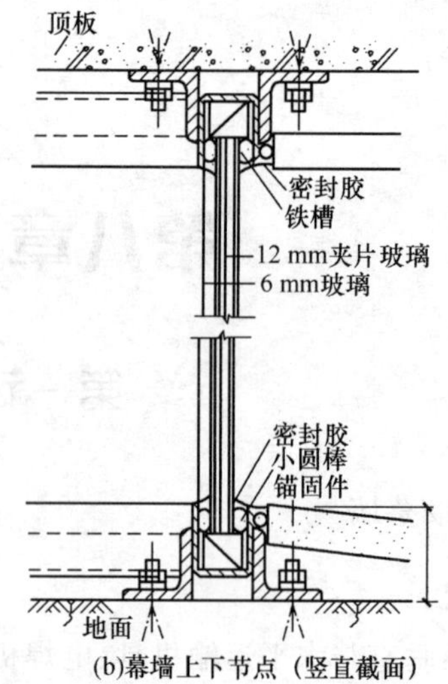


(b)幕墙上下节点（竖直截面）

图 8-2　非悬挂小型全玻璃幕墙(单位:mm)

2)全玻璃幕墙制作与安装的具体内容见表 8-1。

**表 8-1　全玻璃幕墙的制作与安装**

| 项　目 | 内　容 |
| --- | --- |
| 吊挂式全玻璃幕墙 | 吊挂式全玻璃幕墙是指面玻璃及肋玻璃通过上部钢结构，以吊夹悬吊起来的全玻璃幕墙。该全玻璃幕墙的设计类似于竖向放置的楼面，面板玻璃相当于楼板，直接承受风力和地震作用，并传递到玻璃肋上，最后传递到土建结构上，玻璃肋类似于简支梁。<br>(1)高度大于或等于 6 m 的玻璃必须悬挂在主体结构上。<br>(2)悬挂用的一般吊夹均由青铜或优质碳钢制作，类型分单夹及双夹。单夹允许荷载 200 kg/个，双夹的允许荷载 400 kg。超过此重量的吊夹的设计不但考虑金属结构的承载力，还必须考虑玻璃的抗剪强度。<br>(3)由于吊挂玻璃长度较大，故玻璃厚度宜取 19 mm，以满足强度要求。玻璃加工时，要精磨二长边，玻璃尺寸允许偏差±1.5 mm，对角线允许偏差±2.00 mm。<br>(4)玻璃面板及玻璃肋必须用 Araldite 2011 特殊强力胶黏剂黏结铜条，且在 4℃以上养护 72 h 方可安装。<br>(5)玻璃底部应用硬度大于 90 度的聚氯丁橡胶作应急垫块，玻璃底部与垫块距离长期保持 10 mm，尺寸及数量都要经过计算取值。<br>(6)幕墙中悬吊钢结构的强度要满足要求，倾斜度要不大于 5 mm。<br>(7)土建结构与吊顶之间需留出 400 mm 高的空间，以满足悬吊钢结构的空间要求。<br>(8)安装时一定要平顺直立，侧向用专用夹具保护，与玻璃接触的器具均须有柔软构造，以防止玻璃受额外的应力而破坏。<br>(9)土建结构中，在设计有全玻璃幕墙的地方应设有预埋件，预埋件要与吊挂钢结构连接可靠。若土建漏设置预埋件，应采取其他可靠措施(如包梁、穿梁、穿楼板等)，不能单靠膨胀螺栓受力。预埋件的标高允许偏差±3 mm，水平度允许偏差 1/1 000。<br>(10)悬挂结构中，吊挂中心允许偏差±1.5 mm，上下支撑中心允许偏差±3.0 mm，玻璃上下入槽间距允许偏差±2.0 mm，上下支撑的间距允许偏差±3 mm |

续上表

| 项　目 | 内　容 |
| --- | --- |
| 点式固定全玻璃幕墙 | 点式固定全玻璃墙是指上下两片肋通过铜板和螺栓连接，面玻和肋玻又通过金属扣件连为一体的全玻璃幕墙。该幕墙类似于四点支撑板。玻璃四角点的扣件承受着风荷载和地震力，并传到后面的肋玻，最后传到土建结构上。<br>(1)点固定后的玻璃肋是主要受力结构。玻璃的切角、打孔等加工必须在钢化前进行。钻直孔时，孔径公差为±1 mm；钻坡孔口时，外径为 44 mm，允许公差为$^{0.5}_{0}$ mm；内径 35 mm，允许公差为$^{0.5}_{0}$ mm；进深 7 mm，允许偏差为$^{0.2}_{0}$ mm；钻孔底边崩边控制在 1.5 mm 内，孔位间直线度、垂直度控制在±1.5 mm 以内。玻璃孔洞间距及孔洞距板边间距大于或等于 100 mm。<br>(2)玻璃加工时要精磨四边，玻璃尺寸 $L \leqslant 2$ m，公差±1.0 mm；2 m$< L \leqslant$5 m，公差±1.5 mm，对角线公差为±2.0 mm。玻璃包装前必须清洗干净，上下两侧均有泡沫塑料保护，避免划伤玻璃，产生自爆。<br>(3)玻璃安装时，铜板及钢扣件金属与玻璃接触处应设置垫片，以防应力产生 |
| 钢结构支撑全玻璃幕墙 | 钢结构支撑全玻璃幕墙是指采用钢结构作为支撑受力体系，在钢结构上伸出钢爪固定玻璃的全玻璃幕墙。<br>该幕墙类似于四点支撑板。玻璃四角的爪件承受着风荷载和地震作用并传到后面的钢结构上，最后传到土建结构上。<br>玻璃的构造要求与点式固定全玻璃幕墙相同。<br>所用的钢结构可以是圆钢管、钢杆，也可以是方通，选材灵活、施工简单。<br>在风荷载作用下，幕墙主要受力杆件的相对挠度应小于 $L/180$，绝对挠度控制在 20 mm内。<br>钢结构施工时要符合以下要求：<br>(1)相邻两桁架间距尺寸允许偏差±2.5 mm；<br>(2)桁架垂直度允许偏差 1/1 000，绝对误差不大于 5 mm；<br>(3)桁架外表面平面度允许偏差(相邻三柱)5 mm；<br>(4)相邻两钢爪套水平间距尺寸允许偏差－3～1 mm；<br>(5)相邻两钢爪套水平高差允许偏差 1.5 mm；<br>(6)钢爪套水平度允许偏差 2 mm；<br>(7)同层高度内钢爪套高低差偏差，$L \leqslant 35$ m，允许值为 5 mm；$L > 35$ m，允许值为7 mm；<br>(8)圆相邻两钢爪套垂直盲间距尺寸允许偏差±2.0 mm；<br>(9)单个分格钢爪套对角线尺寸允许偏差±4.0 mm；<br>(10)钢爪套端面平面度允许偏差±6.0 mm；<br>(11)装上钢爪后端面相对于玻璃面平行度允许偏差 1.5 mm |

(2)测量放线。根据设计图纸、面玻璃规格大小和标高控制线，用水准仪、经纬仪和钢尺等测量用具，测设出幕墙底边、侧边玻璃卡槽、玻璃肋和面玻璃的安装固定位置控制线。

(3)校核预埋件、安装后置埋件。按测设好的各控制线，对预埋件进行检查和校核，位置超差、结构施工时漏埋或设计变更未埋的预埋件，应按设计要求进行处理或补做后置埋件，后置埋件通常可采用包梁、穿梁、穿楼板等形式安装，与结构之间应选用化学锚栓固定，不得采用膨胀螺栓，并应做拉拔力试验，同时做好施工记录。

(4)安装钢架。全玻幕墙的吊挂钢架分成品钢架和现场拼装钢架两种。安装时如图 8-3 所示。

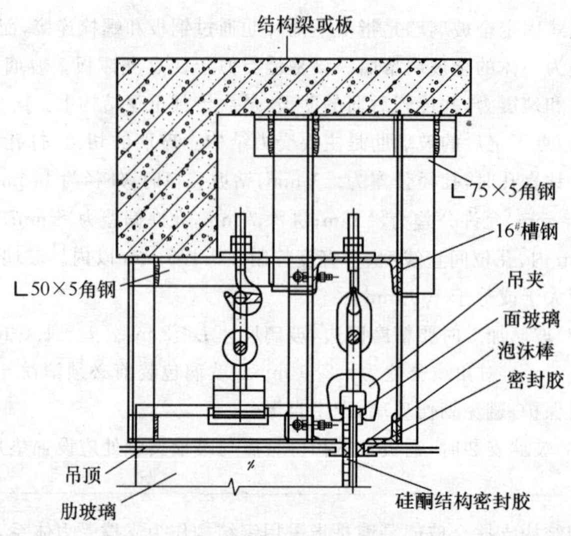


图 8-3 钢架安装示意图(单位:mm)

1)成品(半成品)钢架安装:按照设计图纸的要求，在工厂将钢架加工完成。运抵现场后按照预定的吊装方案将钢架吊装就位，与已安装好的埋件进行可靠连接，连接可采用螺栓连接或焊接固定，注意应先调整好位置后再将钢架与埋件固定牢固。

2)现场拼装钢架安装:各种型钢杆件运至现场后，先按设计图的要求和组装次序，在地面上进行试拼装并按安装顺序编号，然后按顺序码放整齐。安装时按拼装次序先安装主梁，再依次安装次梁和其他杆件。主梁与埋件、主梁与次梁以及与杆件之间连接固定方式应符合设计要求，一般采用螺栓连接，也可采用焊接，连接固定应牢固可靠。

(5)安装边缘固定槽。玻璃的底边和与结构交圈的侧边，一般应安装固定槽，通常固定槽选用槽型金属型材。安装时先将角码与结构埋件固定，然后将固定槽与角码临时固定，根据测设的标高、位置控制线，调整好固定槽的位置和标高，检查合格后将固定槽与角码焊接固定，施工安装时如图 8-4 所示。

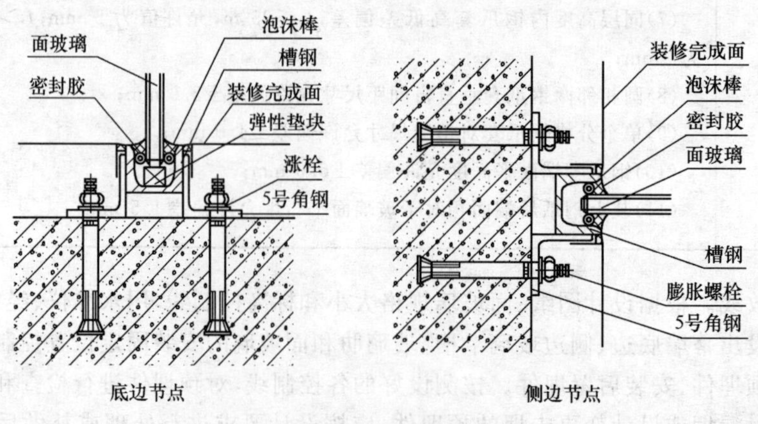


图 8-4 边缘固定槽安装示意图

(6)安装吊夹。根据设计图和位置控制线,用螺栓将玻璃吊架与连接器连接,再把连接器与埋件或钢架进行连接,然后检查调整吊夹,使其中心与玻璃固定槽一致,最后将玻璃吊夹、连接器固定牢固。若为支撑式全玻璃幕墙,上边没有玻璃吊夹,而是将顶端玻璃固定槽直接固定到埋件或钢架。吊夹或固定槽固定好之后应进行全面检查,所有紧固件应紧固可靠并有防松脱装置,所有防腐层遭破坏处应补做防腐涂层。

(7)安装玻璃。

1)安装面玻璃:将面玻璃运到安装地点,先在玻璃下端固定槽内垫好弹性垫块,垫块的厚度应大于 10 mm,长度应大于 100 mm,铺垫应不少于两处,然后用玻璃吸盘吸住玻璃吊装就位。玻璃就位后,先将玻璃吊夹与玻璃紧固,然后调整面玻璃的水平度和垂直度,将面玻璃临时定位固定。

2)安装肋玻璃:肋玻璃运到安装地点后,同面玻璃一样对其进行安装、调整和临时固定。

3)玻璃安装完后:检查、调整所有吊夹的夹紧度、连接器的松紧度,全部符合要求后,将全部玻璃定位做临时固定。调整玻璃吊夹的夹持力时,应使用力矩扳手。调整连接器的松紧度应按设计要求进行。悬挂式安装时,应调整至玻璃底边支撑垫块不受力且与垫块间有一定间隙。混合式安装时,应调整至玻璃吊夹和玻璃底边支撑垫块受力相协调。

(8)密封注胶。玻璃安装、调整完成并临时固定好之后,将所有应打胶的缝隙用专用清洗剂擦洗干净,干燥后在缝隙两边粘贴纸胶带,然后按设计要求先用透明结构密封胶嵌注固定点和肋玻璃与面玻璃之间的缝隙,等结构密封胶固化后,拆除玻璃的临时定位固定,再将所有胶缝用耐候密封胶进行嵌注。注胶时应边注边用工具勾缝,使成型后的胶面平整、密实、均匀、无流淌。操作时应注意不要污染面玻璃,多余的胶液应立即擦净,最后揭去纸胶带。

(9)淋水试验及清洗。所有嵌注的胶完全固化后,对幕墙易渗漏部位进行淋水试验,试验方法和要求应符合现行国家标准《建筑幕墙气密、水密、抗风压性能检测方法》(GB/T 15227—2007)的规定。淋水试验检查合格后,对整个幕墙的玻璃进行彻底擦洗清理。

## 二、点支承玻璃幕墙

1.施工机具

(1)机具:起重机(汽车式、塔式)、捯链、慢速卷扬机、冲击电锤、电动玻璃吸盘机、电锯、角磨机、无齿锯等。

(2)工具:手动玻璃吸盘、专用驳接件配套扳手、力矩扳手、钳子等。

(3)计量检测用具:水准仪、经纬仪、张力测试仪、线坠、钢直尺、水平尺、焊缝测量规、钢卷尺、靠尺、塞尺、卡尺、角度尺、方尺、对角线尺等。

2.施工技术

(1)点支承玻璃幕墙构造与安装要求。

1)点支式玻璃幕墙构造。点支承玻璃幕墙,又称驳接幕墙(DPG)。由钢结构或其他受力构件、铰接螺栓和玻璃组成的幕墙。点驳接幕墙的特点在于没有传统的窗框,玻璃的四角可进行多方向转动的支点(爪具)支撑,玻璃与玻璃之间用透明硅胶嵌缝,幕墙的通透性很好,最适于用在建筑的大堂、餐厅等需要视野开阔的部位。但由于技术原因,开窗较困难,故在需要完全或经常自然通风的室内部位的使用受到一定限制。点驳接幕墙的受力构件可以有很多方式,如钢立柱、钢管桁架、索桁架、玻璃肋等。索桁架和玻璃肋支撑结构更轻巧,能够更好地表达点驳接幕墙的通透性,是现代设计常用的方式,如图 8-5、图 8-6 所示。

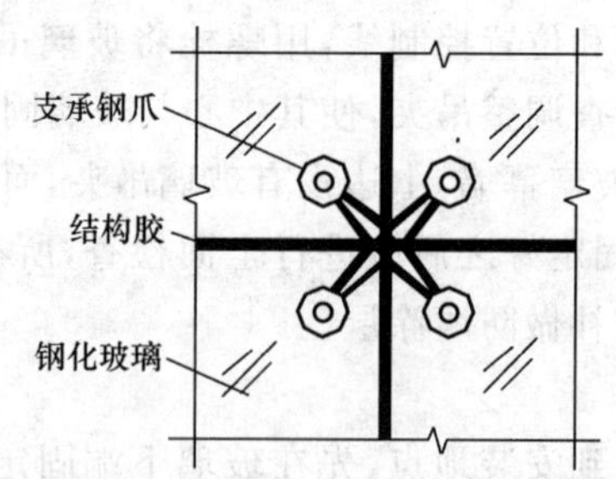


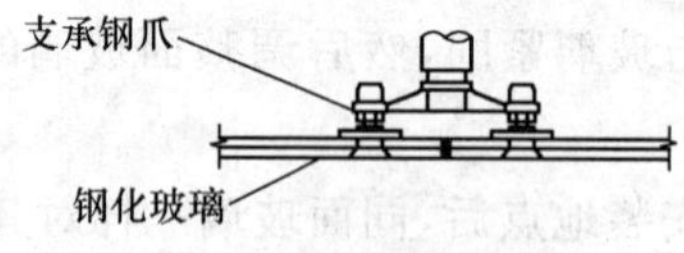


图 8-5　驳接点示意

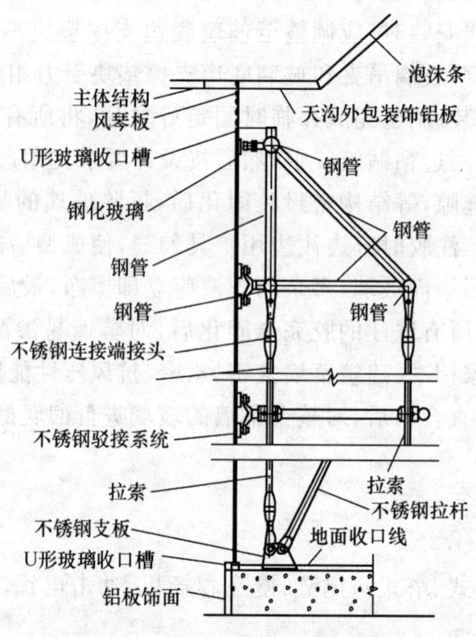


图 8-6　竖向拉索桁架点式幕墙

2)点支承玻璃幕墙安装要求。

①点支承玻璃幕墙支承结构的安装应符合下列要求：

a 钢结构安装过程中，制孔、组装、焊接和涂装等工序均应符合现行国家标准的有关规定。

b. 大型钢结构件应进行吊装设计，并应试吊。

c. 钢结构安装就位、调整后应及时坚固，并应进行隐蔽工程验收。

d. 钢构件在运输、存放和安装过程中损坏的涂层以及未涂装的安装连接部位，应按现行国家标准的有关规定补涂。

②张拉杆、索体系中，拉杆和拉索预拉力的施加应符合下列要求：

a. 钢拉杆和钢拉索安装时，必须按设计要求施加预拉力，并宜设置预拉力调节装置；预拉力宜采用测力计测定。采用扭力扳手施加预拉力时，应事先进行标定。

b. 施加预拉力应以张拉力为控制量；拉杆、拉索的预拉力应分次、分批对称张拉；在张拉过程中，应对拉杆、拉索的预拉力随时调整。

c. 张拉前必须对构件、锚具等进行全面检查，并应签发张拉通知单。张拉通知单应包括张拉日期、张拉分批次数、每次张拉控制力、张拉用机具、测力仪器及使用安全措施和注意事项。

d. 应建立张拉记录。

e. 拉杆、拉索实际施加的预拉力值应考虑施工温度的影响。

③支承结构构件的安装偏差应符合表 8-2 的要求。

④点支承玻璃幕墙爪件安装前，应精确定出其安装位置。爪座安装的允许偏差应符合表 8-2 的规定。

**表 8-2 支承结构安装技术要求**

| 名称 | 允许偏差(mm) |
|---|---|
| 相邻两竖向构件间距 | ±2.5 |
| 竖向构件垂直度 | $l$/1 000 或≤5，$l$ 为跨度 |
| 相邻三竖向构件外表面平面度 | 5 |
| 相邻两爪座水平间距和竖向距离 | ±1.5 |
| 相邻两爪座水平高底差 | 1.5 |
| 爪座水平度 | 2 |
| 同层高度内爪座高低差：间距不大于 35 m； | 5 |
| 间距大于 35 m | 7 |
| 相邻两爪座垂直间距 | ±2.0 |
| 单个分格爪座对角线差 | 4 |
| 爪座端面平面度 | 6.0 |

(2)点支幕墙的加工制作。

1)制作一般要求。

①玻璃的制作及施工技术要求。

a. 玻璃的切角、钻孔等必须在钢化前进行，钻孔直径要大于玻璃板厚，玻璃边长尺寸偏差±1.0 mm，对角线尺寸允许偏差±2.0 mm，钻孔位置允许偏差±0.8 mm，孔距允许偏差±1.0 mm，孔轴与玻璃平面垂直度允许偏差±0.2°，孔洞边缘距板边间距大于或等于板厚度的 2 倍。

b. PVB 夹胶玻璃内层玻璃厚 6～12 mm，外层玻璃厚 8～15 mm，且外层夹胶玻璃厚度最小为 8 mm(当风力很小而且幕墙较低时酌情使用)，夹胶玻璃最大分格尺寸不宜超过 2 m×3 m，如经特殊处理或有特殊要求，在采取相应安全措施后可以适当放宽。

c. 中空玻璃打孔后，为防止惰性气体外泄，在玻璃开孔周围垫入一环状金属垫圈，并在金属垫圈与玻璃交接处用聚异丁烯橡胶片保证密封。

d. 单片玻璃的磨边垂直度偏差不宜超过玻璃厚度的 20%。

e. 在施工现场中，玻璃应存放在无雨、无雾、无震荡冲击和避免光照的地方，以避免玻璃破损或玻璃表面出现彩虹，特别要注意玻璃固定孔不能作为搬动玻璃的把手，起吊玻璃在玻璃重量允许前提下最好使用真空吸盘。

②钢结构制作及施工技术要求。

a. 钢结构组合构件应尽可能在工厂完成合理的划分拼接运输，根据施工现场实际情况选用合理的现场施工组织方案。

b. 钢结构拼接单元节点偏差不得大于±2 mm。

c. 钢结构长度允许偏差不得超过 1/2 000。

d. 钢结构垂直度允许偏差 1/2 000，绝对误差不大于 5 mm。

e. 驳接件水平间距允许偏差±1.5 mm，水平高度允许偏差±1.5 mm，相邻驳接件水平度允许偏差±1.5 mm，同层高度内驳接件允许高差 $L \leqslant 20$ m，允许偏差 1/1 000；$L \leqslant 35$ m，允许偏差 1/700；$L \leqslant 50$ m，允许偏差 1/600；$L \leqslant 100$ m，允许偏差 1/500。

2)玻璃钻孔。点支幕墙上的开孔，其孔径允许偏差为$^{+0.5}_{0}$ mm；孔位偏差为±0.5 mm。各种不同的支承头，其开孔的精度要求也不相同。

开孔后孔壁应磨边，孔边应倒棱。

3)拉索制作。拉索下料之前应预张拉，张拉力为破断拉力的 50%，持续时间 2 h，反复进行三次，以清除日后的非弹性伸长量。预张拉和检测在专用的钢台座上进行。切断后的钢索在挤压机上进行套筒固定。

挤压后的套筒应在 90%破断拉力以上还能工作。

钢拉索的制作应符合表 8-3 的规定。

**表 8-3　钢拉索的制作要求**

| 项　目 | 长　度 | | |
|---|---|---|---|
| | $L \leqslant 10$ m | 10 m$<L \leqslant 20$ m | $L>20$ m |
| 长度公差 | 5 mm | 8 mm | 12 mm |
| 螺纹偏差 | 不低于 6 g 级精度 | | |
| 外观 | 表面光亮，无锈斑，钢丝不允许有断裂及其他明显的机械损伤，钢拉索的接头粗糙度不大于 Ra3.2 | | |

4)钢管加工。用于单根支承或桁架、空腹桁架杆件的钢管，事先必须进行化学性能和力学性能检验不锈钢管还应进行金相组织检验，确认为奥氏体不锈钢。

用于管桁架的钢管，端部应采用三维坐标切割机切割出连续光滑平稳过渡的相贯曲线。当管壁厚度小于 6 mm 时，切割时可不留坡口；否则应剖出坡口。

(3)测量放线。钢结构支承、索杆结构支承、玻璃肋支撑、建筑主体支承的点支承玻璃幕墙定位放线，应根据建筑物的轴线、标高控制点、线，测设幕墙支撑结构的安装控制线，并按设计大样图和测设的控制线，对钢构件、索杆体系的固定点进行定位。放线时应先在地、墙面上测设定位控制点、线，再用经纬仪或激光铅垂仪向上引垂直控制线、中心控制线和支撑结构的固定点安装位置线。

(4)校核预埋件、安装后置埋件。幕墙支撑结构安装前要按各控制线、中线和标高控制线(点)，对预埋件进行检查和校核，位置超差、结构施工时漏埋或设计变更未埋的预埋件，应按设计要求进行处理或补做后置埋件，后置埋件应选用化学锚栓固定，不得采用膨胀螺栓，并应做拉拔力试验，同时做好施工记录。

(5)安装支承结构。常见几种支承结构形式如图 8-7 所示。

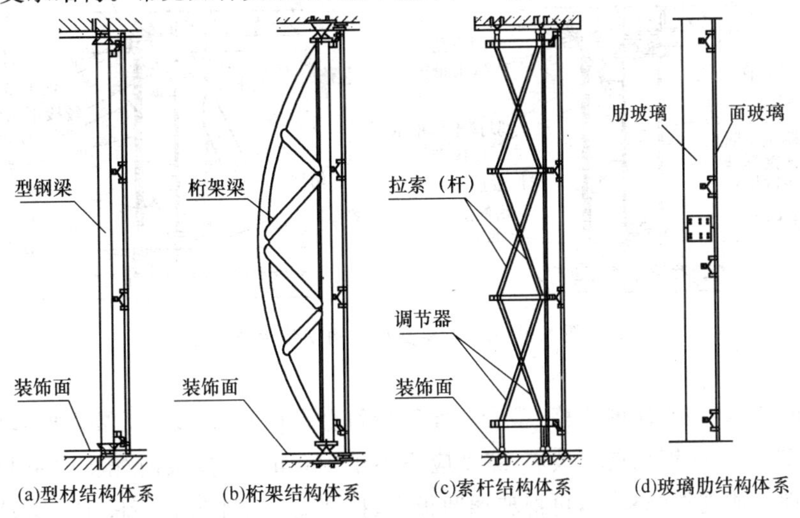


图 8-7 点支承幕墙结构体系示意图

1)索杆支承结构:索、杆及锚固头应全部进行检查,并进行强度复试。拉索下料前应进行预张拉,张拉力可取破断拉力的 50%,持续时间为 2 h。拉杆下料前宜采用机械拉直方法进行调直。索、杆的锚固头应采用挤压方式进行连接固定。拉杆和拉索安装时,应按设计要求设置预应力调节装置。索杆张拉前应对构件、锚具、锚座等进行全面检查,张拉时应分批、分次对称张拉,并按施工温度调整张拉力,做好张拉数据记录。索杆支承结构的安装如图 8-8 所示。

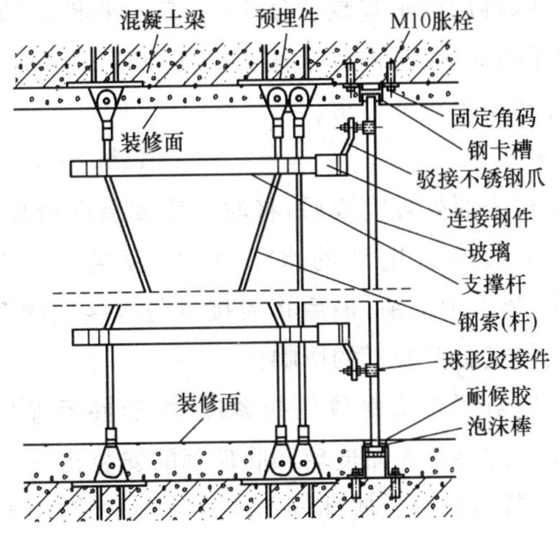


图 8-8 索杆支承结构安装示意图

2)钢支承结构:钢支承结构分为梁式和桁架式两种。安装时先将钢梁或桁架吊装就位,初步校正后进行临时固定,再松开吊装设备的挂钩,调整检查合格后固定牢固。梁式结构的横梁与立柱应采用螺栓连接,每个连接点不得少于两条螺栓,螺栓和螺母应进行抗滑移、防松脱处理。桁架杆件之间宜采用单面焊进行焊接,焊缝高度应不小于 6 mm,焊缝不应有尖夹角。钢梁或桁架与结构的固定应符合设计要求,一般采用螺栓连接或焊接固定。安装方法如图 8-9 所示。

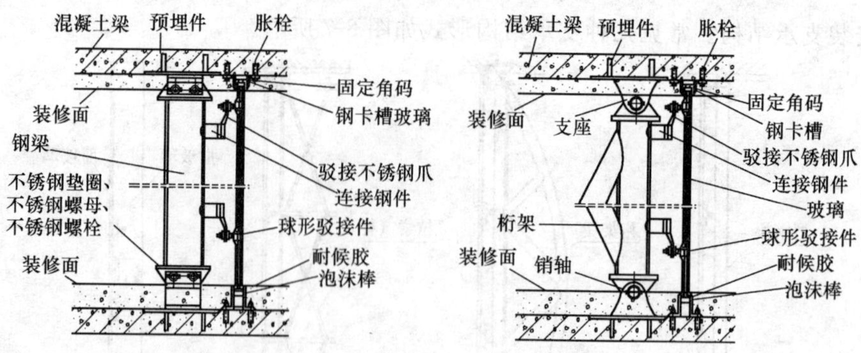


图 8-9　梁、桁架支承结构安装示意图

3)玻璃肋支撑:玻璃肋的规格、型号和厚度应符合设计要求,设计无要求时,玻璃肋应采用厚度不小于 12 mm 的钢化夹层玻璃,宽度应不小于 100 mm。安装时先将固定肋板的支撑座安装固定到埋件或支撑结构上,再把玻璃肋板卡、挂到支承座上并进行固定。玻璃肋板固定应牢固,固定方式应符合设计要求。

4)建筑主体支承:采用该种支撑体系的幕墙没有自己的独立受力结构体系,而是将外力通过驳接件直接施加到主体结构上。一般做法是将驳接座直接固定到主体结构的埋件上。

(6)安装驳接座。支撑结构调整合格后,按照深化设计的安装位置、尺寸进行驳接座安装,一般情况下驳接座与支撑结构或埋件采用焊接固定。

(7)结构表面处理。将金属支撑结构的焊缝除净焊渣、磨去棱角、补刷防锈漆,然后对整个表面用细砂纸进行轻轻打磨,再用原子灰腻子分 3～4 遍补平磨光(最后一遍磨光应采用水砂纸打磨),最后用防火型油漆喷 3～4 道进行罩面。罩面油漆的色泽应均匀一致、表面光滑、无明显色差,质量应符合设计和相关规范要求。

(8)安装驳接系统。

1)安装驳接爪:支撑结构表面处理完成后,将驳接座安装孔清理干净,再把驳接爪插入驳接座的安装孔内,用水平尺校准驳接爪的水平度(两驳接头安装孔的水平偏差应小于 0.5 mm),然后钻定位销孔,装入定位销,最后将驳接爪与驳接座固定牢固。驳接爪应能进行三维调整,以减少或消除结构或温差变形的影响。

2)安装驳接头:安装前应对驳接头螺纹的松紧度、配套件等进行全面检查,确保其质量。然后将驳接头螺母拧下,垫好衬垫穿入面玻璃和肋玻璃的安装孔内,再垫上衬垫用力矩扳手拧紧螺母和锁紧螺母。安装时驳接头的金属部分不应直接与玻璃接触,应垫入用弹性材料制作的厚度不小于 1 mm 的衬垫或衬套,并应使玻璃的受力部位为面接触受力。螺母拧紧的力矩一般为 10 N·m,紧固时应注意调整驳接头的定位距离。

(9)安装玻璃。点支承玻璃幕墙的面玻璃为矩形或多边形时,固定支点个数应不少于四个,为三角形时,固定支点个数应不少于三个。

1)将装好驳接头的玻璃用吸盘抬起或用吊车配电动吸盘吊起,把驳接头的固定杆穿入驳接爪的安装孔内,拧上固定螺栓,调整垂直度和平整度,最后紧固螺栓将玻璃固定牢固。

2)玻璃肋支撑的面玻璃安装时,先将驳接爪安装固定到玻璃肋的驳接头上,然后将装好驳接头的面玻璃人工抬起或用吊车吊起,把面玻璃驳接头的固定杆穿入驳接爪的安装孔内,拧上固定螺栓，调整垂直度和平整度，紧固螺栓将玻璃固定牢固。

(10)调整板缝注胶。面玻璃安装好后，应按设计要求调整板缝的宽窄，一般缝宽为10 mm，在2 m范围内宽窄误差应小于2 mm，板缝调好后，在板缝两侧的面玻璃上粘贴纸面胶带，再用硅酮耐候密封胶将板缝嵌填严密。注胶时应边注边用工具勾缝，使成型后的胶面平整、密实、均匀、无流淌。操作时应注意不要污染面玻璃，多余的胶液应立即擦净。

(11)淋水试验。所注的胶完全固化后，应对易发生渗漏的部位进行淋水试验，试验方法和要求应符合现行国家标准《建筑幕墙气密、水密、抗风压性能检测方法》(GB/T 15227—2007)。

(12)清洗验收。淋水试验合格后，在竣工验收前，对整个幕墙的支撑结构、驳接体系、玻璃的表面应进行全面擦拭、清理，清理干净后进行验收。

### 三、元件式玻璃幕墙

1.施工机具

(1)机械设备：电动吊篮、电动吸盘、手动吸盘、滚轮、热压胶带电炉、双斜锯、双轴仿形铣床、凿榫机、自攻钻、手电钻、夹角机、铝型材弯型机、双组分注胶机、清洗机、电焊机等。下面简要介绍电动吊篮。

电动吊篮是用于建筑物外装饰作业的载人起重设备。按其提升方式分为屋面卷扬式和爬升式两种。屋面卷扬式是在屋面安装卷扬机，下垂钢丝绳拉住吊篮，开动卷扬机使吊篮上升或下降。爬升式吊篮的卷扬机构则置于吊篮上，屋面安装支架，下悬钢丝绳即是吊篮的爬升轨道。这种吊篮有可靠安全装置，升降由吊篮里的施工人员随意控制，使用方便。

1)构造。爬升式电动吊篮，如图8-10所示由吊篮、电动爬升机、爬升钢绳、安全钢绳、爬升限位装置和悬挂支持架等组成。吊篮由铝或薄钢板压制制成；两根下垂的钢丝绳分别作为爬升轨道和安全保险绳；吊篮两端安装电动提升机，紧扣安全绳的安全锁，当吊篮超速下降时，安全锁自动触发锁住钢绳，使吊篮不再下滑，确保施工人员安全。

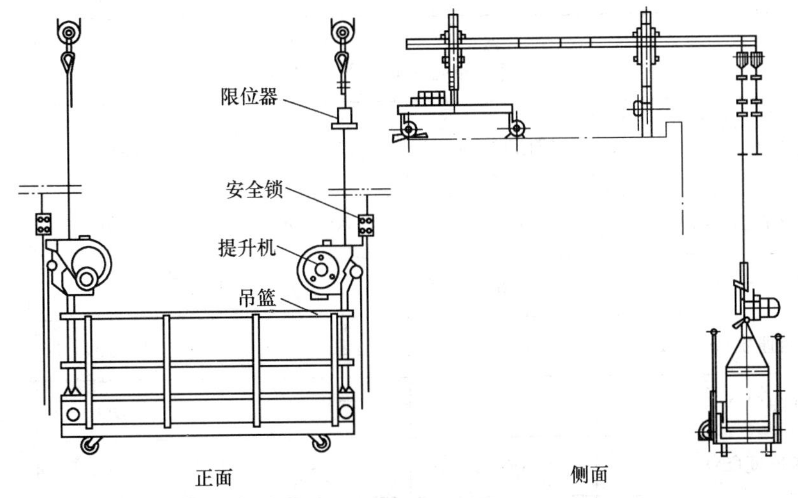


图8-10 爬升式电动吊篮

2)技术性能。爬升式电动吊篮主要技术性能见表8-4；外墙装修吊篮技术性能见表8-5。

表 8-4　爬升式电动吊篮主要技术性能

| 项目 | ZLD500 | WD350 | LGZ300-3.6A |
|---|---|---|---|
| 提升机起重能力(N) | — | 3 500 | 4 500 |
| 工作平台额定载荷(kN) | 5 | 2.15 | 3 |
| 吊篮升降速度(m/min) | 8.8 | 6 | 5 |
| 吊篮提升高度(m) | 100 | 100 | 100 |
| 安全锁限制速度(m/min) | 20 | 10 | 5～7 |
| 吊篮外形尺寸(长×宽×高)(m) | 3×0.7×1.2<br>6×0.7×1.2 | 2.4×0.7×1.2 | 2.4×0.7×1.2<br>3.6×0.7×1.2 |
| 吊篮离墙面距离(m) | — | — | 0.6 |
| 提升机钢丝绳绕法 | *a* | *a* | *Z* |
| 金属钢丝绳规格(mm) | $\phi$9.3<br>6×(31)+7×7 | $\phi$8.7<br>6×(19) | $\phi$8.25<br>7×(19) |
| 电动机型号 | $ZD_1$-21-4<br>锥形制动异步电机 | PD-11 型<br>盘式电磁制动电机 | 锥形电磁制动电机 |
| 电动机功率(kW) | 0.8×2 | 0.5×2 | 0.8×2 |
| 电源电压(V) | 380 | 380 | 380 |
| 电源频率(Hz) | 50 | 50 | 50 |
| 屋面机构型式 | 推移式 | 固定式 | 推移伸缩式 |
| 屋面机构最大悬臂长度(m) | <1.5 | — | — |
| 屋面机构配重(kg) | 267×2 | — | 470 |

表 8-5　外墙装修吊篮技术性能

| 技术参数＼型号 | ZLD-1000 | ZLD-500 | ZLD-300 | ZLD-100 |
|---|---|---|---|---|
| 工作提升力(N) | 10 000 | 50 000 | 3 000 | 1 000 |
| 提升速度(m/min) | 8 | 6 | 3.5 | 3.5 |
| 安全锁锁绳速度(m/min) | 20～23 | 20～23 | 11～12 | 20～23 |
| 电源(V) | 三相 380 | 三相 380 | (手动) | 单相 220 |
| 篮体长度(m) | 3～12 | 3～6 | 2～3 | (吊椅) |
| 提升高度 | 不限 | 不限 | 不限 | 不限 |

3)使用要点。

①使用的电动吊篮必须是出厂合格品，各部机件尤其是安全系统要极为可靠，使用期内，

出现故障,必须由专业人员或送厂检查修理。

②操作人员要熟悉吊篮使用说明,正确操作,工作时,严禁超载;施工人员要系好安全带。遇有雷雨天或超过五级风时,不得登吊篮作业。

③必须使用镀锌钢丝绳,绳上不得有油,如有扭伤、松散、断丝等现象,应及时更换。

④屋面机、提升机、安全锁及电气控制等,须经安全检查员检查认可后,方可使用。

⑤吊篮在空中作业时,应将安全锁锁紧,需要移动时再松动安全锁。安全锁累计工作1 000 h,进行检验,重新标定,以保证其安全工作。

⑥在吊篮进行焊接作业时,应对吊篮和钢丝绳进行全面防护,不准使其成为接线回路。

⑦每天作业后,应将吊篮降至离地面 1 m 高度处,扫清篮内杂物,然后固定于离地面约3 m处的建筑物上,将落地的电缆和钢丝绳收到吊篮里,撤去梯子,切断电源。

⑧按机械使用规定,定期对机械进行检修保养,使其保持良好性能。

(2)测量、放线、检验工具:水准仪、经纬仪、2 m 靠尺、托线板、线坠、钢卷尺、水平尺、钢丝绳等。

(3)施工操作工具:手动真空吸盘、牛皮带、螺丝刀、工具刀、泥灰刀、撬板、竹签、滚轮、筒式打胶枪等。

2.施工技术

(1)元件式幕墙构造与安装要求。

1)元件式幕墙构造。元件式幕墙又称框架式幕墙。在外墙主体结构上安装主龙骨,在主龙骨上安装窗框,在窗框上再安装玻璃,这种体系幕墙是最传统也是最基本的形式。框架式幕墙可根据立面要求做成明框式、隐框或半隐框式,全隐框幕墙的安全性完全依赖于结构胶的强度和质量。框架式幕墙基本上在现场作业,受气候和作业条件的影响较大,适用于一般多层和高度不超过 100 m 的高层建筑,如图 8-11 所示。

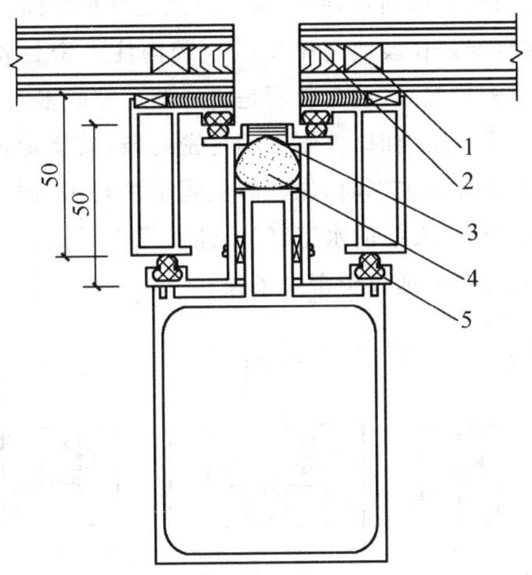


图 8-11 框架式幕墙节点(单位:mm)

1—垫块;2—结构胶;3—耐候胶;4—泡沫条;5—胶条

①明框幕墙。明框玻璃幕墙是最典型的元件式幕墙,明框玻璃幕墙是采用镶嵌槽夹持方法安装玻璃的幕墙。按照镶嵌槽组成的方法,可分为整体镶嵌槽式、组合镶嵌槽式、混合镶嵌槽式、隐窗型、隔热型五种。具体内容见表 8-6。

**表 8-6　明框幕墙的类型和内容**

| 类　型 | 内　容 |
| --- | --- |
| 整体镶嵌槽式 | (1)整体镶嵌槽式明框幕墙,如图 8-12 所示。<br>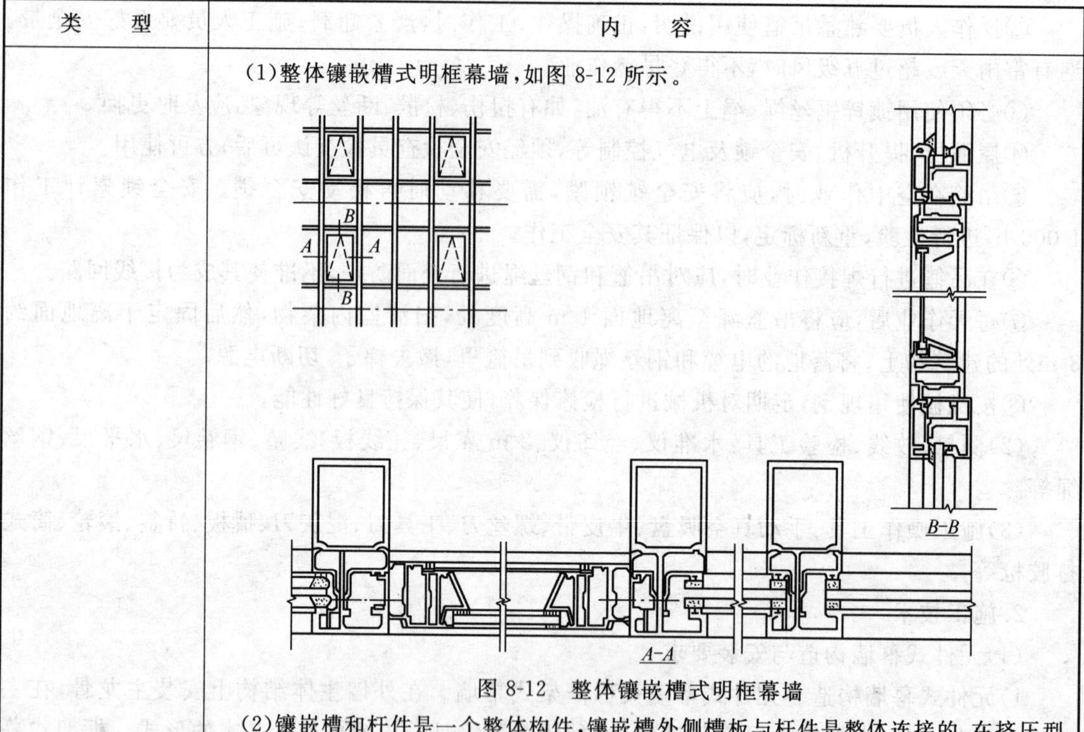<br><br>图 8-12　整体镶嵌槽式明框幕墙<br>(2)镶嵌槽和杆件是一个整体构件,镶嵌槽外侧槽板与杆件是整体连接的,在挤压型材时就是一个整体,安装玻璃时可采用投入法,定位后固定的方法有三种:干式装配如图 8-13(a)所示、湿式装配如图 8-13(b)所示、混合装配如图 8-13(c)所示。混合装配又分为从外侧安装玻璃和从内侧安装玻璃两种。所谓干式装配是采用密封条嵌入玻璃与槽壁的空隙将玻璃固定,密封条的形式随型材断面形状而异,主要形式如图 8-13(d)所示。湿式装配是在玻璃与槽壁的空腔内注入密封胶填缝,密封胶固化后将玻璃固定,并将缝隙密封起来;混合装配是将一侧空腔嵌密封条,另一侧空腔注入密封胶填缝固定;从内侧安装玻璃时,外侧先固定密封条,玻璃定位后,对内侧空腔注入密封胶填缝固定;从外侧安装玻璃时,先在内侧固定密封条,玻璃定位后,对外侧空腔注入密封胶填缝固定。湿式装配的水密、气密性能优于干式装配,而且当使用的密封胶为硅酮密封胶时,其寿命远远长于密封条长。<br>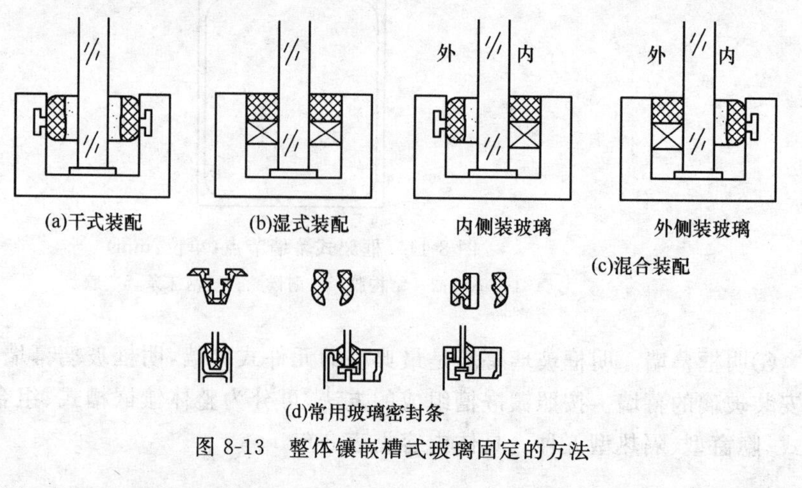<br><br>图 8-13　整体镶嵌槽式玻璃固定的方法 |

续上表

| 类 型 | 内 容 |
| --- | --- |
| 组合镶嵌槽式 | (1)组合镶嵌槽式明框幕墙如图 8-14 所示。<br>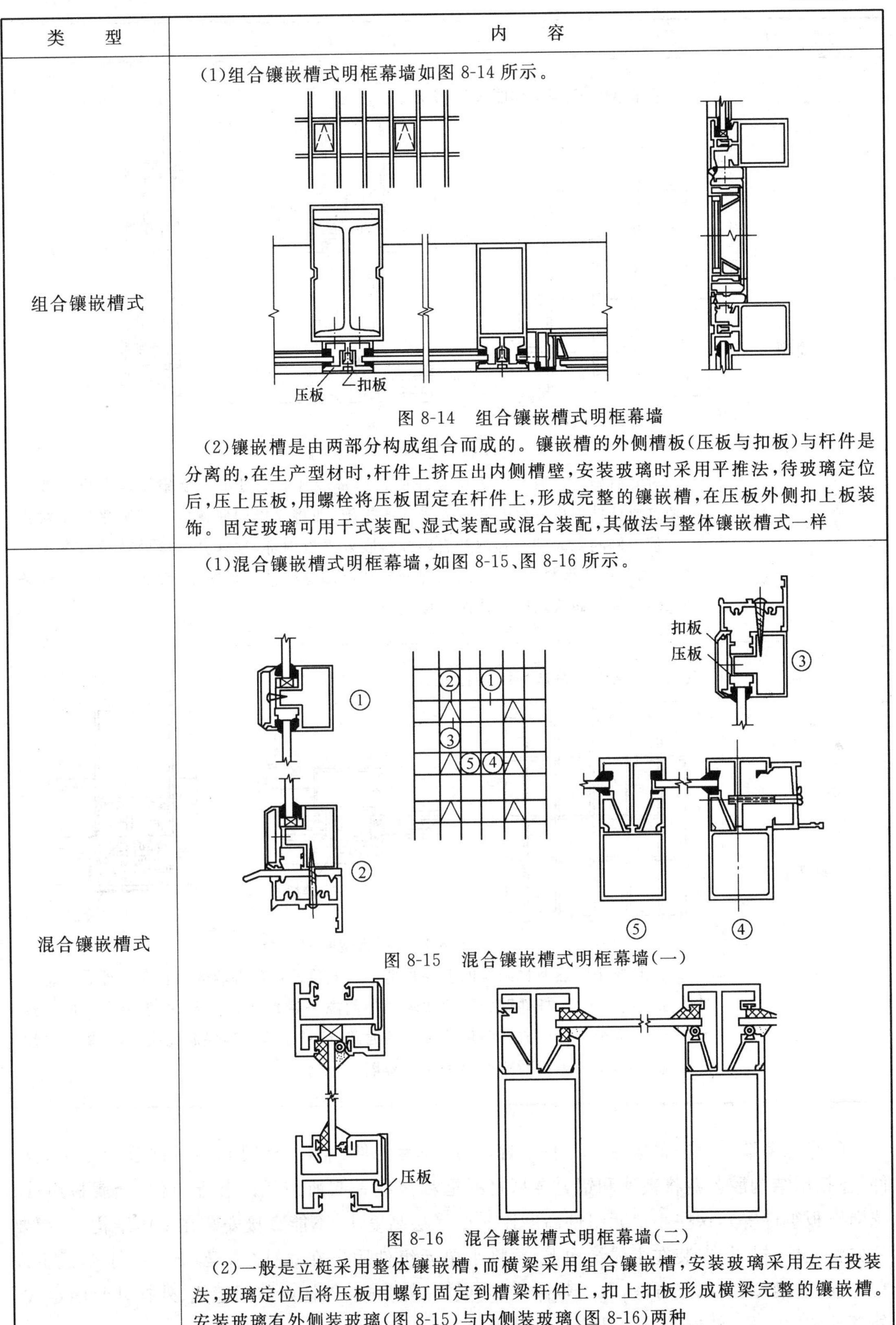<br><br>图 8-14 组合镶嵌槽式明框幕墙<br>(2)镶嵌槽是由两部分构成组合而成的。镶嵌槽的外侧槽板(压板与扣板)与杆件是分离的,在生产型材时,杆件上挤压出内侧槽壁,安装玻璃时采用平推法,待玻璃定位后,压上压板,用螺栓将压板固定在杆件上,形成完整的镶嵌槽,在压板外侧扣上板装饰。固定玻璃可用干式装配、湿式装配或混合装配,其做法与整体镶嵌槽式一样 |
| 混合镶嵌槽式 | (1)混合镶嵌槽式明框幕墙,如图 8-15、图 8-16 所示。<br>图 8-15 混合镶嵌槽式明框幕墙(一)<br>图 8-16 混合镶嵌槽式明框幕墙(二)<br>(2)一般是立梃采用整体镶嵌槽,而横梁采用组合镶嵌槽,安装玻璃采用左右投装法,玻璃定位后将压板用螺钉固定到槽梁杆件上,扣上扣板形成横梁完整的镶嵌槽。安装玻璃有外侧装玻璃(图 8-15)与内侧装玻璃(图 8-16)两种 |

续上表

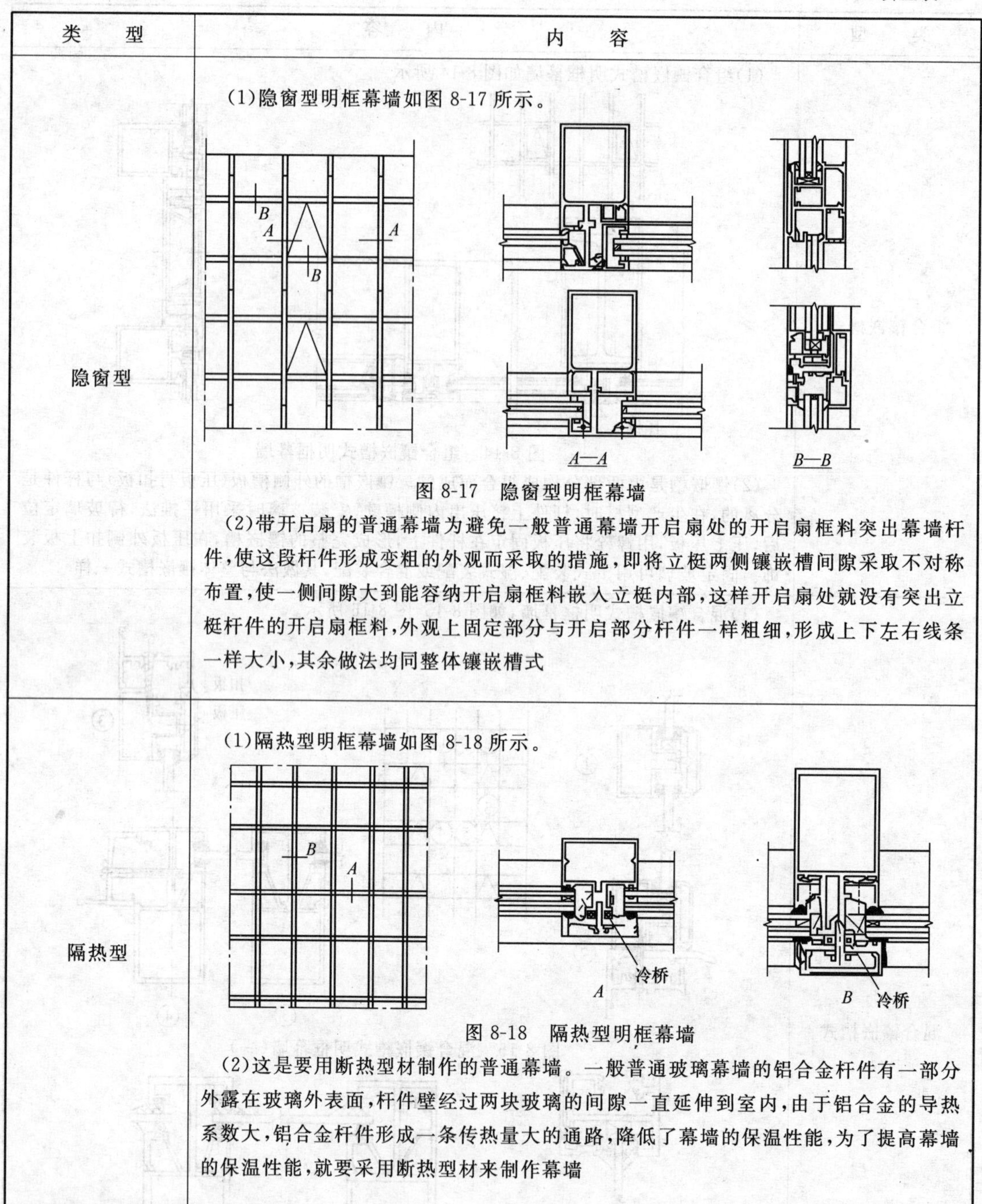


| 类　型 | 内　容 |
|---|---|
| 隐窗型 | (1)隐窗型明框幕墙如图 8-17 所示。<br>图 8-17　隐窗型明框幕墙<br>(2)带开启扇的普通幕墙为避免一般普通幕墙开启扇处的开启扇框料突出幕墙杆件，使这段杆件形成变粗的外观而采取的措施，即将立梃两侧镶嵌槽间隙采取不对称布置，使一侧间隙大到能容纳开启扇框料嵌入立梃内部，这样开启扇处就没有突出立梃杆件的开启扇框料，外观上固定部分与开启部分杆件一样粗细，形成上下左右线条一样大小，其余做法均同整体镶嵌槽式 |
| 隔热型 | (1)隔热型明框幕墙如图 8-18 所示。<br>图 8-18　隔热型明框幕墙<br>(2)这是要用断热型材制作的普通幕墙。一般普通玻璃幕墙的铝合金杆件有一部分外露在玻璃外表面，杆件壁经过两块玻璃的间隙一直延伸到室内，由于铝合金的导热系数大，铝合金杆件形成一条传热量大的通路，降低了幕墙的保温性能，为了提高幕墙的保温性能，就要采用断热型材来制作幕墙 |

②隐框幕墙。隐框幕墙在工厂制作时，一部分为元件(立柱、横梁)，另一部分为小单元组件(包括用结构胶胶缝将玻璃和铝合金型材副框粘接在一起所组成的装配组件、金属板组件、花岗石板组件等)，这些小单元组件高度比一个楼层高度小，不能直接安装在主体结构上，而要首先将立柱(横梁)安装在主体结构上，再将小单元组件固定在立柱(横梁)上。按小单元组件在立柱(横梁)上的固定方法，分为整体式、内嵌式、外扣式、外挂内装固定式、外挂外装固定式、外顿外装固定式、外插式等。具体内容见表 8-7。

**表 8-7 隐框幕墙的类型和内容**

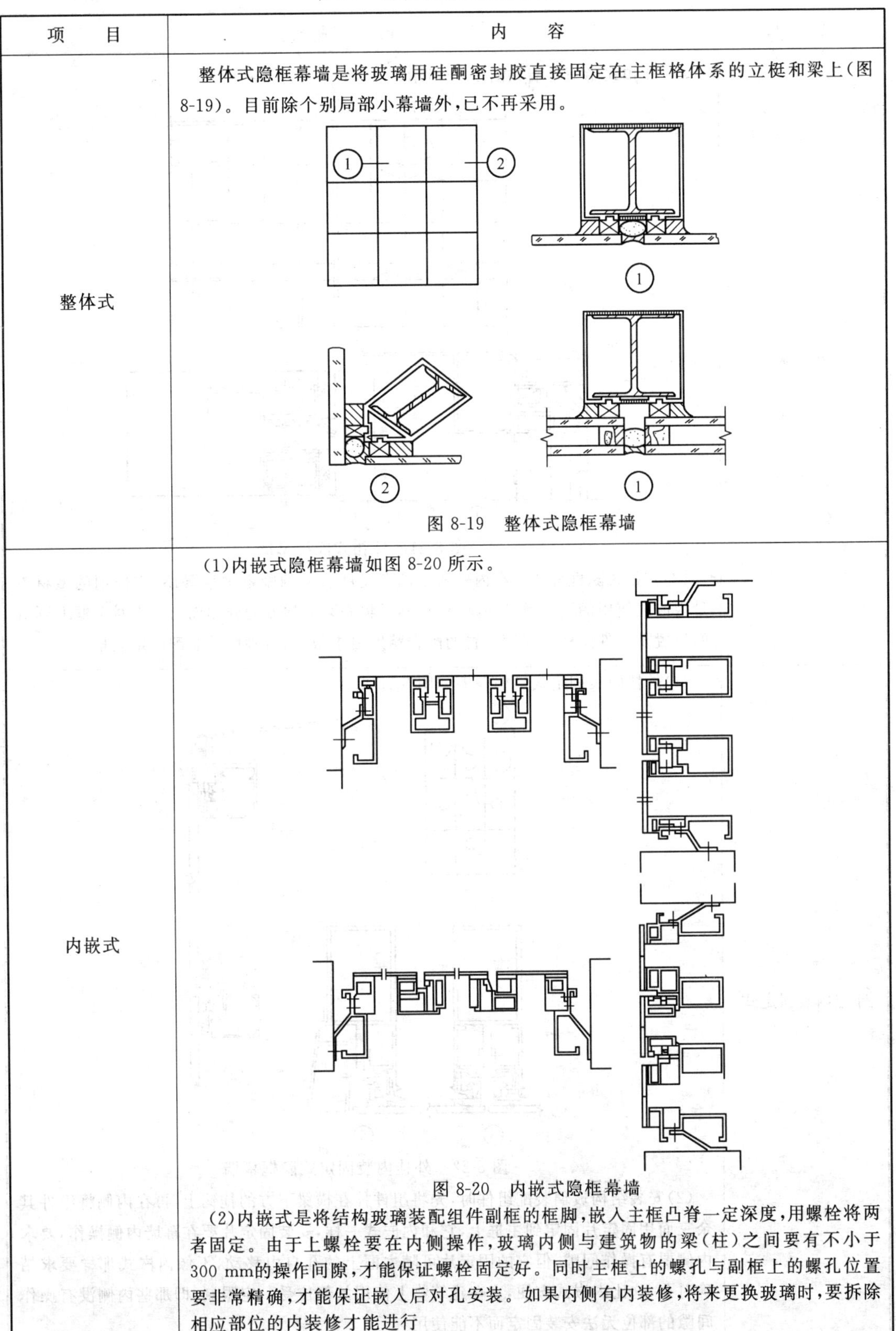

| 项　　目 | 内　　容 |
| --- | --- |
| 整体式 | 整体式隐框幕墙是将玻璃用硅酮密封胶直接固定在主框格体系的立梃和梁上(图 8-19)。目前除个别局部小幕墙外,已不再采用。<br>图 8-19　整体式隐框幕墙 |
| 内嵌式 | (1)内嵌式隐框幕墙如图 8-20 所示。<br>图 8-20　内嵌式隐框幕墙<br>(2)内嵌式是将结构玻璃装配组件副框的框脚,嵌入主框凸脊一定深度,用螺栓将两者固定。由于上螺栓要在内侧操作,玻璃内侧与建筑物的梁(柱)之间要有不小于 300 mm的操作间隙,才能保证螺栓固定好。同时主框上的螺孔与副框上的螺孔位置要非常精确,才能保证嵌入后对孔安装。如果内侧有内装修,将来更换玻璃时,要拆除相应部位的内装修才能进行 |

续上表

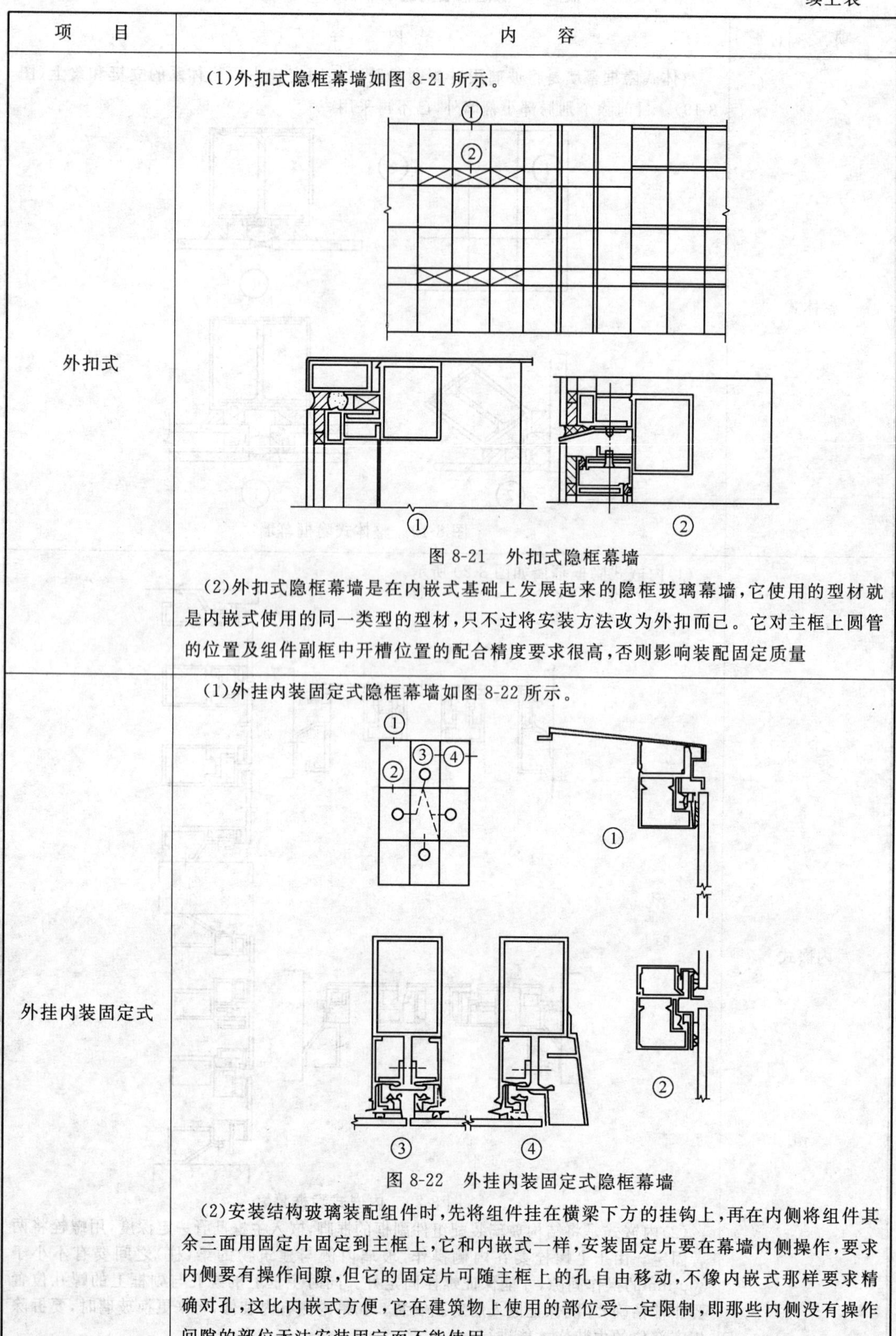

| 项　目 | 内　容 |
| --- | --- |
| 外扣式 | (1)外扣式隐框幕墙如图 8-21 所示。<br>图 8-21　外扣式隐框幕墙<br>(2)外扣式隐框幕墙是在内嵌式基础上发展起来的隐框玻璃幕墙，它使用的型材就是内嵌式使用的同一类型的型材，只不过将安装方法改为外扣而已。它对主框上圆管的位置及组件副框中开槽位置的配合精度要求很高，否则影响装配固定质量 |
| 外挂内装固定式 | (1)外挂内装固定式隐框幕墙如图 8-22 所示。<br>图 8-22　外挂内装固定式隐框幕墙<br>(2)安装结构玻璃装配组件时，先将组件挂在横梁下方的挂钩上，再在内侧将组件其余三面用固定片固定到主框上，它和内嵌式一样，安装固定片要在幕墙内侧操作，要求内侧要有操作间隙，但它的固定片可随主框上的孔自由移动，不像内嵌式那样要求精确对孔，这比内嵌式方便，它在建筑物上使用的部位受一定限制，即那些内侧没有操作间隙的部位无法安装固定而不能使用 |

续上表

| 项　　目 | 内　　容 |
| --- | --- |
| 外挂外装固定式 | (1)外挂外装固定式隐框幕墙如图 8-23 所示。 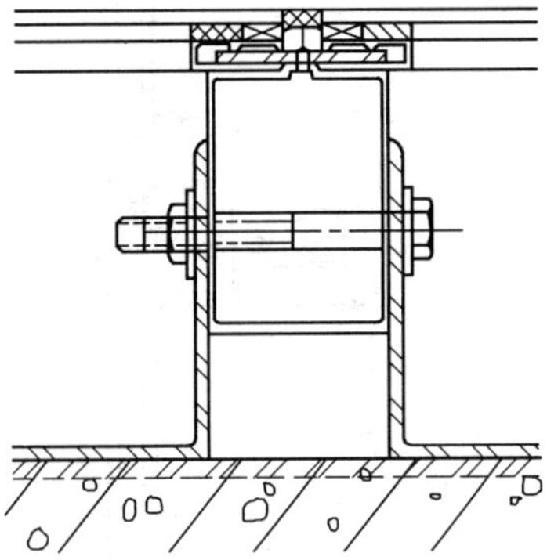<br>图 8-23　外挂外装固定式隐框幕墙<br>(2)外挂外装固定式安装时，将组件挂在横梁的挂钩上，组件其余三方用固定片固定到主框上，安装固定片全部在外侧操作。可在建筑物任何部位采用，并且更换玻璃时也不会影响内侧(不需拆除内装修，有内装修的房间仍可照常工作、生活)，但从风压试验中可以看出，它对固定件的强度、风度要求很高，即固定件在设计风荷载下不能破坏，不能挠曲，螺钉和螺母的配合要精确，在设计风荷载下要保证螺钉不断，不拔脱，否则组件应会脱落 |
| 外顿外装固定式 | (1)外顿外装固定式隐框幕墙如图 8-24 所示。 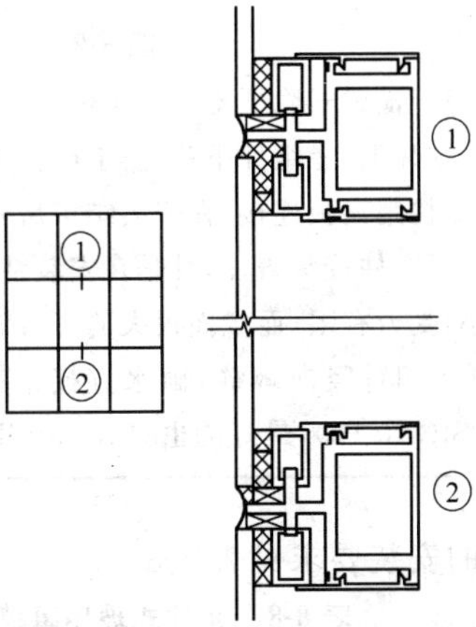<br>①<br>②<br>图 8-24　外顿外装固定式隐框幕墙<br>(2)外顿外装固定式隐框幕墙和外挂外装固定式的区别在于，它是组件下槽卡搁在横梁伸出的牛腿上，上槽卡在上横梁牛腿上，与立柱固定方法和要求与外挂外装固定式相同 |

续上表

| 项　　目 | 内　　容 |
|---|---|
| 外插式 | (1)外插式(小单元式)隐框幕墙如图 8-25 所示。<br>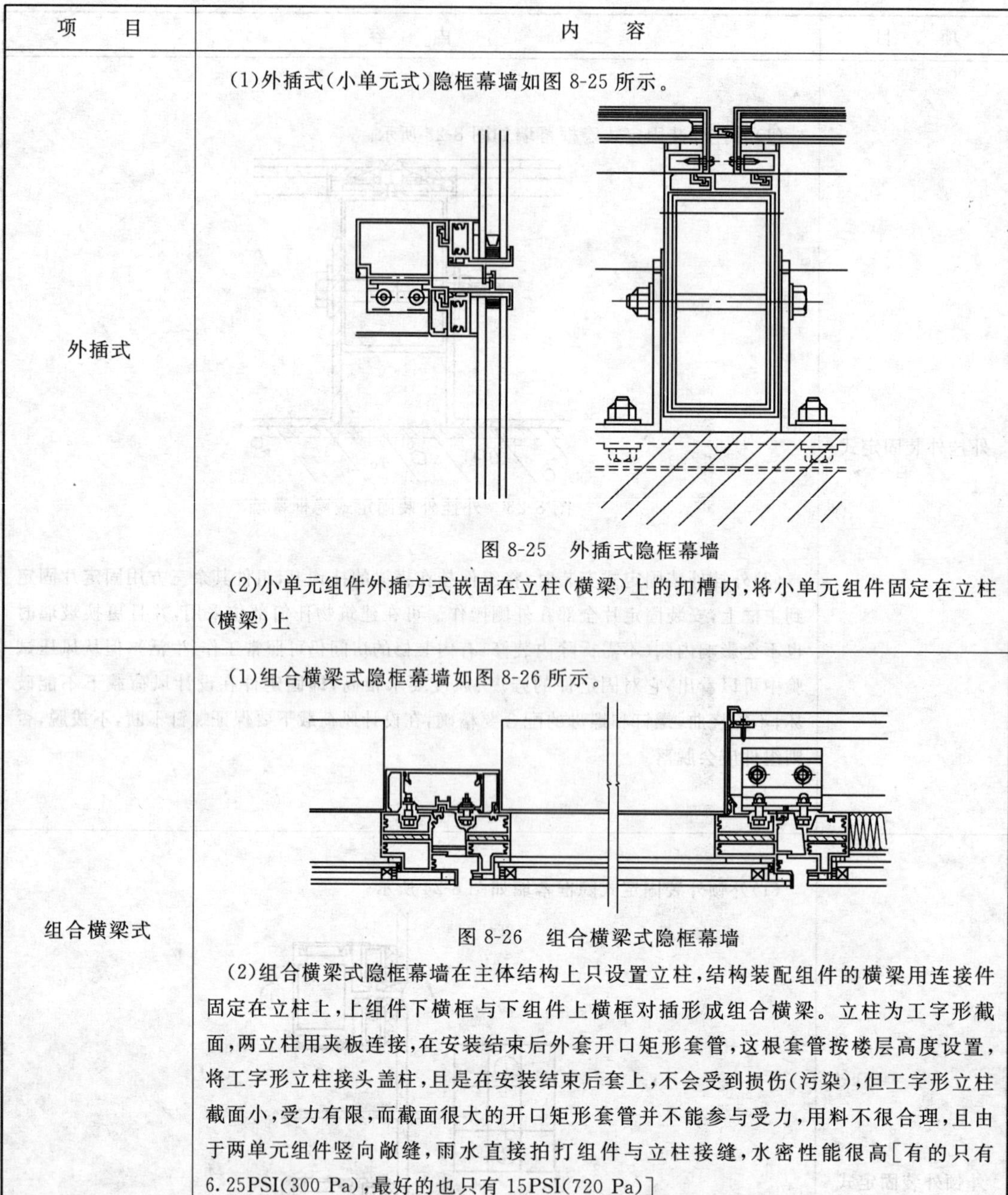<br>图 8-25　外插式隐框幕墙<br>(2)小单元组件外插方式嵌固在立柱(横梁)上的扣槽内,将小单元组件固定在立柱(横梁)上 |
| 组合横梁式 | (1)组合横梁式隐框幕墙如图 8-26 所示。<br>图 8-26　组合横梁式隐框幕墙<br>(2)组合横梁式隐框幕墙在主体结构上只设置立柱,结构装配组件的横梁用连接件固定在立柱上,上组件下横框与下组件上横框对插形成组合横梁。立柱为工字形截面,两立柱用夹板连接,在安装结束后外套开口矩形套管,这根套管按楼层高度设置,将工字形立柱接头盖柱,且是在安装结束后套上,不会受到损伤(污染),但工字形立柱截面小,受力有限,而截面很大的开口矩形套管并不能参与受力,用料不很合理,且由于两单元组件竖向敞缝,雨水直接拍打组件与立柱接缝,水密性能很高[有的只有6.25PSI(300 Pa),最好的也只有 15PSI(720 Pa)] |

2)元件式玻璃幕墙的安装要求见表 8-8。

**表 8-8　元件式玻璃幕墙的安装要求**

| 项　　目 | 内　　容 |
|---|---|
| 玻璃幕墙立柱安装 | (1)立柱安装轴线偏差不应大于 2 mm。<br>(2)相邻两根立柱安装标高偏差不应大于 3 mm,同层立柱的最大标高偏差不应大于 5 mm,相邻两根立柱固定点的距离偏差不应大于 2 mm。<br>(3)立柱安装就位、调整后应及时紧固 |

续上表

| 项　目 | 内　容 |
|---|---|
| 玻璃幕墙横梁安装 | (1)横梁应安装牢固,设计中横梁和立柱间留有空隙时,空隙宽度应符合设计要求。<br>(2)同一根横梁两端或相邻两根横梁的水平标高偏差不应大于 1 mm。同层标高偏差:当一幅幕墙宽度不大于 35 m 时,不应大于 5 mm;当一幅幕墙宽度大于 35 m 时,不应大于 7 mm。<br>(3)当安装完成一层高度时,应及时进行检查、校正和固定 |
| 玻璃幕墙其他主要附件安装 | (1)防火、保温材料应铺设平整且可靠固定,拼接处不应留缝隙。<br>(2)冷凝水排出管及其附件应与水平构件预留孔连接严密,与内衬板出水孔连接处应密封。<br>(3)其他通气槽孔及雨水排出口等应按设计要求施工,不得遗漏。<br>(4)封口应按设计要求进行封闭处理。<br>(5)玻璃幕墙安装用的临时螺栓等,应在构件紧固后及时拆除。<br>(6)采用现场焊接或高强螺栓紧固的构件,应在紧固后及时进行防锈处理 |
| 幕墙玻璃安装 | (1)玻璃安装前应进行表面清洁。除设计另有要求外,应将单片阳光控制镀膜玻璃的镀膜面朝向室内,非镀膜面朝向室外。<br>(2)应按规定型号选用玻璃四周的橡胶条,其长度宜比边框内槽口长 1.5%～2%;橡胶条斜面断开后应拼成预定的设计角度,并应采用胶黏剂黏结牢固;镶嵌应平整 |
| 铝合金装饰压板安装 | 铝合金装饰压板的安装,应表面平整、色彩一致,接缝应均匀严密 |
| 硅酮建筑密封胶的施工 | 硅酮建筑密封胶不宜在夜晚、雨天打胶,打胶温度应符合设计要求和产品要求,打胶前应使打胶面清洁、干燥 |
| 构件式玻璃幕墙中硅酮建筑密封胶的施工 | (1)硅酮建筑密封胶的施工厚度应大于 3.5 mm,施工宽度不宜小于施工厚度的 2 倍;较深的密封槽口底部应采用聚乙烯发泡材料堵塞。<br>(2)硅酮建筑密封胶在接缝内应两面粘结,不应三面粘结 |

(2)测量放线。

1)根据幕墙分格大样图和土建单位给出的标高点、定出位线及轴线位置,采用重锤、钢丝绳、测量器具及水平仪等测量工具在主体上定出幕墙平面、立柱、分格及转角等基准线,并用经纬仪进行调校、复测。

2)幕墙分格轴线的测量放线应与主体结构测量放线相配合,水平标高要逐层从地面引上,以免误差积累,误差大于规定的允许偏差时,包括垂直偏差值,应在监理、设计人员同意后,适当调整幕墙的轴线,使其符合幕墙的构造需要。

3)对高层建筑的测量应在风力不大于四级情况下进行,测量应在每天定时进行。

4)质量检验人员应及时对测量放线情况进行检查,并将查验情况填入记录表。

5)在测量放线的同时,应对预埋件的偏差进行检验,其上、下、左、右偏差值不应超过±45 mm,超差的预埋件必须进行适当的处理后方可进行安装施工,并把处理意见报监理、业主和公司相关部门。

6)质量检验人员应对预埋件的偏差情况进行抽样检验,抽样量应为幕墙预埋件总数量的 5%以上且不少于 5 件,所检测点不合格数不超过 10%,可判为合格。

(3)预埋件检查、后置埋件安装。预埋件由钢板或型钢加工制作而成,在结构施工时,按照设计提供的预埋件位置图准确埋入结构内。幕墙施工前要按各控制线对预埋件进行检查,一般位置尺寸允许偏差为±20 mm,标高允许偏差为±10 mm。对于位置偏差大、结构施工时漏埋或设计变更未埋的埋件,应按设计要求进行处理或补做后置埋件,后置埋件必须使用化学锚栓,不得采用膨胀螺栓,并应做拉拔试验检测,同时做好施工记录。

(4)立柱安装。立柱一般采用铝合金型材或型钢,其材质、规格、型号应符合设计要求。首先按施工图和测设好的立柱安装位置线,将同一立面靠大角的立柱安装固定好,然后拉通线按顺序安装中间立柱。立柱安装一般应先按线把角码固定到预埋件上,再将立柱用两条直径不小于 10 mm 的螺栓与角码固定。立柱安装完后应进行调整,使相邻两立柱标高偏差不大于 3 mm,左右位置偏差不大于 3 mm,前后偏差不大于 2 mm,垂直度满足要求。调整完成后将立柱与角码、角码与埋件固定牢固,并全面进行检查。立柱与角码的材质不同时,应在其接触面加垫隔离垫片,如图 8-27 所示。

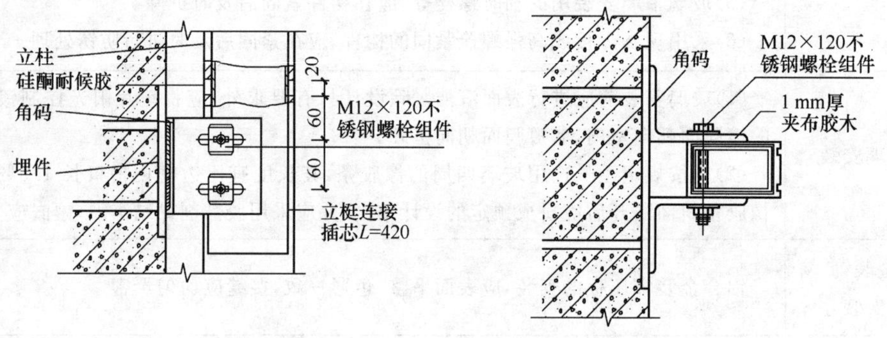


图 8-27 立柱安装示意图(单位:mm)

(5)横梁安装。横梁一般采用铝合金型材,其材质、规格、型号应符合设计要求。立柱安装完后先用水平尺将各横梁位置线引至立柱上,再按设计要求和横梁位置线安装横梁。横梁与立柱应垂直,横梁与立柱之间应采用螺栓连接或通过角码后用螺钉连接,每处连接点螺栓不得少于两条,螺钉不得少于三个且直径不得小于 4 mm。安装时在不同金属材料的接触面处应采用绝缘垫片分隔,以防发生电化学反应,如图 8-28 所示。

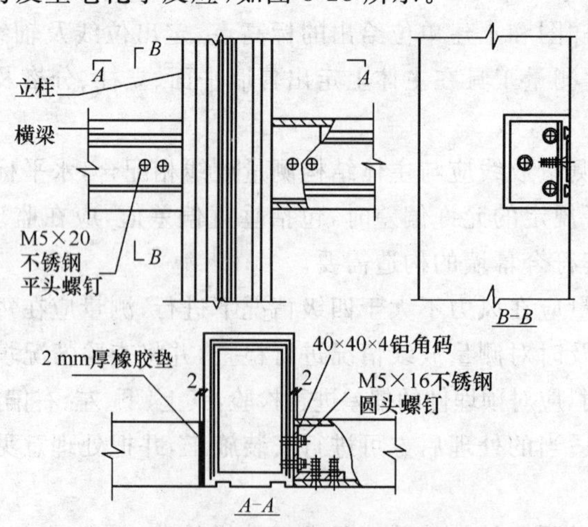


图 8-28 横梁与立柱组装示意图(单位:mm)

(6)楼层紧固件安装。紧固件与每层楼板连接如图 8-29 所示。

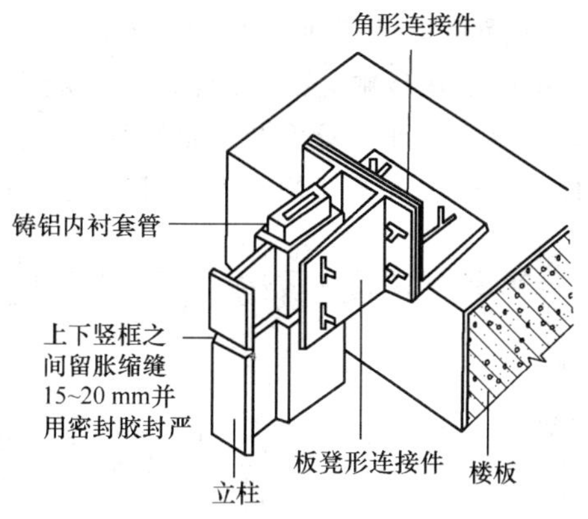


图 8-29　立柱与楼层连接

(7)避雷安装。幕墙的整个金属构架安装完后,构架体系的非焊接连接处,应按设计要求做防雷接地并设置均压环,使构架成为导电通路,并与建筑物的防雷系统做可靠连接。导体与导体、导体与构架的连接部位应清除非导电保护层,相互接触面材质不同时,应采取措施防止因电化学反应腐蚀构架材料(一般采取涮锡或加垫过渡垫片等措施)。明敷接地线一般采用 $\phi$8 以上的镀锌圆钢或 3 mm×25 mm 的镀锌扁钢,也可采用不小于 25 $mm^2$ 的编织铜线。一般接地线与铝合金构件连接宜使用不小于 M8 的镀锌螺栓压接,接地圆钢或扁钢与钢埋件、钢构件采用焊接进行连接,圆钢的焊缝长度不小于 10 倍的圆钢直径,双面焊,扁钢搭接不小于 2 倍的扁钢宽度,三面焊,焊完后应进行防腐处理。防雷系统的接地干线和暗敷接地线,应采用 $\phi$10 以上的镀锌圆钢或 4 mm×40 mm 以上的镀锌扁钢。防雷系统使用的钢材表面应采用热镀锌处理。

(8)防火保温安装。将防火棉填塞于每层楼板、每道防火分区隔墙与幕墙之间的空隙中,上、下或左、右两面用镀锌钢板封盖严密并固定,防火棉填塞应连续严密,中间不得有空隙。保温材料安装时,为防止保温材料受潮失效,一般采用铝箔或塑料薄膜将保温材料包扎严密后再安装。保温材料安装应填塞严密、无缝隙,与主体结构外表面应有不小于 50 mm 的空隙。防火、保温材料的安装应严格按设计要求施工,固定防火、保温材料的衬板应安装固定牢固。不宜在雨、雪天或大风天气进行防火、保温的安装施工,如图 8-30 所示。

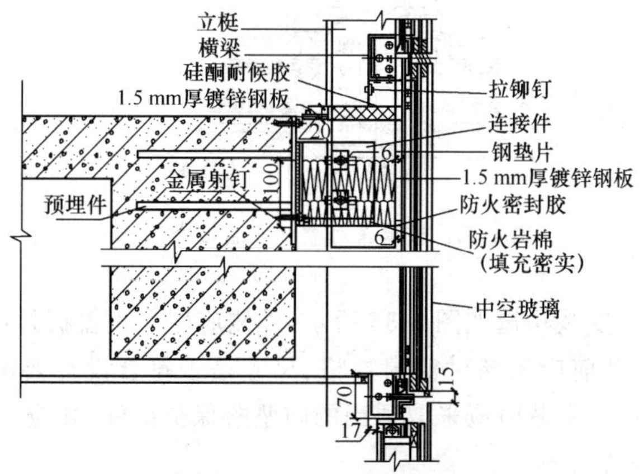


图 8-30　防火棉安装示意图(单位:mm)

(9)玻璃安装。通常情况下,框架式玻璃幕墙的玻璃直接固定在铝合金构架型材上,铝合金型材在挤压成型时,已将固定玻璃的凹槽随同整个断面形状一次成型,所以安装玻璃很方便。玻璃安装时,玻璃与构件不应直接接触,应使用弹性材料隔离,玻璃四周与构件槽口底应保持一定的空隙,每块玻璃下部应按设计要求安装一定数量的定位垫块,定位垫块的宽度应与槽口相同,玻璃定位后应及时嵌塞定位卡条或橡胶条,如图 8-31 所示。

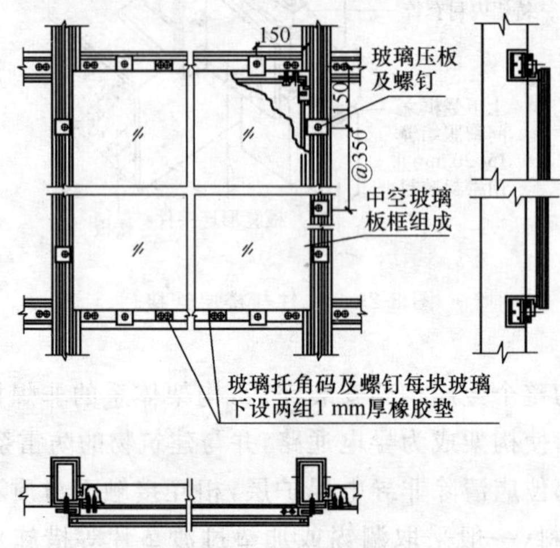


图 8-31 玻璃安装示意图(单位:mm)

1)玻璃安装前应进行表面清洁。除设计另有要求外,应将单片阳光控制镀膜玻璃的镀膜面朝向室内,非镀膜面朝向室外。

2)按规定型号选用玻璃四周的橡胶条,其长度宜比边框内槽口长 1.5%~2%;橡胶条斜面断开后应拼成预定的设计角度,并应采用胶黏剂黏结牢固;镶嵌应平整。

3)立柱处玻璃安装:在内侧安上铝合金压条,将玻璃放入凹槽内,再用密封材料密封,如图 8-32 所示。

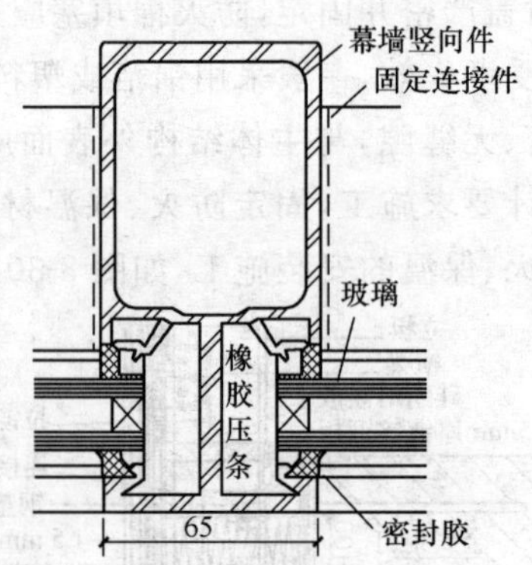


图 8-32 玻璃幕墙立柱安装玻璃构造

4)横梁处玻璃安装:安装构造如图 8-33 所示,外侧应用一条盖板封住。

(10)窗扇安装。安装前应先核对窗扇规格、尺寸是否符合设计要求,与实际情况是否相符,并应进行必要的清洁。安装时应采取适当的防坠落保护措施,并应注意调整窗扇与窗框的配合间隙,以保证封闭严密。

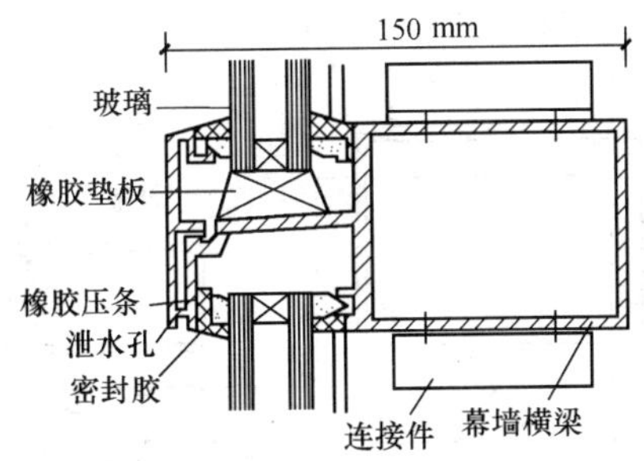


图 8-33　玻璃幕墙横梁安装玻璃构造

(11)侧压板等外围护组件安装。

1)玻璃幕墙四周与主体结构之间缝隙处理:采用防火保温材料填塞,内外表面采用密封胶连续封闭。

2)压顶部位处理。挑檐处理:用封缝材料将幕墙顶部与挑檐下部之间的间隙填实,并在挑檐口做滴水。

封檐处理:用钢筋混凝土压檐或轻金属顶盖盖顶如图 8-34 所示。

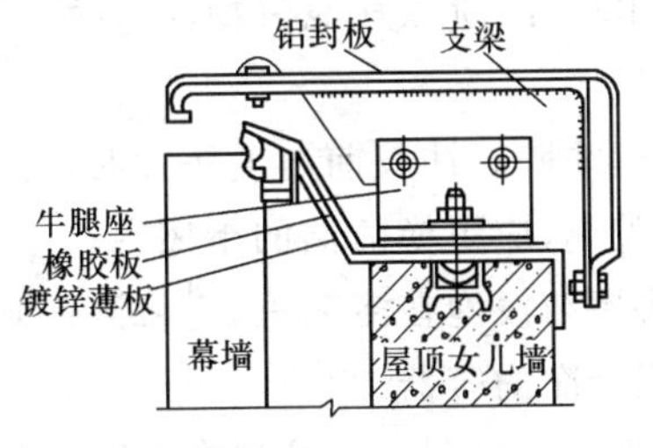


图 8-34　轻金属板盖顶

3)收口处理。立柱侧面收口处理如图 8-35 所示。

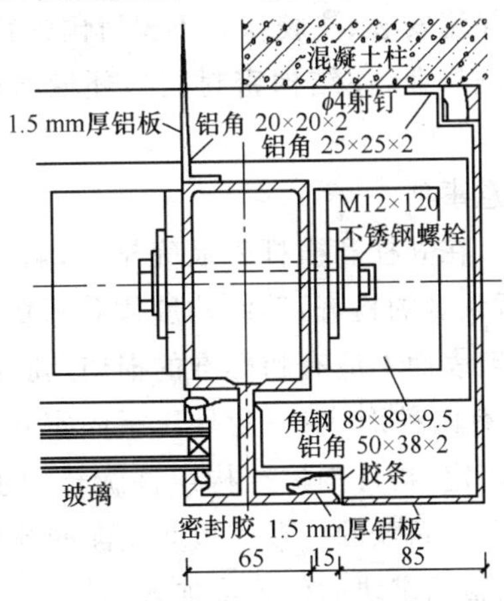


图 8-35　立柱收口构造(单位:mm)

横梁与结构相交部位收口处理如图 8-36 所示。

4)硅酮建筑密封胶不宜在夜晚、雨天打胶,打胶温度应符合设计要求和产品要求,打胶前应使打胶面清洁、干燥。硅酮建筑密封胶的施工应符合下列要求。

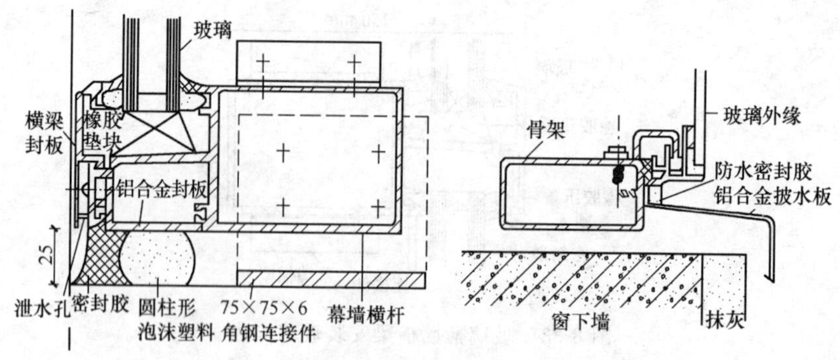


图 8-36 横梁与结构相交部位收口(单位:mm)

①硅酮建筑密封胶的施工厚度应大于 3.5 mm,施工宽度不宜小于施工厚度的 2 倍;较深的密封槽口底部应采用聚乙烯发泡材料填塞。

②硅酮建筑密封胶在接缝内应两面黏结,不应三面黏结。

(12)玻璃面板及铝框的清洁。

1)玻璃和铝框黏结表面的尘埃、油渍和其他污物,应分别使用带溶剂的擦布和干擦布清除干净。

2)应在清洁后一小时内进行注胶。注胶前再度污染时,应重新清洁。

3)每清洁一个构件或一块玻璃,应更换清洁的干擦布。

4)使用溶剂清洁时,不应将擦布浸泡在溶剂里,应将溶剂倾倒在擦布上。

5)使用和储存溶剂,应采用干净的容器。

(13)淋水试验。框架式幕墙安装完毕后,应按规定进行淋水试验,试验时间、水量、水头压力等应符合现行国家标准《建筑幕墙气密、水密、抗风性能检测方法》(GB/T 15227—2007)的规定。

(14)季节性施工。

1)雨季施工时,焊接、防火保温安装、注胶作业不得冒雨进行,以确保施工质量。

2)冬季不宜进行注胶和清洗作业,注结构密封胶的环境温度不应低于 10℃,注胶后密封和清洗作业的环境温度应不低于 5℃。

(15)隐框玻璃幕墙安装注意事项。

1)外围护结构组件的安装。在立柱和横杆安装完毕后,就开始安装外围护结构组件。在安装前,要对外围护结构件进行认真的检查,其结构胶固化后的尺寸要符合设计要求,同时要求胶缝饱满平整,连续光滑,玻璃表面不应有超标准的损伤及脏物。

外围护结构件的安装主要有两种形式:一为外压板固定式;二为内勾块固定式如图 8-37 所示。无论采用什么形式进行固定,在外围护结构组件旋转到主梁框架后,在固定件固定前,要逐块调整好组件相互间的齐平及间隙的一致。板间表面的齐平采用刚性的直尺或铝方通料来进行测定,不平整的部分应调整固定块的位置或加入垫块。为了解决板间间隙的一致,可采用类似木质的半硬材料制成标准尺寸的模块,插入两板间的间隙,以确保间隙一致。插入的模块,在组件固定后应取走,以保证板间有足够的位移空间。

2)组件间的密封。外围护结构组件调整、安装固定后,开始逐层实施组件间密封工序。

首先检查衬垫材料的尺寸是否符合设计要求。衬垫材料多为闭孔的聚乙烯发泡体。

对于要密封的部位,必须进行表面清理工作。首先要清除表面的积灰,再用类似二甲苯等

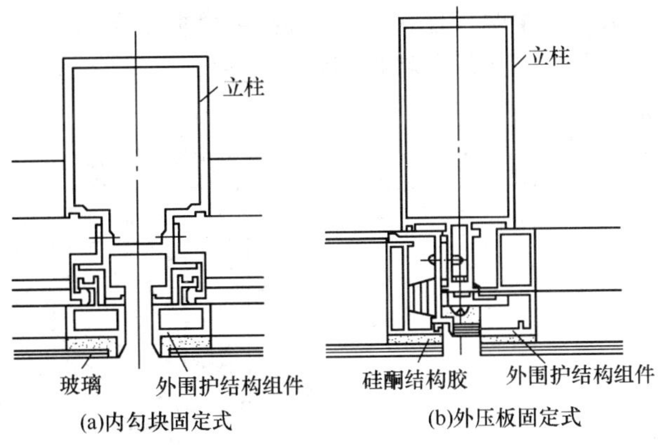


图 8-37　外围护结构组件安装形式

挥发性能强的溶剂擦除表面的油污等脏物，然后用于净布再清擦一遍，以保证表面干净并无溶剂存在。

放置衬垫时，要注意衬垫放置位置的正确(图 8-38)，过深或过浅都影响工程的质量。

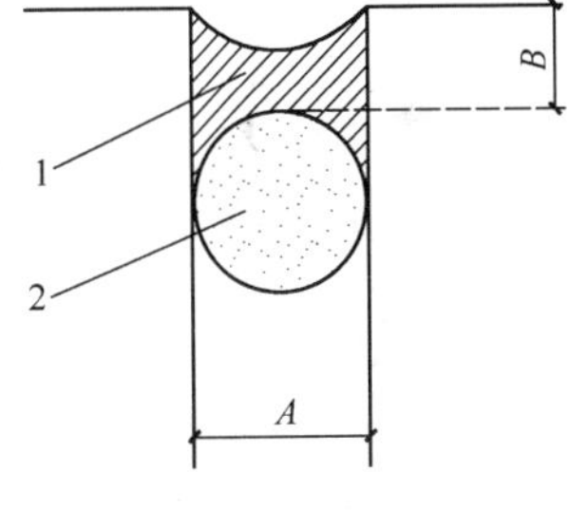


图 8-38　接口设计

1—耐候密封胶；2—衬垫材料

$A:B=2:1$；$B>3.5$ mm

间隙间的密封采用耐候胶灌注，注完胶后要用工具将多余的胶压平刮去，并清除玻璃或铝板面的多余胶黏剂。

3)其他施工注意事项。

①提记立柱、横杆的安装精度是保证隐框幕墙外表面平整、连续的基础。因此在立柱全部或基本悬挂完毕后，须再逐根进行检验和调整，然后进行永久性固定的施工。

②外围护结构组件在安装过程中，除了要注意其个体的位置以及相邻间的相互位置外，在幕墙整幅沿高度或宽度方向尺寸较大时，还要注意安装过程中的积累误差，适时进行调整。

③外围护结构组件间的密封，是确保隐框幕墙密封性能的关键，同时密封胶表面处理是隐框幕墙外观质量的主要衡量标准。因此，必须正确旋转衬杆位置和防止密封胶污染玻璃。

## 第二节　金属板幕墙

### 一、施工机具

(1)机具：汽车起重机、汽车运输车、专用提升设备、施工用吊篮、折扳机、剪板机、刨槽机、手电钻、电动螺钉枪、云石机、切割机、冲击钻、电焊机、圆盘锯、直线锯、角磨机等。

(2)工具：手锯、手锤、射钉枪、拉铆钳、扳手、钳子、螺丝刀、注胶枪、多用刀等。

(3)计量检测用具：经纬仪、激光垂准仪、水准仪、钢尺、水平尺、靠尺、塞尺、线坠等。

### 二、施工技术

1. 金属板幕墙构造与安装要求

(1)金属板幕墙构造。

1)附着型金属板幕墙。这种构造形式是幕墙作为外墙饰面，直接依附在主体结构墙面上。

主体结构墙面基层采用螺母锁紧螺栓连接∟形角钢，再根据金属板的尺寸将轻钢型材焊接在∟形角钢上。在金属之间用"匚"形压条将板固定在轻钢型材上，最后在压条上采用防水嵌缝橡胶填充，如图 8-39 所示。

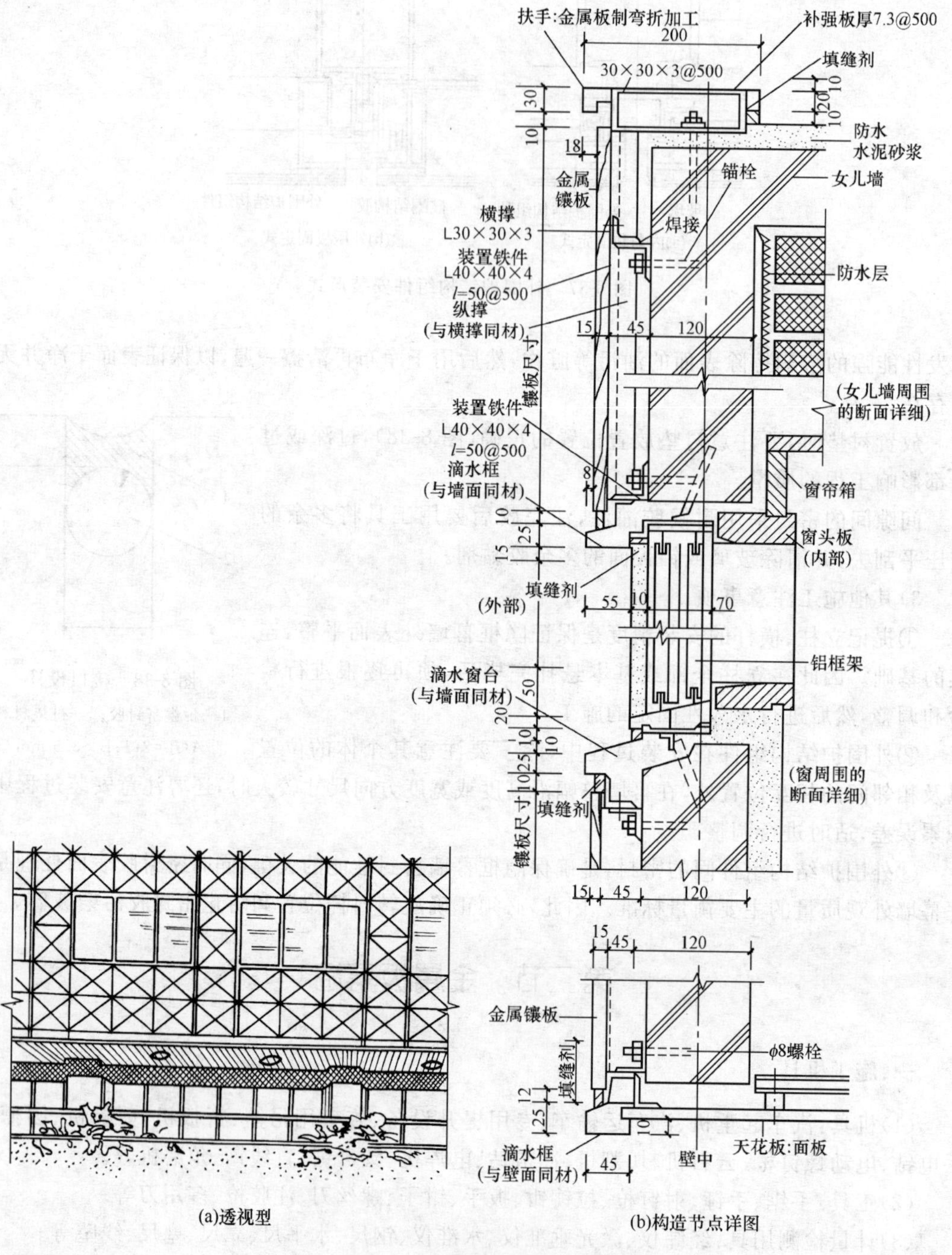


图 8-39 附着型金属幕墙构造(单位:mm)

2)构架型金属幕墙。这种幕墙基本上类似隐框玻璃墙幕的构造，即将抗风受力骨架固定在框架结构的楼板、梁或柱上，然后再钭轻钢型材固定在受力骨架上。金属板的固定方式与附着型金属幕墙相同，如图 8-40 所示。

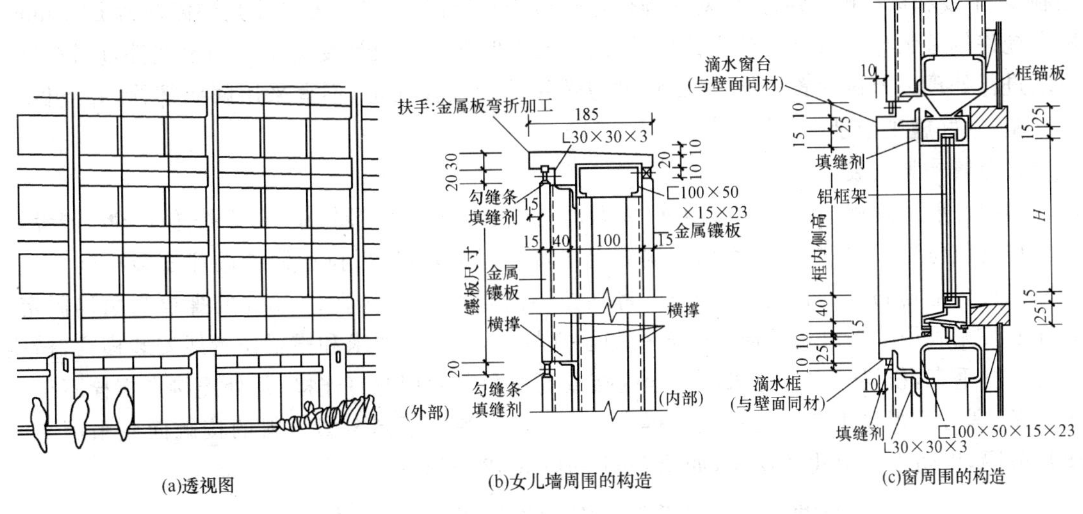


(a)透视图　(b)女儿墙周围的构造　(c)窗周围的构造

图 8-40　构架型金属幕墙(单位:mm)

(2)金属板幕墙安装要求。

1)安装施工测量应与主体结构的测量配合,其误差应及时调整。

2)金属幕墙立柱的安装应符合下列规定。

①立柱安装标高偏差不应大于 3 mm,轴线前后偏差不应大于 2 mm,左右偏差不应大于3 mm。

②相邻两根立柱安装标高偏差不应大于 3 mm,同层立柱的最大标高偏差不应大于5 mm,相邻两根立柱的距离偏差不应大于 2 mm。

3)金属幕墙横梁安装应符合下列规定。

①应将横梁两端的连接件及垫片安装在立柱的预定位置,并应安装牢固,其接缝应严密。

②相邻两根横梁的水平标高偏差不应大于 1 mm。同层标高偏差;当一幅幕墙宽度不大于 35 m 时,不应小于 5 mm;当一幅幕墙宽度大于 35 m 时,不应大于 7 mm。

4)金属板安装应符合下列规定:

①应对横竖连接件进行检查、测量、调整;

②金属板空缝安装时,左右、上下的偏差不应大于 1.5 mm;

③金属板空缝安装时,必须有防水措施,并应有符合设计要求的排水出口;

④填充硅酮耐候密封胶时,金属板缝的宽度、厚度应根据硅酮耐候密封胶的技术参数,经计算后确定。

5)幕墙钢构件施焊后,其表面应采取有效的防腐措施。

2.测量放线

从结构标高、轴线的控制点、线重新测设幕墙施工的各条基准控制线。放线时应按设计要求的定位和分格尺寸,先在首层的地、墙面上测设定位控制点、线,然后用经纬仪或激光铅垂仪在幕墙阴阳角、中心向上引垂直控制线和立面中心控制线,并用固定在结构上的钢架吊钢丝重锤做施工线。用水准仪和标准钢尺测设各层水平标高控制线,最后按设计大样图和测设的垂直、中心、标高控制线,弹出横、竖构架的安装位置线。

3.校核预埋件、安装后置埋件

结构施工时,按照设计提供的预埋件位置图已将预埋件埋入结构内。幕墙施工前要按位置控制线、中线和标高控制线(点),对预埋件进行检查和校核,一般位置尺寸允许偏差为±20 mm,标高允许偏差为±10 mm。对位置超差、结构施工时漏埋或设计变更未埋的预埋件,应按设计要求进行处理或补做后置埋件,后置埋件应选用化学锚栓固定,不宜采用膨胀螺栓,并应做拉拔试验,做好施工记录。

4.金属构架安装

构架一般采用铝合金型材或型钢,安装时先安装立柱后安装横梁,首先按施工图和测设好的立柱安装位置线,将同一立面靠两端的立柱安装固定好,然后拉通线按顺序安装中间立柱。通常先按线把角码固定到预埋件上,再将立柱用两条直径不小于 10 mm 的螺栓与角码固定。立柱安装完后用水平尺将各横梁位置线引至立柱上,按设计要求和横梁位置线安装横梁,横梁应与立柱垂直,横梁与立柱应采用螺栓连接或通过角码后用螺钉连接,每处连接点螺栓不得少于两条,螺钉不得少于三个且直径不得小于 4 mm。各种不同金属材料的接触面应采用绝缘垫片分隔,以防发生电化学反应,如图 8-41 和图 8-42 所示。

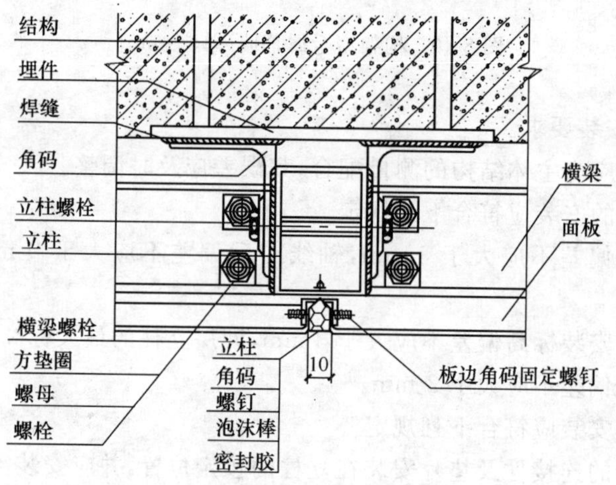


图 8-41 骨架固定节点示意图(单位:mm)

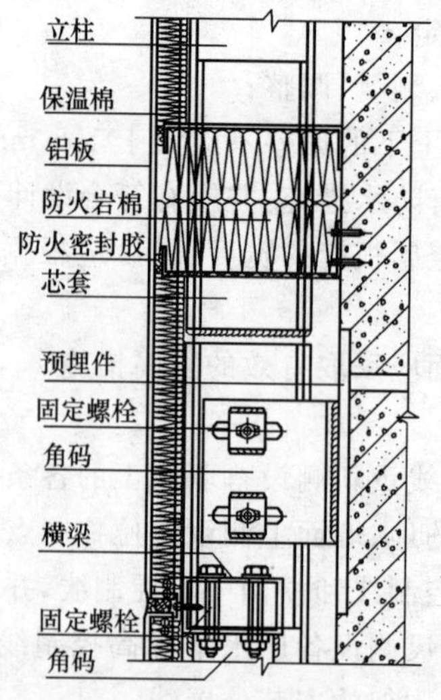


图 8-42 骨架、防火棉安装示意图

5. 避雷连接

金属构架安装完后，构架体系的非焊接连接处，应按设计要求用导体做可靠的电气连接，使其成为导电通路，并与建筑物的防雷系统做可靠连接。导体与导体、导体与构架的接触面应清除非导电保护层，接触面材质不同时，还应采取措施防止电化学反应腐蚀构架材料(一般采用涮锡或加垫过渡垫片等措施)。明敷接地线一般采用 $\phi$8 以上的镀锌圆钢或 3 mm×25 mm 的镀锌扁钢，也可采用不小于 25 $mm^2$ 的编织铜线。一般接地线与铝合金构件连接宜使用不小于 M8 的镀锌螺栓压接，接地圆钢或扁钢与钢埋件、钢构件采用焊接进行连接，圆钢的焊缝长度不小于 10 倍的圆钢直径，双面焊，扁钢搭接不小于 2 倍的扁钢宽度，三面焊，焊完后应进行防腐处理。防雷系统的接地干线和暗敷接地线，应采用 $\phi$10 以上的镀锌圆钢或 4 mm×40 mm 以上的镀锌扁钢。防雷系统使用的材料表面应采用热镀锌处理。

6. 防腐处理

金属构架体系安装完成后应全面检查，所有焊接、切割或其他原因使防腐层遭到破坏的部位，应按设计要求重新补做防腐。

7. 防火、保温安装

将防火棉填塞于每层楼板、每道防火分区隔墙与金属幕墙之间的空隙中，上、下或左、右两面用镀锌钢板封盖严密并固定，防火棉填塞应连续严密，中间不得有空隙，安装固定应牢固。设计有保温要求时，保温材料安装一般为先将衬板(镀锌钢板或其他板材)固定于金属骨架后面，再将保温材料填塞于金属骨架内并与骨架进行固定，最后在保温层外表面按设计要求安装防水、防潮层。另一种安装方法是采用铝箔或塑料薄膜将保温材料包扎严密后，粘贴在金属板背面与金属板一起安装。保温材料填塞应严密无缝隙，防水、防潮包扎应严密不漏水，与金属板的粘贴固定应牢固，与主体结构外表面应有不小于 50 mm 的空隙。防火保温材料本身、衬板和防水防潮层均应固定牢固。

8. 金属面板安装

(1)铝塑复合板安装。

1)铝塑复合板节点做法。

①铆接如图 8-43 所示。将复合铝板用铆钉固定在副框上。这种连接比较牢固可靠，铆钉铆头外露，影响墙面美观，一般不大采用。

②螺接如图 8-44 所示。将复合板用埋头螺钉固定在副框上。这种连接没有突出复合铝板表面的螺头，连接也较牢固可靠，但在复合铝板表面有异于板面色彩的螺头，与已喷涂处理的表面不匹配。

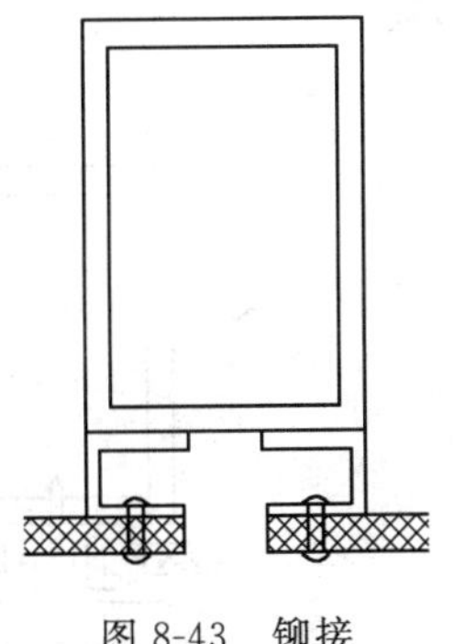

图 8-43　铆接

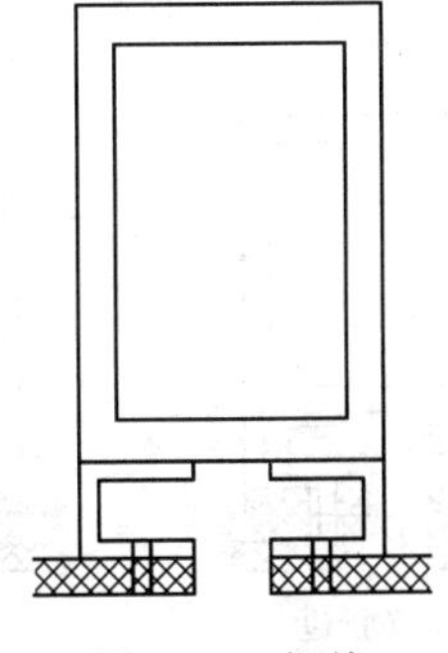

图 8-44　螺接

③折弯接如图 8-45 所示。将复合铝板四边折弯成槽形板，嵌入主框后用螺钉固定。

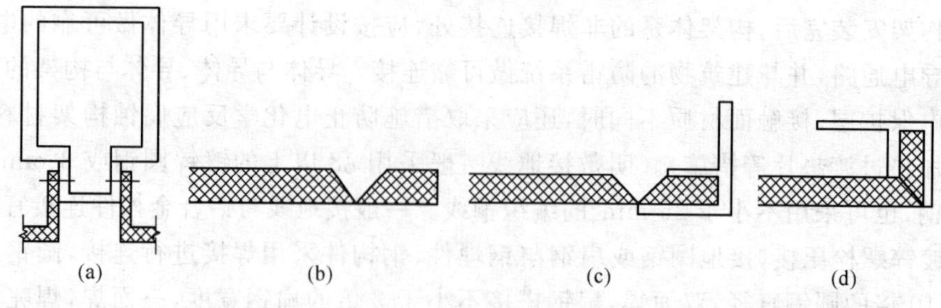


图 8-45 折弯接

④扣接如图 8-46(a)所示。在主框上用螺栓固定 8 mm 圆铝管于主框的铝脊上，在槽形复合铝板的折边相应的位置上冲出开口长圆形槽如图 8-46(b)所示，将槽板扣在主框圆管上。

折弯接和扣接时，由于复合铝板折弯处的外层铝板仅 0.5 mm 厚，在承受风荷载等作用时，可靠程度不会太高。

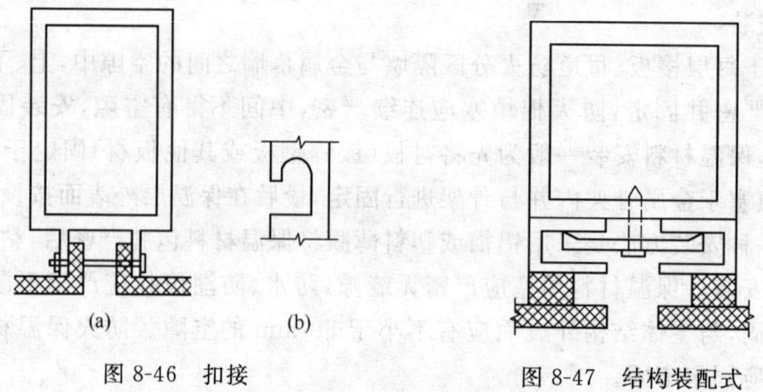


图 8-46 扣接　　图 8-47 结构装配式

⑤结构装配式如图 8-47 所示。采用结构密封胶将复合铝板与副框黏结成结构装配组件，再用机械固定方法固定在主框上，其做法和结构玻璃装配组件一样。胶缝计算亦和结构玻璃装配组件相同。

⑥复合式如图 8-48 所示。复合式是既将折边与副框用螺钉(铆钉)连接，又用结构装配方法连接的安装方法。它有两种形式，一种是单折边如图 8-48(a)所示；一种是双折边如图 8-48(b)所示。安装时一方面将复合铝板当做一个整体用胶缝与副框组合成组件，同时又考虑到铝板与夹层塑料粘结可靠有问题时，用包外层铝板折边与副框锚固，这样做到万无一失，不过节点构造复杂一点，制造成本约稍高于其他形式。

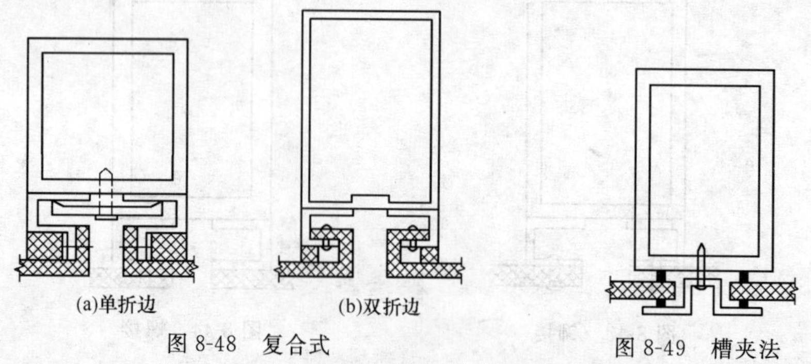


图 8-48 复合式　　图 8-49 槽夹法

⑦槽夹法如图 8-49 所示。实质上是类似普通玻璃幕墙的镶嵌槽，一般与半隐框玻璃幕墙

匹配使用。

⑧复合铝板用于单元式幕墙节点大样(图 8-50),复合铝板直接固定在横框上,和竖框连接用副框,它的缺点是不能在外侧更换面板。

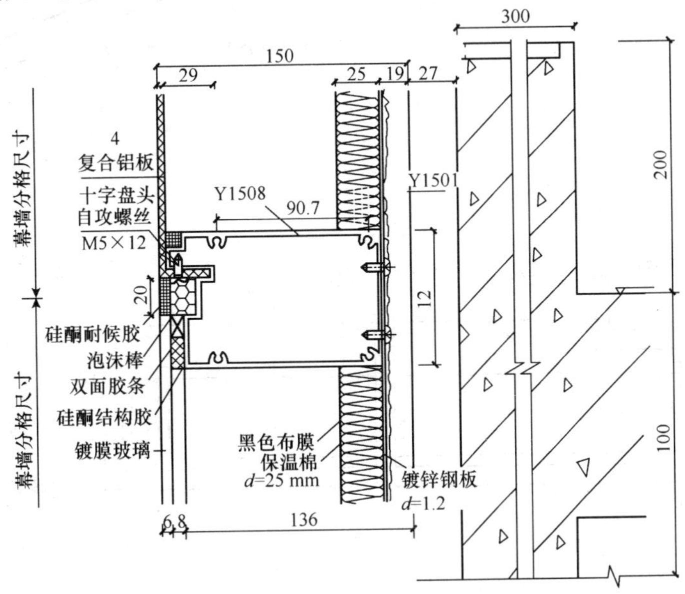


图 8-50　复合铝板节点(单位:mm)

2)铝塑复合板加工与副框的组合。

①铝塑复合板加工圆弧直角时,需保持铝质面材与夹芯聚乙烯一样的厚度,如图 8-51 所示。

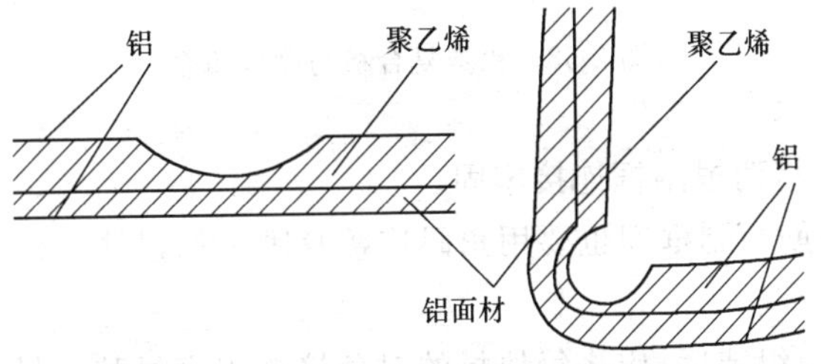


图 8-51　铝塑板圆弧直角加工示意

②弯曲时,不可做多次反复弯曲。

③复合铝塑板边缘弯折以后,即与副框固定成形,同时根据板材的性质及具体分格尺寸的要求,要在板材背面适当的位置设计铝合金方管加强筋,其数量根据设计而定,如图 8-52 所示。

a. 当板材的长度小于 1 m 时,可设置一根加强筋。

b. 当板材的长度小于 2 m 时,可设置两根加强筋。

c. 当板材长度大于 2 m 时,应按设计要求增加加强筋的数量。

④副框与板材的侧面可用抽芯铝铆钉紧固,抽芯铝铆钉间距应在 200 mm 左右。紧固时应注意:

a. 板的正面与副框的接触面间由于不能用铆钉紧固,所以要在副框与板材间用硅酮结构胶黏结。

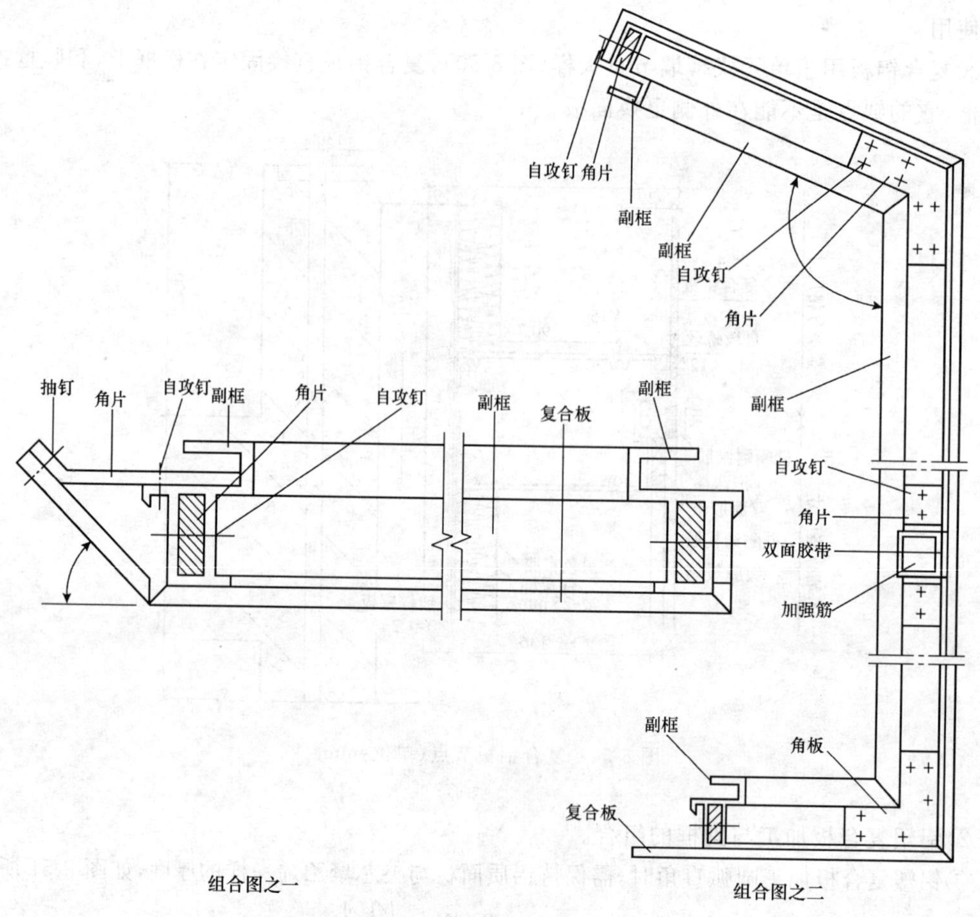


图 8-52 铝塑复合板与副框组合

b.转角处要用角码将两根副框连接牢固。

c.铝合金方管加强筋与副框间也要用角码连接紧固。加强筋与板材间要用硅酮结构胶黏结牢固。

⑤副框有两种形状,组装后,应将每块板的对角接缝用密封胶密封,防止渗水。

⑥对于较低建筑的金属板幕墙,复合铝塑板组框中采用双面胶带;对于高层建筑,副框及加强筋与复合铝塑板正面接触处必须采用硅酮结构胶黏结,不宜采用双面胶带。

⑦安装时,切勿用铁锤等硬物敲击。

⑧安装完毕,再撕下表面保护膜。切勿用刷子、溶剂、强酸、强碱清洗。

3)副框与主框的连接。副框与主框的连接如图 8-53 所示,副框与主框接触处应加设一层胶垫,不允许刚性连接。

①复合铝塑板与副框组合完成后,开始在主体框架上安装。

②复合铝塑板与板间接缝按设计要求而定,安装板前要在竖框上拉出两根通线,定好板间接缝的位置,按线的位置安装板材。拉线时要使用弹性小的线,以保证板整齐。

③复合铝塑板材定位后,将压片的两脚插到板上副框的凹槽里,将压片上的螺栓紧固即可。压片的个数及间距视设计要求而定如图 8-53 所示。

④复合铝塑板与板之间接缝隙一般为 10～20 mm,用硅酮密封胶或橡胶条等弹性材料封

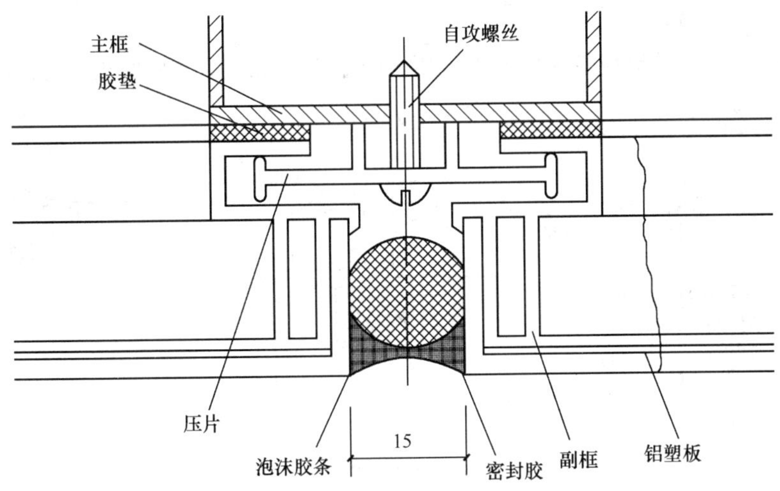


图 8-53　副框与主框的连接示意图(单位:mm)

堵。在垂直接缝内放置衬垫棒。

⑤亦可采用以下安装方法,即在节点部位用直角铝型材与角钢骨架用螺钉连接,将饰面板两端加工成圆弧直角,嵌卡在直角铝型材内,缝隙用密封材料嵌填(图 8-54)。

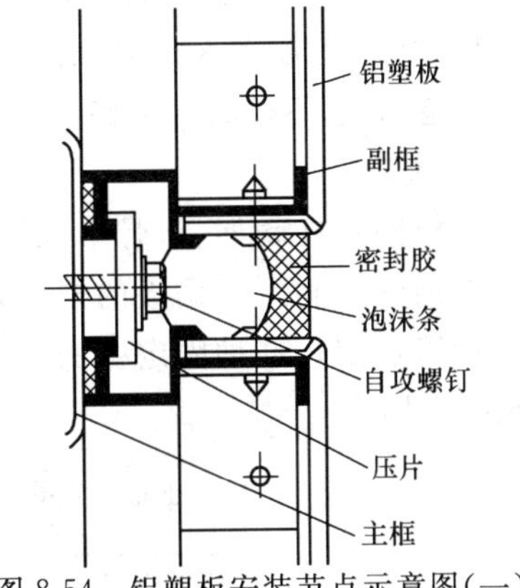


图 8-54　铝塑板安装节点示意图(一)

(2)蜂窝铝板安装。铝合金蜂窝板是在两块铝板中间加不同材料制成的各种蜂窝形状夹层,如图 8-55 所示。两层铝板各有不同,用于墙外侧铝板略厚,一般为 1.0～1.5 mm,这是为了抵抗风压;而内侧板厚 0.8～1.0 mm。

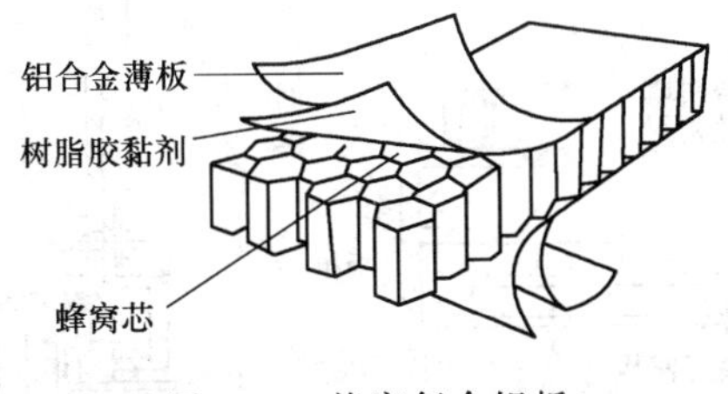


图 8-55　蜂窝复合铝板

蜂窝板总厚度为 10～25 mm,其间蜂夹层材料是:铝箔窝芯、玻璃钢窝芯、混合纸窝芯等。蜂窝形状一般有波纹条形、正六角形、角形、长方形、十字形、双曲线形。夹芯材料要经特殊处理，否则强度低，使用寿命短。

1)方法之一。这种幕墙板是用如图 8-56 所示的连接件，将铝合金蜂窝板与骨架连成整体。

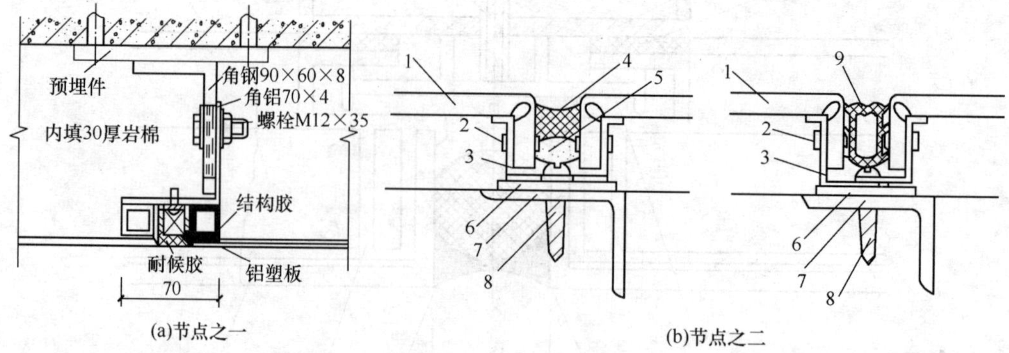


(a)节点之一　　(b)节点之二

图 8-56　铝塑板安装节点示意图(二)(单位：mm)

1—饰面板；2—铝铆钉；3—直角铝型材；4—密封材料；5—支撑材料；6—垫片；7—角钢；8—螺钉；9—密封填料

此类连接固定方式构造比较稳妥，在铝合金蜂窝板的四周均用如图 8-57 所示的连接件与骨架固定，其固定范围不是某一点，而是板的四周。这种周边固定的办法，可以有效地约束板在不同方向的变形。

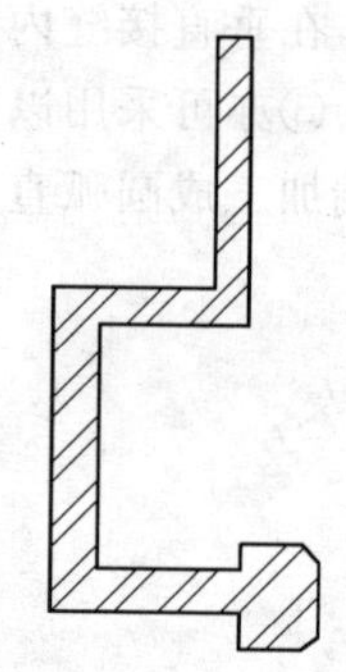

图 8-57　连接件

铝合金蜂窝板的构造和安装构造示意，如图 8-58 所示，其中图 8-58(a)，作为内衬墙用于高层建筑窗下墙部位，不仅具有良好的装饰效果，而且还具有保温、隔热、隔声、吸声等功能。

从图 8-58(b)中可以看出，幕墙板固定在骨架上，骨架采用方钢管通过角钢连接件与结构连成整体。方钢管的间距根据板的规格来确定，骨架断面尺寸及连接板尺寸应进行计算选定。这种固定办法安全系数大，较适宜在高层建筑及超高层建筑中采用。

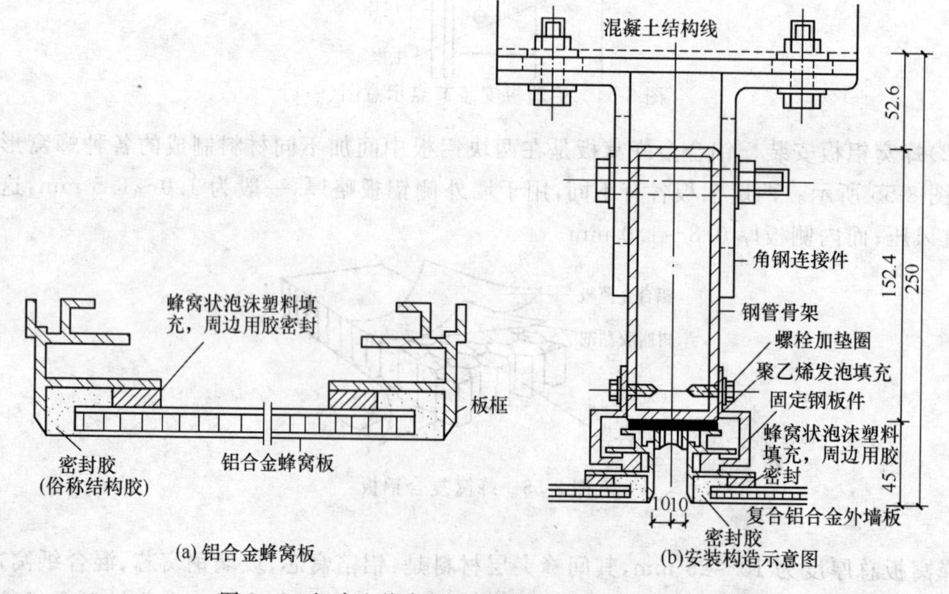


(a) 铝合金蜂窝板　　(b)安装构造示意图

图 8-58　铝合金蜂窝板及安装构造(一)(单位：mm)

2)方法之二。铝合金蜂窝板幕墙安装时,用自攻螺丝将板固定在方管竖框上,板与板之间的缝隙用耐候硅酮密封胶封闭。如板过厚,缝的下部深处须用泡沫塑料填充,上部仍用密封胶,如图 8-59 所示。

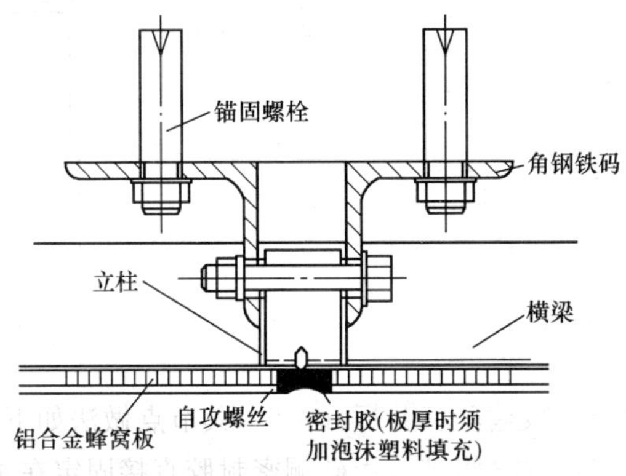


图 8-59　铝合金蜂窝板及安装构造(二)

3)方法之三。如图 8-60(a)所示的是用于金属幕墙的铝合金蜂窝板。这种板的特点是:固定与连接的连接件,在铝合金蜂窝板制造过程中,同板一起完成,周边用封边框进行封堵,同时也是固定板的连接件。

安装时,两块板之间有 20 mm 的间隙,用一条挤压成型的橡胶带进行密封处理。

两块板用一块 5 mm 的铝合金板压住连接件的两端,然后用螺栓拧紧。螺栓的间距 300 mm左右,固定节点大样,如图 8-60(b)所示。

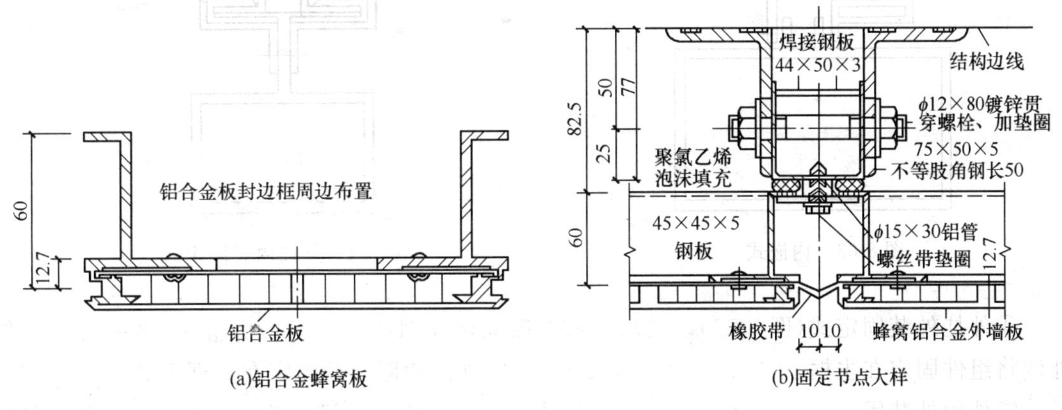


图 8-60　铝合金蜂窝板及安装构造(三)(单位:mm)

通常在节点的接触部位易出现上下边不齐或板面不平等问题,故应将一侧板安装,螺栓不拧紧,用横、竖控制线确定另一侧板安装位置,等两板均达到要求后,再依次拧紧螺栓,打耐候硅酮密封。

(3)单层铝合金板(不锈钢板)安装。

1)单层铝板节点做法。单层铝板其基本型如图 8-61(a)所示。它是将 2.5 mm(3 mm)厚铝板冲成槽形,为加强铝板强度、刚度,在铝板中部适当部位设加固角铝(槽铝),加强肋的铝螺栓用电栓焊焊接于铝板上,将角铝槽套上螺栓并紧固。现在也有些工程将铝管用结构胶固定在铝板上作加强肋如图 8-61(b)所示。肋与折边应可靠连接,使折边成为肋的支座。折边、耳子上开孔的位置要保证孔中心至构件边缘的距离：顺内力方向不小于 $3d$(孔径)；垂直内力方向不小于 $2d$(孔径)。

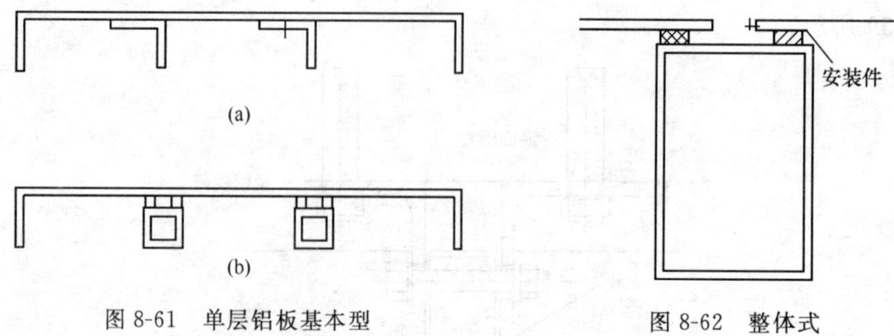


图 8-61　单层铝板基本型　　图 8-62　整体式

单层铝板与各种类型隐框玻璃幕墙共用杆系时，其节点做法如下：

①整体式(图 8-62)。整体式是将玻璃用硅酮密封胶直接固定在主框上。此时在单层铝板上加上一个如图 8-62 所示的安装件，安装件用铆钉与单层铝板连接，用结构胶将安装件固定在主框上。

②内嵌式(图 8-63)。玻璃用密封胶固定在副框上，形成一个组件；再将组件固定在主框上，而铝板仅需将折弯边加长，直接固定在主框上。

③外挂内装固定式(图 8-64)。玻璃用密封胶固定在副框上形成一个组件，再在组件内侧安装固定件，固定在主框上；铝板上安装一个安装件，再用固定件在内侧固定在主框上。

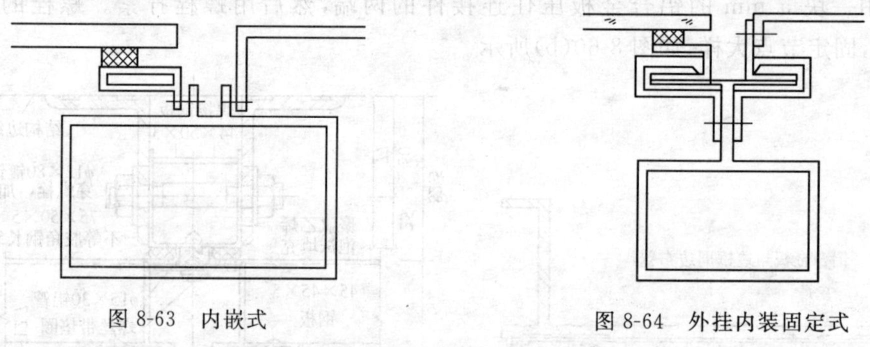

图 8-63　内嵌式　　图 8-64　外挂内装固定式

④外挂外装固定式(图 8-65)。玻璃用密封胶固定在副框上形成一个组件，再用固定件在外侧将组件固定在主框上；铝板上装一个安装件，在外侧用固定件固定在主框上。

⑤外顿外装固定式(图 8-66)。与外挂外装固定式的区别仅横框改挂为顿，竖向构造完全相同，铝板上加一个安装件放在横梁上。

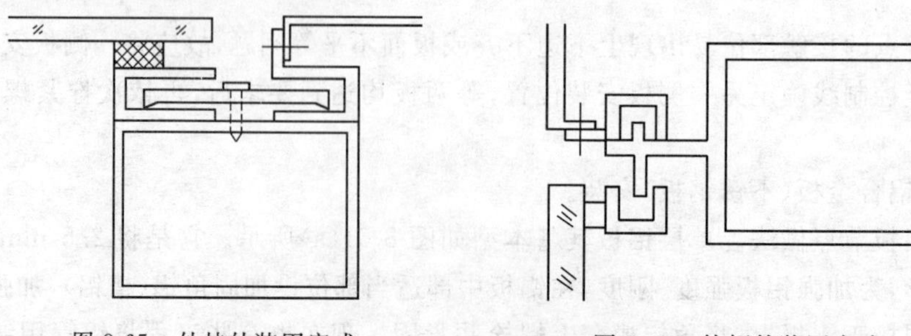

图 8-65　外挂外装固定式　　图 8-66　外顿外装固定式

⑥外扣式(图 8-67)。是将玻璃用密封胶固定在副框上形成一个组件,在组件副框的框脚上开一开口长圆槽,扣在主框设置的圆管上,铝板只需在折边上设开口长圆槽(其位置与主框上圆管位置对应)扣在主框设置的圆管上。

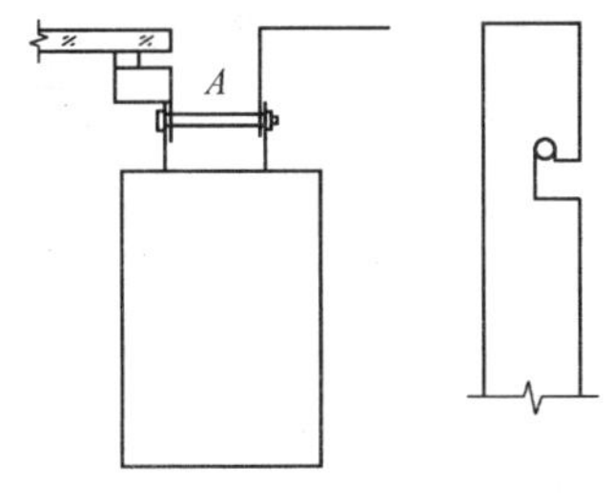


图 8-67 外扣式

⑦不折边平板做法(图 8-68)。由于冲压折边,铝板中部会隆起,外表面平整度受影响,现在有些工程采用不折边平板,它是在周边用电栓焊固定螺栓,用螺栓将单层铝板固定到副框上,副框与铝板连接部位有凹槽,槽内填密封胶,将铝板与副框连接(实际上形成一种复合连接),再将副框用外插式连接固定在立柱(横梁)上,横向用装饰条装饰。

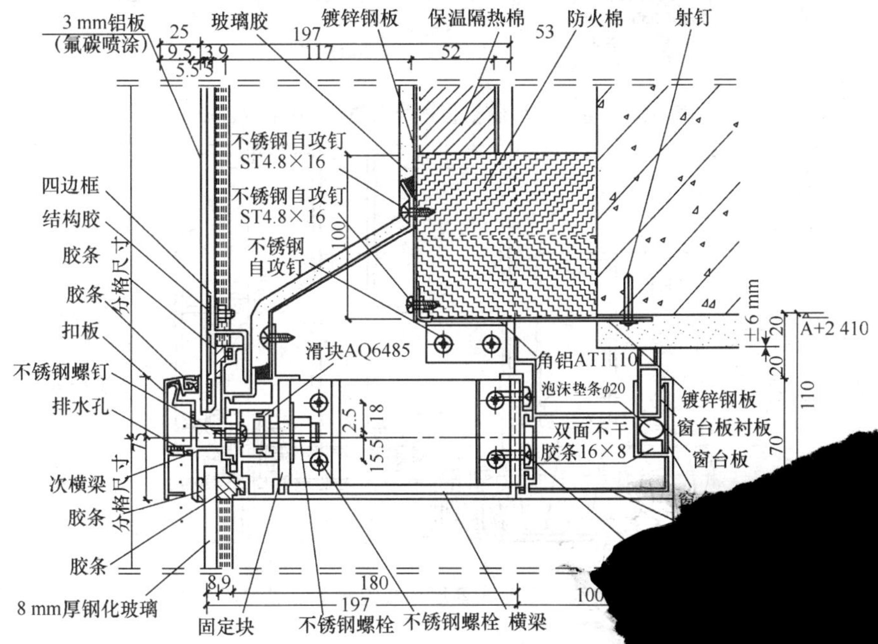


图 8-68 不折边平板做法(单位:mm

⑧单元式幕墙上铝板连接节点。一种是将铝板挂在横框上

钢上(图 8-69),这种连接不够理想,因为铆接可靠度不高,同时铆头

要清除铆钉比较困难。另一种连接方法是将铝板双折弯,在侧边上开孔

竖框上(图 8-70)。

2)单层铝板构造做法。如图 8-71 所示为单层铝合金板幕墙的构

材(方铝)为骨架,采用异形角铝和压条(单压条和双压条,图 8-71

材连接和收口处理。

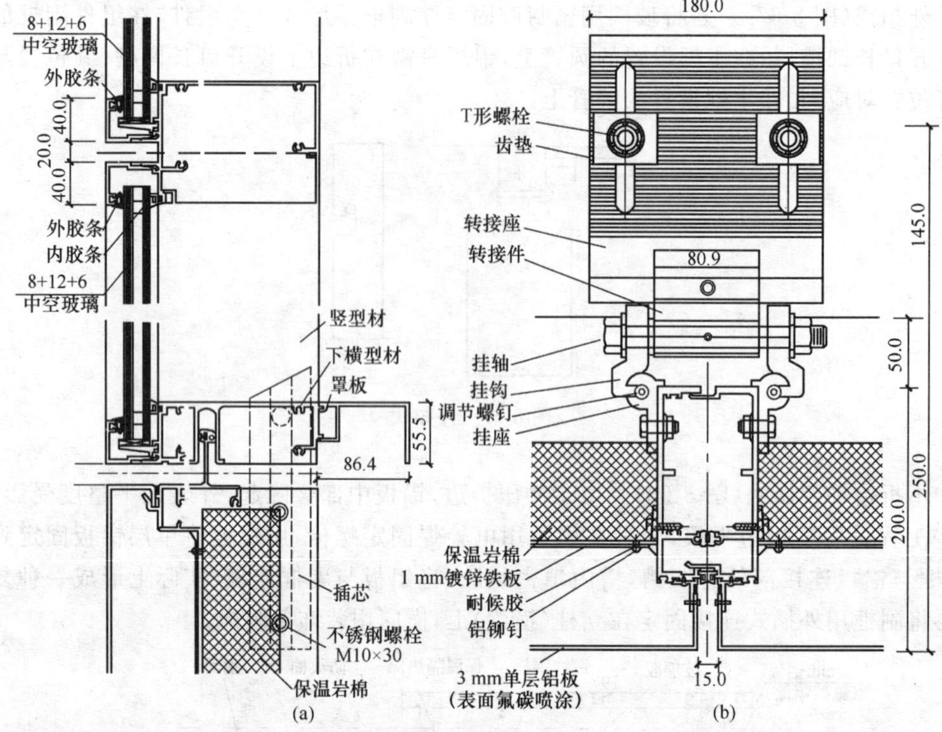


图 8-69 单元式幕墙铝板连接节点(一)(单位:mm)

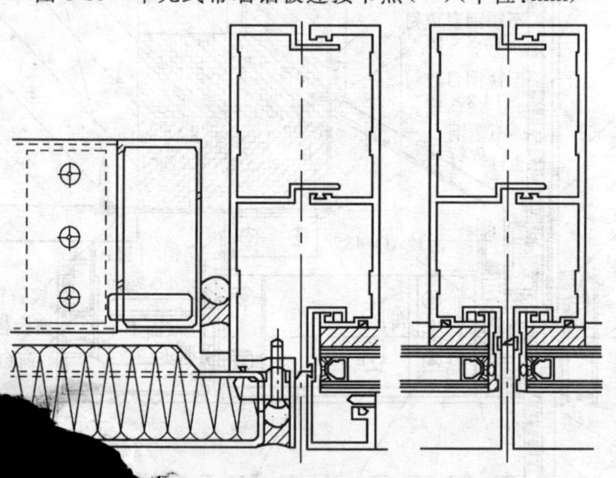

8-70 单元式幕墙铝板连接节点(二)

和压顶等特殊部位均需做细部处理。它不仅关系到装饰效果，

。因此，一般多用特制的铝合金成型板进行妥善处理。

较简单的转角处理是，用一条厚度 1.5 mm 的直角形铝合金板，与

图 8-71 所示。另外，是用一条直角铝合金板或不锈钢板，与幕墙外墙板

角位(直角、圆角)处的竖框(立柱)固定，如图 8-71(b)、(c)所示。

墙上部均属幕墙顶部水平部位的压顶处理，即用金属板封盖，使之能

合金板)的固定，一般先将盖板固定于基层上，然后再用螺栓将盖

打密封胶，如图 8-72 所示。

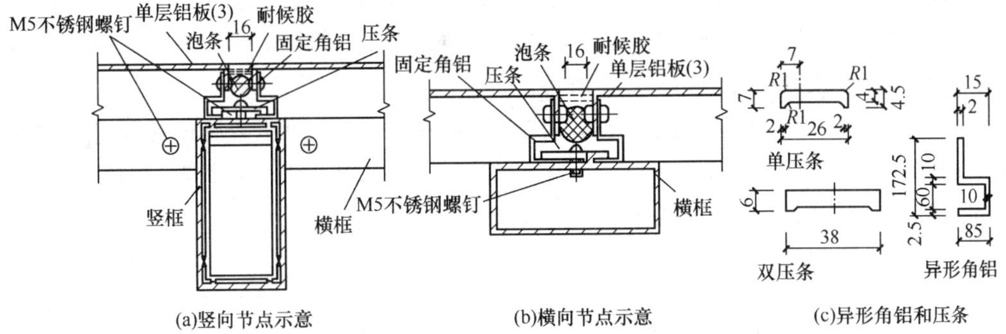


图 8-71 单层铝合金板幕墙安装(单位:mm)

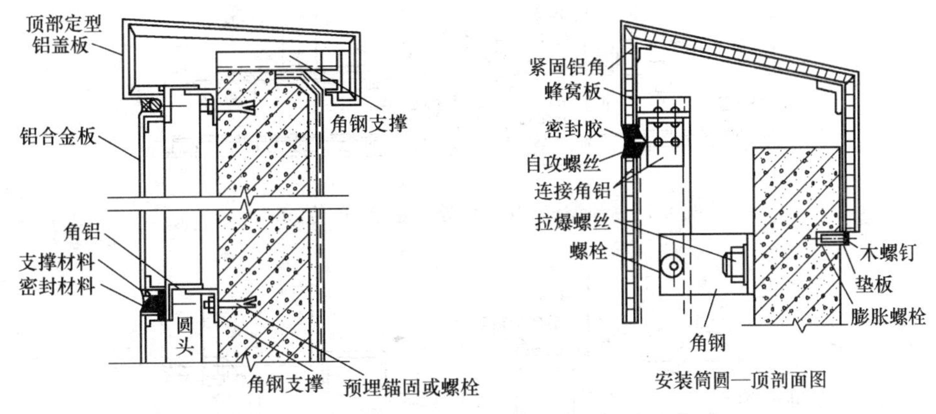


图 8-72 顶部处理

(3)底部处理。幕墙墙面下端收口处理,通常用一条特制挡水板将下端封住,同时将板与墙之间的缝隙盖住,防止雨水渗入室内,如图 8-73 所示。

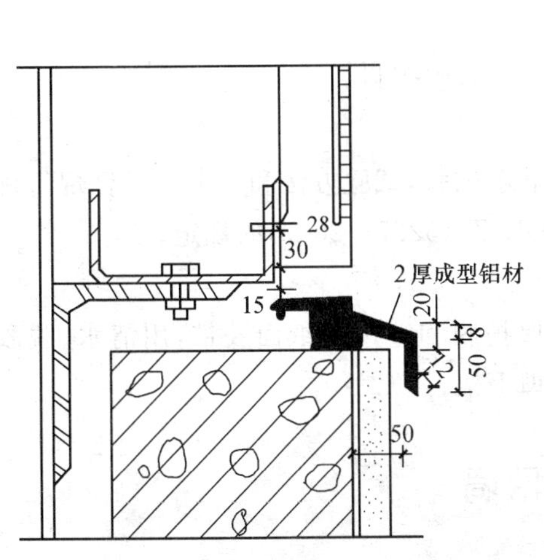


图 8-73 铝合金板端下墙处理(单位:mm)

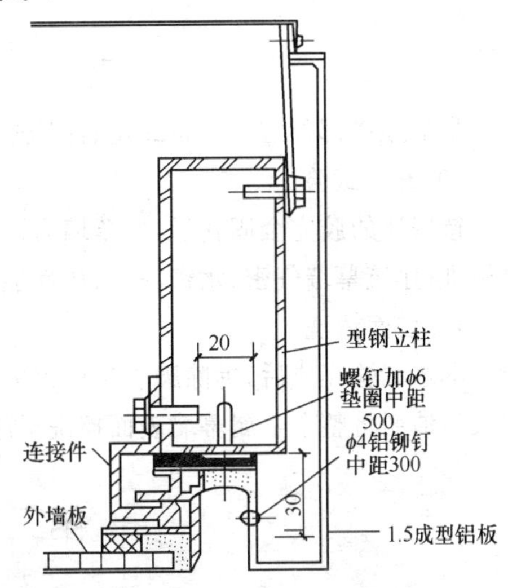


图 8-74 边缘部位的收口处理(单位:mm)

(4)边缘部位处理。墙面边缘部位的收口处理,是用铝合金成形板将墙板端部及龙骨部位封住,如图 8-74 所示。

(5)伸缩缝、沉降缝的处理。伸缩缝、沉降缝的处理,首先要适应建筑物伸缩、沉降的需要,同时也应考虑装饰效果。另外,此部位也是防水的薄弱环节,其构造节点应周密考虑。一般可用氯丁橡胶带做连接和密封,如图 8-75 所示。

(6)窗口部位处理。窗口的窗台处属水平部位的压顶处理,即用金属板封盖,使之能阻挡风雨浸透(图 8-76)。水平盖板的固定,一般先将骨架固定于基层上,然后再用螺栓将盖板与骨架牢固连接,板与板间并适当留缝,打密封胶处理。

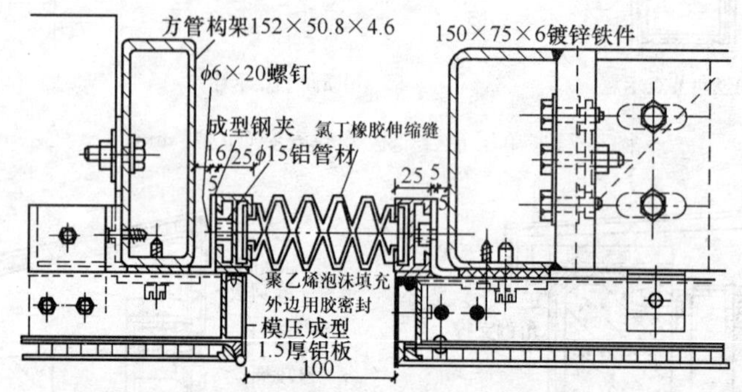


图 8-75 伸缩缝、沉降缝处理示意(单位:mm)

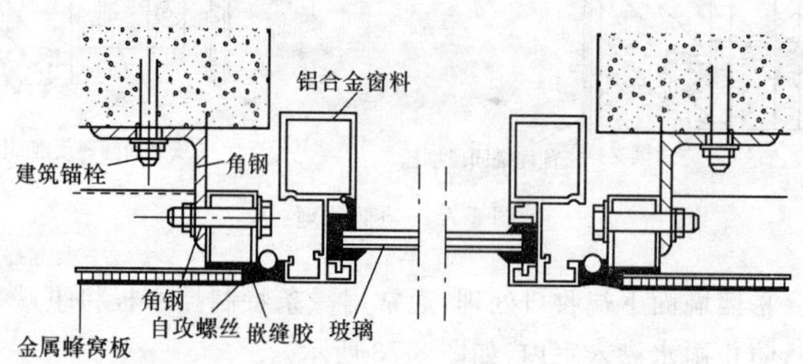


图 8-76 窗口部位处理

板的连接部位宜留 5 mm 左右间隙,并用耐候硅酮密封胶密封。

10. 淋水试验

待嵌注的胶完全固化后,对幕墙易渗漏部位进行淋水试验,试验方法和要求应符合现行国家标准《建筑幕墙气密、水密、抗风压性能检测方法》(GB/T 15227—2007)的规定。

11. 表面清洗

淋水试验完成后,拆除脚手架前揭去面板表面的保护膜和缝边的纸面胶带,用清水、脱胶剂或清洁剂将整个金属幕墙表面擦洗干净,然后拆除脚手架。

## 第三节 其他幕墙

### 一、石材幕墙

1. 施工机具

(1)机具:电焊机、钻床、手电钻、冲击电锤、云石锯、切割机、角磨机等。

(2)工具:胶枪、钳子、锤子、各种扳手、螺丝刀等。

(3)计量检测用具:经纬仪、激光铅直仪、水准仪、钢尺、水平尺、靠尺、塞尺、线坠等。

2.施工技术

(1)石材幕墙构造。

1)直接式。直接式是指将被安装的石材通过金属挂件直接安装固定在主体结构上的方法。这种方法比较简单经济,但要求主体结构墙体强度高,最好是钢筋混凝土墙,主体结构墙面的垂直度和平整度都要比一般结构精度高,如图 8-77 所示。

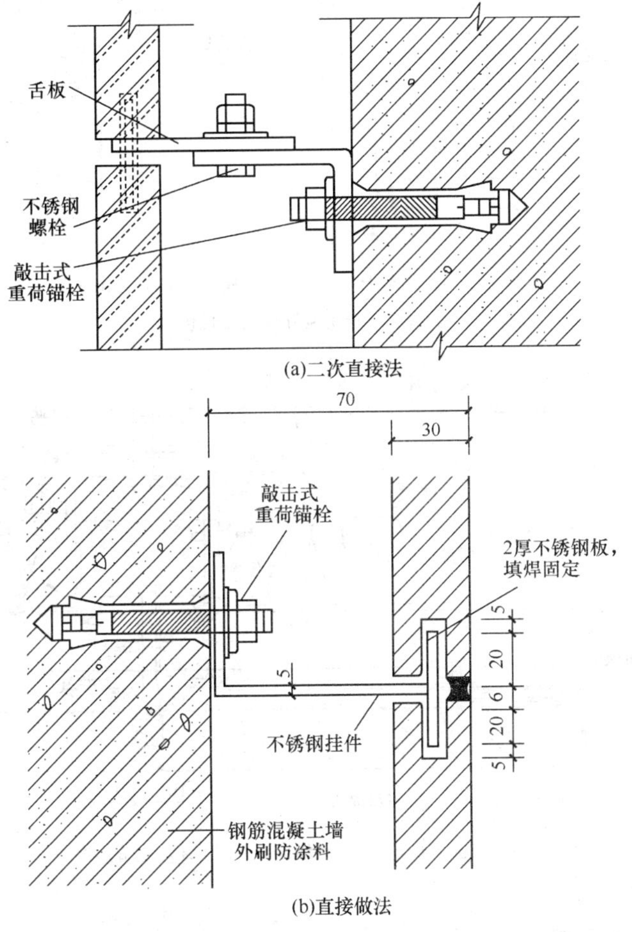


图 8-77　直接式干挂石材幕墙构造(单位:mm)

2)骨架式。骨架式主要用于主体结构是框架结构时如图 8-78 所示。

3)单元体法。单元体法它利用特殊强化的组合框架,将饰面块材、铝合金窗、保温层等全部在工厂中组装在框架上,然后将整片墙面运至工地安装,劳动重要任务和环境得到良好的改善,可以不受自然条件的影响,所以工作效率和构件精度都能有很大提高,如图 8-79 所示。

4)预制复合板干挂。预制复合板,是干法作业的发展,是以石材薄板为饰面板,钢筋细石混凝土为衬模,用不锈钢连接件连接,经浇筑预制成饰面复合板,用连接件与结构连成一体的施工方法,如图 8-80 所示。可用于钢筋混凝土框架结构或钢结构的高层和超高层建筑。其特点是安装方便、速度快，可节约天然石材，但对连接件的质量要求较高。

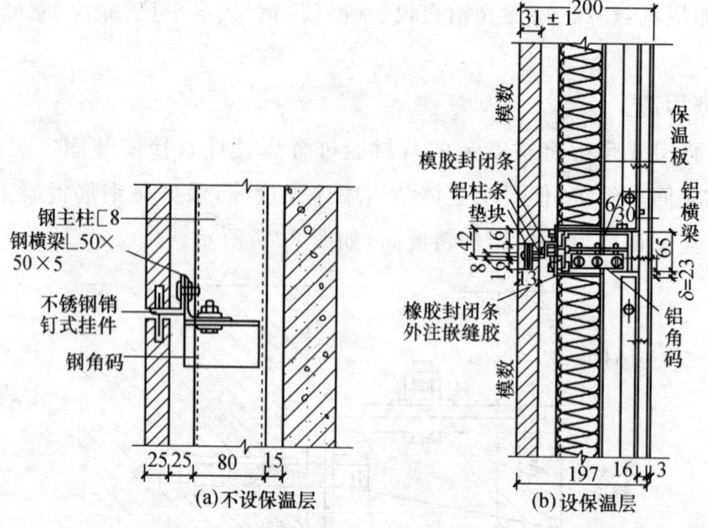


图 8-78　骨架式干挂石材幕墙构造(单位：mm)

注：保温材料用镀锌薄钢板封包。

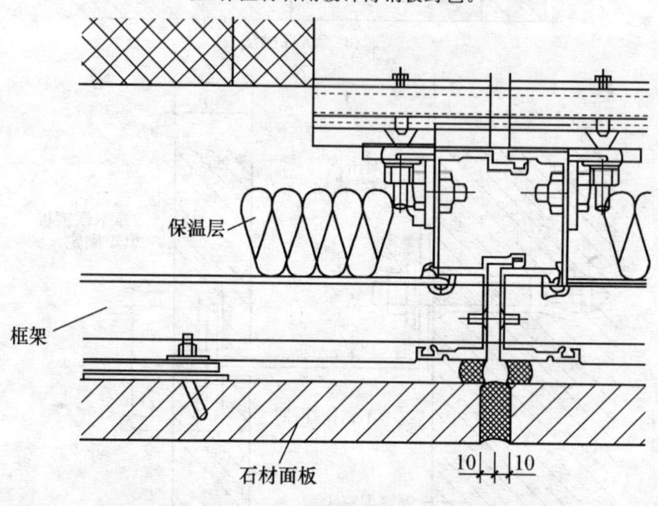


图 8-79　单元体石材幕墙构造(单位：mm)

(2)石材幕墙加工制作。

1)幕墙在制作前，应对建筑物的设计施工图进行核对，并应对已建的建筑物进行复测，按实测结果调整幕墙图纸中的偏差，经设计单位同意后方可加工组装。

2)加工幕墙构件所采用的设备、机具应保证幕墙构件加工精度的要求，量具应定期进行计量检定。

3)用硅酮结构密封胶黏结固定构件时，注胶应在温度 15℃以上 30℃以下、相对湿度 50%以上，且洁净、通风的室内进行，胶的宽度、厚度应符合设计要求。

4)用硅酮结构密封胶黏结石材时，结构胶不应长期处于受力状态。

5)当石材幕墙使用硅酮结构密封胶和硅酮耐候密封胶时，应待石材清洗干净并完全干燥后施工。

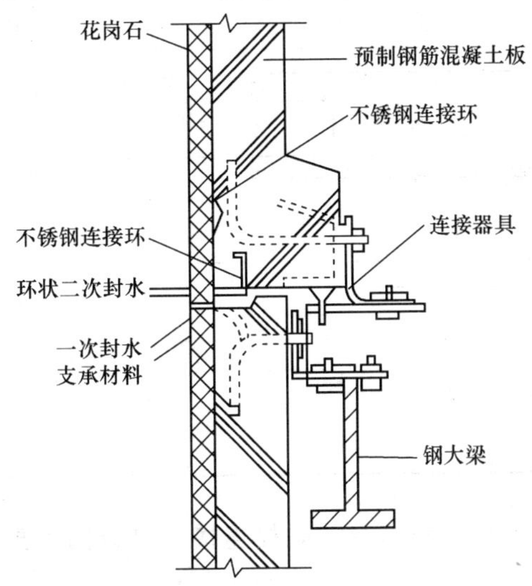


图 8-80 预制复合板干挂石材幕墙构造

6)幕墙构件加工制作时。

①幕墙结构杆件截料前应进行校直调整。

②幕墙横梁长度的允许偏差应为±0.5 mm,立柱长度的允许偏差应为±1.0 mm,端头斜度($\alpha$ 角)的允许偏差应为$-15'$(图 8-81)。

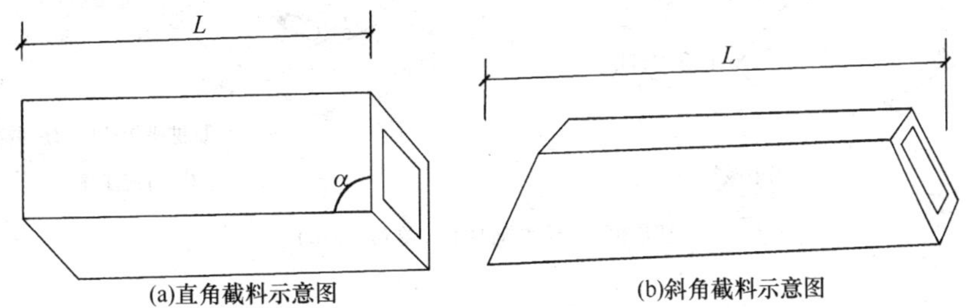


(a)直角截料示意图 (b)斜角截料示意图

图 8-81 杆件截料示意

③截料端头不得因加工而变形,并不应有毛刺。

④孔位的允许偏差应为±0.5 mm,孔距的允许偏差应为±0.5 mm,累计偏差不得大于±1.0 mm。

⑤幕墙构件中,槽、豁、榫的加工应符合表 8-9 的规定。

**表 8-9 槽、豁、榫的加工尺寸允许偏差** (单位:mm)

| 项目 | 简图 | a | b | c |
|---|---|---|---|---|
| 铣槽 | (图:a、b、c) | +0.5<br>0.0 | +0.5<br>0.0 | ±0.5 |

续上表

| 项目 | 简　图 | a | b | c |
| --- | --- | --- | --- | --- |
| 铣豁 |  | +0.5<br>0.0 | +0.5<br>0.0 | ±0.5 |
| 铣榫 |  | 0.0<br>−0.5 | 0.0<br>−0.5 |  |

⑥钢构件表面防锈处理及钢板件焊接、螺栓连接应符合国家现行标准的有关规定，如图8-82所示。

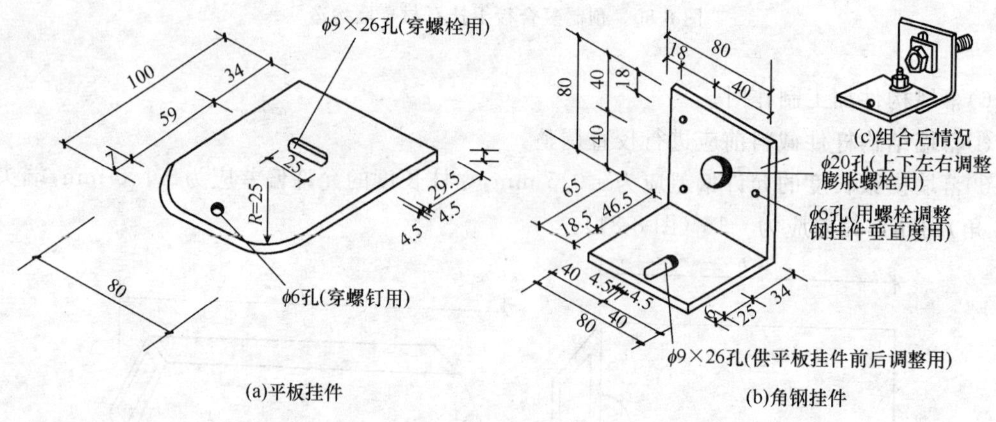


图 8-82　不锈钢挂件(单位:mm)

7)石板加工。

①石板连接部位应无崩坏、暗裂等缺陷；其他部位崩边不大于 5 mm×20 mm，或缺角不大于 20 mm 时可修补后使用，但每层修补的石板块数不应大于 2%，且宜用于立面不明显部位。

②石板的长度、宽度、厚度、直角、异型角、半圆弧形状、异型材及花纹图案造型、石板的外形尺寸均应符合设计要求。

③石板外表面的色泽应符合设计要求，花纹图案应按样板检查。石板四周不得有明显的色差。

④火烧石应按样板检查火烧后的均匀程度，火烧石不得有暗裂、崩裂情况。

⑤石板的编号应同设计一致，不得因加工造成混乱。

⑥石板应结合其组合形式，并应确定工程中使用的基本形式后进行加工。

⑦石板加工尺寸允许偏差应符合相关规定。

⑧钢销式安装的石板加工应符合下列规定。

a. 钢销的孔位应根据石板的大小而定。孔位距离边端不得小于石板厚度的 3 倍，也不得大于 180 mm；钢销间距不宜大于 600 mm；石板边长不大于 1.0 m 时每边应设两个钢销，边长大于 1 m 时应采用复合连接。

b. 石板的钢销孔的深度宜为 22～23 mm，孔的直径宜为 7 mm 或 8 mm，钢销直径宜为 5 mm或 6 mm，钢销长度宜为 20～30 mm。

c. 石板的钢销孔处不得有损坏或崩裂现象，孔径内应光滑、洁净。

⑨通槽式安装的石板加工如图 8-83 所示。

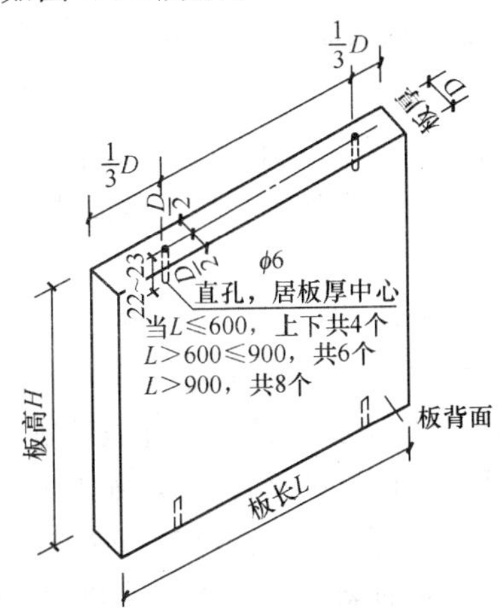


图 8-83　石材饰面打孔示意图(单位:mm)

a. 石板的通槽宽度宜为 6 mm 或 7 mm，不锈钢支撑板厚度不宜小于 3.0 mm，铝合金支撑板厚度不宜小于 4.0 mm。

b. 石板开槽后不得有损坏或崩裂现象，槽口应打磨成 45°倒角；槽内应光滑、洁净。

⑩短槽式安装的石板加工。

a. 每块石板上下边应各开两个短平槽，短平槽长度不应小于 100 mm，在有效长度内槽深度不宜小于 15 mm；开槽宽度宜为 6 mm 或 7 mm；不锈钢支撑板厚度不宜小于 3.0 mm，铝合金支撑板厚度不宜小于 4.0 mm。弧形槽的有效长度不应小于 80 mm。

b. 两短槽边距离石板两端部的距离不应小于石板厚度的 3 倍且不应小于 85 mm，也不应大于 180 mm。

c. 石板开槽后不得有损坏或崩裂现象，槽口应打磨成 45°倒角。槽内应光滑、洁净。

⑪石板的转角宜采用不锈钢支撑件或铝合金型材专用件组装。

a. 当采用不锈钢支撑件组装时，不锈钢支撑件的厚度不应小于 3 mm。

b. 当采用铝合金型材专用件组装时，铝合金型材壁厚不应小于 4.5 mm，连接部位的壁厚不应小于 5 mm。

⑫单元石板幕墙的加工组装。

a. 有防火要求的全石板幕墙单元，应将石板、防火板、防火材料按设计要求组装在铝合金框架上。

b. 有可视部分的混合幕墙单元，应将玻璃板、石板、防火板及防火材料按设计要求组装在铝合金框架上。

c. 幕墙单元内石板之间可采用铝合金 T 形连接件连接；T 形连接件的厚度应根据石板的尺寸及重量经计算后确定，且其最小厚度不应小于 4.0 mm。

d. 幕墙单元内，边部石板与金属框架的连接，可采用铝合金 L 形连接件，其厚度应根据石板尺寸及重量经计算后确定，且其最小厚度不应小于 4.0 mm。

⑬石板经切割或开槽等工序后均应将石屑用水冲干净，石板与不锈钢挂件间应采用环氧树脂型石材专用结构胶粘结。

⑭加工好的石板应立存放于通风良好的仓库内，其角度不应小于 85°。

(3)石材幕墙安装施工。

1)测量放线：根据结构的标高、轴线等控制点、线重新测设幕墙施工的各条基准控制线。放线时应按设计要求的定位和分格尺寸，先在首层的地、墙面上测设定位控制点、线，然后用经纬仪或激光铅直仪在幕墙阴阳角、中心向上引垂直控制线和立面中心控制线，用水平仪和钢尺测设各层水平标高控制线。最后按设计大样图和测设的垂直、中心、标高控制线，弹出横、竖骨架的安装位置线。

2)校核预埋件、安装后置埋件：幕墙施工前应按已弹好的各条控制线对预埋件进行检查和校核，一般位置尺寸允许偏差为±20 mm，标高允许偏差为±10 mm。对预埋件位置超差、结构施工时漏埋或设计变更未埋的埋件，应按设计要求补做后置埋件，后置埋件一般应选用化学锚栓固定，不宜采用膨胀螺栓，且应做拉拔试验，并做好施工记录。

3)金属构架安装：构架一般采用铝合金型材或型钢，安装时先安装立柱后安装横梁。按测设好的立柱安装位置线先安装同一立面靠两端的立柱，然后拉通线按顺序安装中间立柱。通常先按线把角码固定到预埋件上，再将立柱用两条直径不小于 10 mm 的螺栓与角码固定。立柱安装完后用水平尺将各横梁位置线引至立柱上，然后安装横梁，横梁应与立柱垂直，横梁与立柱不宜直接焊接，应采用螺栓连接或通过角码后用螺钉连接，每处连接点螺栓不得少于两条，螺钉不得少于三个且直径不得小于 4 mm。各种不同金属材料的接触面应采用绝缘垫片分隔，以防发生电化学反应。

4)避雷连接：金属构架安装完后，构架体系的非焊接连接处，应按设计要求用导体做可靠的电气连接，使其成为导电通路，并与建筑物的防雷系统做可靠连接。导体与导体、导体与构架的接触面材质不同时，还应采取措施防止电化学反应腐蚀构架材料(一般采取涮锡或加垫过渡垫片等措施)。明敷接地线一般采用 $\phi$8 以上的镀锌圆钢或 3 mm×25 mm 的镀锌扁钢，也可采用不小于 25 $mm^2$的编织铜线。一般接地线与铝合金构件连接宜使用不小于 M8 的镀锌螺栓压接，接地圆钢或扁钢与钢埋件、钢构件采用焊接进行连接，圆钢的焊缝长度不小于 10 倍的圆钢直径，双面焊，扁钢搭接不小于 2 倍的扁钢宽度，三面焊，焊完后应进行防腐处理。防雷系统的接地干线和暗敷接地线，应采用 $\phi$10 以上的镀锌圆钢或 4 mm×40 mm 以上的镀锌扁钢。防雷系统使用的材料表面应采用热镀锌处理。

5)防火、保温安装：将防火棉填塞于每层楼板、每道防火分区隔墙与石材幕墙之间的空隙中，上、下或左、右两面用镀锌钢板封盖严密并固定后形成防火隔离层，防火棉填塞应连续严密，中间不得有空隙。按设计要求需进行保温材料安装时，一般先将衬板固定于金属骨架后面，再将保温材料填塞于金属骨架内并与骨架进行固定，最后在保温层外表面按设计要求安装防水、防潮层。保温材料填塞应严密无缝隙，与主体结构外表面应有不小于 50 mm 的空隙，防火、保温材料本身及衬板和防水、防潮层应固定牢固、可靠。

6)石材饰面板安装：安装顺序宜先安装大面，在门、窗等洞口四周大面上留下一块面板不装，然后安装洞口周边的镶边石材面板，最后安装大面预留面板。大面安装宜按分格进行，在每个分格中宜由下向上分层安装，安装到每个分格标高时，应注意调整误差，不要使误差积累。具体安装方式有以下几种：

①短槽挂件安装：石材侧边开短槽，通过 T 形或 L 形挂件用螺栓固定到构架的横梁上。

挂件宽度一般为 40～60 mm，不锈钢挂件厚不小于 3 mm，铝合金挂件厚不小于 4 mm。石材上、下侧边切短槽，槽宽 6～7 mm，深宜不小于 15 mm，有效长度宜不小于 80 mm，槽端距板端应不小于 3 倍石材厚度且不小于 85 mm，也不应大于 1.80 mm。挂件插入石材侧边安装槽后的缝隙用胶灌注，挂件间距宜不大于 600 mm，安装时应边安装、边调整，保证接缝均匀、顺直，表面平整。槽缝内灌注的胶在未完全凝固前，石材面上不得靠、放任何物体，避免造成板面不平，如图 8-84 所示。

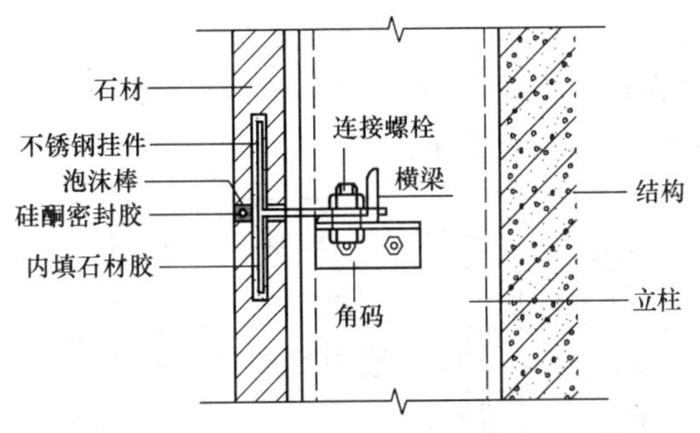


图 8-84　短槽挂件安装示意图

②背栓挂件安装：石材板的背面按设计大样图在工厂钻好背栓孔，现场安装时先将专用胀栓装入石材背栓孔内，并按胀栓使用要求确定缝隙内是否注胶，然后将挂件通过胀栓固定在石材背面，最后将装好挂件的石材预装到固定在横梁上的挂件支撑座或专用龙骨上。先调整挂件支撑座在横梁上的进出位置，使石材表面平整、垂直(使用专用龙骨时，应调整挂件与石材之间垫片的厚薄或多少来调整石材表面的平整和垂直度)，再调整挂件顶部的调节螺栓，使石材的上、下两边水平，左、右两边垂直，且与其他石材板块高低一致。调整好之后取下石材，将各固定、调节螺栓紧固牢固，将石材重新挂好，检查表面平整度和垂直度，横竖缝隙的均匀顺直，检验合格后，将石材定位固定。最后用橡皮锤轻轻敲击石材，检查各挂件受力是否均匀一致，各螺栓有无松动，检查无误后再安装下一块石材。石材安装顺序一般应从下至上，逐层进行，如图 8-85 所示。

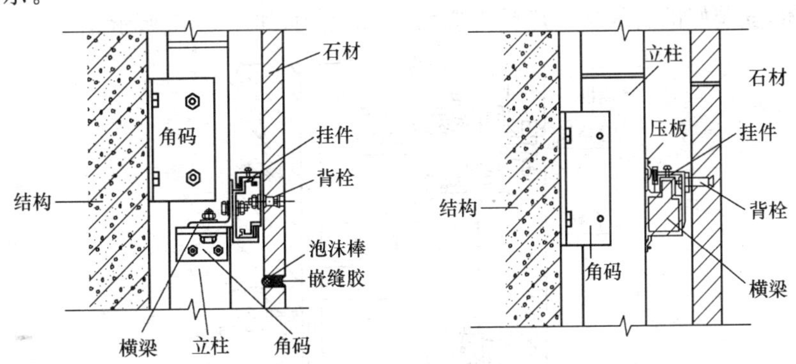


图 8-85　背栓挂件安装示意图

③钢销式安装：钢销式安装宜用于高度不大于 20 m，抗震设防烈度为 6～7 度的石材幕墙工程中，若不能满足此条件，应改用其他安装方法。钢销式安装时单块石材面板的面积宜不大于 1 $m^2$，一般钢销直径为 5～6 mm，长 20～30 mm，连接板一般宽为 40 mm，厚 4 mm，钢销和连接板应采用不锈钢制品。施工时先按设计要求在石板两个或四个侧边上钻好销孔，孔深为

22～33 mm,孔径为 7～8 mm,孔距石板边缘应不小于石板厚度的 3 倍且不大于 180 mm,销孔间距不大于 600 mm。销孔钻好经检查合格后,开始安装。第一层石板安装时,先将石板底部的不锈钢销用胶与石板黏牢,以免脱落,再将石板底边的钢销插进底部连接板的销孔内,按各控制线调整好石板的位置和表面平整度后,取下石材,将底部连接板固定牢固,然后把石材重新放回到连接板上,安装固定石材上部的不锈钢连接板,最后将不锈钢销通过连接板的销孔插入石材上部的销孔内,不锈钢销插入 1/2,连接板上部露出 1/2,并在销子与石板孔壁的缝隙内灌胶,调整好石板的垂直度、平整度后,将上部连接板固定牢固。第二层以上石板安装时,先在下层石板上部露出的不锈钢销上涂胶,将石板底部的销孔对准钢销垂直插入,调整垂直度和平整度,再安装上部不锈钢连接板,其他要求同第一层石板安装,如图 8-86 所示。

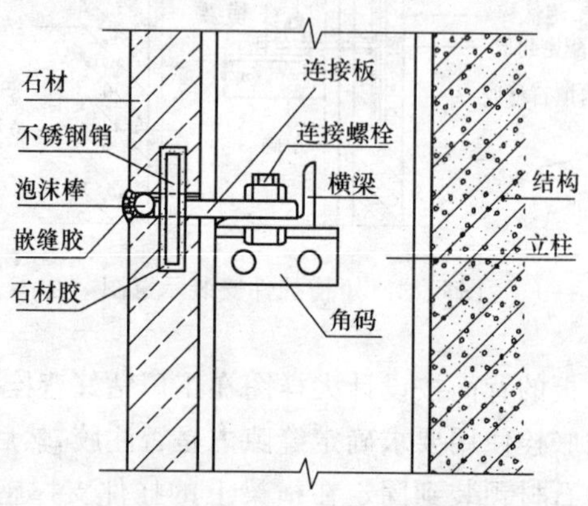


图 8-86　钢销式安装示意图

④长槽副框安装:一般副框与石材在工厂进行加工制作,供货到现场时提供合格证,加工时按设计要求先在每块石板四个侧边开槽,槽内注胶后将铝合金副框的卡边插入石板侧边的槽内黏结固定,然后将石板背面与铝副框之间的缝隙灌胶黏固。安装时先将副框的挂装座与横梁用螺栓固定,再把黏好副框的石板挂上去,调整定位螺栓使石板的位置正确后,轻轻敲击石板使挂钩卡入定位槽内。调整挂装座,使石材表面平整、接缝顺直,最后将挂装座紧固牢固,用耐候胶封闭,安装好的石板挂装座受力应均匀、无松动,如图 8-87 所示。

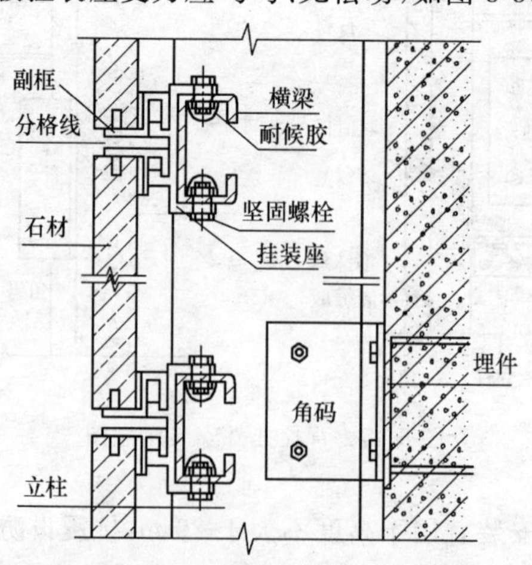


图 8-87　长槽副框安装示意图

7)嵌缝、注胶:石材板面安装完成后,应按设计要求进行嵌缝,设计无要求时,宜选用中性石材专用嵌缝胶,以免发生渗析污染石材表面。嵌缝时先将板缝清理干净,并确保黏结面洁净干燥的情况下,用带有凸头的刮板将泡沫填充棒(条)塞入缝中,使胶缝的深度均匀,然后在板缝两侧的石材板面上粘贴纸面胶带,避免嵌缝胶污染石板,最后进行注胶作业。注胶时应边注胶边用专用工具勾缝,使成型后的胶面呈弧形凹面且均匀无流淌,多余的胶液应立即用清洁剂擦净,最后揭去石板表面的纸面胶带,如图 8-88 所示。

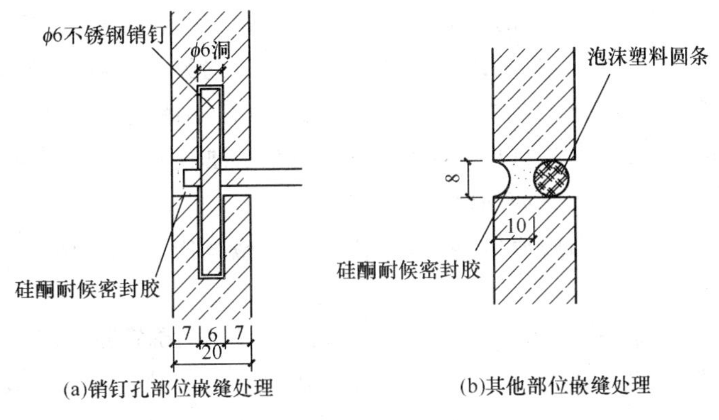


图 8-88　石材幕墙嵌缝示意图(单位:mm)

8)淋水试验(敞缝幕墙不做):嵌注的胶完全固化后,对幕墙易渗漏部位进行淋水试验,试验方法和要求应符合现行国家标准《建筑幕墙气密、水密、抗风压性能检测方法》(GB/T 15227—2007)的规定。

9)表面清洗:淋水试验完成后,用清水或清洁剂将整个石材幕墙表面擦洗干净。必要时按设计要求进行打蜡或涂刷保护剂。

(4)石材幕墙的防腐。花岗石幕墙周围环境中各种有害物质对花岗石有腐蚀作用,为保护花岗石,要采取措施来减少或延缓这些物质对花岗石的腐蚀。

1)石材防护技术:石材防护技术是指利用现代科学技术方法对石材进行处理,避免由于石材本身的欠缺和外界因素对石材外观和内部结构所造成的破坏。

石材防护主要是指石材防水。因为无论是恶劣的气候,环境的污染,还是人为对砖石建筑的损害,大多表现在水对建筑的侵害上。石材吸收水而产生的冰冻病害,降低了材料的隔热能力,使微生物附生;由于溶于水中的有害物质,产生盐结晶病害及盐水解病害等,使胶结料发生化学转变形成可溶性盐,损害了石质。大多数的损害是由于石材的微孔、毛细管吸水所引起的化学反应;但水不是唯一引起不良后果的物质,从另一个角度看,水只是有害物质的载体,有害物质通过石材的微孔和毛细管作用将水吸收进入石材中,当水被逐渐蒸发后,有害物质却残留在石材中,这种损害比水本身对砖石建筑的损害还要大。

2)石材防护形式。

①气闭式:气闭式就是用防护产品封闭石材所有微孔及毛细管。气闭式的防护产品多为树脂类,这类产品最大的优点是抗静压好,如水池底等水压大的地方,另一个特点是有一定的弹性。

但此类产品的缺点也非常多:a. 产品本身表面张力大,分散性差,因此渗透性不好;b. 在涂刷的表面会形成一层膜,由于防护是靠这层膜实现的,这层膜与被涂刷表面的附着力就成了关键,如发生剥落就失去作用;c. 表面膜不耐摩擦;d. 耐老化程度差,因为是附着在被防护石材表面,容易受到紫外线的照射(400 i 射线对它的破坏非常大);e. 易变色龟裂,由于老化而产生龟裂,失去防护作用;f.影响水蒸气的蒸发。所以这类产品不宜用在被防护物品正面,也不宜用于湿法施工。

②透气式:透气式就是将防护材料渗入石材微细孔,但不堵塞微孔及毛细管。透气式的防护产品大多为有机硅产品类,此类产品是现代科技成果的结晶。此类产品克服了封闭式产品的缺点:a.它不是靠在表面形成的膜起防护作用,而是利用有机硅高分散性的特点渗透进入石材的表面,形成一个防护层,这个防护层厚在 3～10 mm;b.有了这个防护层,就能充分起到防护作用,解决了涂刷层与被防护物的附着力和耐摩擦问题,抗老化问题也随之而解决了。此类产品最大的特点是透气性极佳,它的透水率不小于 98%,此类产品在湿式施工法中无论用在正面或背面都不影响施工质量。此类产品的另一大特点是不改变石材的物理性能,这是由它的防水方式决定的。它的缺点是抗压性能差,不能用在水池底部等水压大的地方。

3)在选择防护产品时应注意的问题。

①选择的防护产品应有国内质检部门的检测报告,检测内容包括吸水率、抗碱性、渗透性等项。

②选择订货前,要根据不同的石种进行相容性试验,以便最后确定被选用的产品是否适用。

③要选择质量稳定的品牌,防止样品和批量产品质量上有很大差别。表 8-10 为几种防护材料的性能比较。

**表 8-10 几种防护材料的性能比较**

| 项目<br>种类 | 拨水性 | 拨油性 | 渗透性 | 颜色变化 | 耐磨性 | 抗老化性 | 稳定性 | 适用范围 | 抗碱性 | 抗酸性 | 耐高温 | 耐低温 | 可施工性 | 成本 |
|---|---|---|---|---|---|---|---|---|---|---|---|---|---|---|
| 有机硅 | 优 | 优 | 优 | 人为可控 | 优 | 优 | 优 | 广 | 优 | 一般 | 优(100℃) | 优(-30℃) | 好 | 中高 |
| 树脂类 | 差 | 差 | 一般 | 大 | 一般 | 一般 | 差 | 小 | 一般 | 差 | 一般 | 差 | 一般 | 中 |
| 丙烯酸 | 一般 | 差 | 一般 | 一般 | 差 | 一般 | 一般 | 小 | 一般 | 差 | 差 | 一般 | 优 | 低 |

4)在施工当中需注意的事项。

①被防护的石材要经过 72 h 的自然干燥,即使产品说明中标明潮湿表面可操作同样有效也不例外。石材含水量应不高于 10%方可操作。

②防护工作应尽量在工厂完成,这样可以避免石材在运输、库存及安装过程中被污染。

③在防护前应保证被防护表面清洁无污染,如有污染应先用石材清洗剂、除油剂、去锈剂等先将表面处理干净。

④溶剂型防护品和施工工具不得有水溶入,以免影响防护效果。

⑤防护处理的石材 24 h 内不得用水浸泡,24 h 后方可使用。

⑥某些产品用在抛光板面防护处理 2～24 h 后,表面需清理,也可在交工前一同处理,防护效果不变。

## 二、人工板幕墙

1.施工机具

(1)机具:捯链、慢速卷扬机、冲击电锤、手电钻、台钻、电锯、云石机、角磨机、切割机、电焊机等。

(2)工具:专用手推车、橡皮锤、各种扳手、拉铆钳、钳子、螺丝刀、手锯、胶枪、吸盘等。

(3)计量检测用具:水推仪、激光铅直仪、经纬仪、线坠、钢直尺、水平尺、焊缝测量规、钢尺、靠尺、塞尺、卡尺、角度尺、方尺、对角线尺等。

2.施工技术

(1)测量放线。应从结构标高、轴线的基准控制点、线重新测设幕墙施工的各条控制线。放线时应按设计要求的定位和分格尺寸,先在首层的地、墙面上测设定位控制点、线,然后用经纬仪或激光铅直仪测设幕墙阴阳角、中心垂直控制线和中心控制线,再用水平仪和钢尺测设各层水平标高控制线,测量时应控制误差分配,不能使误差累积,最后按设计大样图和测设的垂直、中心、标高控制线,弹出横、竖骨架的安装位置线。

(2)检查预埋件、补做后置埋件。检查预埋件的位置是否与设计相符,标高偏差不应大于10 mm,左右位置偏差不应大于±20 mm,否则应按设计要求进行处理或补做后置埋件,后置埋件应选用化学锚栓固定,不得采用膨胀螺栓,并应做拉拔试验,做好施工记录。

(3)骨架安装。加工完成的立柱按部位编号后搬运到安装地点,再将立柱由上至下或由下至上逐层上墙安装就位。安装时先安装立柱后安装横梁,首先按施工图和测设好的立柱安装位置线,将同一立面靠两端的立柱安装固定好,然后拉通线按顺序安装中间立柱。安装顺序是先按线把角码固定到预埋件上,再将立柱用两条直径不小于10 mm的螺栓与角码固定。根据控制线调整立柱的标高位置和垂直度,调整检查合格后,拧紧固定螺栓将立柱固定牢固。立柱安装完后,按设计要求和横梁位置线安装横梁,横梁与立柱应采用螺栓连接或通过角码后用螺钉连接,每处连接点螺栓不得少于两条,螺钉不得少于三个且直径不得小于4 mm。立柱与角码、横梁与立柱采用不同金属材料时,其接触面应采用绝缘垫片分隔。焊接和表面防腐层被破坏部位应涂刷两道以上防锈漆进行防腐。

(4)避雷、防火层安装。骨架安装完后,应按设计要求用导体将金属骨架做可靠的电气连接,使其成为导电通路,并与建筑物的防雷系统做可靠连接。

人造板幕墙应按设计要求在每层楼板、防火分区隔墙与幕墙之间的缝隙做防火层,安装时,先固定上、下或左、右一面的衬板,然后填塞防火棉,再将另一面衬板封盖严密并固定牢固。防火棉填塞应连续严密,中间不得有空隙,安装固定应牢固。防火层衬板宜采用镀锌钢板,其厚度应不小于1.5 mm,且不得使用铝板或其他不耐火板材。

(5)人造板安装。人造板的安装方式应符合设计要求,安装时先根据中线、标高线、分格定位线,拉通线控制板块的定位位置,然后将插挂件或连接件按大样图的位置尺寸,用螺栓安装固定到横梁上,再将人造板块与插挂件或连接件固定,并边安装边调整板块的平整度、垂直度、接缝宽窄度和与邻板的高低差,板缝宽窄可塞入等厚度的板、片来保证缝隙宽度均匀一致。人造板幕墙的防震缝、伸缩缝、沉降缝处理应符合设计要求,应保证其使用功能和幕墙饰面的完整性。具体安装方法参照石材幕墙和金属板幕墙面板安装方法。

常用节点构造,如图8-89、图8-90所示。

(6)淋水试验、清理。嵌缝完成待胶完全固化后,对人造板幕墙进行淋水试验。试验合格后在拆除脚手架前,用清水、脱胶剂或清洁剂将整个幕墙表面擦洗干净,最后拆除脚手架。

**三、单元式幕墙**

1.施工机具

(1)单元式幕墙安装应配备足够数量的转运运输车辆、装卸吊运起重机械、工序间专用的工位工装器具。

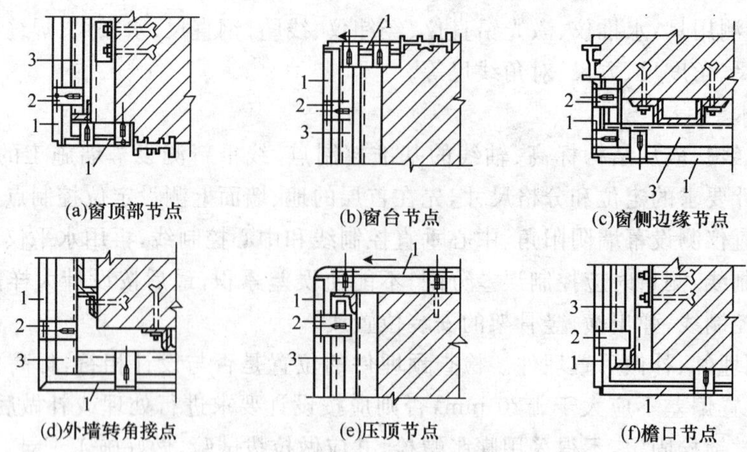

(a)窗顶部节点　(b)窗台节点　(c)窗侧边缘节点

(d)外墙转角接点　(e)压顶节点　(f)檐口节点

图 8-89　安装基面为钢架的瓷质饰面节点构造示意图

1—瓷板；2—挂件；3—钢架

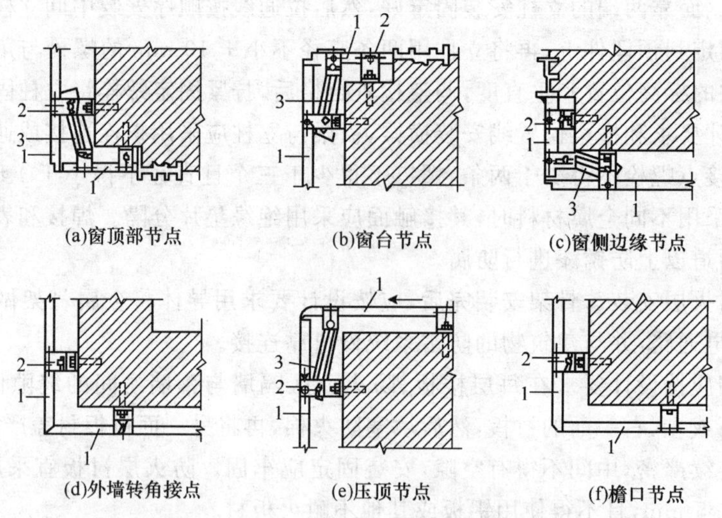

(a)窗顶部节点　(b)窗台节点　(c)窗侧边缘节点

(d)外墙转角接点　(e)压顶节点　(f)檐口节点

图 8-90　安装基面为墙体的瓷质饰面节点构造示意图

1—瓷板；2—挂件；3—拉板

(2)单元(板块)组件的转运，应设计配制专用的，能防碰撞、防挤压的包装转运吊架。

(3)单元(板块)组件的装卸，应采用行吊、汽车吊、塔式起重机、龙门吊、卷扬机等起重机具进行作业，所使用的绳具应安装可靠。

(4)单元式(板块)组件搬运、吊装，应设置专用的可移动钢平台、单元(板块)组件运送车、存放架、简易龙门吊、定位卷扬机等搬运工位机具。每个操作班应设专人对设备机具进行保养检查，并填写保养检查记录。

(5)单元式幕墙安装放线、定位、检测所使用的激光经纬仪、经纬仪、水准仪、水平尺等测量器具，应经计量监督检测部门检定合格并在有效期内使用。

(6)单元式幕墙安装所使用的拉紧器，电动(手动)限力扳手等机用、手用工具应设专人校核检测，并填写校核记录，量值不准的器具不准使用。其他紧固工具和一般检测尺表均应处于良好状态，并有专人保管。

(7)单元式幕墙安装应配置必需数量的对讲通讯工具，对不同职能人员设置不同的频率，以便更好地指挥安装作业。

2.施工技术

(1)单元式幕墙构造与安装要求。

1)单元式幕墙构造。单元式幕墙是在工厂加工程度最高的一种类型幕墙。在工厂不仅要加工竖框、横框等元件，还要用这些元件拼装成单元组件框，并将幕墙面板(玻璃、铝板、花岗石板等)安装在单元组件框的相应位置上，形成单元组件。就一个单元组件来说，它已具备了这个单元的全部幕墙功能和构造要求。单元组件的高度要不小于一个楼层，以便运往工地后直接固定在主体结构上。每个单元组件上、下框(左、右框)对插形成组合杆，完成单元组件间接缝，最终形成整幅幕墙。

单元式幕墙典型节点剖面，如图 8-91～图 8-99 所示。

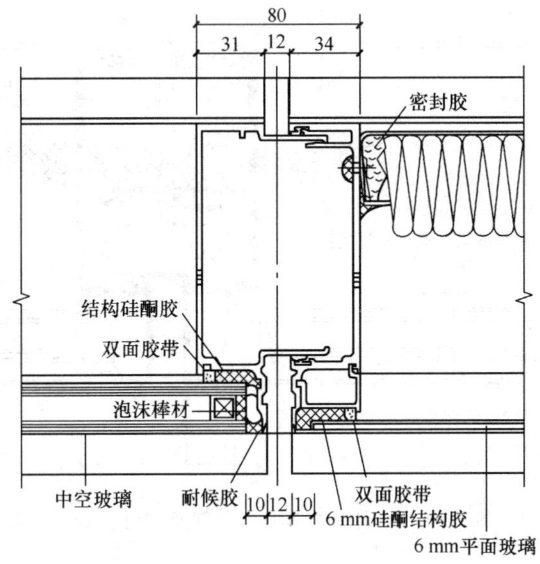


图 8-91　单元式全隐框玻璃幕墙节点(单位:mm)

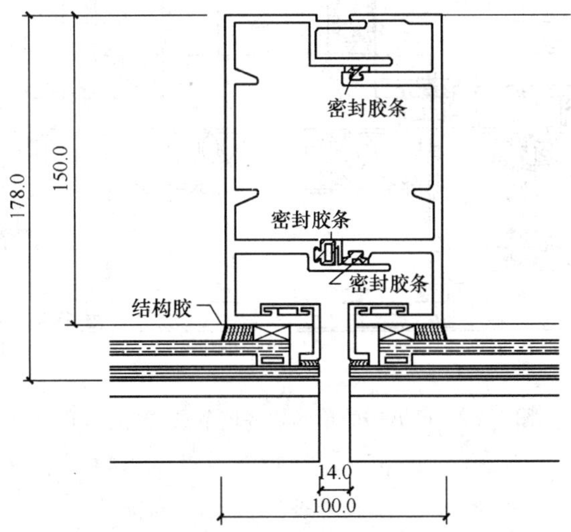


图 8-92　柱节点水平剖面(单位:mm)

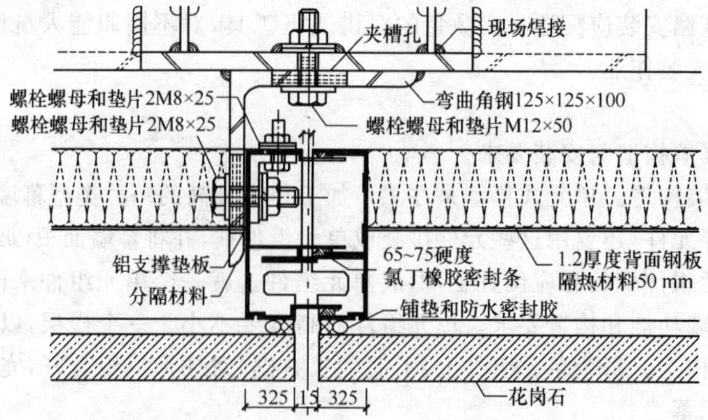


图 8-93 石材幕墙水平剖面(单位:mm)

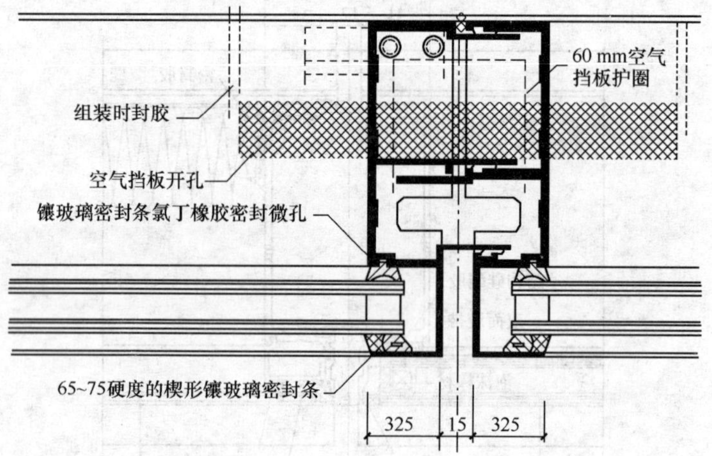


图 8-94 中空玻璃幕墙水平剖面(单位:mm)

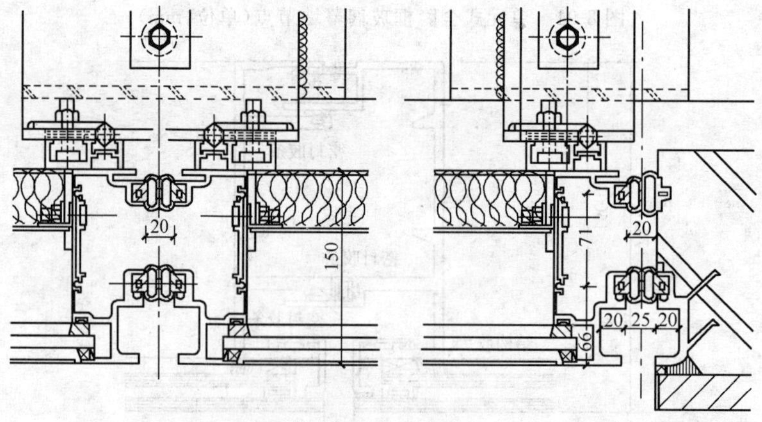


图 8-95 可拆卸的单元式幕墙节点(单位:mm)

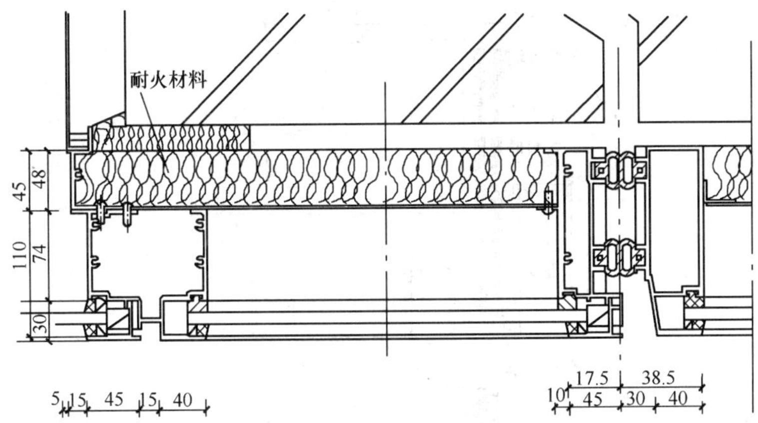


图 8-96 可拆卸的单元式明框幕墙节点(单位:mm)

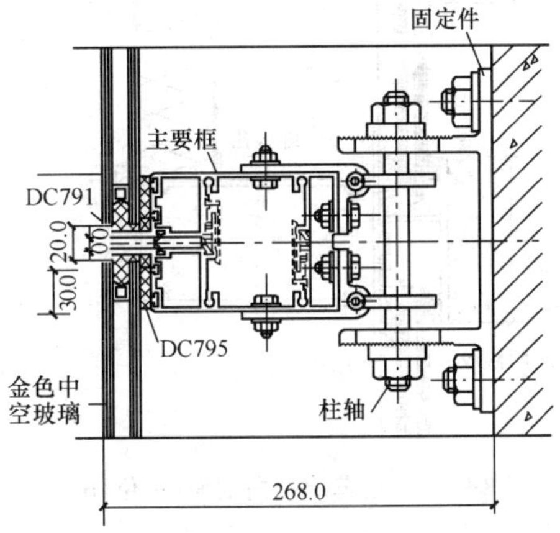


图 8-97 不可拆卸的单元式玻璃幕墙节点(单位:mm)

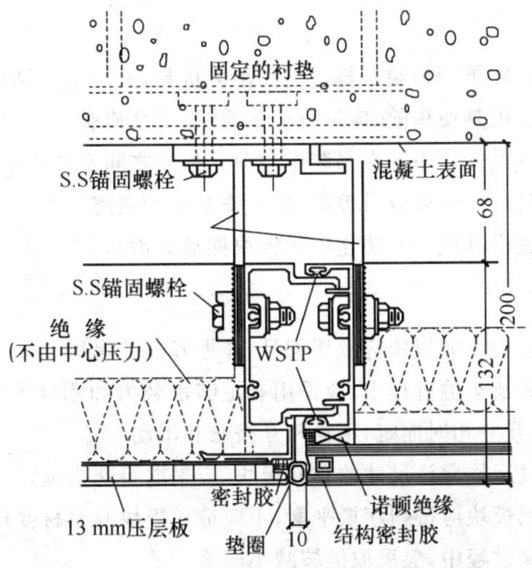


图 8-98 蜂窝板与中空玻璃结合的幕墙节点(单位:mm)

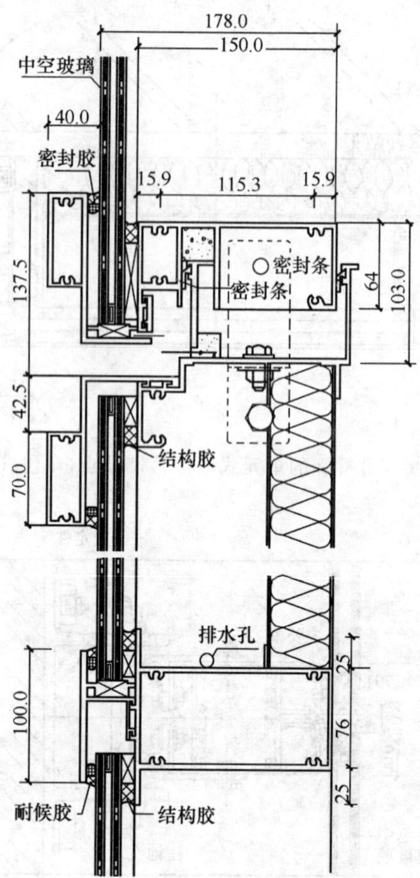


图 8-99　明框幕墙竖向剖面(单位:mm)

2)单元式幕墙安装要求见表 8-11。

**表 8-11　单元式幕墙安装要求**

| 项　目 | 内　容 |
| --- | --- |
| 单元吊装机具准备应符合的要求 | (1)应根据单元板块选择适当的吊装机具,并与主体结构安装牢固。<br>(2)吊装机具使用前,应进行全面质量、安全检验。<br>(3)吊具设计应使其在吊装中与单元板块之间不产生水平方向分力。<br>(4)吊具运行速度应可控制,并有安全保护措施。<br>(5)吊装机具应采取防止单元板块摆动的措施 |
| 单元构件运输应符合的要求 | (1)运输前单元板块应顺序编号,并做好成品保护。<br>(2)装卸及运输过程中,应采用有足够承载力和刚度的周转架,衬垫弹性垫,保证板块相互隔开并相对固定,不得相互挤压和串动。<br>(3)超过运输允许尺寸的单元板块,应采取特殊措施。<br>(4)单元板块应按顺序摆平衡,不应造成板块或型材变形。<br>(5)运输过程中,应采取措施减小颠簸 |

续上表

| 项　目 | 内　容 |
| --- | --- |
| 在场内堆放单元板块时,应符合的要求 | (1)宜设置专用堆放场地,并应有安全保护措施。<br>(2)宜存放在周转架上。<br>(3)应依照安装顺序先出后进的原则按编号排列放置。<br>(4)不应直接叠层堆放。<br>(5)不宜频繁装卸 |
| 起吊和就位应符合的要求 | (1)吊点和挂点应符合设计要求,吊点不应少于 2 个。必要时可增设吊点加固措施并试吊。<br>(2)起吊单元板块时,应使各吊点均匀受力,起吊过程应保持单元板块平稳。<br>(3)吊装升降和平移应使单元板块不摆动、不撞击其他物体。<br>(4)吊装过程应采取措施保证装饰面不受磨损和挤压。<br>(5)单元板块就位时,应先将其挂到主体结构的挂点上,板块未固定前,吊具不得拆除 |
| 连接件安装允许偏差应符合的要求 | 连接件安装允许偏差符合表 8-12 的规定 |
| 校正及固定应符合的要求 | (1)单元板块就位后,应及时校正。<br>(2)单元板块校正后,应及时与连接部位固定,并应进行隐蔽工程验收。<br>(3)单元式幕墙安装固定后的偏差应符合表 8-13 的要求。<br>(4)单元板块固定后,方可拆除吊具,并应及时清洁单元板块的型材槽口 |
| 其他要求 | 施工中如果暂停安装,应将对插槽口等部位进行保护;安装完毕的单元板块应及时进行成品保护 |

**表 8-12　连接件安装允许偏差**

| 序号 | 项　目 | 允许偏差(mm) | 检查方法 |
| --- | --- | --- | --- |
| 1 | 标高 | ±1.0<br>(可上下调节时±2.0) | 水准仪 |
| 2 | 连接件两端点平行度 | ≤1.0 | 钢尺 |
| 3 | 距安装轴线水平距离 | ≤1.0 | 钢尺 |
| 4 | 垂直偏差(上、下两端点与垂线偏差) | ±1.0 | 钢尺 |
| 5 | 两连接件连接点中心水平距离 | ±1.0 | 钢尺 |
| 6 | 两连接件上、下端对角线差 | ±1.0 | 钢尺 |
| 7 | 相邻三连接件(上下、左右)偏差 | ±1.0 | 钢尺 |

**表 8-13　单元式幕墙安装允许偏差**

| 序号 | 项目 | | 允许偏差(mm) | 检查方法 |
|---|---|---|---|---|
| 1 | 竖缝及墙面垂直度 | 幕墙高度 $H$(m) | | 激光经纬仪或经纬仪 |
| | | $H\leqslant30$ | 10 | |
| | | $30<H\leqslant60$ | ≤15 | |
| | | $60<H\leqslant90$ | ≤20 | |
| | | $H>90$ | ≤25 | |
| 2 | 幕墙平面度 | | ≤2.5 | 2 m 靠尺、钢板尺 |
| 3 | 竖缝直线度 | | ≤2.5 | 2 m 靠尺、钢板尺 |
| 4 | 横缝直线度 | | ≤2.5 | 2 m 靠尺、钢板尺 |
| 5 | 缝宽度(与设计值比) | | ±2 | 卡尺 |
| 6 | 耐候胶缝直线度 | $L\leqslant20$ m | 1 | 钢尺 |
| | | 20 m$<L\leqslant60$ m | 3 | |
| | | 60 m$<L\leqslant100$ m | 6 | |
| | | $L>100$ m | 10 | |
| 7 | 两相邻面板之间接缝高低差 | | ≤1.0 | 深度大 |
| 8 | 同层单元组件标高 | 宽度不大于 35 m | ≤3.0 | 激光经纬仪或经纬仪 |
| | | 宽度大于 35 m | ≤5.0 | |
| 9 | 相邻两组件面板表面高低差 | | ≤1.0 | 深度尺 |
| 10 | 两组件对插件接缝搭接长度(与设计值比) | | ±1.0 | 卡尺 |
| 11 | 两组件对插件距槽底距离(与设计值比) | | ±1.0 | 卡尺 |

(2)单元组件框及单元内部装配组件框制作。单元组件框制作是指将左右竖框、上下横框及设计上规定的中横框、中竖框等用紧固件连接成一个整体框架。采用最多的连接方法是在横(竖)框型材上挤压出螺孔槽,用自攻螺丝攻入螺丝槽,将两框紧固,待全部紧固后开成框格,要求紧固牢固。单元组件框允许偏差应符合表 8-14 的规定。

**表 8-14　单元组件框加工制作允许尺寸偏差**

| 序号 | 项目 | | 允许偏差 | 检查方法 |
|---|---|---|---|---|
| 1 | 框长(宽)度(mm) | ≤2 000 | ±1.5 mm | 钢尺或板尺 |
| | | >2 000 | ±2.0 mm | |
| 2 | 分格长(宽)度(mm) | ≤2 000 | ±1.5 mm | 钢尺或板尺 |
| | | >2 000 | ±2.0 mm | |
| 3 | 对角线长度差(mm) | ≤2 000 | ≤2.5 mm | 钢尺或板尺 |
| | | >2 000 | ≤3.5 mm | |
| 4 | 接缝高低差 | | ≤0.5 mm | 游标深度尺 |
| 5 | 接缝间隙 | | ≤0.5 mm | 塞片 |
| 6 | 框面划伤 | | ≤3 处且总长≤100 mm | |

续上表

| 序号 | 项　　目 | 允许偏差 | 检查方法 |
|---|---|---|---|
| 7 | 框料擦伤 | ≤3 处且总面积≤200 $mm^2$ | |

单元组件框制作当采用自攻螺钉连接时，型材孔壁厚度不应小于螺钉的公称直径，每处螺钉不应少于 3 个，螺钉直径不应小于 4 mm，螺钉槽内径的最大直径与最小直径和拧入性能应符合表 8-15 的要求。

**表 8-15　螺钉最大、最小直径及拧入性能**

| 螺钉公称直径(mm) | 孔径(mm) | | 扭矩(N·m) |
|---|---|---|---|
| | 最小 | 最大 | |
| 4.2 | 3.430 | 3.480 | 4.4 |
| 4.6 | 4.015 | 4.065 | 6.3 |
| 5.5 | 4.735 | 4.785 | 10.0 |
| 6.3 | 5.475 | 5.525 | 13.6 |

(3)单元组件制作。

1)金属板加工。金属板含单层铝板、复合铝板、蜂窝铝板、彩色钢板、单体搪瓷板、复合搪瓷板等。单层板包括冲压成型、加强肋的安装、安装件的安装(如采用外扣式时，扣钩加工)。复合板包括铣槽、折弯成型、折边加固等。金属板加工的技术要求，允许偏差应符合表 8-16 的规定。

**表 8-16　金属板材加工允许偏差**　　(单位:mm)

| 项　　目 | | 允许偏差 |
|---|---|---|
| 边长 | ≤2 000 | ±2.0 |
| | >2 000 | ±2.5 |
| 对边尺寸 | ≤2 000 | ≤2.5 |
| | >2 000 | ≤3.0 |
| 对角线长工 | ≤2 000 | 2.5 |
| | >2 000 | 3.0 |
| 折弯高度 | | ≤1.0 |
| 平面度 | | ≤2/1 000 |
| 孔的中心矩 | | ±1.5 |

2)玻璃加工。浮法玻璃及热反射玻璃裁划可在幕墙厂自行按设计样板裁划。钢化玻璃、夹层玻璃、中空玻璃，由幕墙提供样板尺寸，由玻璃厂加工。所有玻璃在裁划后均应进行倒棱、倒角(磨边)处理。玻璃裁划允许偏差应符合表 8-17 的规定。

**表 8-17　玻璃裁划允许偏差**　　(单位:mm)

| 序号 | 项　　目 | 尺寸范围 | 允许偏差 |
|---|---|---|---|
| 1 | 长宽尺寸 | ≤2 000 | ±0.5 |
| | | >2 000 | ±1 |
| 2 | 对角线长宽差 | ≤2 000 | 1 |
| | | >2 000 | 1.5 |

磨边后倒角不应有缺陷(满磨),面积小于 25 $mm^2$ 的玻璃允许有 4 处漏磨。

3)花岗石加工。花岗石加工系指将已磨光的花岗石板材进行安装部位槽、孔等加工,加工时要对石板材进行保护,防止产生缺棱、缺角,加工允许偏差应符合表 8-18 的规定。

**表 8-18　花岗石加工允许偏差**

(单位:mm)

| 序号 | 项　目 | | 尺寸范围 | 允许偏差 |
|---|---|---|---|---|
| 1 | 长宽尺寸 | | ⩽1 000 | ±0.5 |
| | | | >1 000 | ±1.0 |
| 2 | 对角线长度差 | | ⩽1 000 | ±1.0 |
| | | | >1 000 | ±1.5 |
| 3 | 孔位 | | — | ±1.0 |
| 4 | 孔径 | | — | ±0.2 |
| 5 | 槽 | 中心线 | ⩽1 000 | ±0.5 |
| | | | >1 000 | ±1 |
| | | 宽 | ⩽10 | ±0.5 |
| | | | >10 | ±1 |
| | | 深 | ⩽10 | ±0.5 |
| | | | >10 | ±1.0 |

(4)单元组件组装。单元式幕墙主要工作量是在工厂完成的,在工厂除要对元件(竖框、横框、面材)进行加工外,还要将这些元件组合成单元组件,它包括单元组件框拼装,装配组件制作和单元组件制作。

在单元组件框制作完工,装配组件结构胶固化期满,即可进行单元组件组装。所谓元组件组装就是将结构装配组件或单块玻璃(铝板、花岗石板)及相应的配件安装到单元组件框相应部位,从而形成完整的单元组件。单元组件组装有两种工艺。

1)立式。将单元组件框固定在特别的立框架子上,再将装配组件(单块玻璃、铝板、花岗石板)等安装到相应的设计位置,并加以固定。这种工艺能直观地检查单元组件质量,但工艺难度较大。

2)卧式。可在平台或滑动式流水线上组装,这种工艺难度较立式的小,且可流水作业,但对质量检查不如立式直观。

(5)测量放线。根据幕墙分格大样图,结合已测设的标高、位置控制线和建筑物轴线,用重锤、钢丝、经纬仪、水准仪等测量工具,在主体结构上测设幕墙平面分格、竖框、横梁及转角的位置控制线,并进行必要的复测调整,在保证精度的同时尽量满足观感要求。幕墙放线应与主体结构相协调,标高控制线宜参照各层楼地面标高测设,以免形成误差累积。

(6)检查预埋件、安装后置埋件。通常预埋件用钢板或型钢加工制成。结构施工时,按照设计提供的预埋件位置图准确埋入主体结构墙内。幕墙安装前应检查预埋件的位置、标高和牢固度。对不符合要求的预埋件需先进行处理。对漏埋和因设计变动未埋的预埋件,应按设计要求安装后置埋件,后置埋件应位置准确、安装牢固,并应做拉拔强度检测试验。不得用膨胀螺栓固定后置埋件,应如图 8-100、图 8-101 所示。

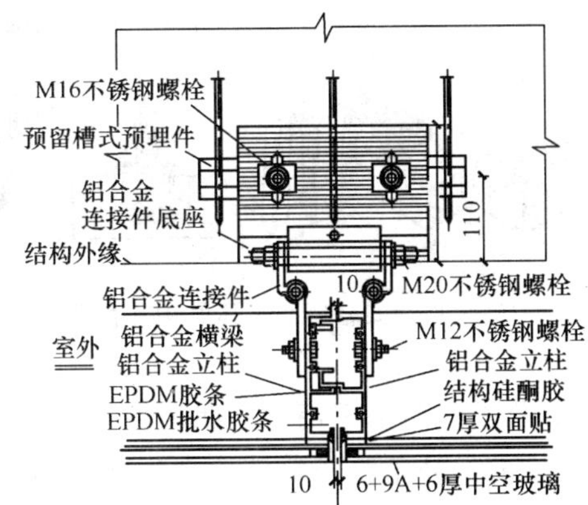


图 8-100　单元平面固定示意图(单位:mm)

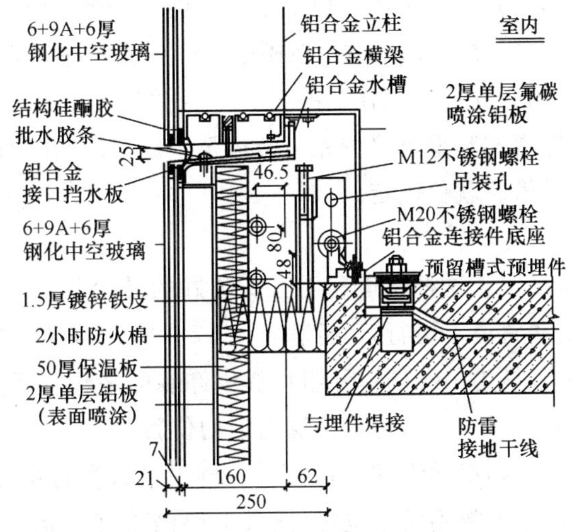


图 8-101　单元竖向固定示意图(单位:mm)

(7)连接件安装。安装在主体结构上的连接件除安装精度要保证单元组件的安装质量外，还要在吊装固定过程中具有一定的调节可能，也就是说连接件要具有三向六自由度(三维移动和三个方向转角)。它分两个阶段实施，即连接件在主体结构上安装时的调整和吊装过程中的微调。为保证单元式幕墙外表面平整度，在主体结构上安装连接件时，要使 $Z$ 方向一次完全到位，即连接件安装固定后不能有 $Z$ 向位移，$X$,$Y$ 向要初步调整到位，且在设计连接件(单元组件上的连接构件)时，要使它们在安装过程中，在 $X$,$Y$ 向能微量调整位移和绕 $X$,$Y$,$Z$ 轴均能微调转角，以使吊装就位能顺畅实施。调整到位后，在 $X$ 方向，一侧要固定定位，另一侧要能活动并复位。

当主体结构为钢结构时，连接件可直接焊接或用螺栓固定在主体结构上；当主体结构为钢筋混凝土结构时，如施工能保证预埋件位置的精度，可采用在结构上预埋铁件或 T 形槽来固定连接件(图 8-102)，否则应采用在结构上钻孔安装金属膨胀螺栓来固定连接件。

连接件上所有的螺栓孔应为长圆形孔，使板块式玻璃幕墙的安装位置能在 $X$、$Y$、$Z$ 三个方向进行调整。

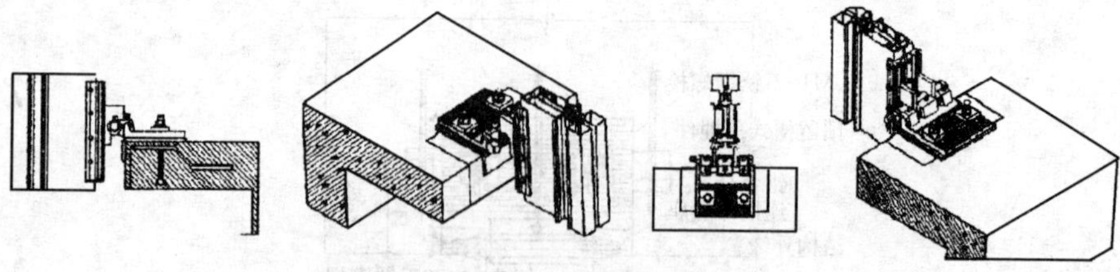

图 8-102　单元式幕墙与主体结构连接节点

(8)单元组件吊装。单元组件吊装目前采用的有四种工艺。

1)塔式起重机直接吊装。它的好处是单元组件运到工地地面上即可直接吊装,它要求塔式起重机要覆盖建筑物周边,塔式起重机将单元组件吊到预定位置后与转接件固定,单元组件安装工序即告完成。用塔式起重机吊装的另一个问题是塔式起重机的任务是多方面的,因此在时间安排上有一定难度,而且往往会因其他工种吊装而挤幕墙吊装,形成窝工。

2)少先吊吊装。每隔一定楼层(3～5 层)在楼层上设少先吊进行幕墙吊装作业,此时每隔一定楼层要设吊装平台作为少先吊转场作业的过渡平台并作为吊运单元组件的平台,这些作业还要使用塔式起重机,即塔式起重机将少先吊转运至预定楼层,并将待装的单元组件先运到设少先吊的楼层,用少先吊吊装就位固定。

3)专用吊具吊装。

①专用吊具运行轨道设置。这种轨道利用已安装好的转接件安装,即轨道固定在转接件上,并形成环形闭合,捯链在轨道上运行,运行轨道每 12～15 层移位一次。

②上料平台。上料平台是为吊装的单元组件提供卸装的平台,运输平板空车停在平台上,塔式起重机将单元组件卸在平板车上,运入楼层指定的位置上。

③吊装时,先将捯链定位到单元组件待装位置。再用平板车将单元组件运到待装部位的楼板外沿,用捯链将组件吊起下放到设定位置,插入下层已装好的相对应的单元组件的上框。测量标高后,用弓形收紧器将左右两单元组件调整到设定位置后,与转接件固定。

4)特种吊具吊装。特种吊具吊装的轨道设置与上料平台设置及专用吊具吊装是一样的,只是特种吊具具有在轨迹上行走能力,其起吊点固定在楼层某一处(几处)并在该处设翻板机。单元组件运到此点后被安置在翻板机上,吊装起吊后安置单元组件的托板在翻板机轨道上滑行,将其中部滑到楼板前沿时单元组件竖直,这时再起吊,这样单元组件在起吊过程中不与任何机构发生摩擦,保证了组件的完好。起吊后,吊具载着单元组件在轨道上运行到设定位置,下放插入下单元组件,并与转接件固定。单元组件吊装完毕,要进行保护,一般采用敷设塑料布将整幅幕墙保护起来,以免室内其他工种操作损伤幕墙。

(9)就位安装。单元组件运到安装位置后,先将单元组件的连接件放入卡槽内,然后用拉紧器调整水平方向缝隙,并同时调整垂直度和与相邻单元组件的平整度,最后将单元组件与主体结构或幕墙框架体系固定牢固,如图 8-103 所示。单元组件就位安装时,必须采取临时吊挂措施,将其可靠地吊挂到主体结构或幕墙的框架体系上,临时吊挂未固定好之前,不得拆除吊具,单元组件的连接件未完全固定好,不得拆除临时吊挂器具。

(10)防火封堵安装。防火封堵安装可根据施工条件与单元组件同步施工,也可以在单元组件安装完成后再单独进行施工。安装时将防火棉填塞于楼板与幕墙之间的空隙中,上、下用

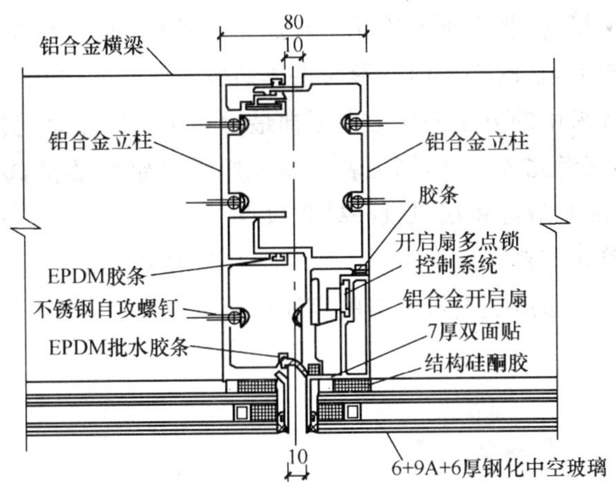


图 8-103 单元拼装示意图(单位:mm)

镀锌钢板封盖严密并固定牢固。防火棉填塞应连续严密,中间不得有空隙。一块玻璃不应跨越两个防火分区,以避免因玻璃破碎而造成两个防火区相通。

(11)避雷安装。参见元件式玻璃幕墙施工中,避雷安装的相关内容。

(12)密封条安装。由于单元式幕墙是由安装单元拼合而成,安装单元的边梁、边柱相互组合成为横梁与立柱,所以单元式幕墙的横梁与立柱都是由两根铝型材拼合而成的,拼缝处通常采用密封橡胶条封口,不再打胶。

单元式幕墙的配件、收口条、压条、密封条应按设计要求和现场所需的形状、尺寸在工厂加工,现场进行安装。安装应位置正确、装配合理、固定牢固、无污染。安装完毕后,应及时用硅酮耐候密封胶对所有缝隙进行嵌填,予以密封,以满足幕墙气密性和水密性的要求。

(13)淋水试验。单元式幕墙安装完毕后,应按规定进行淋水试验,试验时间、水量、水头压力等应符合现行国家标准《建筑幕墙气密、水密、抗风压性能检测方法》(GB/T 15227—2007)的规定。

(14)单元组件间封边收口。

1)封口。封口方法有两种:横滑型和横锁型。

①横滑型是在下单元上框中设封口板,此封口板除了具有封口功能外,还是集水槽和分隔板(把竖框分隔成每层一个单元)。横滑型封口板嵌在下单元上框线槽内,它比上单元下框分槽大,上单元下框可以在封口板槽内自由滑动,在主体结构层间变位时原来上下一一对齐的两单元组件,在主体结构层间变位影响下,上下两层发生相对位移,这时候上单元组件不再定位在原来对齐的下单元组件上框中,而有可能局部滑入相邻组件的上框,由于这种滑动,在地震中单元组件本身平面内变形比主体结构层间位移小。这种封口板只能用于相邻两单元180°对插,即只能用于处于一个平面上的单元组件,如果两单元组件成折线或90°对插,封口板就无法使用,同时这种封口板搁在上框底板上,两相邻组件上框底板构造厚度部分封口板无法封口,要采用辅助封口措施(用胶带纸粘贴在竖框顶端形成底板,再注胶密封)。

②横锁型是在接缝处竖框空腔中设一个多功能插芯,这种插芯由两部分组成,对插的封口部分和一个向上开口其他五面封闭的集水壶组成,对插部分位于四单元交接处,集水壶位于下部,它集封口、集水、分隔于一身(将横向空腔分隔成每一单元组件宽的一个独立空腔),横锁型

由于位于上下两单元交接处，将上下两单元组合成一个整体，左右相邻两单元不能滑动，且单元组件固定在主体结构上，它的平面内变形与主体结构的层间变位几乎相同。

2)收口。现在一般采用的方法为从上向下插最后一块或用先固定相邻两不带对插件的组件，定位固定后插入第三者完成接缝，第三者与单元组件要错位插接，达到互为封口。由于收口处理技术比较复杂，因此最好每层只设一处收口点。

(15)调试清理。单元式幕墙安装完毕，要对所有开启扇逐个进行启闭调试，保证开关灵活，关闭严密、平整。然后用清洗剂对幕墙的表面进行全面清理，擦拭干净。

# 第九章　细部工程

## 第一节　窗帘盒、窗台板和散热器罩的制作与安装

### 一、施工机具

(1)电动机具:手电钻、小电动台锯、电焊机、电动锯石机。

(2)手用工具:大刨、小刨、槽刨、手木锯、旋具、凿子、冲子、钢锯、小锯、锤子、割角尺、橡皮锤、靠尺板、20 号钢丝和小线,铁水平尺、盒尺。

### 二、施工技术

1. 窗帘盒安装

窗帘盒的构造如图 9-1 所示。

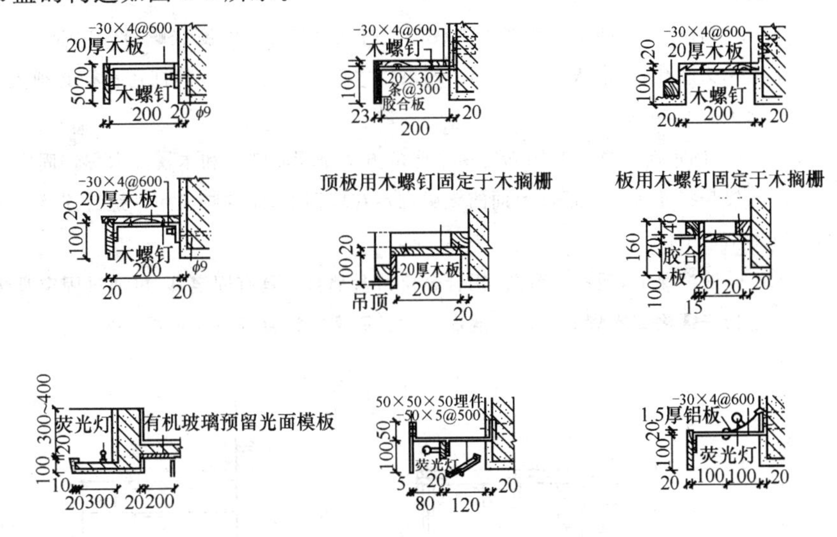


图 9-1　窗帘盒构造(单位:mm)

(1)木窗帘盒安装。

1)木窗帘盒制作。木窗帘盒可根据设计要求做成不同式样,其制作要点如下。

①首先根据施工图或标准图的要求,进行选料、配料,先加工成半成品,再细致加工成型。

②在加工时,多层胶合板按设计施工图要求下料,细刨净面。需要起线时,多采用粘贴木线的方法。线条要光滑顺直、深浅一致,线型要清秀。

③根据图纸进行组装。组装时,先抹胶,再用木条钉牢,将溢胶及时擦净。不得有明榫,不

得露钉帽。

④如采用金属管、木棍、钢筋棍作窗帘杆时，在窗帘盒两端头板上钻孔，孔径大小应与金属管、木棍、钢筋棍的直径一致。镀锌钢丝已规定不能用于悬挂窗帘。

⑤目前窗帘盒常在工厂用机械加工成半成品，在现场组装即可。

2)木窗帘盒安装。安装窗帘盒前，应检查窗帘盒的预埋件，预埋铁件的尺寸、位置及数量应符合设计要求。如果出现差错，应采取补救措施。如预埋件不在同一标高时，应进行调整，使其高度一致；如预制过梁上漏放预埋件，可利用射钉枪或胀管螺栓将铁件补充固定，或者将铁件焊接在过梁的箍筋上。木窗帘盒分为明窗帘盒(即单体窗帘盒)和暗装窗帘盒。木窗帘盒安装的具体内容见表 9-1。

**表 9-1　木窗帘盒安装**

| 项　目 | 内　容 |
|---|---|
| 明窗帘盒 | 明窗帘盒以木制占多数，也有用塑料、铝合金制作的。明窗帘盒一般用木楔、铁钉或膨胀螺栓固定于墙面上。其安装施工要点如下。<br>(1)定位划线。将施工图中窗帘盒的具体位置画在墙面上，用木螺钉把两个铁脚固定在窗帘盒顶面的两端，按窗帘盒的定位位置和两个铁脚的间距，画出墙面固定铁脚的孔位。<br>(2)打孔。用冲击钻在墙面画线位置打孔。如用 M6 膨胀螺栓固定窗帘盒，需用冲击钻头冲孔，孔深大于 40 mm。如果用木楔木螺钉固定，其打孔直径必须大于 $\phi 8$，孔深大于 50 mm。<br>(3)固定窗帘盒。常用固定窗帘盒的方法是膨胀螺栓和木楔配木螺钉固定法。膨胀螺栓是将连接于窗帘盒上面的铁脚固定在墙面上，而铁脚又用木螺钉连接于窗帘盒的木结构上。<br>一般情况下，塑料窗帘盒、铝合金窗帘盒都自身具有固定耳，可通过固定耳将窗帘盒用膨胀螺栓或木螺钉固定于墙面。常见固定窗帘盒的方法如图 9-2 所示。 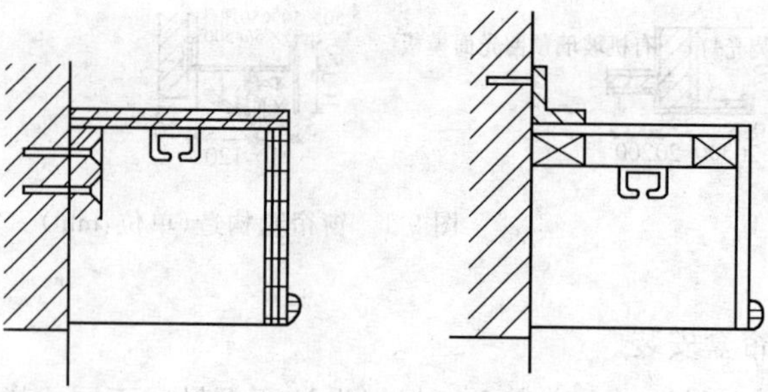<br>图 9-2　窗帘盒的固定 |
| 暗装窗帘盒 | 暗装形式的窗帘盒，是当吊顶低于窗上口时，吊顶在窗洞口处留出凹槽，窗帘盒与吊顶部分结合在一起，如图 9-3 所示。 |

续上表

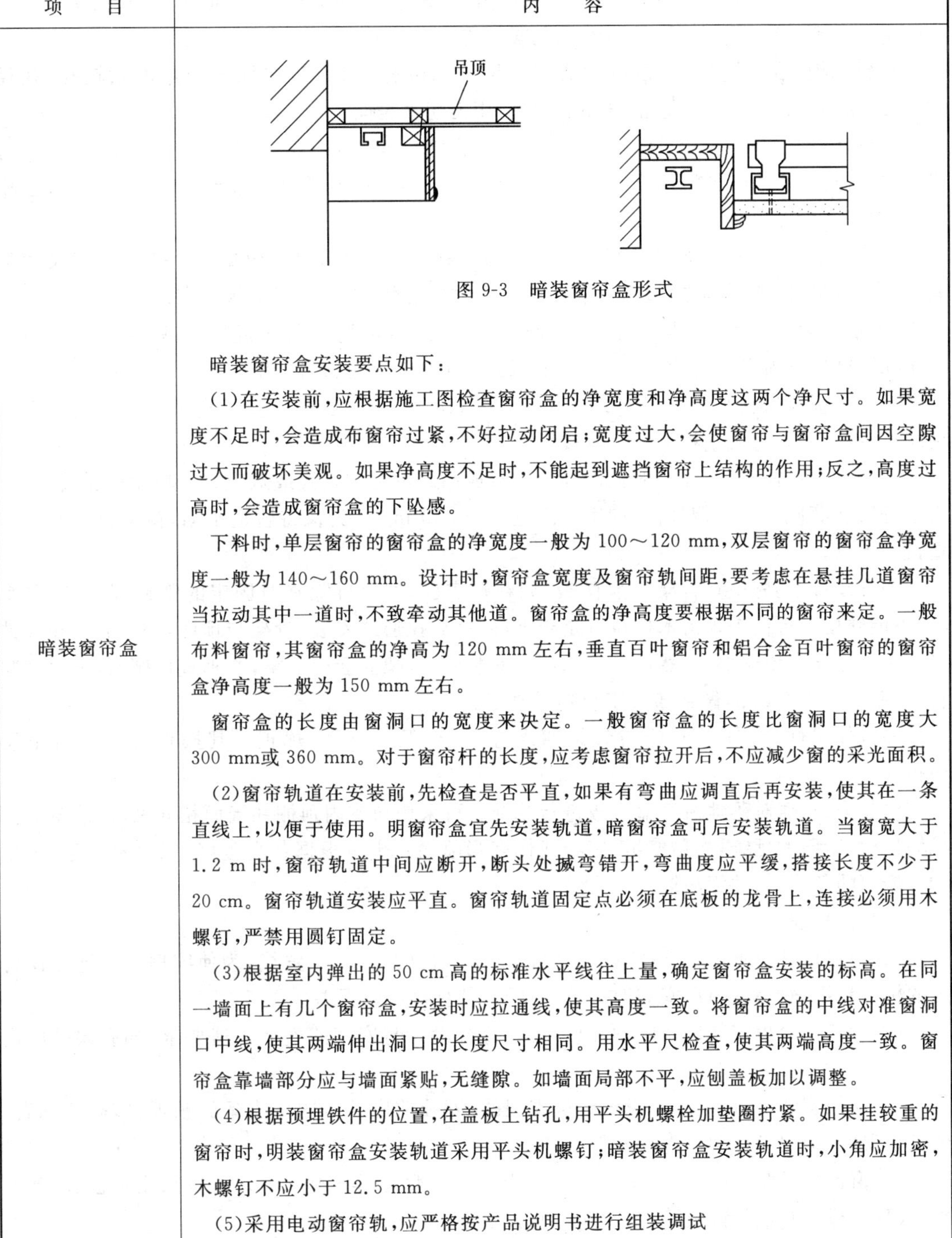


| 项　　目 | 内　　容 |
|---|---|
| 暗装窗帘盒 | 图 9-3　暗装窗帘盒形式<br><br>暗装窗帘盒安装要点如下：<br>(1)在安装前,应根据施工图检查窗帘盒的净宽度和净高度这两个净尺寸。如果宽度不足时,会造成布窗帘过紧,不好拉动闭启;宽度过大,会使窗帘与窗帘盒间因空隙过大而破坏美观。如果净高度不足时,不能起到遮挡窗帘上结构的作用;反之,高度过高时,会造成窗帘盒的下坠感。<br>下料时,单层窗帘的窗帘盒的净宽度一般为 100～120 mm,双层窗帘的窗帘盒净宽度一般为 140～160 mm。设计时,窗帘盒宽度及窗帘轨间距,要考虑在悬挂几道窗帘当拉动其中一道时,不致牵动其他道。窗帘盒的净高度要根据不同的窗帘来定。一般布料窗帘,其窗帘盒的净高为 120 mm 左右,垂直百叶窗帘和铝合金百叶窗帘的窗帘盒净高度一般为 150 mm 左右。<br>窗帘盒的长度由窗洞口的宽度来决定。一般窗帘盒的长度比窗洞口的宽度大 300 mm或 360 mm。对于窗帘杆的长度,应考虑窗帘拉开后,不应减少窗的采光面积。<br>(2)窗帘轨道在安装前,先检查是否平直,如果有弯曲应调直后再安装,使其在一条直线上,以便于使用。明窗帘盒宜先安装轨道,暗窗帘盒可后安装轨道。当窗宽大于 1.2 m 时,窗帘轨道中间应断开,断头处搣弯错开,弯曲度应平缓,搭接长度不少于 20 cm。窗帘轨道安装应平直。窗帘轨道固定点必须在底板的龙骨上,连接必须用木螺钉,严禁用圆钉固定。<br>(3)根据室内弹出的 50 cm 高的标准水平线往上量,确定窗帘盒安装的标高。在同一墙面上有几个窗帘盒,安装时应拉通线,使其高度一致。将窗帘盒的中线对准窗洞口中线,使其两端伸出洞口的长度尺寸相同。用水平尺检查,使其两端高度一致。窗帘盒靠墙部分应与墙面紧贴,无缝隙。如墙面局部不平,应刨盖板加以调整。<br>(4)根据预埋铁件的位置,在盖板上钻孔,用平头机螺栓加垫圈拧紧。如果挂较重的窗帘时,明装窗帘盒安装轨道采用平头机螺钉;暗装窗帘盒安装轨道时,小角应加密,木螺钉不应小于 12.5 mm。<br>(5)采用电动窗帘轨,应严格按产品说明书进行组装调试 |

(2)落地窗帘盒安装。落地窗帘盒是利用三面墙和顶棚,再在正面设一立板组成。

落地窗帘盒的长度一般为房间的净宽,高度为 180～200 mm,深度 120～150 mm,在其两端墙设垫板安装 $\phi$12 薄管窗帘杆。

落地窗帘盒同一般窗帘盒相比，具有以下特点：落地窗帘盒贴顶棚，无需盒盖，美观、整洁、不积尘；它只由一块 30 mm 厚的立板和骨架组成，采用预埋木楔和铁钉固定，制作简单、经济；窗帘盒与顶棚结合，便于在装饰材料和色彩上统一。

1）钉木楔：沿立板与墙、顶棚中心线每隔 50 cm 作一标记，在标记处用电钻钻孔，孔径 14 mm，深 50 mm，再打入直径 16 mm 木楔，用刀切平表面。

2）制作骨架：木骨架由 24 mm×24 mm 上下横方和立方组成，立方间距 350 mm。制作时横方与立方用 65 mm 铁钉结合。骨架表面要刨光，不允许有毛刺和锤印。横、立方向应互相垂直，对角线偏差不大于 5 mm。

3）钉里层面板：骨架面层分里、外两层，材料采用三层胶合板，根据已完工的骨架尺寸下料，用净刨将板的四周刨光，接着上胶贴板。为方便安装，先贴里层面板。安装过程如下：清除骨架、面层板表面的木屑、尘土，随后各刷一层白乳胶，再把里层面板贴上，贴板后沿四边用 10 mm铁钉临时固定，铁钉间距 120 mm，以避免上胶后面板翘曲、离缝。

4）钉垫板：垫板为 100 mm×100 mm×20 mm 木方（主要用作安装窗帘杆），采用墙上预埋木楔铁钉固定，每块垫板下两个木楔即可。

5）安装窗帘杆：窗帘杆一般在市场上购买成品。可装单轨式或双轨式。单轨式比较实用。窗帘杆安装简便，一看即明白。如房间净宽大于 3.0 m 时，为保持轨道平面，窗帘轨中心处需增设一支点。

6）安装骨架：先检查骨架里层面板，如粘贴牢固，即可拆除临时固定的铁钉，起钉时要小心，不能硬拔。再检查预留木楔位置是否准确，然后拉通线安装，骨架与预埋木楔用 75 mm 铁钉固定。先固定顶棚部分，然后固定两侧。安装后，骨架立面应平整，并垂直顶棚面，不允许倾斜，误差不大于 3 mm，做到随时安装随时修正。

7）钉外层面板：外层面板与骨架四周应吻合，保持整齐、规正。其操作方法与钉里层面板同。

8）装饰：只需对落地窗帘盒立板进行装饰。可采用与室内顶棚和墙面相同做法，使窗帘盒成为顶棚、墙面的延续，如贴壁纸、墙布或作多彩喷涂。也可根据各自爱好，以及室内家具、顶棚和墙面的色彩，做油漆涂饰。

2. 窗台板安装

(1)根据设计要求的窗下框标高、位置，划窗台板的标高、位置线，为使同房间或连通窗台板的标高和纵横位置一致，安装时应统一抄平，使标高统一无差。

(2)检查窗台板安装位置的预埋件，是否符合设计与安装的连接构造要求，如有误差应进行修正。

(3)支架安装：构造上需要设窗台板支架的，安装前应核对固定支架的预埋件，确认标高、位置无误后，根据设计构造进行支架安装。

(4)窗台板板厚一般为 30～40 mm，挑出墙面一般为 30～40 mm。可以采用木板、水磨石板、大理石板或其他装饰板等，如图 9-4 所示。

(5)窗台板安装的具体内容见表 9-2。

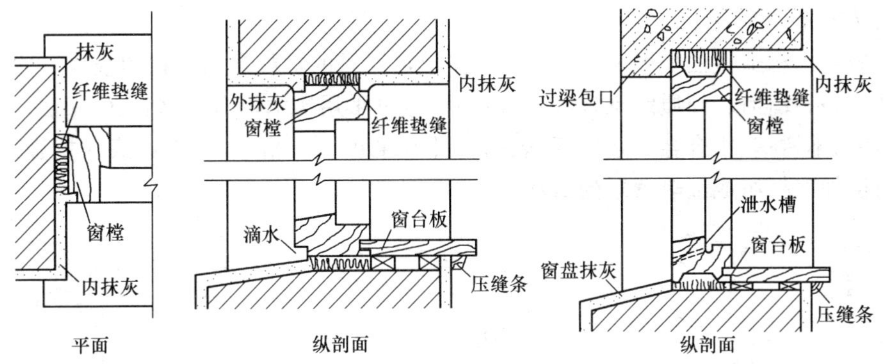


图 9-4 窗台板

**表 9-2 窗台板的安装**

| 项　目 | 内　容 |
| --- | --- |
| 木窗台板安装 | 木窗台板的截面形状、构造尺寸应按施工图施工如图 9-5 所示。 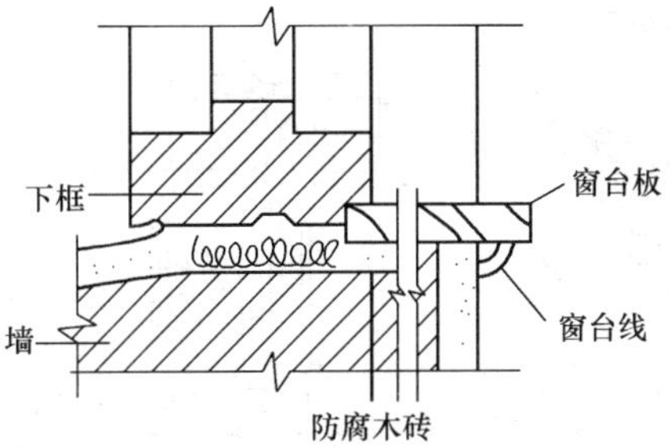<br>下框　窗台板　窗台线　墙　防腐木砖<br>图 9-5 木窗台板装钉示意图<br>(1)定位。在窗台墙上，预先砌入防腐木砖，木砖间距 500 mm 左右，每樘窗不少于两块。在木砖处，横向钉梯形断面木条(窗宽大于 1 m 时，中间应以间距 500 mm 左右加钉横向梯形木条)，用以找平窗台板底线。<br>1)在窗框的下框裁口或打槽，槽宽 10 mm、深 12 mm。<br>2)将窗台板刨光起线后，放在窗台墙顶上居中，里边嵌入下框槽内。<br>3)窗台板的长度一般比窗樘宽度长 120 mm 左右，两端伸出的长度应一致；在同一房间内同标高的窗台板应拉线找平找齐，使其标高一致，突出墙面尺寸一致。<br>4)窗台板上表面向室内略有倾斜(即泛水)，坡度约 1%。<br>(2)拼接。如果窗台板的宽度大于 150 mm，拼接时，背面应穿暗带，防止翘曲。<br>(3)固定。窗台板应插入窗框下帽头的裁口，两端伸入窗口墙的尺寸应一致，保持水平，找正后用砸扁钉帽的钉子钉牢，钉帽冲入木窗台板面 2 mm。在窗台板的下面与墙交角处：要钉窗台线(三角压条)。窗台线预先刨光，按窗台长度两端刨成弧形线角，用明钉与窗台板斜向钉牢，钉帽砸扁，冲入木内 |
| 预制水泥窗台板、预制水磨石窗台板、石料窗台板安装 | 按设计要求找好位置，进行预装，标高、位置、出墙尺寸符合设计要求，接缝平顺严密，固定件无误后，按其构造的固定方式正式固定安装 |
| 金属窗台板安装 | 按设计构造要求，核对标高、位置、固定件后，先进行预装，经检查无误，再正式固定安装 |

3. 散热器罩安装

散热器罩的构造做法如图 9-6 所示。制作散热器罩的材料常用木材和金属。木质散热器罩采用硬木条、胶合板、硬质纤维板等作成格片，也可采用实木板上、下刻孔的做法。金属散热器罩采用钢、不锈钢、铝合金等金属板，表面打孔或采用金属格片，表面烤漆或搪瓷，还有用金属编织网格加四框组成散热器罩的做法。

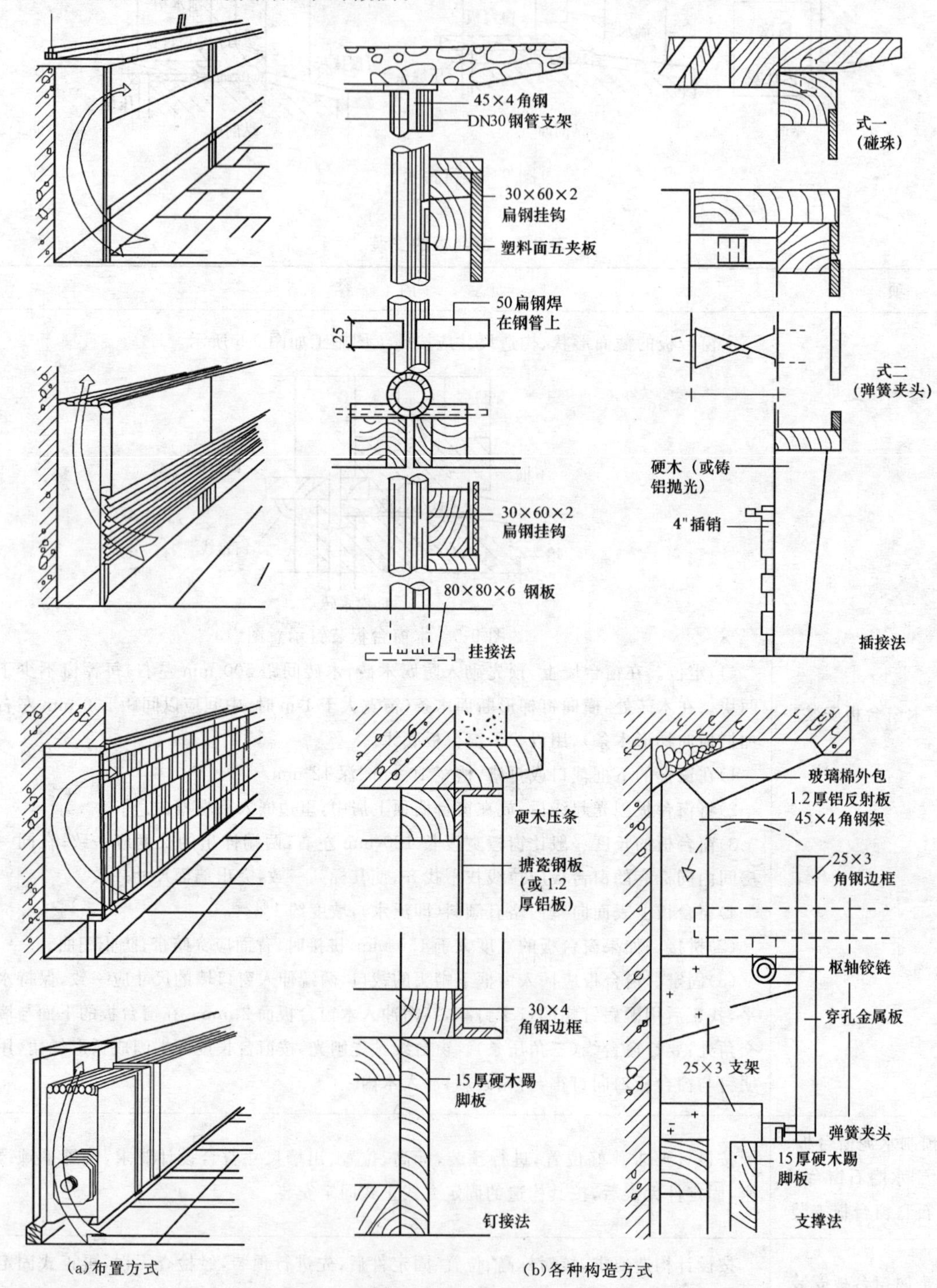


图 9-6 散热器罩做法示意图（单位：mm）

木质散热器罩手感舒适，加工方便，还可以作木雕装饰。金属散热器罩坚固耐用，热传导效果好，且易于安装。

散热器罩的安装常采用挂接、插装、钉接等作法与主体连接。既保持安装牢固，又要拆装方便，以利散热器散热片和管道的平时维修。具体施工步骤如下：

(1)按设计施工图要求的尺寸、规格和形状制作。目前常在工厂加工成成品或半成品，在现场组装即可。

(2)定位与划线。根据窗下框标高、位置，核对散热器罩的高度，并在窗台板底面或地面上弹散热器罩的位置线。

(3)检查预埋件。检查散热器罩安装位置的预埋件，是否符合设计与安装的连接构造要求，如有误差应进行修正。

(4)安装散热器罩：按窗台板底面或地面上划好的位置线，进行定位安装。分块板式散热器罩接缝应平、顺直、齐，上下边棱高度、平度应一致，上边棱应位于窗台板底外棱内。

## 第二节　护栏和扶手制作

### 一、施工机具

(1)机械：电焊机、氩弧焊机、电锯、电刨、抛光机、切割机、无齿锯、手枪钻、冲击电锤、角磨机等。

(2)工具：手锯、手刨、斧子、手锤、钢锤、木锉、螺丝刀、方尺、割角尺等。

(3)计量检测用具：水准仪、钢尺、水平尺、靠尺、塞尺、线坠等。

(4)安全防护用品：安全帽、护目镜、电焊面罩、手套等。

### 二、施工技术

1.弹线、检查预埋件

按设计要求的安装位置、固定点间距和固定方式，弹出护栏、扶手的安装位置中心线和标高控制线，在线上标出固定点位置。然后检查预埋件位置是否合适，固定方式是否满足设计或规范要求。预埋件不符合要求时，应按设计要求重新埋设后置埋件。

2.焊连接件

根据设计要求的安装方式，将不同材质护栏、扶手的安装连接件与预埋件进行焊接，焊接应牢固，焊渣应及时清除干净，不得有夹渣现象。焊接完成后进行防腐处理，做隐蔽工程验收。

3.安装石材盖板

地面为石材地面时，栏杆处安装有整块石材时，立杆焊接后，按照立杆的位置，将石材开洞套装在立杆上。开洞大小应保证栏杆的法兰盘能盖严。安装盖板时宜使用水泥砂浆。固定石材，可加强立杆栏杆的稳定性。

4.焊接扶手或安装木扶手固定用的扁钢

采用不锈钢管扶手时，焊接宜使用氩弧焊机焊接，焊接时应先点焊，检查位置间距、垂直度、直线度是否符合质量要求，再进行两侧同时满焊。焊缝一次不宜过长，防止钢管受热变形。

安装方、圆钢管立杆以及木扶手前，木扶手的扁钢固定件应预先打好孔，间距控制在400 mm内，再进行焊接。焊接后间距垂直度、直线度应符合质量要求。

5.加工玻璃或铁艺栏板

玻璃栏板应根据图纸或设计要求及现场的实际尺寸加工安全玻璃。玻璃各边及阳角应抛成斜边或圆角，以防伤手。

铁艺的加工、规格、尺寸造型应符合设计要求，根据实际尺寸编号(现场尺寸可小于实际尺寸 1～2 mm)。安装焊接必须牢固。

6.护栏安装

(1)不锈钢管护栏安装:按照设计图纸要求和施工规范要求，在已弹好的护栏中心线上，先焊接栏杆连接杆，连接杆的长度根据面层材料的厚度确定，一般应高于面层材料踏步面 100 mm。待面层踏步饰面材料铺贴完成后，将不锈钢管栏杆插入连接杆。栏杆顶端焊接扶手前，将踏步板法兰盖套入不锈钢管栏杆内。

(2)铁艺护栏安装:根据设计图纸和施工规范要求，结合铁艺图案确定连接杆(件)的长度和安装方式，待面层材料铺完后将花饰与连接杆(件)焊接，用磨光机将接搓磨平、磨光。

(3)木护栏安装:按照设计图纸、施工规范要求和已弹好的栏杆中心线，在预埋件上焊接连接杆(件)，连接杆(件)一般用 $\phi8$ 钢筋，高度应高于地面面层 60 mm。待地面面层施工完成后，把木栏杆底部中心钻出直径 $\phi10$、深 70 mm 的孔洞，在孔洞内注入结构胶，然后插到焊好的连接杆上。

7.扶手安装

扶手安装的高度、坡度应一致，沿墙安装时出墙尺寸应一致。

(1)不锈钢扶手安装:根据扶梯、楼梯和护栏的长度，将不锈钢管型材切断，按标高控制线调好标高，端部与墙、柱面连接件焊接固定，焊完之后用法兰盖盖好。不锈钢管中间的底部与栏杆立柱焊接，焊接前要对栏杆立柱进行调整，保证其垂直度、顶端的标高和直线度，并尽量使其间距相等，然后采用氩弧焊逐根进行焊接。焊接完成后，焊口部位进行磨平、磨光。

(2)木扶手安装:木扶手一般安装在钢管或钢筋立柱护栏上，安装前应先对钢管或钢筋立柱的顶端进行调直、调平，然后将一根—3 mm×25 mm 或—4 mm×25 mm 的扁钢平放焊在立柱顶上，做木扶手的固定件。

木扶手安装时，水平的应从一端开始，倾斜的一般自下而上进行。倾斜扶手安装，一般先按扶手的倾斜度选配起步弯头，通常弯头在工厂进行加工制作。弯头断面应按扶手的断面尺寸选配，一般情况下，稍大于扶手的断面尺寸。常用木扶手断面如图 9-7 所示。弯头和扶手的底部开 5 mm 深的槽，槽的宽度按扁钢连接件确定。把开好槽的弯头、扶手套入扁钢，用木螺钉进行固定，固定间距控制在 400 mm 以内。注意木螺钉不得用锤子直接打入，应打入 1/3 拧入 2/3，木质过硬时，可钻孔后再拧入，但孔径不得大于木螺钉直径的 0.7 倍。木扶手接头下部宜采用暗燕尾榫连接，但榫内均需加胶黏剂，避免将接头拨开或出现裂缝。

木扶手末端与墙或柱的连接必须牢固，不能简单将木扶手伸入墙内，因为水泥砂浆不能和木扶手牢固结合，水泥砂浆的收缩裂缝会使木扶手伸入墙内部分变得松动，建议按图 9-8 所示方法固定。

沿墙木扶手的安装方法基本同前，因为连接扁钢不是连续的，所以在固定预埋铁件和安装连接件时必须拉通线找准位置，并且不能有松动。常用做法如图 9-9 所示。

(3)塑料扶手安装:塑料扶手通常为定型产品，按设计要求进行选择，所用配件应配套。安装时一般先将栏杆立柱的顶端进行调直、调平，把专用固定件安装在栏杆立柱的顶端。楼梯扶手一般从每跑的上端开始，将扶手承插到专用固定件上，从上向下穿入，承插入槽。弯头、转向处，用同样的塑料扶手，按起弯、转向角度进行裁切，然后组装成弯头、转角。塑料扶手的接头一般采用热融或黏结法进行连接，然后将接口修平、抛光。

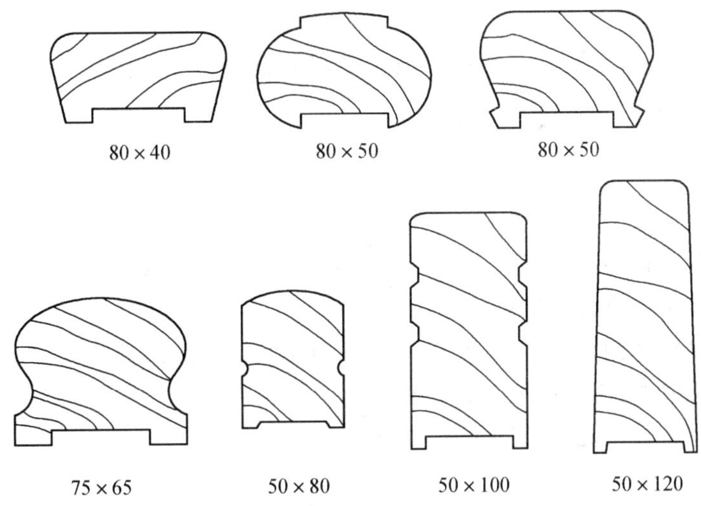


图 9-7　常用木扶手断面（单位：mm）

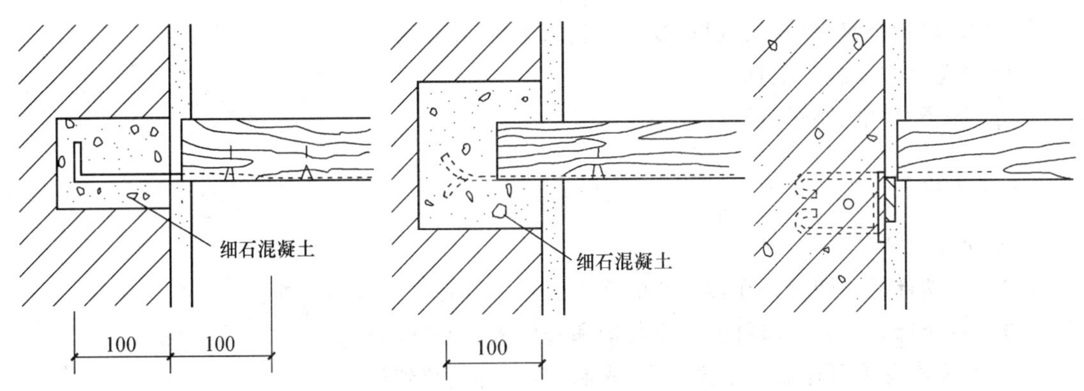


图 9-8　木扶手与墙（柱）的连接（单位：mm）

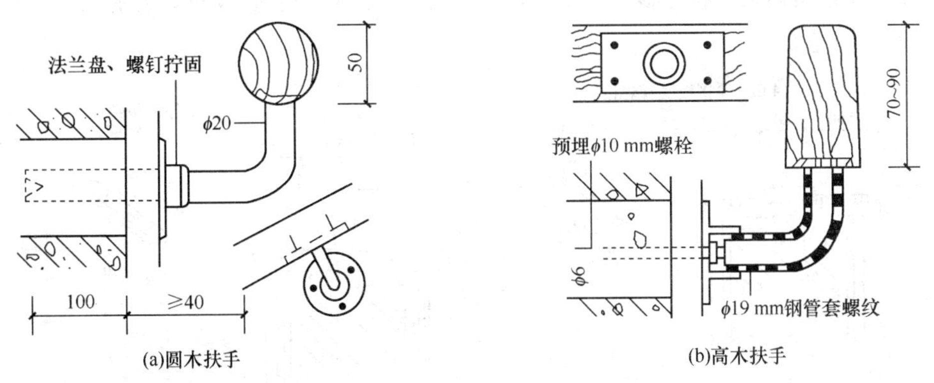


图 9-9　常用木扶手的安装方法

8. 表面处理

安装完成后，不锈钢护栏、扶手的所有焊接处均必须磨平、抛光。木扶手的转弯、接头处必须用刨子刨平,木锉锉平磨光,把弯修平顺,使弯曲自然,断面顺直,最后用砂纸整体磨光,并涂刷底漆。塑料扶手需承插到位,安装牢固,所有接口必须修平、抛光。

## 第三节　花饰制作

### 一、施工机具

1.木花饰主要施工工具

木工刨子、凿子、锯、锤子、砂纸、刷子、尺、螺丝刀、吊线坠、曲线板等。

2.水泥制品花饰主要施工工具

(1)模板:木模板或钢模板,要求表面平整、拆卸方便,最好做成活动插楔。

(2)铁抹子、钢筋段:用于抹平表面和捣固。

(3)磨石、电动磨石子机:研磨水磨石花饰表面。

3.竹花饰主要施工工具

木工锯、曲线锯、电钻或木工手钻、锤子、砂纸、锋利刀具、尺等。

4.玻璃花饰主要施工工具

玻璃刀、玻璃吸盘、型材切割机或小钢锯、木工锯、刷子等。

5.塑料花饰主要施工工具

凿子、锤子、砂纸、刷子、尺等。

### 二、施工技术

1.木花饰安装

(1)预埋铁件或留凹槽。在拟安装的墙、梁、柱上预埋铁件或留凹槽。

(2)安装花饰。安装花饰可分为小花饰和竖向板式花饰两类。

1)小面积木花饰可像制作木窗一样,先制作好,再安装到位。

2)竖向板式花饰则应将竖向饰件逐一定位安装,先用尺量出每一构件位置,检查是否与预埋件相对应,并做出标记。将竖板立正吊直,并与连接件拧紧,随立竖板随安装木花饰,如图 9-10 所示。

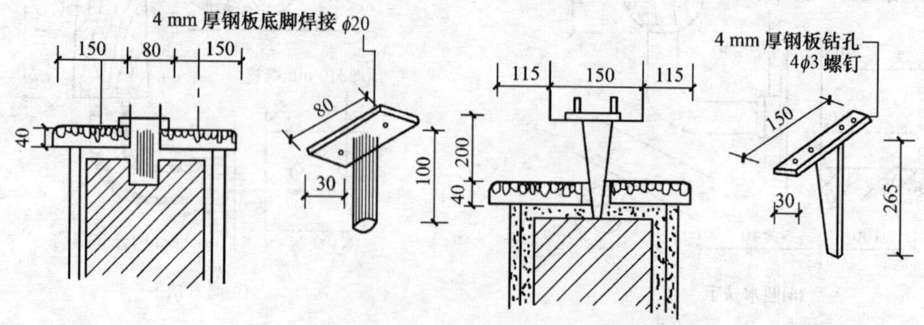


图 9-10　木花饰安装示意(单位:mm)

(3)表面装饰处理。木花饰安装好后,表面应用砂纸打磨、批腻子、刷涂油漆。

2.水泥制品花饰安装

安装水泥制品花饰可分为单一或多种构件拼装、竖向混凝土板间组装花饰两类。

(1)单一或多种构件拼装如图 9-11 所示。

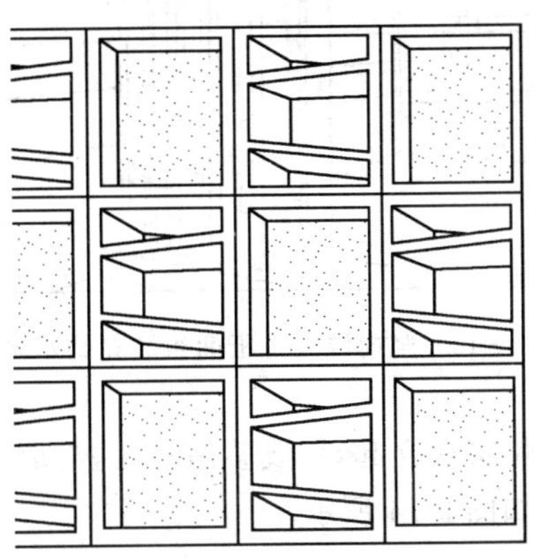

图 9-11 单一或多种构件拼装示例

1)预排。先在拟定安装花饰的部位,按构件排列形状和尺寸标定位置,然后用构件进行预排调缝。

2)拉线。调整好构件的位置后,在横竖向拉通线,通线应用水平尺和线坠找平找直,以保证安装后构件位置准确、表面平整,不致出现前后错动、缝隙不均匀等现象。

3)拼装。从下而上地将构件拼装在一起,拼装缝用 1∶2～1∶2.5 水泥砂浆填平。构件之间连接是在两构件的预留孔内插入 $\phi6$ 钢筋段,然后用水泥砂浆灌实。花饰连接方法如图 9-12 所示。

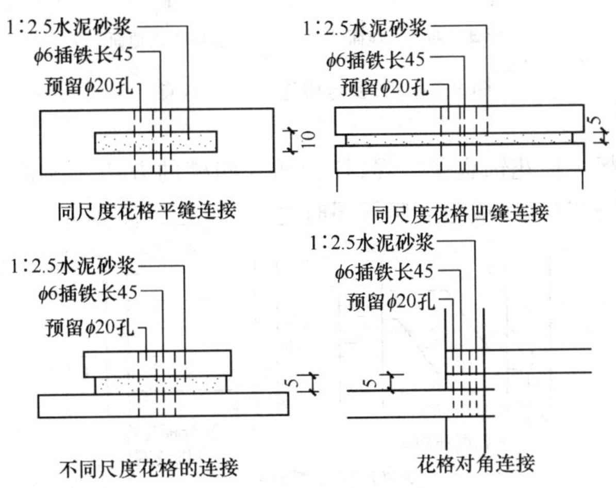


图 9-12 构件拼装节点示意(单位:mm)

4)刷涂。拼装后的花饰表面应刷各种涂料。水磨石花饰在制作时已采用彩色石子或颜料调出装饰色,可不必刷涂。刷涂方法同墙面。

(2)竖向混凝土板间组装花饰如图 9-13 所示。

1)预埋。竖向板与墙体或梁连接时,在上下连接点,要根据竖板间间隔尺寸埋入埋件或留凹槽。若竖向板间插入花饰,板上也应埋件或留槽。

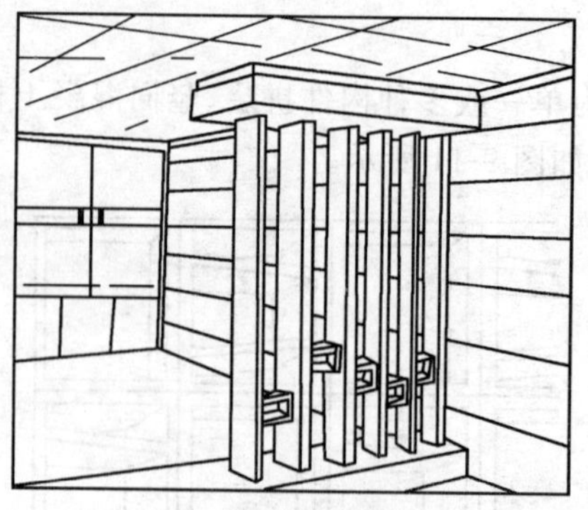

图 9-13 竖向混凝土板间组装花饰示例

2)竖板连接。在拟安板部位将板立起,用线坠吊直,并与墙、梁上埋件或凹槽连在一起,连接节点可采用焊接、拧等方法,如图 9-14 所示。

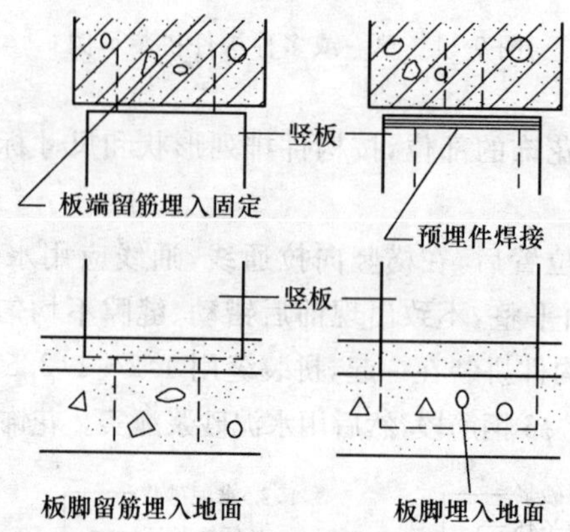


图 9-14 竖板与梁连接节点示意

3)安装花饰。竖板中加花饰也采用焊、拧和插入凹槽的方法。焊接花饰可在竖板立完固定后进行,插入凹槽的安装方法应与装竖板同时进行,如图 9-15 所示。

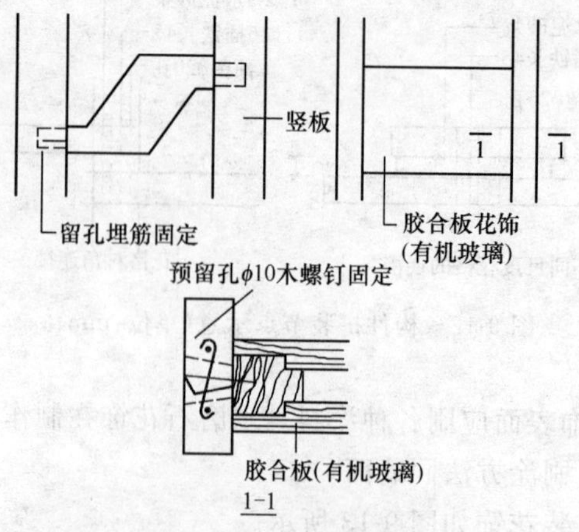


图 9-15 竖板与花饰连接示意

3. 竹花饰安装

(1)定位。弹线、定位，方法同其他花饰安装。

(2)安装。竹花饰四周可与框、竹框或水泥类面层交接。小面积带边框花饰可在地面拼装成型后，再安装到位。大面积花饰则要现场组装。安装应从一侧开始，先立竖向组杆，在竖向组杆中插入横向组杆后再安装下一个竖向组杆。竖向组杆要吊直固定，依次安装。

(3)连接。组与组之间、竹与木之间用钉、套、穿等方法连接。以竹销连接要先钻孔，竹与木连接一般从竹杆用铁钉钉向木板，或竹杆穿入木榫中，如图 9-16 所示。

(4)刷漆。竹花饰安装好后，可以在表面刷清漆，起保护和装饰作用。

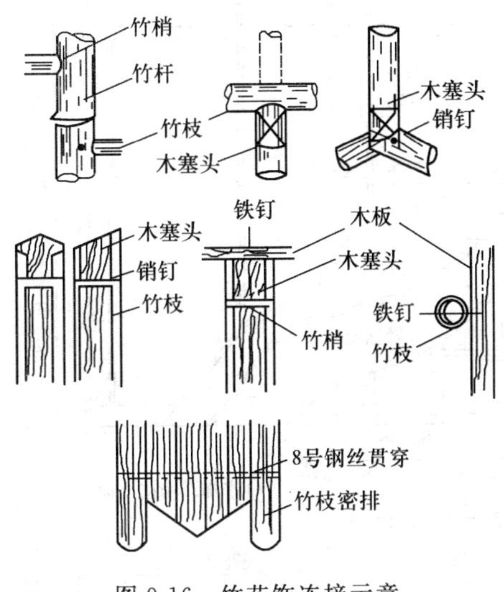


图 9-16　竹花饰连接示意

4. 玻璃花饰安装

玻璃要安装在木框或金属框上，玻璃安装，如图 9-17 所示。

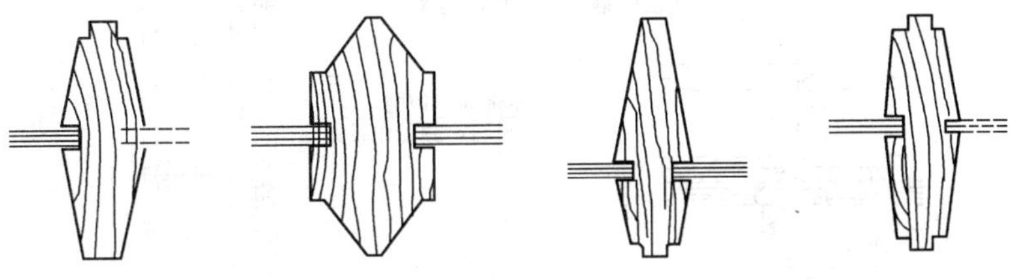

图 9-17　玻璃安装示意

5. 塑料花饰安装

塑料花饰产品成品，在现场一般采用胶黏剂粘贴固定。

## 第四节　木护墙制作与安装

### 一、施工机具

(1)机具：小电动台锯、小电动台刨、手电钻、电锤等。

(2)工具:木刨子、大中小槽刨、木锯、细齿刀锯、锤子、斧子、平铲、冲子、螺丝刀、墨斗、胶刷等。

(3)计量检测用具:方尺、钢尺、割角尺、靠尺、线坠、水平尺、塞尺等。

(4)安全防护用品:电焊面罩、绝缘手套等。

## 二、施工技术

木饰面护壁墙裙构造做法如图9-18所示。

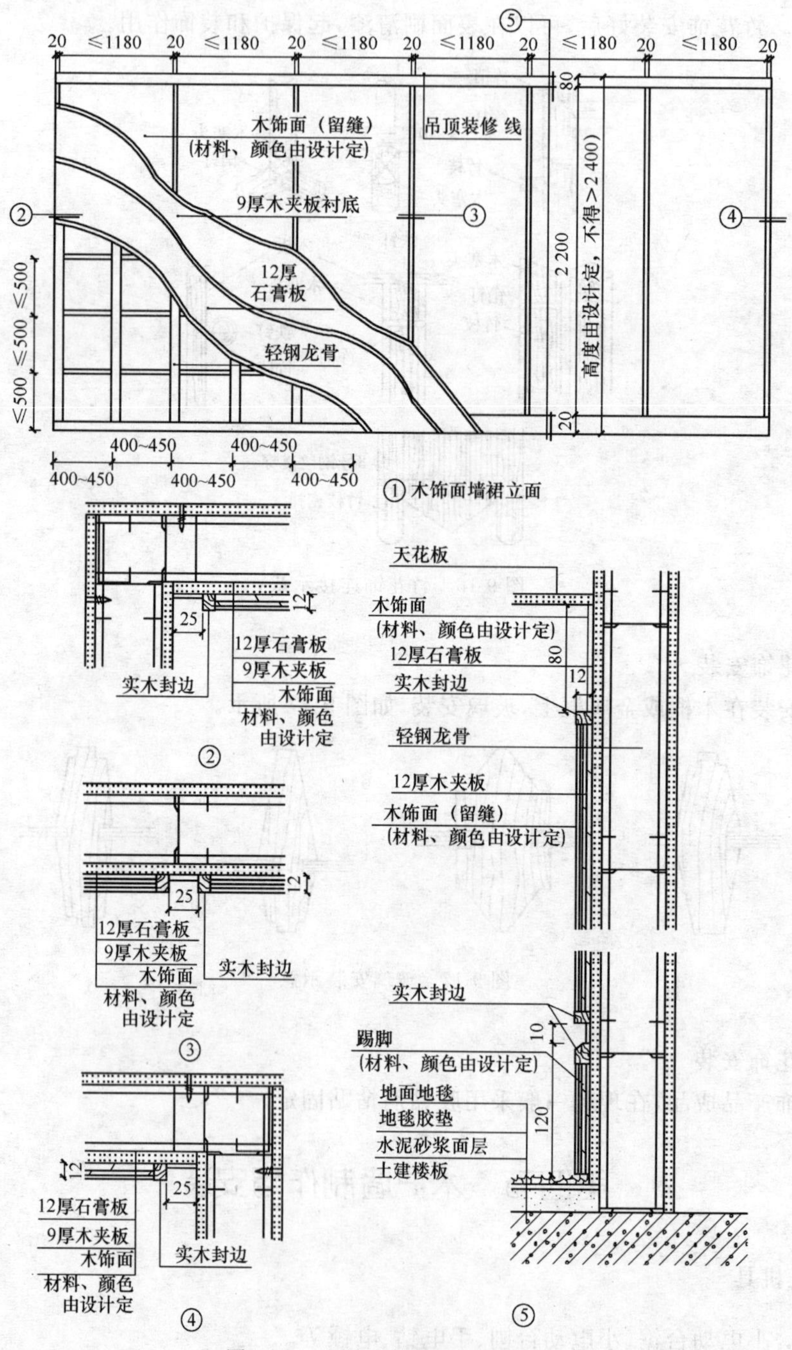


图9-18　木护墙构造(单位:mm)

1. 弹线

根据设计要求弹出木护墙安装的标高、平面位置和竖向尺寸线。

2. 木龙骨安装

(1)墙面表面处理：检查门窗洞口是否方正垂直，墙体表面的砂浆、浮尘、油渍等清除干净，有缺棱掉角之处应事先修补完毕，并对墙体做好防潮处理。防潮层处理一般采用涂刷防潮涂料或铺钉防潮卷材。

(2)放置木楔：木护墙龙骨横、竖间距一般宜为 300 mm，沿横、竖龙骨中心线，每隔300 mm 用 $\phi$12 钻头打深 70 mm 孔洞。放置木楔，木楔需经过防腐处理方可使用。

(3)安装木龙骨：木龙骨设计无要求时一般采用 20～30 mm、25～30 mm 的木龙骨，正面刨光，靠墙一面满涂防腐涂料。其余各面涂刷防火涂料，将木龙骨做成排架，一般为300 mm×300 mm。按中距 300 mm(双向)钉于墙体木楔上，钉牢钉实，龙骨应随时调垂直、调平，龙骨与墙面有空隙处需用防腐木片垫平、垫实。

3. 安装基层板

基层板一般选用胶合板或人造板，当选用厚木板时，需在板背面开卸力槽，以防板材变形，槽间距 100 mm，槽深根据基层板的厚度来确定，一般为板厚的 1/4～1/3，槽宽 10 mm，底层板背面需刷防火涂料。基层板安装前应先检查龙骨的平直度和牢固程度，然后在龙骨上和基层板背面涂胶，用钉钉牢，钉长为板厚的 2.5 倍，钉距一般为 100 mm，钉帽要砸扁冲入木板表面 1～2 mm。

4. 安装饰面板

(1)弹饰面板安装线：按照施工大样图在基层板上弹出饰面板的分隔线及造型控制线。

(2)选板：根据设计要求和施工的部位对贴面板的种类、花色、规格分类挑选，要求同一施工房间或部位的饰面板颜色、花纹要基本一致。

(3)面板试拼：将饰面板按设计要求的规格、花色、位置进行裁割试拼，试拼时，面板的接缝、木纹、颜色、观感符合要求。切割板材时，线路要直，防止崩边，加工完编号备用。

(4)涂胶：在底层板上及装饰面板底面上各涂胶黏剂一道，涂胶应均匀，不得漏涂、厚薄不均，胶中无砂粒及其他杂物。

(5)安装饰面板：根据预排编号及底层板上弹线位置，将面板顺序上墙，就位粘贴，有拼缝要求的根据图纸要求预留位置，无拼缝要求的，在粘贴时注意拼缝对口、木纹图案等，并把接缝留在不明显处(如在 500 mm 以下或 2 000 mm 以上)，阴阳角的拼缝应平直。每块面板上墙后，随时与各相邻板面调平理直，相近板材拼接处木纹纹理应相互衔接通顺，安装完毕后将挤出胶液及时清理干净。

5. 安装线条

安装前要对线条进行挑选，花纹、颜色应与框料、面板配色。线条的规格尺寸、宽窄、厚度应一致，交角和对接应采用 45°加胶，连接接槎应顺直。

6. 季节性施工

(1)雨期施工时，如遇空气温度超出施工条件时，除开启门窗通风外，还应增加人工排风设施(排风扇等)控制湿度。

(2)冬期工程施工，应在采暖条件下进行，室温保持均衡，一般室温不低于 5℃。

# 第十章　外墙外保温工程

## 第一节　胶粉 EPS 颗粒保温浆料外墙外保温系统

### 一、施工机具

(1)机械:强制式砂浆搅拌机、手提搅拌器,射钉枪。下面简要介绍强制式砂浆搅拌机。

1)构造与原理。强制式砂浆搅拌机主要由搅拌系统、装料系统、给水系统和进出料控制系统组成(图 10-1)。工作时,拌和筒不动,电动机转动由主轴带动搅拌叶片旋转,实现筒内的砂浆拌合。出料时,摇动手柄,根据不同的卸料方式,活门卸料式搅拌机的出料活门自动开启出料,倾翻卸料式搅拌机则是拌和筒整体倾斜一定角度,砂浆从料口自动流出。砂浆搅拌机按移动方式可分为固定式和可移动式两种,其中可移动式的砂浆机在下面安装有车轮,可以随地移动。

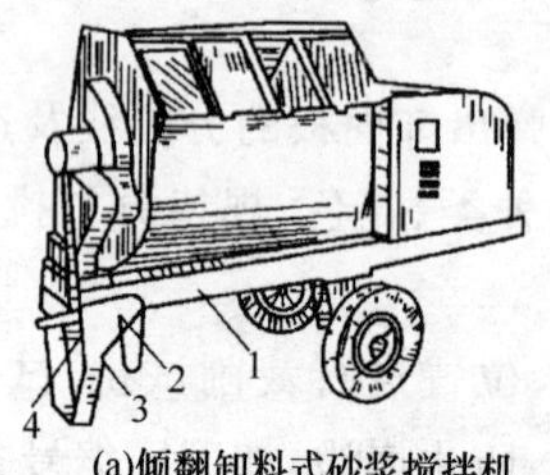

(a)倾翻卸料式砂浆搅拌机

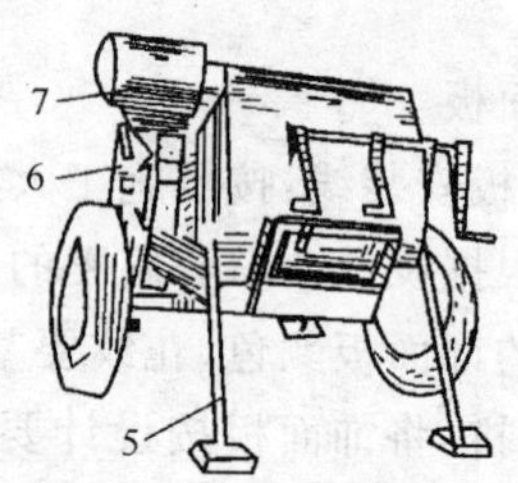

(b)$HJ_1$-325型砂浆搅拌机

图 10-1　强制式砂浆搅拌机

1—机架;2—固定销;3—支架;4—销轴;5—支撑;6—减速器;7—电动机

2)主要技术性能。砂浆搅拌机部分型号产品的主要技术性能见表 10-1。

**表 10-1　砂浆搅拌机的技术性能**

| 性能参数 | 单卧轴强制移动式 | | | | | |
|---|---|---|---|---|---|---|
| | UJ1-325 型 | UJZ-200 型 | HJ1-200 型 | HJ-200 型 | HJ-200 型 | HJ-200 型 |
| 容量(L) | 325 | 200 | 200 | 200 | 200 | 200 |
| 搅拌轴转速(r/min) | 30 | 25～30 | 25～30 | 26 | 24 | 25～30 |
| 每次搅拌时间(min) | 1.5～2 | 1.5～2 | 1.5～2 | 1～2 | 2 | — |
| 卸料方式 | 活门式 | 倾翻式 | 倾翻式 | 倾翻式 | 倾翻式 | 倾翻式 |
| 生产率($m^3$/h) | 6 | 3 | 3 | — | — | 3 |

续上表

| 性能参数 | | 单卧轴强制移动式 | | | | | |
|---|---|---|---|---|---|---|---|
| | | UJ1-325 型 | UJZ-200 型 | HJ1-200 型 | HJ-200 型 | HJ-200 型 | HJ-200 型 |
| 电动机 | 型号 | JO2-32-4 | JO2-32-4 | — | JO2-32-4 | — | JO2-32-4 |
| | 功率(kW) | 3 | 3 | 3 | 3 | 3 | 3 |
| | 转速(r/min) | 1 430 | 1 430 | — | 1 430 | — | 1 430 |
| 外形尺寸(mm) | 长 | 2 200 | 2 280 | 3 200 | 1 660 | 2 065 | — |
| | 宽 | 1 492 | 1 100 | 1 120 | 870 | 1 130 | — |
| | 高 | 1 350 | 1 300 | 1 430 | 1 300 | 930 | — |
| 整机自重(kg) | | 750 | 600 | 765 | 820 | 约 590 | 600 |

| 性能参数 | | 单卧轴强制移动式 | | | | | |
|---|---|---|---|---|---|---|---|
| | | $UJ_2$-200 型 | HJ-200 型 | HJ-200 型 | HJZ-200B 型 | HJZ-200B 型 | HJZ-200C 型 |
| 容量(L) | | 200 | 200 | 200 | 200 | 200 | 200 |
| 搅拌轴转速(r/min) | | 29 | 28 | — | 34 | 29 | 32 |
| 每次搅拌时间(min) | | 2 | 2 | 1.5～2 | 2 | 2 | — |
| 卸料方式 | | 倾翻式 | 倾翻式 | 倾翻式 | 倾翻式 | 倾翻式 | 倾翻式 |
| 生产率($m^3$/h) | | 4 | — | — | 3 | 3 | — |
| 电动机 | 型号 | JO2-32-4 | — | JO2-32-4 | JO2-32-4 | JO2-41-6 | JO2-41-6 |
| | 功率(kW) | 3 | — | 3 | 3 | 3 | 3 |
| | 转速(r/min) | 1 430 | — | 1 430 | 1 430 | 960 | 960 |
| 外形尺寸(mm) | 长 | 1 940 | 1 859 | 1 900 | 1 693 | 1 920 | 2 100 |
| | 宽 | 1 090 | 845 | 1 200 | 948 | 1 154 | 1 100 |
| | 高 | 1 280 | 1 035 | 980 | 1 050 | 1 240 | 1 290 |
| 整机自重(kg) | | 650 | 580 | 600 | 560 | 650 | 550 |

| 性能参数 | | 单卧轴强制移动式 | | 单卧轴强制固定式 | | | |
|---|---|---|---|---|---|---|---|
| | | C-076-1 型 | UJZ150 型 | HJ-200A | UJ-200A | UJ-200B 型 | HJK-200 型 |
| 容量(L) | | 200 | 150 | 200 | 200 | 200 | 200 |
| 搅拌轴转速(r/min) | | 25～30 | 34 | 24～26 | 34 | 28 | 27 |
| 每次搅拌时间(min) | | 1.5～2 | 1.5～2 | 1.5～2 | 2 | 0.5 | 3 |
| 卸料方式 | | 倾翻式 | 倾翻式 | — | — | — | — |
| 生产率($m^3$/h) | | — | — | — | 3 | 6 | 2 |
| 电动机 | 型号 | JO2-32-4 | Y100L2-4 | JO2-32-4 | JO2-32-4 | JO2-32-4 | JO2-32-4 |
| | 功率(kW) | 3 | 3 | 3 | 3 | 3 | 3 |
| | 转速(r/min) | 1 430 | 1 430 | 1 430 | 1 430 | 1 430 | 1 430 |

续上表

| 性能参数 | | 单卧轴强制移动式 | | 单卧轴强制固定式 | | | |
|---|---|---|---|---|---|---|---|
| | | C-076-1 型 | UJZ150 型 | HJ-200A | UJ-200A | UJ-200B 型 | HJK-200 型 |
| 外形尺寸(mm) | 长 | 2 230 | 1 950 | 1 900 | 2 100 | 2 100 | 1 700 |
| | 宽 | 1 080 | 1 650 | 1 200 | 1 250 | 1 250 | 1 080 |
| | 高 | 1 318 | 1 750 | 980 | 1 050 | 1 050 | 1 355 |
| 整机自重(kg) | | 600 | 600 | 600 | 600 | 600 | 560 |

| 性能参数 | | 单卧轴强制移动式 | | 单卧轴强制固定式 | | | |
|---|---|---|---|---|---|---|---|
| | | UJ-200 型 | $UJ_2$-200 型 | HJ100 | SL-100 型 | LSJ-200 型 | LHJ200 型 |
| 容量(L) | | 200 | 200 | 100 | 100 | 200 | 200 |
| 搅拌轴转速(r/min) | | 25～30 | 25～30 | 27 | 54 | 60 | 50 |
| 每次搅拌时间(min) | | 1.5～2 | 1.5～2 | — | 1.5～2 | 1.5～2 | 2～3 |
| 卸料方式 | | 倾翻式 | 倾翻式 | — | 活门式 | 活门式 | 活门式 |
| 生产率($m^3$/h) | | — | — | — | — | — | — |
| 电动机 | 型号 | JO2-34-4 | — | JO2-31-4 | — | Y100L2-4 | — |
| | 功率(kW) | 3 | 3 | 2.2 | 3 | 3 | 3 |
| | 转速(r/min) | — | — | — | — | — | 1 500 |
| 外形尺寸(mm) | 长 | 1 730 | 1 730 | 1 800 | 1 653 | — | 1 200 |
| | 宽 | 880 | 880 | 877 | 1 340 | — | 940 |
| | 高 | 900 | 900 | 779 | 1 008 | — | 860 |
| 整机自重(kg) | | 500 | 600 | 500 | 350 | 240 | — |

(2)工具:水桶、剪子、筛子、扫帚、灰桶、小白线、靠尺、木抹子、铁抹子、铁剪刀、壁纸刀、洒水壶、手锤、滚刷、铁锹、錾子等。

(3)计量检测用具:磅秤、钢尺、方尺、塞尺、水平尺、托线板、线坠、探针等。

(4)安全防护用品:口罩、手套、护目镜等。

## 二、施工技术

### 1.基层墙面处理

保温施工前应会同相关部门做好结构验收的确认。外墙面基层的垂直度和平整度应符合现行国家施工验收规范要求。进行保温层隐蔽施工前应做好如下检查工作,确认墙体的平整度、垂直度允许偏差在验收标准规定之内。

(1)外墙面的阳台栏杆、雨漏管托架、外挂消防梯等外挂件应安装完毕并验收合格。墙面的暗埋管线、线盒、预埋件、空调孔应提前安装完毕并验收合格,并应考虑到保温层的厚度的影响。

(2)外窗辅框应安装完毕并验收合格。

(3)墙面脚手架孔,模板穿墙孔及墙面缺损处用水泥砂浆修补完毕并验收合格。

(4)主体结构的变形缝、伸缩缝应提前做好处理。

(5)彻底清除基层墙体表面浮灰、油污、脱模剂、空鼓及风化物等影响墙面施工的物质。墙体表面凸起物不小于 10 mm 时应剔除。

(6)各种材料的基层墙面均应用涂料滚刷满刷界面砂浆,注意界面砂浆层不宜施工过厚。

2.涂刷界面砂浆

用滚刷或扫帚将配好的界面砂浆均匀涂刷(甩)在清理干净的基层上,干燥后应有较高强度(用手掰不掉为准)。

3.吊垂直线、弹控制线,贴饼

保温浆料施工前应在墙面做好施工厚度标志,应按如下步骤进行贴饼。

(1)每层首先用 2 m 杠尺检查墙面平整度,用 2 m 托线板检查墙面垂直度。

(2)在距每层顶部约 10 cm 处,同时距大墙阴、阳角约 10 cm 处,根据大墙角已挂好的钢垂直控制线厚度,用界面砂浆粘贴 5 cm×5 cm 聚苯板块作为标准贴饼。

(3)待标准贴饼固定后,在两水平贴饼间拉水平控制线。具体做法为:将带小线的小圆钉插入标准贴饼,拉直小线,使小线控制比标准贴饼略高 1 mm,在两贴饼之间按 1.5 m 间隔水平粘贴若干标准贴饼。

(4)用线坠吊垂直线在距楼层底部约 10 cm,大墙阴、阳角 10 cm 处粘贴标准贴饼(楼层较高时应两人共同完成)之后按间隔 1.5 m 左右沿垂直方向粘贴标准贴饼。

(5)每层贴饼施工作业完成后水平方向用 2～5 m 小线拉线检查贴饼的一致性,垂直方向用 2 m 托线板检查垂直度,并测量灰饼厚度,作记录,计算出超厚面积工程量。

4.保温层施工

(1)保温浆料应分层作业施工完成,每次抹灰厚度宜控制在 20 mm 左右,分层抹灰施工至设计保温层厚度,每层施工时间间隔为 24 h。

(2)保温浆料底层抹灰顺序应按照从上至下,从左至右抹灰,在压实的基础上可尽量加大施工抹灰厚度,抹至距保温标准贴饼差 1 cm 左右为宜。

(3)保温浆料中层抹灰厚度要抹至与标准贴饼齐平。中层抹灰后,应用大杠在墙面上来回搓抹,去高补低,最后再用铁抹子压一遍,使保温浆料层表面平整,厚度与标准贴饼一致。

(4)保温浆料面层抹灰应在中层抹灰 4～6 h 之后进行,施工前应用杠尺检查墙面平整度,墙面偏差应控制在±2 mm。保温面层抹灰时应以修补为主,对于凹陷处用稀浆料抹平,对于凸起处可用抹子立起来将其刮平,最后用抹子分遍再赶压墙面,先用 2 m 杠尺检验水平,后用托线板检验垂直度,要求垂直度平整度达到验收标准。

(5)保温浆料施工时要注意清理落地浆料,落地浆料在 4 h 内重新搅拌即可使用。

(6)阴阳角找方应按下列步骤进行。

1)用木方尺检查基层墙角的直角度,用线坠吊垂直检验墙角的垂直度。

2)保温浆料的中层灰抹后应用木方尺压住墙角保温浆料层上下搓动,使墙角保温浆料基本达到垂直,然后角部用阴阳角抹子压光。

3)保温浆料面层大角抹灰时要用方尺、抹子反复测量抹压修补操作,确保垂直度±2 mm,直角度±2 mm。

4)门窗侧口的墙体与门窗边框连接处应预留出相应的保温层的厚度,并对已做好门窗边框表面成品保护。

5)门窗辅框安装验收合格后方可进行门窗口部位的保温抹灰施工,门窗口施工时应先抹门窗侧口、窗上口部分的保温层,再抹大墙面的保温层。窗台口部分应先抹大墙面的保温层,再抹窗台口部分的保温层。施工前应按门窗口的尺寸截好单边八字靠尺,作口应贴尺施工以保证门窗口处方正与内、外尺寸的一致性。

(7)做门、窗口滴水槽应在保温浆料施工完成后,在保温层上用壁纸刀沿线划开设定宽度的凹槽,槽深 15 mm 左右,先用抗裂砂浆填满凹槽,然后将滴水槽嵌入预先划好的凹槽中,并保证与抗裂砂浆黏结牢固,收去滴水槽两侧沿口浮浆,滴水槽应镶嵌牢固、水平。滴水槽施工时应注意槽镶嵌的位置距窗侧口的墙面不应大于 2 cm,距外保温墙面不应超过 3 cm。

(8)保温浆料施工完成后应按检验批的要求做全面的质量检验。在自检合格的基础上,整理好施工质量记录报总包方和相关方进行隐蔽检查验收。

5. 细部处理

(1)首层墙体构造及墙角如图 10-2 所示。

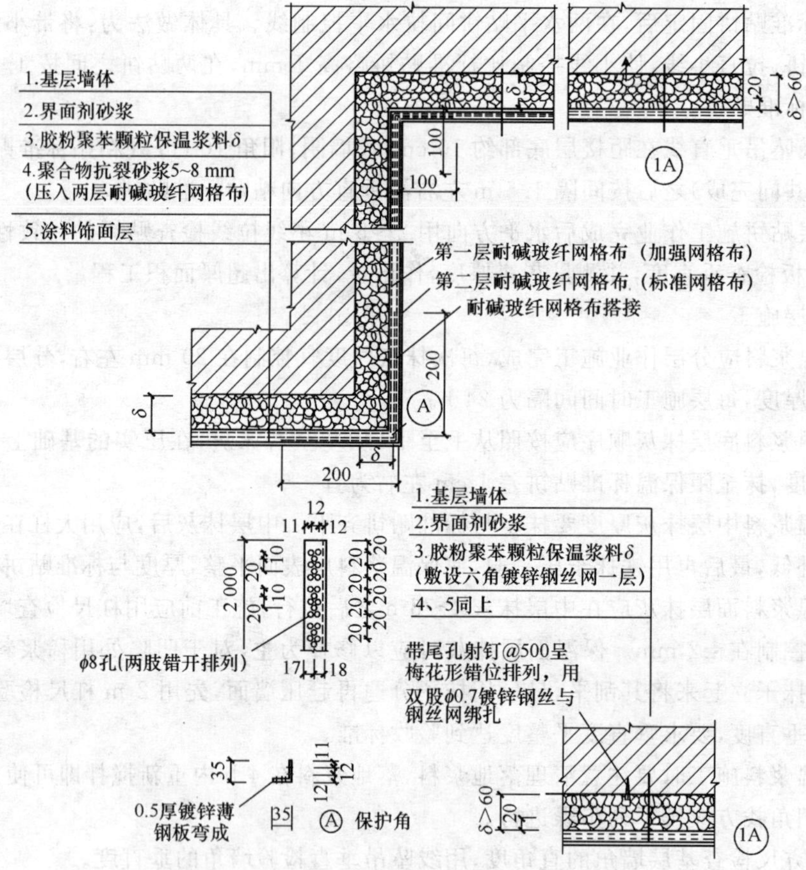


图 10-2 墙体及墙角细部构造(单位:mm)

注:1. ⑴A仅用于高度 $h \geqslant 30$ m 且保温浆料厚度 $\delta > 60$ mm 的高层建筑;

2. 如基层墙体不宜使用射钉,亦可采用砖缝内埋设 $\phi 6$ 钢筋或其他锚固方式;

3. 六角镀锌钢丝网的规格:丝径 0.8 mm,孔径 25 mm。

(2)贴面砖墙体构造及墙角如图 10-3 所示。

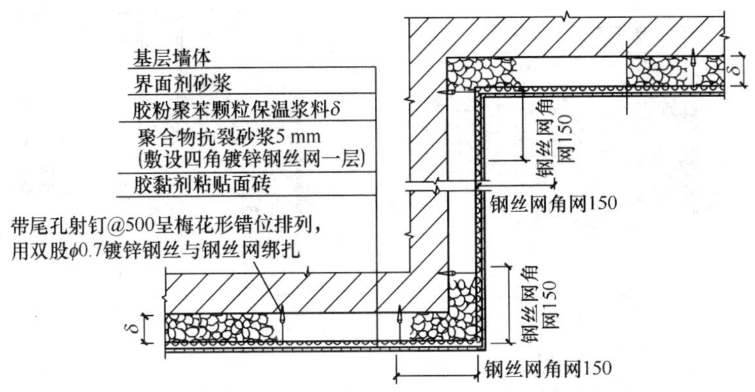


图 10-3　贴面砖墙体及墙角构造

注：1. 四角镀锌钢丝网的规格：丝径 1.2 mm，孔径 20 mm×20 mm；

2. 钢丝网角网做法同四角镀锌钢丝网，网边搭接 40 mm 用双股 $\phi$0.7 镀锌钢丝绑扎，@150。

(3)勒脚如图 10-4 所示。

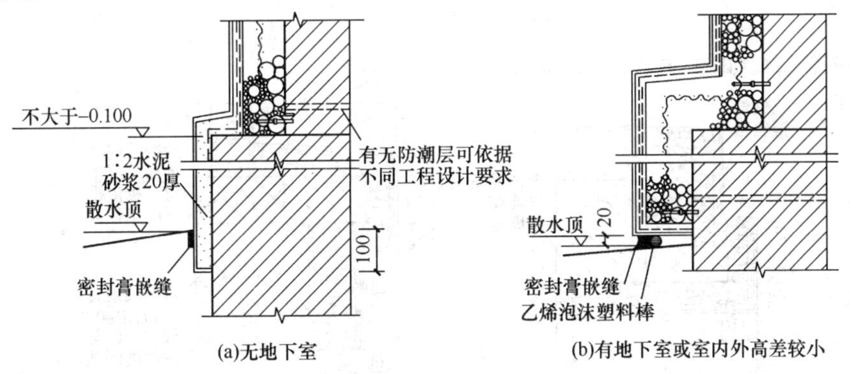


图 10-4　勒脚构造(单位：mm)

(4)女儿墙和挑檐如图 10-5 所示。

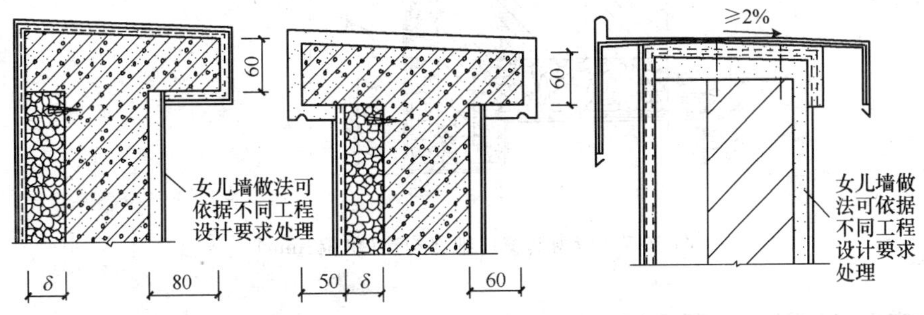


图 10-5　女儿墙及挑檐构造(单位：mm)

(5)窗口如图 10-6 所示。

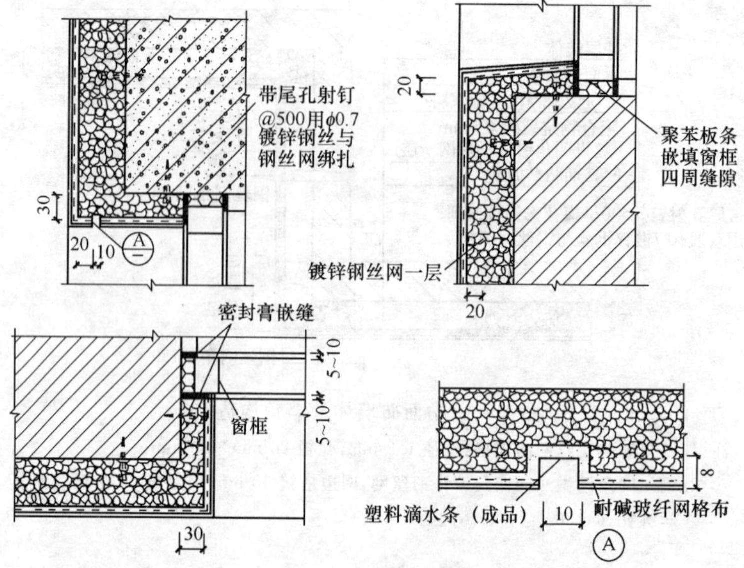


图 10-6　窗口细部构造(单位:mm)

(6)带窗套窗口如图 10-7 所示。

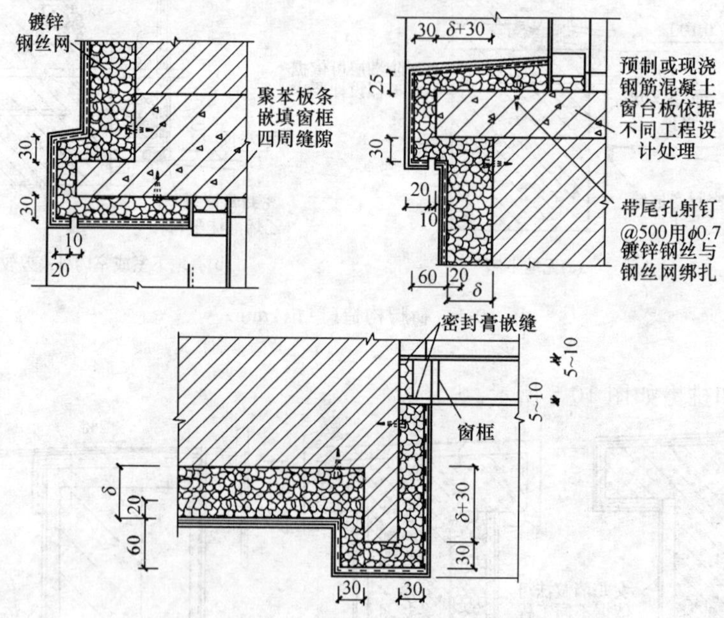


图 10-7　带窗套窗口细部构造(单位:mm)

(7)挑窗窗口如图 10-8 所示。

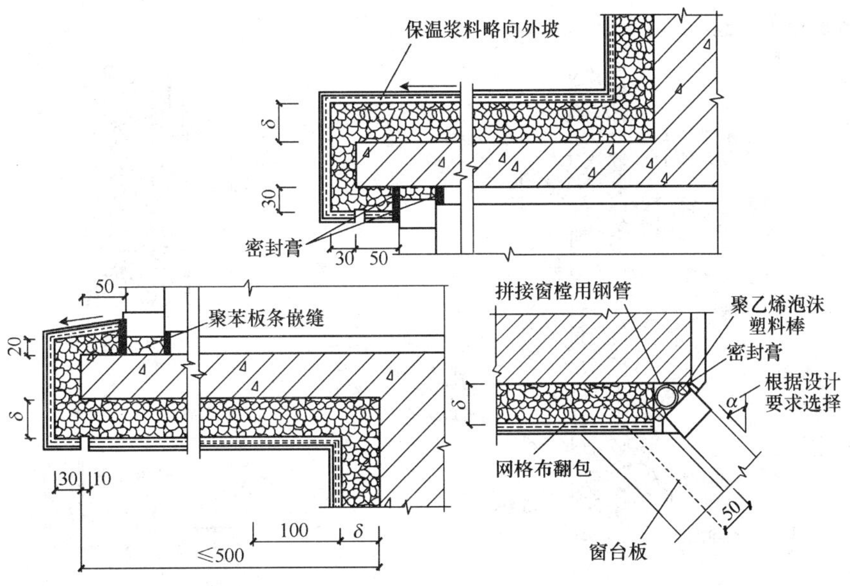

图 10-8　挑窗窗口细部构造(单位:mm)

(8)阳台如图 10-9 所示。

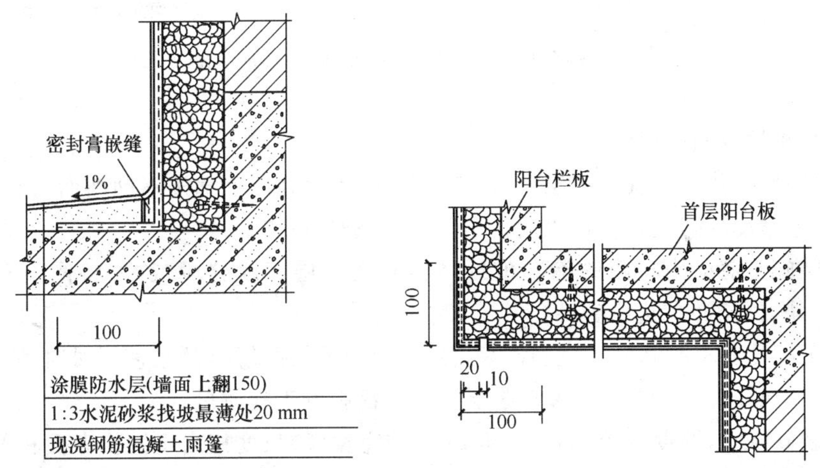

图 10-9　阳台细部构造(单位:mm)

注:1. 阳台内侧栏板面、顶板底装修和地面做法见个体工程设计;

2. 首层阳台内的外墙面抗裂砂浆层中,只压入一层耐碱玻纤网格布。

(9)墙身变形缝如图 10-10 所示。

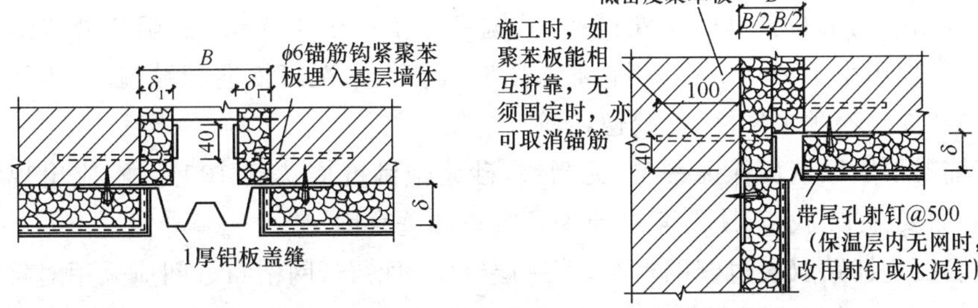

图 10-10　墙身变形缝构造(单位:mm)

(10)线脚、分格缝、空调机搁板如图 10-11 所示。

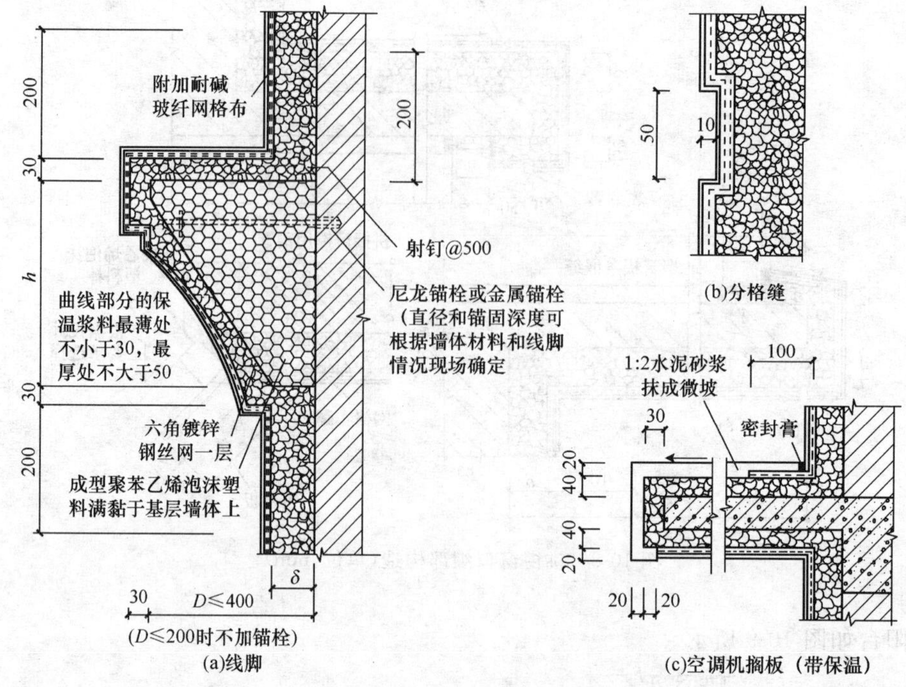


图 10-11　线脚、分格缝、空调机搁板细部构造(单位:mm)

6.抗裂防护层及饰面层施工

(1)涂料饰面。待保温层施工结束 3～7 d 后(强度达到用手掌按不动墙面为判断标准)且保温层厚度、平整度隐蔽验收合格以后,方可进行抗裂层施工。

1)抗裂层施工前应先将耐碱涂塑玻纤网格布按楼层高度分段裁好,将网格布裁成长度 3 m左右的布块,网格布包边应剪掉。

2)按施工配比要求配制搅拌抗裂砂浆,注意砂浆应随搅随用,严禁使用过时砂浆。现场用砂时应过 2.5 mm 的筛网,否则抗裂砂浆层过于粗糙影响工程质量。

3)抹抗裂砂浆时,厚度应控制在 3～5 mm,抹完宽度、长度相当于网格布面积的抗裂砂浆后应立即用铁抹子将耐碱玻纤网格布压入新抹的抗裂砂浆中。网布之间搭接宽度应不小于 50 mm,先将底部网格布搭接处压入抗裂砂浆中,然后再抹一些抗裂砂浆将上面搭接的网格布压入抗裂砂浆中,搭接处要充满抗裂砂浆,严禁在网格布搭接处不抹抗裂砂浆或不满抹抗裂砂浆干搭现象,最后要沿网格布纵向用铁抹子再压一遍收光,消除面层的抹子印。网格布压入程度以可见暗露网眼,但表面看不到裸露的网格布为宜。

4)阴角处耐碱网格布要单面压茬搭接,其宽度应不小于 150 mm。阳角处应双向包角压茬搭接,其宽度应不小于 200 mm。网格布施工时分架子情况可横向铺贴施工,也可竖向铺贴施工,但要注意要顺茬顺水搭接,严禁逆茬逆水搭接。

5)网布铺贴要紧贴墙面保证平整,无褶皱,砂浆饱满度应达到 100%,不应出现大面积露布之处,大墙面要抹平、找直,阴阳角处要保证方正和垂直度。

6)首层墙面应铺贴双层耐碱网格布,第一层铺贴网格布,网格布之间应采用对接方法进行铺贴(不搭接),第一层铺贴施工完成后,进行第二层网格布的铺贴,铺贴方法如前所述,两层网格布之间的抗裂砂浆应饱满，严禁干贴。

7)建筑物首层外保温应在阳角处双层网格布之间设专用金属护角，护角高度一般为 2 m。在第一层网格布铺贴好后，应放好金属护角，用抹子在护角孔处拍压出抗裂砂浆，抹第二遍抗裂砂浆压网格布，网格布覆盖包裹住护角，保证护角部位坚实牢固抗冲击。

8)大面积铺贴网格布之前，应在门窗洞口处沿 45°角方向先粘贴一道网格布，网格布尺寸宜为 300 mm×400 mm。粘贴部位如图 10-12 所示。

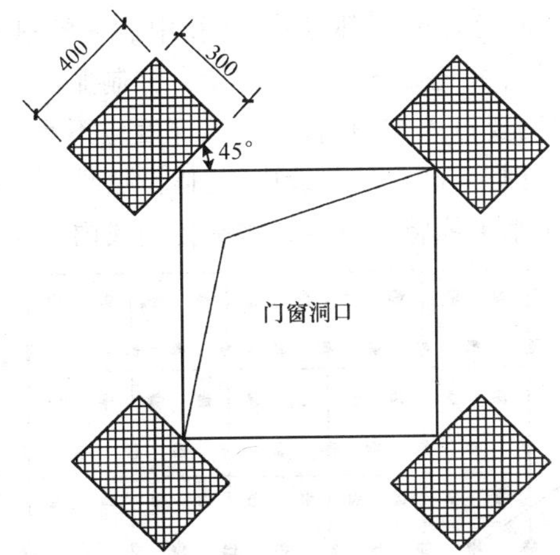


图 10-12　门窗洞口处增贴一道网格布示意图(单位:mm)

9)抗裂面层口角处需做压平修整时，可用鬃刷蘸取适量水涂刷新抹抗裂砂浆表面后再进行压光作业，可有效地防止抗裂砂浆粘抹子。压后窗台口处要平直，不要有毛刺，窗口阳角应用阳角抹子赶压修整顺直。

10)抗裂层施工完成后应按检验批的要求对工程质量进行全面检查，检查方法同保温层平整度、垂直度检验方法。在自检合格的基础上，整理好施工质量记录报总包方和相关方进行隐蔽检查验收。

11)抗裂砂浆抹完后，严禁在此面层上抹普通水泥砂浆腰线、套口线或刮涂刚性腻子等达不到柔性指标的外装饰材料。

12)在抗裂砂浆施工 2 h 后刷弹性底涂，使其表面形成防水透汽层。

13)待抗裂砂浆基层干燥后，保温抗裂层验收合格后方可进行饰面层施工，对平整度达不到装饰要求的部位应刮柔性耐水腻子进行找补，这些部位包括：平整度不够的墙面、阴角、阳角、色带以及需要找平的部位，涂刮耐水腻子找平施工时，应用靠尺对墙面及找平部位进行检验，对于局部不平整处，应先刮柔性耐水腻子进行修复，刮涂柔性耐水腻子宜在柔性耐水腻子未干前进行打磨，打磨柔性耐水腻子宜用 0 号粗砂纸加打磨板进行打磨。大面积涂刮腻子应在局部修补之后进行，大面积涂刮腻子宜分两遍进行，但两遍涂刮方向应相互垂直。

14)浮雕涂料可直接在弹性底涂上进行喷涂，其他涂料在腻子层干燥后进行刷涂或喷涂。若干挂石材，则根据设计要求直接在保温面层上进行干挂石材。

(2)面砖饰面。待保温层施工结束 3～7 d 后(强度达到用手掌按不动墙面为判断标准)且保温层厚度、平整度隐蔽验收合格以后，方可进行抗裂层施工。

1)抗裂层施工前应先将热镀锌四角焊网按楼层高度用克丝钳子分段裁好，将热镀锌四角焊网裁成长度约 3 m 左右的网片，并尽量将网片整平。

2)抹第一遍抗裂砂浆时,厚度应控制在 3 mm 左右,要求满抹,不得有漏抹之处。按楼层分层施工,第一层抗裂砂浆固化后,开始进行铺钉热镀锌四角焊网施工,要求第一层抗裂层的平整度不低于保温浆料层的平整度。

3)铺钉热镀锌四角焊网应按从上而下,从左至右的顺序进行施工,首先将热镀锌四角焊网在墙面就位,热镀锌四角焊网张开后弯曲面向墙面用约 5～6 cm 长的弯成 U 形的 12 号铅丝插入保温层将热镀锌四角焊网临时固定,将热镀锌四角焊网固定于保温墙面上后立即用电动冲击钻在临时固定的热镀锌四角焊网上部打孔,在孔中插入塑料膨胀锚栓,用手锤将胀钉钉牢,塑料膨胀锚栓的分布应尽可能地如图 10-13 所示。控制胀栓密度应为每平方米 5～6 个,锚固胀栓固定热镀锌四角焊网要钉入结构墙体,钉入深度应不小于 25 mm。在轻体填充砌块墙上施工时应尽可能地将铆钉打入砌块砂浆缝中,具体做法是:在钉胀栓前先将砌块宽度标于施工墙体构造柱两侧,然后拉水平线将胀钉打在水平控制线内,以确保胀钉的拉拔强度。

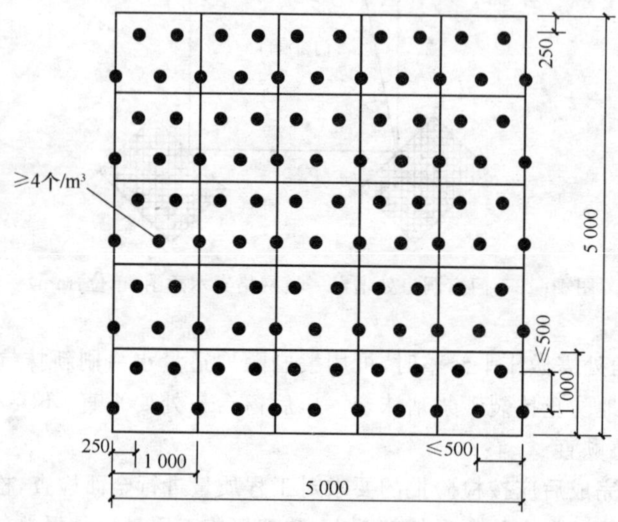

图 10-13　粘贴面砖锚固点分布图(单位:mm)

4)铺钉热镀锌四角焊网施工时要尽量使热镀锌四角焊网贴近墙面,对于热镀锌四角焊网局部翘起的部分应再用约 5～10 cm 长的拧成 U 形的 12 号铅丝插入保温层压平固定,要求热镀锌四角焊网局部翘起应小于 2 mm。热镀锌四角焊网边相互搭接宽度应在 40 mm 左右(3 格网格),搭接部位以不大于 300 mm 的距离用镀锌铅丝将两网绑扎在一起。

5)为使热镀锌四角焊网铺钉门窗口角和墙面阴阳角部位施工质量得到保证,可将门窗口角和墙面阴阳角部位的热镀锌四角焊网在施工前预先折成直角,再进行锚固施工。

6)窗洞等侧口部位热镀锌四角焊网收口处的固定胀栓数每延米不应少于三个胀栓,门窗口的热镀锌四角焊网边应直接固定于墙体基层并紧靠辅框处进行锚固施工,锚入胀钉距基层墙体外侧的距离不宜小于 30 mm。

7)在裁剪热镀锌四角焊网过程中不得将钢网形成死折,检查热镀锌四角焊网铺钉要紧贴墙面保证平整度达到±2 mm 的要求。

8)热镀锌四角焊网平整度检验合格后方可进行第二层抗裂砂浆的罩面施工,第二层抗裂砂浆抹灰层厚度应控制在 5～7 mm,热镀锌四角焊网要求 100%地被抗裂砂浆覆盖,抗裂砂浆面层平整度、垂直度应控制在±2 mm 之内。

9)抗裂砂浆抹灰 2～3 h之后可用木抹子在热镀锌四角焊网格上将抗裂砂浆面层搓毛,为下一层的连接提供相应的界面。

10)抗裂砂浆口角处需做压平修整时,可在表面用鬃刷适量刷水后再进行压光作业可有效地防止压光过程中灰浆黏抹子。窗台口处要平直,不得有毛刺,窗口阳角应用阳角抹子赶压修整顺直。

11)抗裂砂浆施工完成后应按检验批的要求对施工质量进行全面检查,在自检合格的基础上,整理施工质量记录并报总包方和相关方进行隐蔽检查验收。

12)抗裂砂浆抹完后,严禁在面层上涂抹普通水泥砂浆腰线以及做水泥砂浆套口等。

13)粘贴面砖按一般面砖粘贴施工工艺进行,应采用保温层专用面砖粘贴砂浆。

①弹线分格:抗裂砂浆基层验收后即可按图纸要求进行分段分格弹线。同时在面层进行粘贴标准控制面砖的作业,以控制面砖出墙尺寸和垂直度、平整度,注意每个立面的控制线应一次弹完。每个施工单元的阴阳角,门窗口,柱中、柱角都要弹线,控制线应用墨线弹制,验收合格后班组才能进行局部放细线施工。

②排砖:根据排砖图,墙体尺寸和面砖尺寸进行横竖方向的排砖,应注意保证面砖缝均匀,大墙面,通天柱子部位应排整砖。在同一墙面不允许出现一行以上的非整砖,非整砖要出现在阴角、窗间墙等不明显部位,砖缝宽度不应小于 5 mm,严禁采用密缝排砖。

③浸砖:吸水率大于 0.5%的面砖应浸泡 24 h后擦干浮水后使用,吸水率小于 0.5%的面砖不需要浸砖可直接使用。

④贴砖:贴砖作业一般为从上而下进行,高层建筑大面积贴砖应分段进行。每段贴砖施工应由下至上进行。根据大墙面的控制线贴控制面砖,控制面砖一般要贴在控制线的交角处,贴好控制面砖后应用水平线、垂直线检查合格后拉细部控制线施工。贴砖前墙面应充分洒水,待墙面风干至潮湿无明水时即可施工。贴砖时背面打灰要饱满,黏结灰浆中间略高四边略低,粘贴时要轻轻揉压,压出的灰浆用铁铲剔除。粘结灰浆厚度宜控制在 3～5 mm 左右,面转的垂直度、平整度应与控制面砖一致。

⑤面砖勾缝:施工前应在面砖施工检查合格后进行,勾缝时应先勾横缝再勾竖缝,缝深 2～3 mm缝隙要顺直,轮廓要方正,颜色要一致。缝勾完后应立即用棉丝、海绵蘸水或清洗剂擦洗干净,勾缝后的面砖层严禁用盐酸等各种酸性物质清洗墙面,以免造成勾缝材料泛白。面砖粘贴后应及时勾缝,严禁在接近冬期施工时面砖粘贴后不做勾缝处理而越冬的施工现象发生。

## 第二节　EPS 板现浇混凝土外墙保温系统

### 一、施工机具

施工机具主要有手提搅拌器、冲击钻、电烙铁、垂直运输机械、水平运输车、专用检测工具、经纬仪、放线工具、剪刀、滚刷、铁锹、手锤、手锯、錾子、壁纸刀、托线板、靠尺、方尺、塞尺、探针、钢尺等。下面简要介绍电烙铁。

(1)结构特点:电烙铁由电加热器(一般为电阻丝)、套筒、工作焊头(烙铁头)、电源线等组成。电加热器分内热式、外热式两种。电加热器的热量传给工作焊头,加热工件,熔化焊丝。

(2)用途:用于小截面积铜导线、封端的搪焊接。

(3)规格:见表 10-2。

表 10-2 电烙铁的形式和规格

| 序号 | 形式 | 规格(W) | 冷态电阻(Ω) | 加热方式 |
|---|---|---|---|---|
| 1 | 内热式 | 30<br>35<br>50<br>70<br>100<br>150<br>200<br>300 | 2 420<br>1 383<br>968<br>691<br>484<br>323<br>242<br>161 | 电热元件插入铜头腔内加热 |
| 2 | 外热式 | 30<br>50<br>75<br>100<br>150<br>200<br>300<br>500 | 1 613<br>968<br>645<br>484<br>323<br>242<br>161<br>96.8 | 铜头插入电热元件内加热 |
| 3 | 快热式 | 60<br>100 | — | 由变压器感应出低电压大电流进行加热 |

## 二、施工技术

### 1.有网施工

(1)基本构造。该系统用于建筑剪力墙体系，其施工工序是当外墙的钢筋绑扎完毕后，然后将一种由工厂预制的保温构件放在墙体钢筋外侧(这种构件是外表面有横向齿槽形的聚苯板，中间斜插若干 $\phi2.5$ 穿过板材的镀锌钢丝，这些斜插镀锌钢丝与板材外的一层 $\phi2$ 钢丝网片焊接，构件表面喷有界面剂，构件由工厂预制)并与墙体钢筋固定，再支墙体内外钢模板(此时保温板位于外钢模板内侧)，然后浇筑混凝土墙，拆模后保温板和混凝土墙体结合在一起，牢固可靠。为确保保温板与墙体之间结合的可靠性，在聚苯保温构件上有镀锌斜插丝伸入混凝土墙内，并通过聚苯板插入经防锈处理的 $\phi6$ ∟形钢筋，或插入 $\phi10$ 塑料胀管，约每平方米 3～4 个，然后在钢丝网架上抹抗裂型水泥砂浆找平层或胶粉聚苯颗粒保温浆料找平层复合抗裂防护面层，最后用弹性胶黏剂粘贴面砖。如在表面做涂料面层，则在抗裂型水泥砂浆找平面层或胶粉聚苯颗粒保温浆料找平层上抹 4～5 mm 左右的聚合物水泥砂浆玻纤网格布防护层和弹性腻子防裂层，最后在表面做有机弹性涂料，如图 10-14、图 10-15 所示。

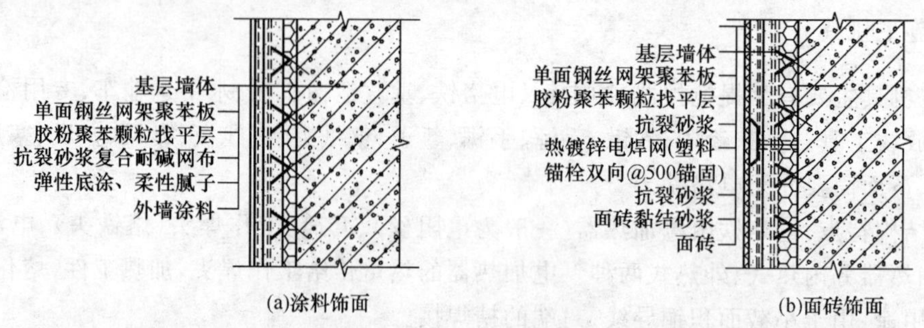


图 10-14 EPS 钢丝网架板现浇混凝土外墙外保温系统(胶粉聚苯颗粒保温浆料找平层)

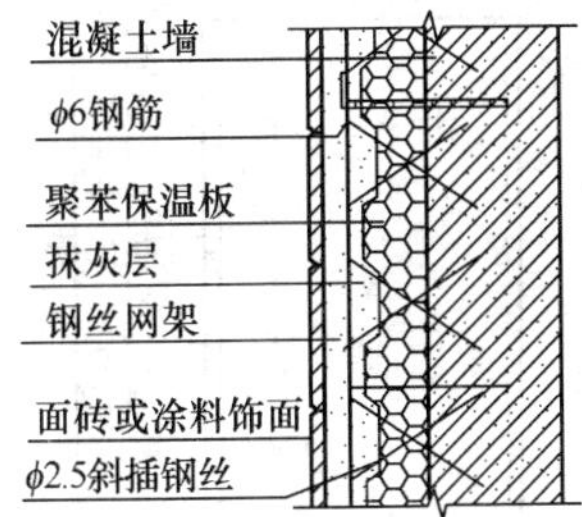


图 10-15　EPS 钢丝网架板现浇混凝土外墙外保温系统(抗裂型水泥砂浆料找平层)

(2)施工技术。

1)聚苯板水平凹凸槽应采用机械成型,尺寸准确,间距均匀;板垂直两长边设高低槽,宽 25 mm,深 1/2 板厚,要求尺寸准确;斜插钢丝(腹丝)宜为每平方米 100 根,不得大于 200 根。板型如图 10-16 所示。

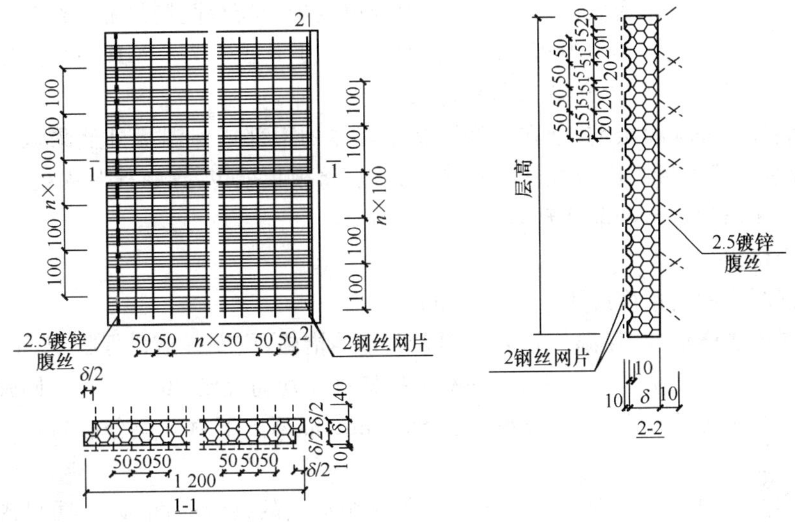


图 10-16　钢丝网架聚苯板板型图(单位:mm)

注:板面镀锌丝不得超过 200 根/$m^3$。

2)钢筋绑扎。

①钢筋须有出厂证明及复试报告。

②采用预制点焊网片做墙体主筋时,须严格按相应技术规程执行。靠近保温板的墙体横向分布筋应弯成∟形,因直筋易于戳破保温板。

③绑扎钢筋时严禁碰撞预埋件,若碰动时应按设计位置重新固定牢固。

3)外墙外保温板安装。

①内、外墙钢筋绑扎经验收合格后,方可进行保温板安装。

②按照设计所要求的墙体厚度在地板面上弹墙厚线,以确定外墙厚度尺寸。同时按图 10-17 位置在外墙钢筋外侧绑卡砂浆垫块(不得采用塑料垫卡),每块板内不少于 6 块。

③拼装保温板:安装保温板时,板之间高低槽应用专用胶粘结。保温板就位后,将"∟"φ6 筋按图 10-17 的位置穿过保温板,深入墙内长度不得小于 100 mm(钢筋应做防锈处理)并用火烧丝将其与墙体钢筋绑扎牢固。

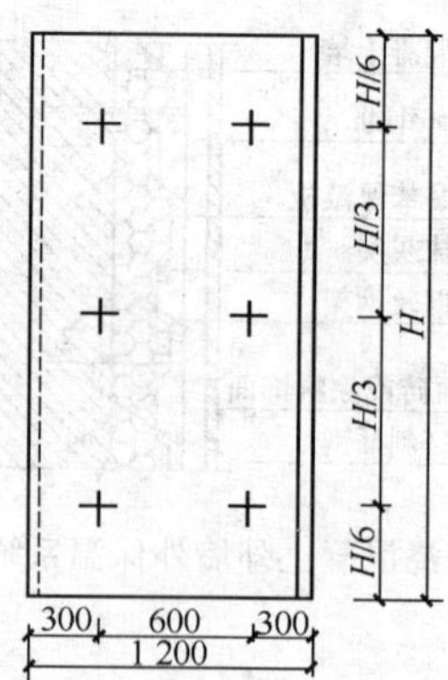


图 10-17 ∟形钢筋位置图(单位:mm)

④保温板外侧低碳钢丝网片均按楼层层高断开,互不连接。

4)模板安装。应采用钢质大模板。按保温板厚度确定模板配制尺寸、数量。

①按弹出的墙线位置安装模板,在底层混凝土强度不低于 7.5 MPa 时,开始安装上一层模板,并利用下一层外墙螺栓孔挂三角平台架。

②在安装外墙外侧模板前,须在现浇混凝土墙体的根部或保温板外侧采取可靠的定位措施,以防模板挤靠保温板。模板放在三角平台架上,将模板就位,穿螺栓紧固校正,连接必须严密、牢固,以防止出现错台和漏浆现象。

5)混凝土浇灌。

①现浇混凝土的坍落度应不小于 180 mm。

②墙体混凝土浇灌前,保温板顶面必须采取遮挡措施,应安置槽口保护套,形状如"冂"形,宽度为保温板厚度+模板厚度。新、旧混凝土接槎处应均匀浇筑 30～50 mm 同强度等级的减石混凝土。混凝土应分层浇筑,高度控制在 500 mm,混凝土下料点应分散布置,连续进行,间隔时间不超过 2 h。

③振捣棒振动间距一般应小于 500 mm,每一振动点的延续时间,以表明呈现浮浆和不再沉落为度。严禁将振捣棒紧靠保温板。

④洞口处浇灌混凝土时,应沿洞口两边同时下料使两侧浇灌高度大体一致,振捣棒应距洞边 300 mm 以上。

⑤施工缝留置在门洞口过梁跨度 1/3 范围内,也可留在纵横墙的交接处。

⑥墙体混凝土浇灌完毕后,须整理上口甩出钢筋,并用木抹抹平混凝土表面;采用预制楼板时,宜采用硬架支模,墙体混凝土表面标高低于板底 30～50 mm。

6)模板拆除。

①在常温条件下,墙体混凝土强度不低于 1.0 MPa,冬期施工墙体混凝土强度不低于 7.5 MPa及达到混凝土设计强度标准值的 30%时,才可以拆除模板,拆模时应以同条件养护试块抗压强度为准。

②先拆外墙外侧模板,再拆外墙内侧模板。并及时修整墙面混凝土边角和板面余浆。

③穿墙套管拆除后,混凝土墙部分孔洞应用干硬性砂浆捻塞,保温板部位孔洞应用保温材料堵塞,其深度应进入混凝土墙体不小于 50 mm。

④拆模后保温板上的横向钢丝,必须对准凹槽,钢丝距槽底应不小于 8 mm。

7)混凝土养护。常温施工时,模板拆除后 12 h 内喷水或用养护剂养护,不少于七昼夜,次数以保持混凝土具有湿润状态为准。冬期施工时应定点，定时测定混凝土养护温度，并做好记录。

8)外墙外保温板板面抹灰。

①板面及钢丝上界面剂如有缺损，应修补，要求均匀一致，不得露底。

②抹灰层之间及抹灰层与保温板之间必须粘结牢固，无脱层、空鼓现象。凹槽内砂浆饱满，并全面包裹住横向钢丝，抹灰层表面应光滑洁净，接槎平整，线条须垂直、清晰。

③抹灰应分底灰和面层，分层抹灰待底层抹灰初凝后方可进行面层抹灰，每层抹灰厚度不大于 10 mm，如超过 10 mm 应分层抹，总厚度不宜大于 30 mm(从保温板凸槽表面起始)，每层抹完后均需养护，可洒水或喷养护剂养护。

④分格条宽度、深度要均匀一致，平整光滑横平竖直，楞角整齐，滴水线、槽流水坡间要正确，顺直，槽宽和深度不小于 10 mm。

⑤抹灰完成后，在常温下 24 h 后表面平整无裂纹即可在面层抹 2～3 mm 聚合物水泥砂浆防护层，然后在表面做装饰层，涂料宜采用弹性涂料，但应考虑与聚合物水泥砂浆防护层的相容性，如需刮腻子则要考虑腻子、涂料和聚合物水泥砂浆防护层三者的相容性。

⑥外墙如贴面砖宜采用胶黏剂并应按《建筑工程饰面砖粘结强度检验标准》(JGJ 110—2008)进行检验。

9)窗口细部处理如图 10-18 所示。

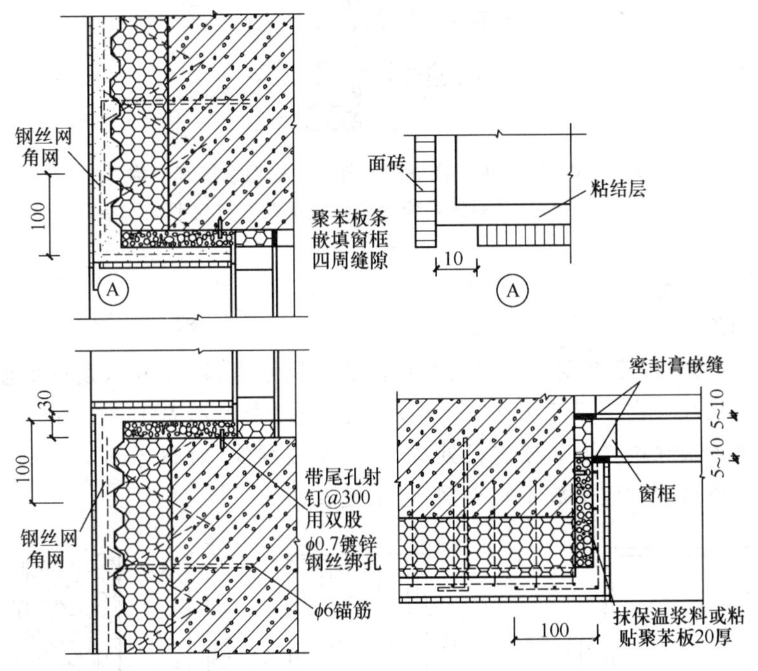


图 10-18 窗口构造(单位：mm)

注：1. 窗口周边保温浆料或聚苯板表面抹与墙面材料相同的砂浆 12 mm 厚，再用胶黏剂粘贴面砖；

2. 钢丝网角网做法同墙面钢丝网片，角网与钢丝网片搭接部位用双股 $\phi$0.7 镀锌钢丝绑扎。

2. 无网施工

(1)基本构造。本系统是用于现浇混凝土剪力墙的外保温系统，材料采用阻燃型聚苯乙烯泡沫塑料板(EPS)作建筑物的外保温材料，保温板内表面(与现浇混凝土接触的表面)沿水平方向开有矩形齿槽或燕尾槽，外表面满涂界面剂，板面不平时可采用胶粉聚苯颗粒保温浆料进行找平，同时提高防火性能、耐候性能和透气性能。它的安装方式是在施工时在绑扎完墙体钢筋后将保温板与墙体钢筋固定，然后安装内外钢模板即保温板置于墙体钢质大模板内侧，并用尼龙锚栓与墙体锚固。浇灌墙体混凝土时，外保温板与墙体有机的结合在一起，拆模后外保温与墙体同时完成。如图 10-19、图 10-20 所示。

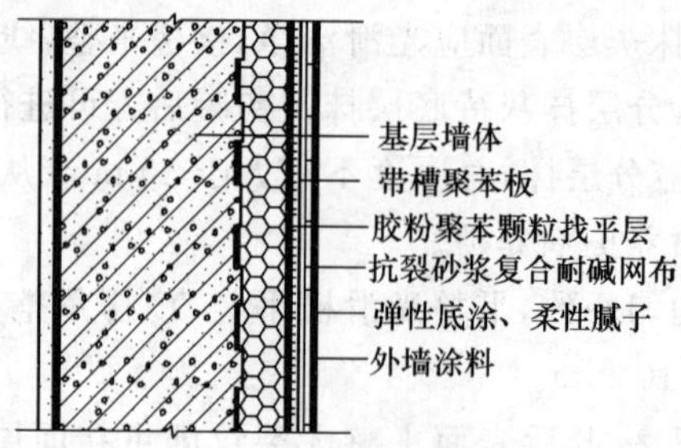


图 10-19　EPS 板现浇混凝土外墙外保温系统基本构造（带胶粉聚苯颗粒保温浆料找平）

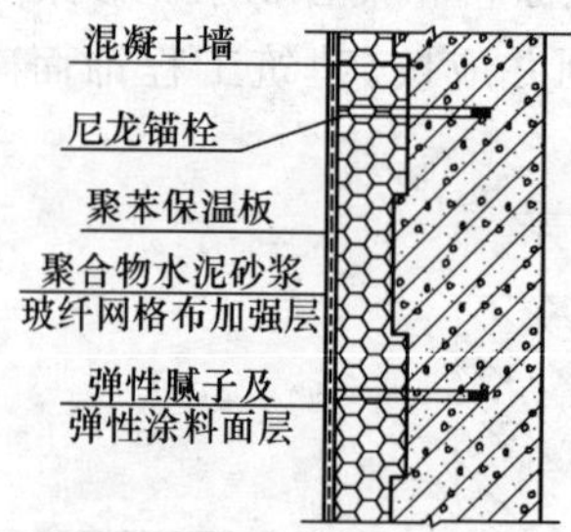


图 10-20　EPS 板现浇混凝土外墙外保温系统基本构造
（不带胶粉聚苯颗粒保温浆料找平）

(2)施工技术。

1)聚苯板加工。

①形式一：按设计规定重度的阻燃级聚苯板加工尺寸为：1.20 m×设计保温厚度×层高，板的长、宽、对角线尺寸误差不应大于 2 mm，厚度、企口误差不大于 1 mm，如图 10-21 所示。板的双面采用聚苯板涂刷界面砂浆进行处理，注意不要漏涂，对破坏部位应及时补涂；聚苯板在运输及现场码放过程中应平放不宜立摆，轻拿轻放。

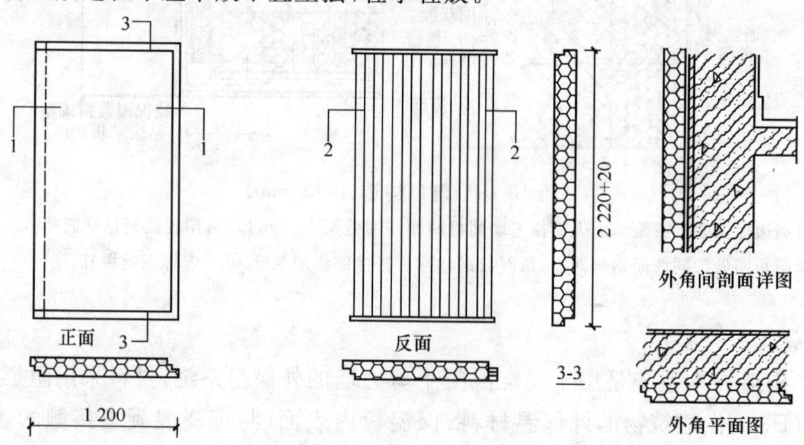


图 10-21　聚苯板加工图形式(一)(单位：mm)

②形式二：保温材料是采用阻燃型聚苯乙烯泡沫塑料板，板宽 1.22 m，板高按层高，厚度按设计要求，背面带有凸凹形齿槽(凸凹槽宽度为 100 mm，深度 10 mm)，周边带有高低槽(槽宽 25 mm，深度为 1/2 板厚)的保温板(外喷界面剂)，形式如图 10-22 所示。

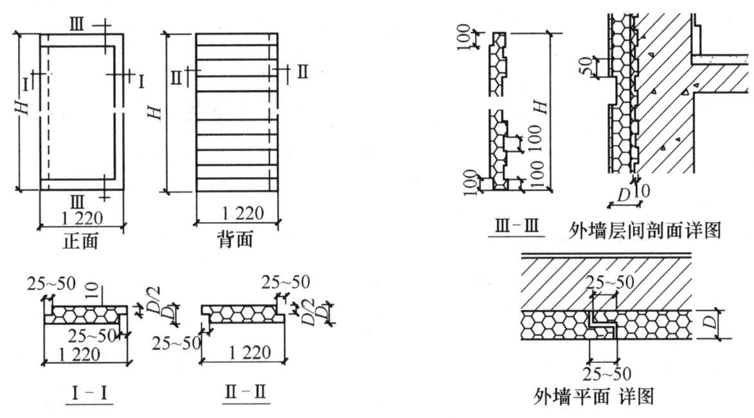


图 10-22　聚苯板加工图形式(二)(单位：mm)

2)组合浇筑。

①按施工设计图做好聚苯板的排板方案。墙身钢筋绑扎完毕，水电箱盒，门窗洞口预埋完毕，检查保护层厚度应符合设计要求，办完隐蔽工程验收手续。

②弹好墙身线：在 EPS 外墙模板系统支模时，首先将 EPS 板按外墙身线就位于外墙钢筋的外侧，先根据建筑物平面图及其形状排列聚苯板，安装时首先安装阴阳角处聚苯板，然后再安装大墙面聚苯板，并且根据其特殊节点的形状预先将聚苯板裁好，将聚苯板的接缝处涂刷上胶黏胶(有污染的部分必须先清理干净)，板与板之间的企口缝在安装前涂刷聚苯板粘接胶，随即安装，然后将聚苯板粘接上，粘接完成的聚苯板不要再移动，在板的专用竖缝处用塑料夹子将两块苯板连接到一起，基本拉住聚苯板。专用 ABS 工程塑料卡穿透聚苯板，就位时可用绑扎丝把卡子与墙体钢筋绑扎固定，绑扎时注意聚苯板底部应绑扎紧一些，使底部内收 3～5 mm，以保证拆模后聚苯板底部与上口平齐。再用专用卡子骑板缝插入机械连接两板，要求两板尽可能紧密。

③绑扎垫块：外墙钢筋验收合格后，绑扎按混凝土保护层厚度要求制作好的水泥砂浆垫块。每平方米不少于四个首层的聚苯板必须严格控制在统一水平上，保证以后上面聚苯板的缝隙严密和垂直。在板缝处用聚苯板胶填塞。

④在外侧聚苯板安装完毕之后，安装门窗洞口模板，安装内模板之前要检查钢筋，各种水电预埋件位置是否正确，并清扫模内杂物。

⑤内模板按内墙身位置线找正之后，将外墙内侧向的大模板准确就位，调整好垂直度，立模的精度要符合标准要求，并固定牢靠，使该模板成为基准模板。

⑥从内模板穿墙孔处插穿墙拉杆及塑料套管和管堵，并在穿墙拉杆的端部，套上一节镀锌铁皮圆筒。插入聚苯板但此时暂不穿透聚苯板模板。

⑦合外模板时首先将外模板放在三脚架上，按照大模板穿墙螺栓的间距，用电烙铁给聚苯板开孔，使模板与聚苯板的孔洞吻合，孔洞不宜太大以免漏浆。此时二次插穿墙螺栓利用圆铁皮筒，将 EPS 板切出一个圆孔，使穿墙螺栓完全穿透墙体外模板，用穿墙螺栓将外墙外侧组合模板就位。

⑧穿墙螺栓穿透墙体后，将端头套的镀锌铁皮圆筒摘掉，然后完成相应的外模板的调整和紧固作业。

⑨在常温条件下墙体混凝土浇筑完成，间隔 12 h 后且混凝土强度不小于 1 MPa 即可拆除墙体内、外侧面的大模板。

3)聚苯板浇筑。

①在外墙外侧安装聚苯板时，将企口缝对齐，墙宽不合模数的用小块保温板补齐，门窗洞口处保温板可不开洞，待墙体拆模后再开洞。门窗洞口及外墙阳角处聚苯板外侧的缝隙，用楔形聚苯板条塞堵，深度 10～30 mm。

②在浇筑混凝土时，注意振捣棒在插、拔过程中，不要损坏保温层。

③在整理下层甩出的钢筋时，要特别注意下层保温板边槽口，以免受损。

④墙体混凝土浇灌完毕后，如槽口处有砂浆存在应立即清理。

⑤穿墙螺栓孔，应以干硬性砂浆捻实填补(厚度小于墙厚)随即用保温浆料填补至保温层表面。

⑥聚苯板在开孔或裁小块时，注意防止碎块掉进墙体内。

4)找平及抗裂防护层和饰面层施工。需要找平时，用胶粉聚苯颗粒保温浆料找平，并用胶粉聚苯颗粒对浇筑的缺陷进行处理。胶粉聚苯颗粒保温浆料的施工方法及抗裂防护层和饰面层的施工参见本章第一节的“施工技术”中的相关内容。

5)保温板安装。

①绑扎墙体钢筋时，靠保温板一侧的横向分布筋宜弯成∟形，以免直筋戳破保温板。绑扎完墙体钢筋后在外墙钢筋外侧绑扎水泥垫块(不得使用塑料卡)。每平方米保温板内不少于 3 块，用以保证保护层厚度并确保保护层厚度均匀一致。然后在墙体钢筋外侧安装保温板。

②安装顺序：先安装阴阳角保温构件，再安装角板之间保温板。

③安装前先在保温板高低槽口处均匀涂刷聚苯胶，将保温板竖缝之间相互粘结在一起。

④在安装好的保温板面上弹线，标出锚栓的位置。用电烙铁或其他工具在锚栓定位处穿孔，然后在孔内塞入胀管。布点位置及形式，如图 10-23 所示，其尾部与墙体钢筋绑扎作临时固定。

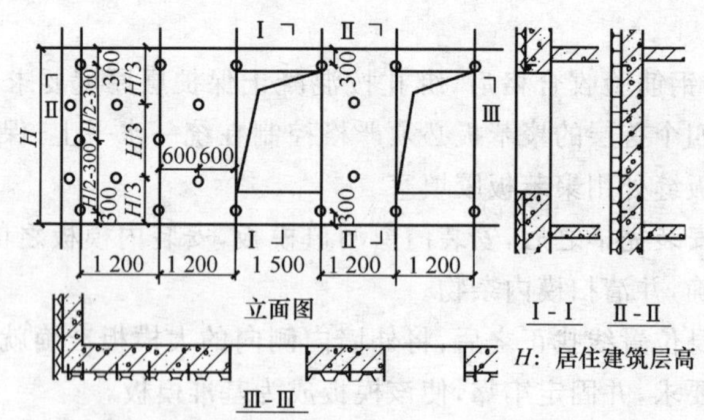


图 10-23　尼龙锚栓位置图(单位：mm)

⑤用 100 mm 宽、10 mm 厚聚苯片满涂聚苯胶填补门窗洞口两边齿槽形缝隙的凹槽处，以免在浇灌混凝土时在该处跑浆。(冬期施工时保温板上可不开洞口，待全部保温板安装完毕后再锯出洞口)。

6)模板安装。

①在楼地面弹出与墙线位置安装大模板：当下一层混凝土强度不低于 7.5 MPa 时，开始安装上一层模板。并利用下一层外墙螺栓孔挂三角平台架。

②在安装外墙外侧模板前，须在保温板外侧根部采取可靠的定位措施，以防模板压靠保温板。将放在三角平台架上的模板就位，穿螺栓紧固校正，连接必须严密、牢固，以防止出现错台和漏浆现象。不得在墙体钢筋底部布置定位筋。宜采用模板上部定位。

7)混凝土浇灌。

①现浇混凝土的坍落度应不小于 180 mm。

②为保护保温板上部的企口，应在浇灌混凝土前在保温板槽口处扣上保护帽。保护帽形状如"冂"形，高度视实际情况而定、宽为保温板厚＋模板厚，材质为镀锌铁皮。(注：要将保温板与模板一同扣住，遇到模板吊环可在保护槽上侧开口将吊环放在开口内)。

③新、旧混凝土接槎处应均匀浇筑 30～50 mm 同强度等级的细石混凝土。混凝土应分层浇筑，高度控制在 500 mm，混凝土下料点应分散布置，连续进行，间隔时间不超过 2 h。

④振捣棒振动间距一般应小于 500 mm，每一振动点的延续时间，以表面呈现浮浆和不再沉落为度。严禁将振捣棒紧靠保温板。

⑤洞口处浇灌混凝土时，应沿洞口两边同时下料使两侧浇灌高度大体一致。

⑥施工缝留置在门洞口过梁跨度 1/3 范围内，也可留在纵横墙的交接处。

⑦墙体混凝土浇灌完毕后，须整理上口甩出钢筋，采用预制楼板时，宜采用硬架支模，墙体混凝土表面标高低于板底 30～50 mm。

8)模板拆除。参见有网施工"模板拆除"部分内容。

9)混凝土养护。参见有网施工"混凝土养护"部分内容。

10)抹聚合物水泥砂浆。

①采用泡沫聚氨酯或其他保温材料在保温板部位堵塞穿墙螺栓孔洞。

②板面、门窗口保温板如有缺损应用保温砂浆或聚苯板加以修补。

③清理保温板面层，使面层洁净无污物。

④如局部有凹凸不平处用聚苯颗粒保温砂浆进行局部找平或打磨。

⑤聚合物水泥砂浆由聚合物乳液、水泥、砂按比例用砂浆搅拌机搅拌成聚合物水泥砂浆。将搅拌好的聚合物水泥砂浆均匀的抹在保温板面(也可采用干粉料型聚合物水泥砂浆)。

⑥按层高、窗台高和过梁高将玻璃纤维网格布在施工前裁好备用，待抹完第一层聚合物砂浆后，立即将玻璃纤维网格布垂直铺设，用木抹子压入聚合物砂浆内。网格布之间搭接长度宜不小于 50 mm，紧接着再抹一层抗裂聚合物砂浆，以网格布均被浆料复裹为宜。在首层和窗台部位则要压入二层网格布，工序同上。面层聚合物水泥砂浆，以盖住网格布为宜，距网格布表面厚度应小于 2 mm 即可。

11)主要节点构造做法。

①窗口的一般做法：在主体完工后进行面层抹灰前，为消除外保温的局部"热桥"，即主要发生在外墙的门、窗洞口框料的周边外侧部位。窗框安装完成后在其四周抹聚苯颗粒保温砂浆，并外抹聚合物水泥砂浆压玻纤网格布以防止开裂(窗台部位应放置两层网格布)，窗口上部应做滴水。

②阳台分户隔板做法：为消除阳台栏板和分户墙隔板部位"热桥"，可以在该部位两侧后贴保温板如图 10-24 做法一所示，也可以采用预埋钢筋后做阳台靠墙栏板和分户如图 10-24 做

法二所示。

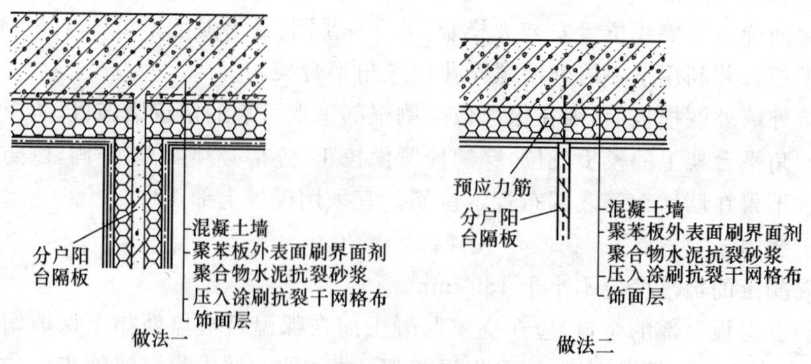


图 10-24　分户阳台隔板保温做法

## 第三节　硬泡聚氨酯现场喷涂外墙外保温系统

### 一、施工机具

(1)高压无气聚氨酯双组分现场发泡喷涂机(简称高压无气喷涂机)、专用喷枪、浇筑枪、料管等。

(2)强制式砂浆搅拌机、垂直运输机械、手推车、手提式搅拌器、电锤等。

(3)常用抹灰工具及抹灰的专用检测工具、经纬仪及放线工具、水桶、剪子、滚刷、铁锹、手锤、壁纸刀、托线板、手锯等。

(4)电动吊篮或脚手架。

### 二、施工技术

1. 主要施工技术

喷涂硬泡聚氨酯外墙外保温系统构造可由找平层、喷涂硬泡聚氨酯层、界面剂、耐碱玻纤网格布增强抹面层、饰面层等组成,如图 10-25 所示。

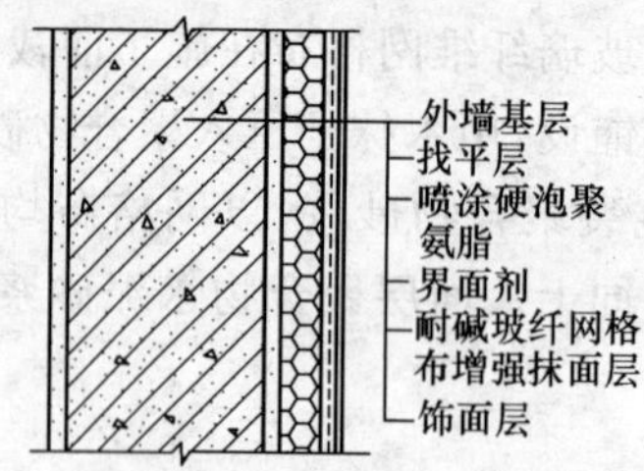


图 10-25　喷涂硬泡聚氨酯外墙外保温系统构造

(1)基层处理。墙面应清理干净、清洗油渍、清扫浮灰等。墙面松动、风化部分应剔除干净。墙面平整度控制在±3 mm 以下。

(2)吊垂直、弹控制线。吊垂直,弹厚度控制线。在建筑外墙大角及其他必要处挂垂直基准钢线。

(3)粘贴、锚固聚氨酯预制件。在阴阳角或门窗口处，粘贴聚氨酯预制件，并达到标准厚度。对于门窗洞口、装饰线角、女儿墙边沿等部位，用聚氨酯预制件沿边口粘贴。墙面宽度不足 900 mm 处不宜喷涂施工，可直接用相应规格尺寸的聚氨酯预制件粘贴。

预制件之间应拼接严密，缝宽超出 2 mm 时，用相应厚度的聚氨酯片堵塞。

粘贴时用抹子或灰刀沿聚氨酯预制件周边涂抹配制好的胶黏剂胶浆，其宽度为 50 mm 左右，厚度为 3～5 mm，然后在预制块中间部位均匀布置 4～6 个点，总涂胶面积不小于聚氨酯预制件面积的 30%。要求黏结牢固，无翘起、脱落现象。

聚氨酯预制件粘贴完成 24 h 后，用电锤在聚氨酯预制件表面向内打孔，拧或钉入塑料锚栓，钉头不得超出板面，锚栓有效锚固深度不小于 25 mm，每个预制件一般为两个锚栓。

(4)窗口等部位的遮挡。聚氨酯预制件黏结完成后喷施硬泡聚氨酯之前，应充分做好遮挡工作。门窗口等一般用塑料布裁成与门窗口面积相当的布块进行遮挡。对于架子管，铁艺等不规则需防护部位应采用塑料薄膜进行缠绕防护。

(5)喷刷聚氨酯防潮底漆。用喷枪或滚刷将聚氨酯防潮底漆均匀喷刷，无透底现象。

(6)喷涂硬泡聚氨酯保温层。开启聚氨酯喷涂机将硬泡聚氨酯均匀地喷涂于墙面之上，当厚度达到约 10 mm 时，按 300 mm 间距、梅花状分布插定厚度标杆，每平方米密度宜控制在 9～10 支。然后继续喷涂至与标杆齐平(隐约可见标杆头)。施工喷涂可多遍完成，每次厚度宜控制在 10 mm 以内。

(7)修整硬泡聚氨酯保温层。喷涂 20 min 后用裁纸刀、手锯等工具清理、修整遮挡部位以及超过保温层总厚度的突出部分。

(8)喷刷聚氨酯界面砂浆。聚氨酯保温层修整完毕并且在喷涂 4 h 之后，用喷斗或滚刷均匀地将聚氨酯界面砂浆喷刷于硬泡聚氨酯保温层表面。

(9)吊垂直线，做标准厚度冲筋。吊胶粉聚苯颗粒找平层垂直厚度控制线，用胶粉聚苯颗粒找平浆料做标准厚度冲筋。

(10)抹胶粉聚苯颗粒找平浆料。抹胶粉聚苯颗粒找平浆料进行找平，应分两遍施工，每遍间隔在 24 h 以上。抹头遍浆料应压实，厚度不宜超过 10 mm。抹第二遍浆料应达到平整度要求，用托线尺检验是否达到验收标准。

(11)做滴水槽。涂料饰面时，找平层施工完成后，根据设计要求拉滴水槽控制线。用壁纸刀沿线划出滴水槽，槽深 15 mm 左右，用抗裂砂浆填满凹槽，将塑料滴水槽(成品)嵌入凹槽与抗裂砂浆粘结牢固。

(12)抗裂砂浆层及饰面层施工。找平层施工完成 3～7 d 且保温层施工质量验收合格以后，即可进行抗裂砂浆层施工。

1)抹抗裂砂浆，铺压耐碱网格布。耐碱网格布长度 3 m 左右，尺寸预先裁好。抗裂砂浆一般分两遍完成，总厚度约 3～5 mm。抹面积与网格布相当的抗裂砂浆后应立即用铁抹子压入耐碱网格布。耐碱网格布之间搭接宽度不应小于 50 mm，先压入一侧，再压入另一侧，严禁干搭。阴阳角处也应压槎搭接，其搭接宽度不小于 150 mm，应保证阴阳角处的方正和垂直度。耐碱网格布要含在抗裂砂浆中，铺贴要平整，无褶皱，可隐约见网格，砂浆饱满度达到 100%，局部不饱满处应随即补抹第二遍抗裂砂浆找平并压实。

在门窗洞口等处应沿 45°方向提前增贴一道网格布。

首层墙面应铺贴双层耐碱网格布，第一层铺贴应采用对接方法，然后进行第二层网格布铺贴，两层网格布之间抗裂砂浆应饱满，严禁干贴。

建筑物首层外保温应在阳角处双层网格布之间设专用金属护角，护角高度一般为 2 m。在第一层网格布铺贴好后，应放好金属护角，用抹子拍压出抗裂砂浆，抹第二遍抗裂砂浆复合网布包裹住护角。

抗裂砂浆施工完后，应检查平整、垂直及阴阳角方正，不符合要求的应用抗裂砂浆进行修补。严禁在此面层上抹普通水泥砂浆腰线、窗口套线等。

2)刮柔性耐水腻子、涂刷饰面涂料。抗裂层干燥后，刮柔性耐水腻子(多遍成活，每次刮涂厚度控制在 0.5 mm 左右)，涂刷饰面涂料，应做到平整光洁。

2. 细部构造处理

(1)门窗洞口部位的外保温构造处理。

1)门窗外侧洞口四周墙体，硬泡聚氨酯厚度不应小于 20 mm。

2)门窗洞口四角处的硬泡聚氨酯板应采用整块板切割成型，不得拼接。

3)板与板接缝距洞口四角距离不得小于 200 mm。

4)洞口四边板材宜采用锚栓辅助固定。

5)铺设耐碱玻纤网格布时，应在四角处 45°斜向加贴 300 mm×200 mm 的标准耐碱玻纤网格布，如图 10-26 所示。

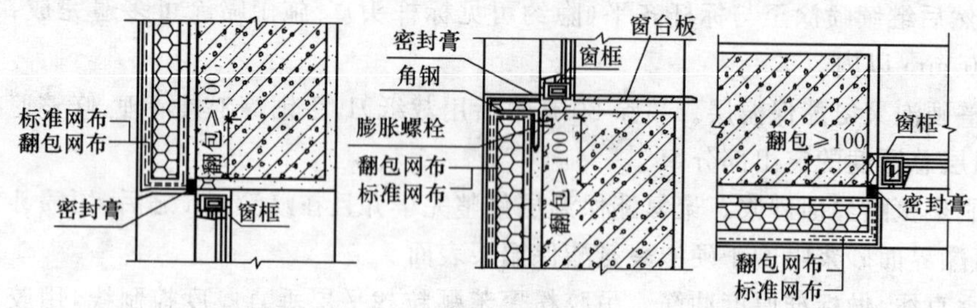


图 10-26　门窗洞口保温构造(单位:mm)

注:当采用喷涂硬泡聚氨酯外保温时，洞口外侧保温层可采用硬泡聚氨酯板粘贴或采用∟形聚氨酯定型模板粘贴，其厚度均不小于 20 mm。

(2)勒脚部位的外保温构造处理。

1)勒脚部位的外保温与室外地面散水间应预留不小于 20 mm 缝隙。

2)缝隙内宜填充泡沫塑料，外口应设置背衬材料，并用建筑密封膏封堵。

3)勒角处端部应采用标准网布、加强网布做好包边处理，包边宽度不得小于 100 mm，如图 10-27 所示。

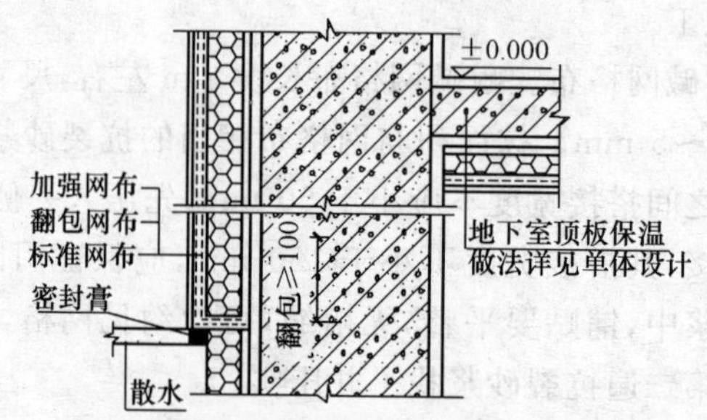


图 10-27　有地下室勒脚部位外保温构造(单位:mm)

(3)硬泡聚氨酯外墙外保温工程在檐口、女儿墙部位应采用保温层全包覆做法，以防止产生热桥。当有檐沟时，应保证檐沟混凝土顶面有不小于 20 mm 厚度的硬泡聚氨酯保温层，如图 10-28、图 10-29 所示。

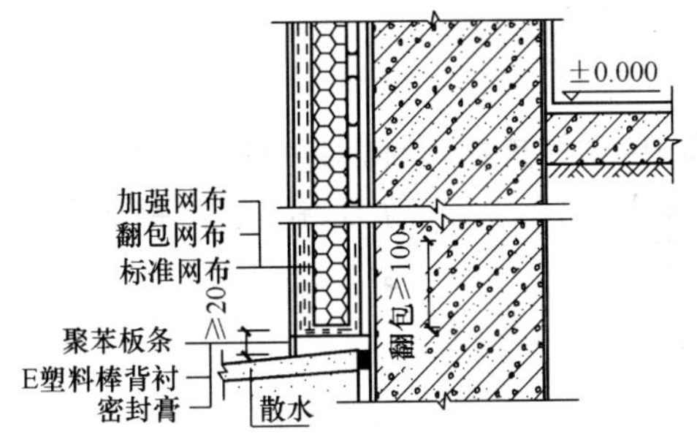


图 10-28　无地下室勒脚部位外保温构造(单位:mm)

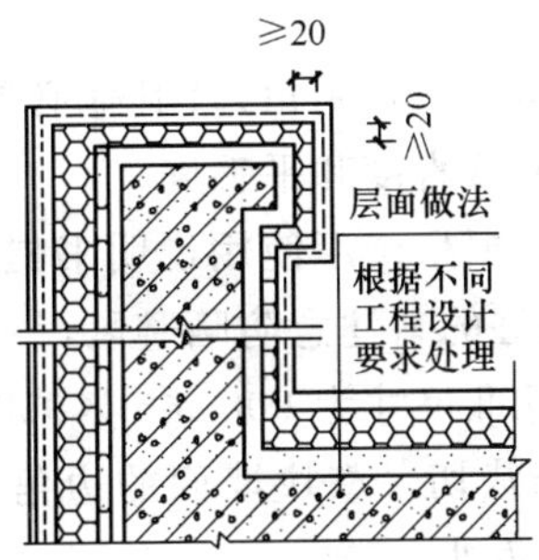


图 10-29　檐口、女儿墙保温构造(单位:mm)

(4)变形缝的保温构造处理。

1)变形缝处应填充泡沫塑料，填塞深度应大于缝宽的 3 倍，且不小于墙体厚度。

2)金属盖缝板宜采用铝板或不锈钢板。

3)变形缝处应做包边处理，包边宽度不得小于 100 mm，如图 10-30 所示。

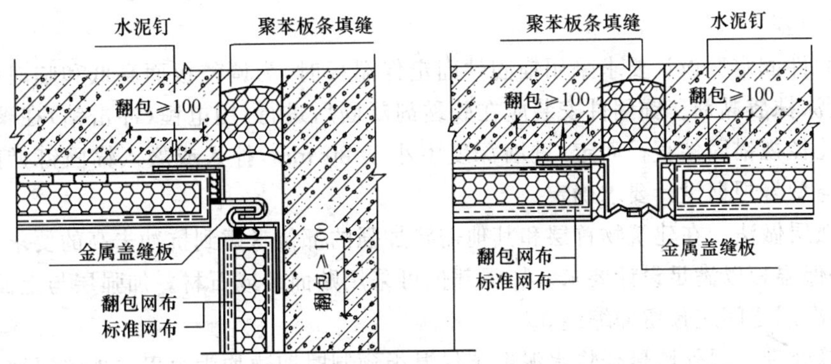


图 10-30　变形缝保温构造(单位:mm)

# 第四节 聚苯板玻纤网格布聚合物砂浆外墙外保温系统

## 一、施工机具

(1)机具:外接电源设备、电动搅拌器、开槽器、角磨机、电锤。

(2)工具:称量衡器、密齿手锯、壁纸刀、剪刀、螺丝刀、钢丝刷、腻子刀、抹子、阴阳角抿子、托线板、2 m 靠尺以及墨斗等。

## 二、施工技术

1.施工工艺

(1)弹控制线。根据建筑立面设计和外墙外保温技术要求,在墙面弹出外门窗水平、垂直控制线及膨胀缝线、装饰缝线等。

(2)挂基准线。在建筑外墙面角(阳角、阴角)及其他必要处挂垂直基准钢线,每个楼层适当位置挂水平线,以控制外保温板的垂直度和平整度。

(3)配制聚合物砂浆胶黏剂。根据生产厂使用说明书提供的配合比配制,专人负责,严格计量,机械搅拌,确保搅拌均匀。配好的料注意防晒避风,一次配制量应在可操作时间内用完。

(4)粘贴外保温板。外保温板标准尺寸为 600 mm×900 mm、600 mm×1 200 mm 两种,非标准尺寸或局部不规则处可现场裁切。整块墙面的边角处应用最小尺寸超过 300 mm 的板。板的拼缝不得留在门窗口的四角处。

当采用黏结方式固定保温板时粘贴方式有点框法和条粘法。点框法适用于平整度较差的墙面,应保证黏结面积大于 30%,首层黏结面积应为 50%,加强处见个体工程设计,条黏法适用于平整度较好的墙面。不得在板的侧面涂抹胶黏剂。

排板时按水平顺序移动,上下错缝粘贴,阴阳角处应做错槎处理。

黏板应轻柔、均匀挤压保温板,随时用 2 m 靠尺和托线板检查平整度和垂直度。黏板时注意清除板边溢出的胶黏剂,使板与板之间无“碰头灰”。板缝拼严,缝宽超出 2 mm 时用相应厚度的聚苯片填塞。

(5)锚固件固定。设计要求采用锚固件固定保温板时,为调整板面高低和临时固定,可在板背面少量涂抹胶黏剂。锚固件安装应在胶黏剂凝固后进行,用电锤(冲击钻)在聚苯板表面向内打孔,孔径视锚固件直径而定,进墙深度不小于 30 mm,拧入或敲入锚固钉,钉头不超出板面,数量与型号根据设计要求确定。

(6)加强层做法。在建筑物首层和其他需要加强的部位考虑到抗冲击高的要求,应采用加强型外墙外保温板以满足设计要求。加强部位可采用贴面砖或石材。加强层与上面贴标准外保温板的标准层之间应预留伸缩缝。

(7)板缝处理。因外墙聚合物水泥聚苯保温板预制时四边均为由里向外的斜坡,斜坡宽度 50～60 mm(最里处砂浆为 5 mm,最外边为 0.5 mm),保温板粘贴完成后,在板缝上先刮涂一层嵌缝剂,然后将嵌缝带嵌入,再刮涂一层嵌缝剂刮平为止。

(8)伸缩缝的做法。按设计要求该外墙外保温系统应预留伸缩缝。在处理预留伸缩缝时,在缝间填抹聚合物水泥黏结砂浆,厚度一般为 2 mm,然后向缝内填塞聚苯或聚乙烯泡沫塑料条(棒),直径或宽度为缝宽的 1.3 倍,再勾填建筑密封膏,深度为缝宽的 50%左右。

(9)装饰缝做法。

1)装饰缝应根据建筑设计立面效果处理成凹型或凸型。凸型称为装饰线,可采用聚苯板,此处网格布与聚合物砂浆不断开。粘贴保温板时,先弹线标明装饰线条位置,将加工好的保温板线条粘于相应位置。线条突出墙面超过 150 mm 时,需加设机械固定件。线条表面按普通外保温抹灰做法处理。

2)处理凹型装饰缝时,按设计要求的位置上或在板缝连接处用云石机刨开出所要求宽度的凹槽,一般为 20～25 mm,深 5 mm。在槽内先抹填聚合物水泥嵌缝剂约 2 mm,铺设嵌缝窄带,将嵌缝带压入砂浆内,上面用建筑密封膏刮平。

(10)特殊工程部位施工。异型工程部位不便使用外墙外保温板时,可按照 DBJ/T 012002 聚苯玻纤网格布外保温做法施工。

(11)外饰面涂料做法。待抹灰基面达到涂料施工要求时可进行涂料施工,施工方法与普通墙面涂料工艺相同。宜选用柔性腻子、弹性涂料或装饰砂浆。

2. 细部构造

(1)聚苯板排列如图 10-31 所示。

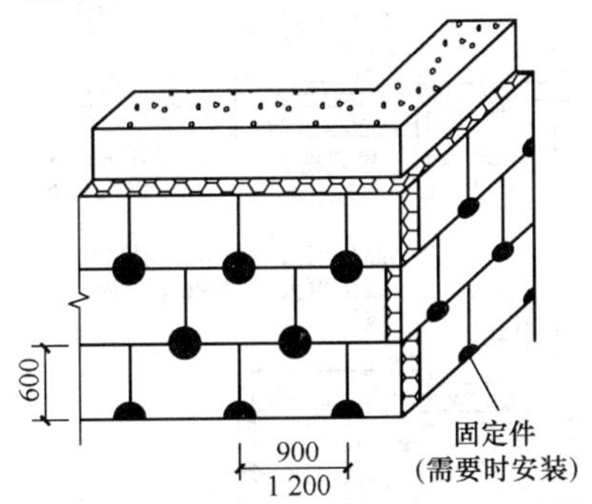


图 10-31　聚苯板排列示意(单位:mm)

注:1. 聚苯板应错缝,每排板错 1/2 板长;

2. 阳角应错槎铺板。

(2)门窗洞口网格布加强图如图 10-32 所示。

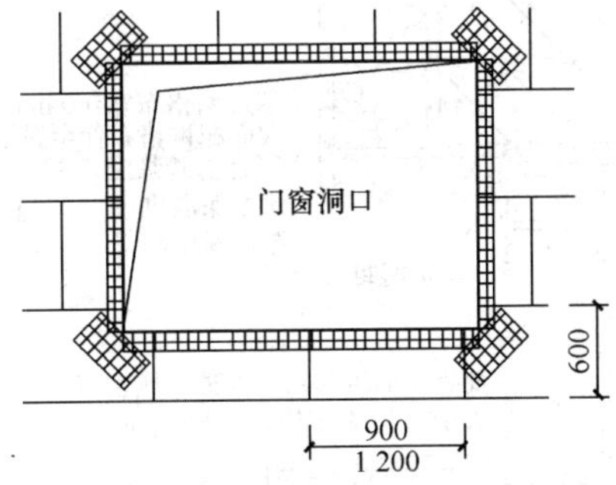


图 10-32　门窗洞口网格布加强图(单位:mm)

(3)黏结聚苯板如图 10-33 所示。

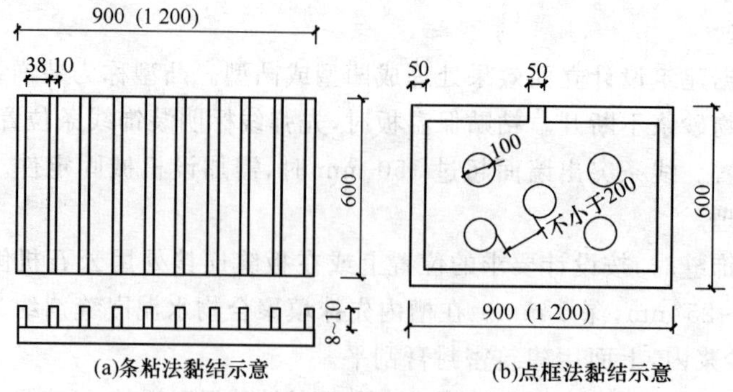


图 10-33　黏结聚苯板(单位:mm)

注:胶黏剂涂抹面积不应小于板面 30%。

(4)平窗口如图 10-34 所示。

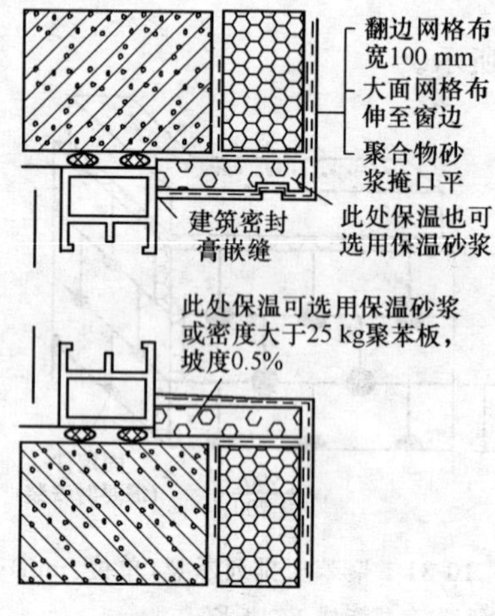


图 10-34　平窗口

(5)下挑台如图 10-35 所示。

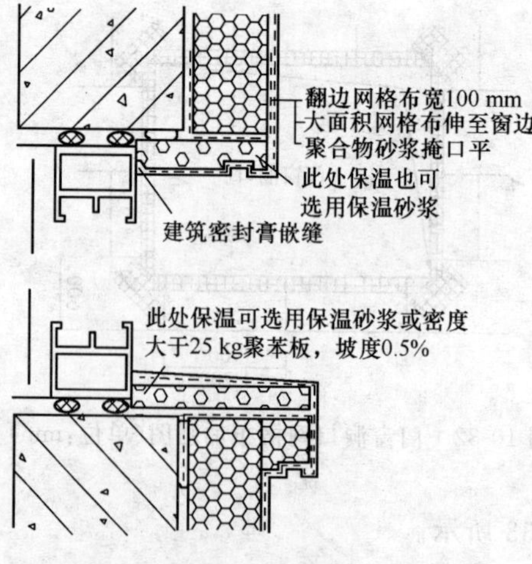


图 10-35　下挑台

(6)阴阳角如图 10-36 所示。

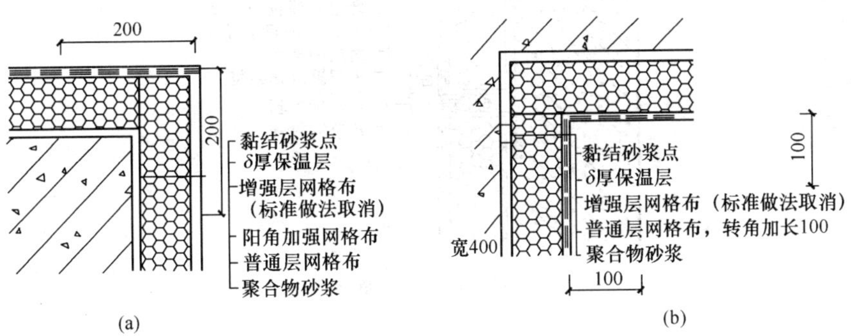


图 10-36　明阳角(单位:mm)

(7)沉降缝做法如图 10-37 所示。

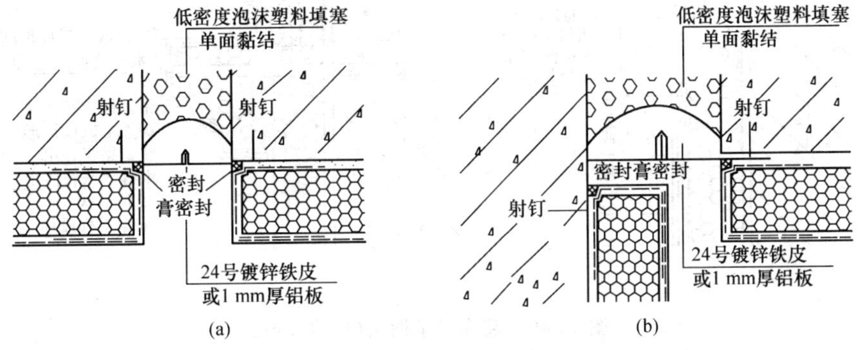


图 10-37　沉降缝

(8)洞口做法如图 10-38 所示。

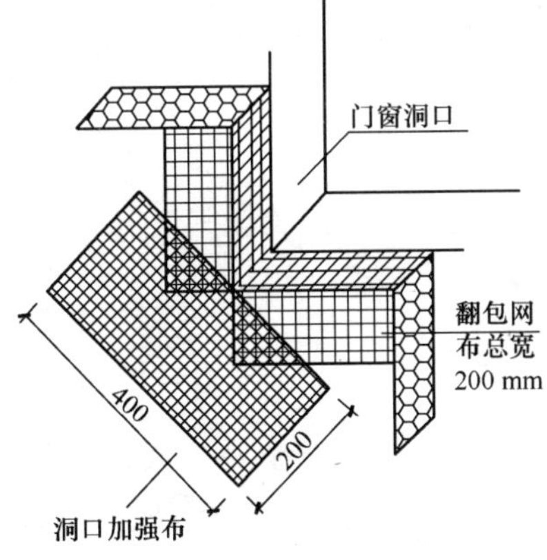


图 10-38　洞口做法(单位:mm)

(9)伸缩缝做法如图 10-39 所示。

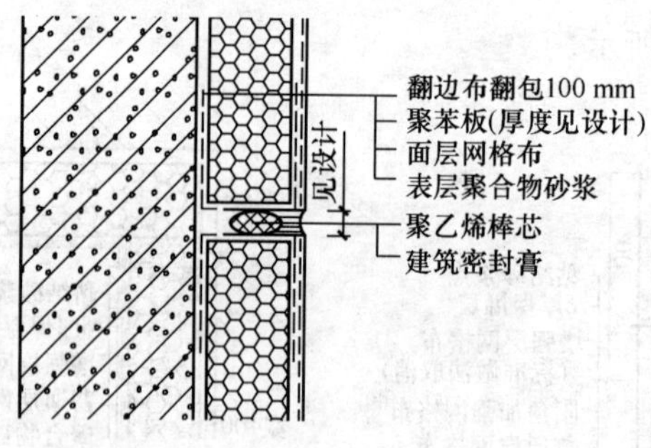


图 10-39 伸缩缝

(10)装饰线条做法如图 10-40 所示。

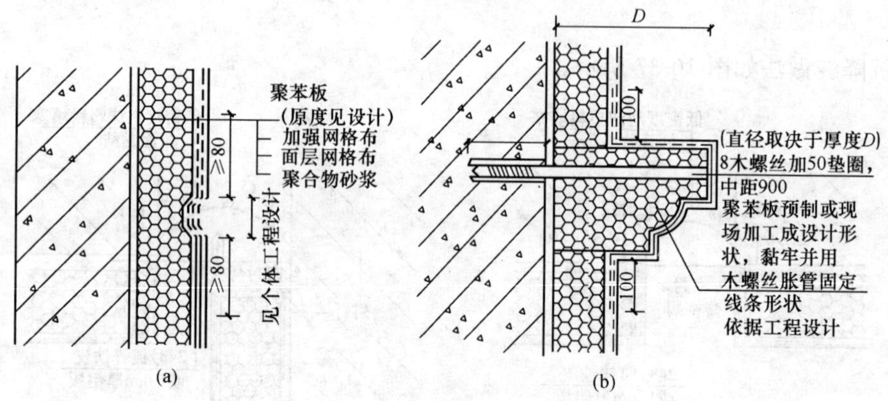


图 10-40 装饰线条做法(单位：mm)

注：$D\leqslant100$ 时，可不加木螺钉胀管。

# 参 考 文 献


[1] 徐长玉.装饰工程制图与识图[M].北京:机械工业出版社,2005.

[2] 何斌.建筑制图[M].北京:高度教育出版社,2005.

[3] 饶勃.装饰工手册[M].北京:中国建筑工业出版社,2005.

[4] 陈裕成.建筑机械与设备[M].北京:北京理工大学出版社,2009.

[5] 张宗森.建筑装饰构造[M].北京:中国建筑工业出版社,2006.

[6] 王萱,王旭光.建筑装饰构造[M].北京:化学工业出版社,2006.

[7] 孙勇,苗蕾.建筑构造与识图[M].北京:化学工业出版社,2005.

[8] 北京建工集团有限责任公司.建筑设备安装分项工程施工工业标准[S].北京:中国建筑工业出版社,2008.

[9] 北京土木建筑学会.建筑工人实用技术便携手册—装饰装修工[M].北京:中国计划出版社,2006.

[10] 高远.建筑装饰制图与识图[M].北京:机械工业出版社,2003.

[11] 中华人民共和国建设部,国家质量监督检验检疫总局.GB 50210—2001 建筑装饰装修工程质量验收规范[S].北京:中国标准出版社,2001.